Introduction To Electrical Engineering

전기공학입문

일본 옴사 지음

손영대 옮김

日本 옴사 · 성안당 공동 출간

그림풀이 전기공학입문

Original Japanese edition
Etoki Denkigaku Nyuumon Hayawakari (Kaitei 2-han)
Edited by Ohmsha

published by Ohmsha, Ltd.

This Korean language edition is co-published by Ohmsha, Ltd. and SEONG AN DANG Publishing Co.

머리말

「전기를 이해하는 것은 어렵다」라는 말을 흔히 듣게 된다. 그 원인 중 하나는 전기를 처음 배울 때 "전기는 눈에 보이지 않는다"는 벽에 부딪치거나 추상적인 전기 용어나 내용 설명이 이해되지 않기 때문일 것이다. 따라서 이러한 점을 없애기 위해서는 하나 하나의 현상이나 전기의 작용을 생활 주변에서 일어나는 구체적인 사례와 대비시키면서 시각적으로 배우는 것이 전기를 이해하는 데 있어서, 그리고 한 발 더 나아가 전기의 여러 가지 응용을 배우는 데에 있어서도 중요한 방법이 된다. 이에 본 서는 이러한 방법을 채택, 하나 하나의 전기 현상을 그림풀이 형식으로 해설함으로써 전기에 대한 초심자를 위해 "가교" 역할을 할 수 있을 것이다.

현재의 공업고등학교에서는 「전기 기초」로 종래의 전기・전자의 기초적 지식을 배우고 있다. 본 서는 이 「전기 기초」를 기초로 하여 전기과, 전자과 학생 모두 공통적으로 배우는 기초적 지식을 각 테마마다 독특한 삽화를 이용해서 알기 쉽게 해설한 것이다.

본 서는 이와 같이 처음으로 전기를 배우는 사람을 위해 기획된 것이지만, 현장에서 활약하고 있는 엔지니어들이나 전기기사 자격 시험을 준비하고 있는 사람들에게도 다시 한 번 "기초를 다지기 위한 학습"을 하는 데 있어서 도움이 될 것으로 생각된다. 전기와 전자의 기초를 다시 다지는 것이 최신 기술을 배우는 데 있어서 언뜻 먼 길을 돌아가는 것처럼 보일 수도 있겠지만 가장 빨리 마스터하는 지름길이 아닐까 생각된다.

본 서의 원판은 1980년 6월 「신전기」 증간으로 발행된 후 초보자를 위한 입문서로 수많은 독자들에게 잘 알려져 왔다. 「전기 기초」의 커리큘럼 변경과 함께 「전자회로편」을 분리하여 전기용 그림 기호, SI 단위 등을 검토하여 개정 2판을 발간하게 되었다.

신전기 편집부

역자 서문

21세기 산업은 환경보존과 에너지 절약이라는 두 가지 명제의 기반에서 시작될 것이다. 이는 과학기술의 불성실성에서 파생된 오류를 치유하여 미래를 보존하고 이 땅에서 스스로의 존재가치를 부여하기 위한 지구인들의 바람에서 출발한다.

역사적으로 전기공학이 사회발전에 기여한 공로는 엄청나다. 기원전 1000년 전부터 전기현상이 실생활에 이용되기 시작하였으나, 전기의 고마움을 느끼거나 그 응용분야의 발전상에 대한 인식도가 일반인들한테는 별로 익숙하지 못하며, 최근의 정보통신기술을 선호하는 사회분위기가 높아갈수록 그 정도가 더욱 심해지고 있는 실정이다. 그것은 수월성을 선호하는 시대적 요구도 원인이 될 수 있겠지만 다소 경직된 듯한 인상을 주기에 충분한 학문적 정체성과 멀티미디어 시대에 부응하기 위한 새로운 형태의 지침서가 없었기 때문이 아닐까 하는 의문을 제기해 본다. 즉, 기간학문 분야의 하나인 전기공학은 일반인들이 쉽게 이해하기 힘든 시스템적 학문체계를 요구하는 분야이기 때문이기도 하고, 그 현상들이 실생활에 비유되어 쉽게 이해될 수 있고 비전문가에게도 흥미를 유발시킬 수 있는 전문서적이 없었기 때문이 아닌가 하고 나름대로 분석해 보았다. 따라서 이러한 배경에서 본 서를 번역하게 되었으며, 독자들은 특히 책 속에 삽입되어 있는 다양한 삽화를 통해 기초개념을 쉽게 파악할 수 있을 것으로 생각한다.

또한 본 서는 멀티미디어 기술의 접목에 쉽게 활용될 수 있는 책으로, 이공계를 전공하는 학생에게는 필수적인 서적이라고 생각된다. 전기현상이 궁금한 중・고등학생, 전기 및 전자공학을 전공하는 고등학생과 대학생, 비전문가로서 전기전자분야에 관심이 많은 일반인, 전기설비 관련업체, 연구소의 연구원으로 근무하는 전문가, 전기기사를 준비하고 있는 수험생, 그리고 가정을 꾸려나가는 주부님들에게도 이 책을 추천하고 싶으며 많은 도움이 되기를 기원한다.

끝으로 어려운 여건 속에서도 한글판의 출판을 위해 힘써주신 성안당의 관계자 여러분들께 고마움을 전한다.

역 자

차 례

1. 전기의 기초

2. 전류의 작용

차 례

3. 자기의 작용

4. 정전기의 작용

차 례

5. 교류의 기초

6. 교류 회로

차 례

7. 전기 계측

8. 파형과 계측

A History of Electrical technology

그림으로 보는 전기의 역사

1 기원전의 호박과 자석

BC 600년
정전기의 발견
탈레스

그리스의 7현인 중의 한 사람으로 탈레스라고 하는 철학자가 있었다. 기원전 600년경 탈레스는 당시의 그리스인들이 호박을 마찰하여 깃털을 흡인하거나 자철광으로 철편을 흡인하는 것을 보고 그 원인을 연구한 끝에 「만물에는 신령이 충만하다. 철을 흡인하는 마그니스는 신령을 가지고 있을 것이다」라고 말했다고 한다. 여기서 마그니스란 자철광을 말한다.

또한 그리스인은 호박을 일렉트론이라고 하여 발틱해 연안에서 수입하여 팔찌나 목걸이를 만들었다. 당시의 보석상들도 호박을 마찰하면 깃털이 흡인된다는 것을 알고 있었으나 그것은 단순히 신들의 정령 또는 마력 때문이라고 생각하고 있었다.

자침의 응용
중국

한편 중국인은 기원전 2500년경쯤 천연자석에 대한 지식이 있었던 것 같다. 또한 「여씨춘추(呂氏春秋)」라고 하는 책에는 나침반에 관한 기술이 있는데 그것은 기원전 1000년경의 일이다. 중국에서는 일찍부터 자침이 방위를 찾는 데 사용되었다고 한다.

2 자기 · 정전기와 볼타 전지

14세기
항해용 나침반
의 발명

일반적으로 말하는 마찰 전기에 대해서 기원전에는 하나의 현상으로서 알려져 있었으나 오랫동안 별다른 진전이 없었다.

나침반은 13세기에 들어서도 바늘의 형태로 만든 자철광을 볏짚 위에 놓고 물에 띄워 항해하는 정도였다. 14세기 초기에 자침을 실로 매단 항해용 나침반이 만들어졌다.

이와 같은 나침반은 1492년 콜롬버스의 아메리카 대륙 발견, 그리고 1519년 마젤란의 세계일주 항로의 발견에 많은 도움이 되었다.

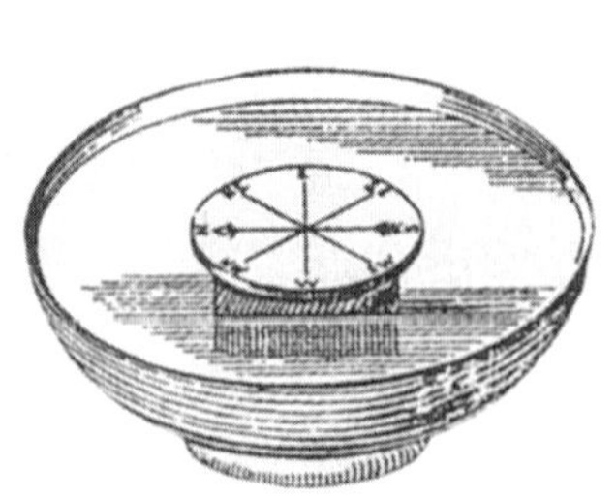

물에 띄운 자침

(1) 자기 · 정전기와 길버트

1600년
정전기의 연구
길버트

영국인 길버트는 엘리자베스 여왕의 주치의이기도 하면서 동시에 자기에 대한 연구를 하고 있었다. 그는 다년간에 걸친 자기에 관한 시험의 성과를 종합하여 1600년에 「자기에 대하여」라는 제목의 책을 발표했는데 거기에서 지구는 큰 자석이라는 것과 나침반의 복각(伏角)에 대하여 설명했다.

엘리자베스 여왕 앞에서 실험해 보이는 길버트

또한 길버트는 호박을 마찰시키면 깃털이 흡입되는 현상을 연구하여 이와 같은 현상은 호박뿐만 아니라 유황, 수지, 유리, 수정, 다이아몬드 등에도 존재한다는 것을 밝혔다.

현재는 대전 현상으로 마찰 전기 계열(모피 · 플란넬 · 세라믹스 · 에나멜 · 유리 · 종이 · 실크 · 호박 · 금속 · 고무 · 유황 · 셀룰로이드)이 있으며 이 계열 중 2개를 서로 마찰시키면 앞쪽 물질은 플러스로, 뒤쪽 물질은 마이너스로 대전되는 것이 밝혀졌다.

또한 길버트는 정전력을 실험하기 위해 벨서륨 회전기라고 하는 낡은 타입의 전기시험기를 고안했다.

당시에는 사색에만 의존하는 연구방법이 성행했는데 진정한 연구는 실험을 기초로 해야 된다고 주장하여 실천한 점은 근대 과학 연구방법의 시초라 할 수 있다.

(2) 낙뢰와 정전기

1748년
피뢰침의 발명
프랭클린

기원전 중국에서는 낙뢰에 대하여 다음과 같이 생각하고 있었다. 낙뢰는 낙뢰를 관장하는 5명의 신의 조화물로 신의 우두머리를 뇌조(雷祖)라 하였고 그 밑에 북을 울리는 뇌공(雷公)과 2개의 거울로 하계를 비추는 뇌모(雷母)가 있다는 것이다.

아리스토텔레스 시대에 이르러서는 상당히 과학적으로 증명되어, 뇌운은 대지의 증기로 되어 있으며 이 뇌운이 한기와 함께 수축되면 뇌우와 함께 빛을 낸다고 생각하게 되었다.

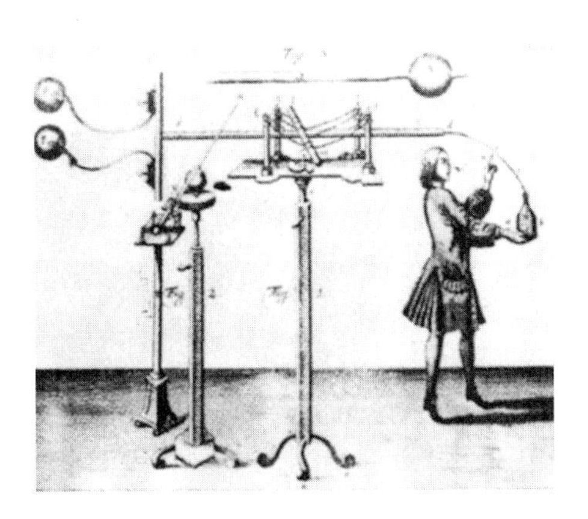

라이덴병의 실험

낙뢰가 정전기에 의한 것이라고 생각한 사람은 영국인 월이다(1708년). 프랭클린도 같은 생각으로 1748년 피뢰침을 고안했다.

마찰 전기 계열의 플러스 전하와 마이너스 전하에 대하여 전기에는 플러스, 마이너스의 2종류가 있다는 것과 이것을 플러스 전기, 마이너스 전기라고 명칭을 부여한 것이 프랭클린이다(1747년).

1746년
라이덴병의
발명
뮈센브르크

이와 같은 정전기를 어떻게 하면 「저장할 수 있을까」에 대해 많은 과학자들이 연구를 거듭했다. 1746년, 라이덴 대학교수 뮈센브르크는 전기를 축적할 수 있는 병을 발명했다. 이것이 후에 유명한 「라이덴병」이라고 하는 것이다.

뮈센브르크는 물을 병에 저장하듯이 전기를 병에 축적하려는 생각에서 물을 병에 넣고 철사를 통하여 마찰 유리봉을 물에 넣어 보았다. 병과 봉에 손이 닿는 순간 상당히 강한 쇼크을 받은 그는 「왕을 시켜준다 해도 두 번 다시 이렇게 무시운 실험은 하고 싶지 않다」고 말했디고 한다.

프랭클린은 라이덴병에 전기를 축적하려는 생각에서 1752년 6월 연을 뇌운 속에 띄워 실험했다. 그 결과 뇌운이 때로는 플러스, 때로는 마이너스가 되는 것을 발견했다. 이 연의 실험은 유명하여 그 후 많은 과학자가 관심을 가지고 추가 실험을 했는데, 1753년 7월 러시아의 리히만은 그 실험 도중 전기 쇼크를 받아 사망했다.

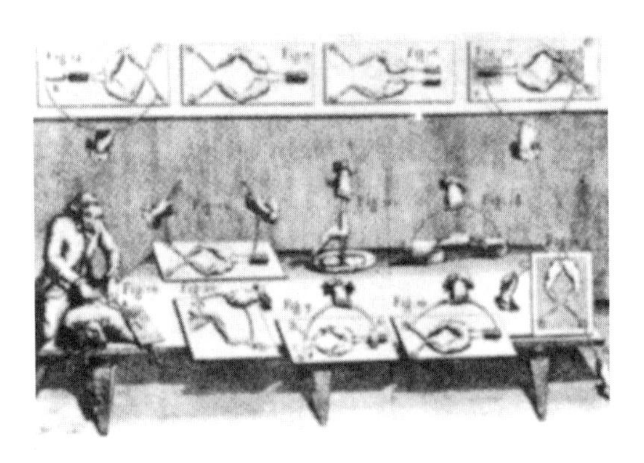

갈바니의 개구리 실험

전기에 의한 쇼크는 병의 치료에 이용되어 1700년대부터 전기 쇼크 요법이 실행되었다. 볼로냐대학(이탈리아) 교수 갈바니는 개구리를 해부하던 중 메스가 발의 근육에 접촉하면 근육이 경련을 일으킨다는 것을 발견했다. 전기 쇼크 요법이 성행한 시대였으므로 그는 개구리의 근육 경련의 원인이 전기라고 생각했다. 그리고 그 전기를 「동물전기」라 명명하였고 1791년 동명의 논문을 발표했다.

1800년
전지의 발명
볼타

파비아대학(이탈리아) 교수 볼타는 갈바니의 실험을 반복적으로 실시한 결과 「동물전기」에 의문을 가지게 되어 지속적인 연구로 1800년 「이종 도전물질의 접촉에 의하여 발생하는 전기에 대하여」라는 논문을 발표했다.

즉, 두 종류의 금속을 접촉시키면 전기가 발생한다는 현상이다. 그리고 여러 가지의 금속을 가지고 실험한 결과, 금속의 전압렬은 아연·연·주석·철·동·은 ·금·흑연이며 이 전압렬 중 두 종류의 금속을 접촉시켜면 접촉된 금속 중 앞쪽 금속이 플러스로, 뒤쪽 금속이 마이너스로 대전되는 현상을 밝혀냈다. 또한 묽은 황산 속에 동과 아연 전극을 넣은 볼타의 전지가 발명되었다. 전압의 단위 볼트는 그의 이름에서 유래한 것이다.

1800년대 초기는 나폴레옹이 프랑스 혁명 후 나폴레옹 시대를 전개하려던 무렵이다. 나폴레옹은 이탈리아에서 개선한 후 1801년 볼타를 파리로 불러 전기실험을 하도록 지시했다. 그 결과 볼타는 나폴레옹에게서 금패와 레지옹도뇌르 훈장을 받았다.

나폴레옹 앞에서 실험을 하는 볼타

(3) 볼타 전지의 이용과 전자기학의 발전

볼타 전지가 발명된 후 이 전지를 이용하여 여러 가지 실험이나 연구가 진행되었다. 독일에서는 물의 전기분해가 실시되었고 영국에서는 염화칼륨에서 칼륨을, 염화나트륨에서 나트륨을 추출하는 연구가 이루어졌다. 영국의 화학자 데비에 의하여 볼타 전지를 2,000개나 연결한 아크 방전 실험이 실시되었다.

이 실험에서는 플러스 전극과 마이너스 전극 끝에 목탄을 붙여 그 간격을 조정하여 방전시킴으로써 강한 빛이 발생하였는데, 이것이 바로 전기 조명의 기원이다.

1820년
전류에 의한
자계의 발견
엘스테드

1820년, 코펜하겐(덴마크)대학 교수 엘스테드는 볼타 전지에 연결해 놓은 도선 옆에 자침을 놓은 결과 그것이 회전하는 것을 발견하고 논문을 발표했다.

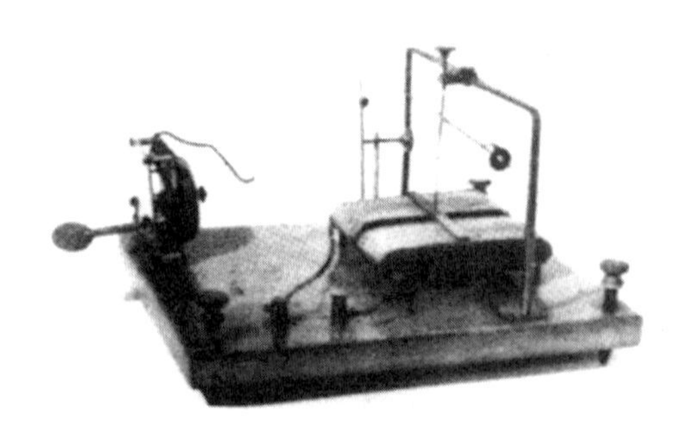

실링의 단침 전신기

이 논문을 본 러시아의 실링이 코일과 자침을 조합한 전신기를 발명한 것이(1831년) 전신의 기원이 되었다.

그 후 프랑스의 암페어가 전류 주위에 생기는 자계의 방향에 대한 암페어의 법칙(1820년)을 발견하고 패러데이가 획기적인 전자유도 현상을 발견(1831년)하는 등 전자기학은 비약적으로 발전했다.

1826년
옴의 법칙 발견
옴

1831년
전자유도
현상의 발견
패러데이

한편 전기회로에 관한 연구도 진행되어 옴이 전기저항에 관한 옴의 법칙(1826년)을 발견하고 키르히호프 회로망에 관한 키르히호프의 법칙(1849년)을 발견하는 등 전기학이 확립되었다.

패러데이

3 유선통신의 역사

과학기술은 군사적인 요청에 의해 발전해 왔다고 주장하는 사람들도 있는데 분명히 그런 부분이 있다.

나폴레옹의 진공을 겁내고 있던 영국은 완목식 통신기로 프랑스군의 움직임을 본부에 연락하고 있었다. 또한 스웨덴·독일·러시아 등의 각국도 군사에 이 통신기를 이용하는 통신망을 만들었고 이를 위해 막대한 예산을 배정했다고 한다. 이 통신기를 전기식으로 개량하려는 착상이 유선통신의 시작이라고 하겠다.

(1) 유선통신의 원리

실링의 전자식 전신기 외에 독일의 젠메링이 발명한 전기화학식 전신기, 가우스와 웨버(독일)의 전신기, 쿠크와 휘트스톤(영국)의 5침식 전신기 등이 있다. 또한 전신기의 형식은 음향식, 인쇄식, 지침식, 벨식 등 여러 가지이다.

1837년
전신기의 발전
쿠크와
휘트스톤

그 중에서 쿠크와 휘트스톤의 5침식 전신기는 런던-웨스트 드레이튼 간 20 km에 5개의 전신선을 부설하여 실제로 사용했다는 점에서 유명하다. 그것이 1837년의 일이다.

쿠크와 휘트스톤의 5침식 전신기

(2) 모스(Morse)의 전신기

1837년
모스 전신기의
발명
모스

1837년, 미국에서 모스의 전신기가 완성되었다. 모스 신호(톤・츠)로 유명한 모스이다. 모스는 화가가 되기 위해 런던에서 공부했는데 1815년 미국으로 돌아가는 배 안에서 보스턴대학 교수인 잭슨으로부터 전신에 관한 이야기를 듣고 모스 신호와 전신기를 착상하게 되었다고 한다.

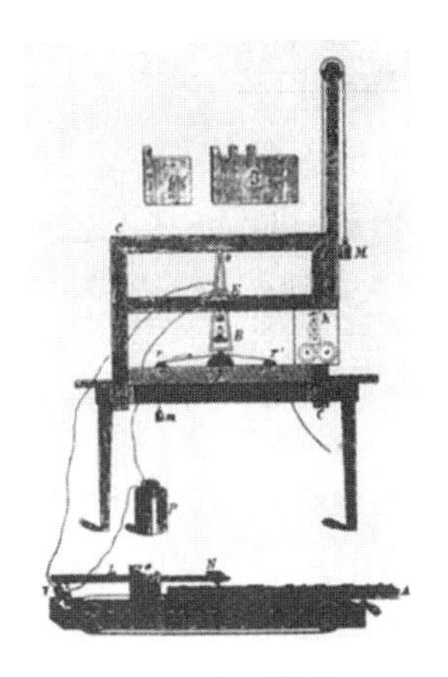

모스의 전신기

모스는 전신선 부설을 위해 마그네틱 텔레그래프 회사를 만들어 1846년에 뉴욕・보스턴 간, 필라델피아・피츠버그 간, 토론토・버팔로・뉴욕 간에서 전신사업을 시작했다.

모스의 사업이 대성공을 거두자 미국 각지에서 전신회사가 생겨났고 전신사업은 점차 확대되어 갔다.

1846년에는 모스의 전신기에 음향 수신기가 장착되어 사용도 용이하게 되었다고 한다.

(3) 전화와 교환기

1876년
전화의 발명
벨과 그레이

1876년 2월 14일, 미국의 발명가 벨과 그레이는 별도로 전화기의 특허권을 신청했는데 벨의 특허원이 그레이의 출원계보다 2시간 정도 빨라서 벨이 특허권을 취득했다.

1878년, 벨은 전화회사를 설립, 전화기를 제조하여 전화사업의 발전에 전력했다.

전화가 발달하자 교환기의 역할이 중요해졌다. 1877년경의 교환기는 티켓식 교환기라 하여 교환원이 통신 요청을 받아 티켓을 다른 교환원에게 전달하는 형식이었다.

그 후에 거듭 개량된 결과 블록 다이어그램식이 개발되었고 뒤이어 자동적으로 교환을 하는 방식이 개발되기에 이르렀다(1879년).

1891년
자동교환기의
발명
스트로저

1891년, 스트로저식 자동교환기가 완성되어 이로부터 자동교환 방식이 완성되었다. 그 후의 지속적인 연구로 현재의 전자교환기에 이르렀다.

스트로저식 자동교환기

(4) 해저통신 케이블

육상의 통신망이 점차 정비되자 다음은 바다를 사이에 둔 나라와 통신을 하기 위해 해저에 통신 케이블을 부설하는 것을 연구하게 되었다. 1840년경 이미 휘트스톤은 해저 케이블을 생각했던 것 같다.

해저 케이블은 전선의 기계적 강도, 절연, 부설의 방법 등 육상의 케이블과는 다른 해결해야 할 과제가 있었다.

1845년
해저 케이블의
부설
영국

1845년 영국 해협해저전신회사가 설립되었고 영국에서 캐나다까지, 또한 도버 해협을 사이에 둔 프랑스까지 해저 케이블을 부설하는 사업이 전개되었다. 해저 케이블의 부설은 부설중 케이블이 끊어지는 등 난공사였으나 다행히 시대의 요청에 힘입어 각국이 이 사업에 진출하게 되었다.

1851년 칼레 · 도버 간에 최초의 해저 케이블이 부설되어 통신에 성공했다. 그것을 계기로 유럽 주변, 미국 동부 주변에 다수의 케이블이 부설되었다. 현재는 전 세계적으로 바다에 케이블이 부설되어 통신에 이용되고 있다.

케이블 부설의 아가메논호

4 무선통신의 역사

세계 각지의 정보가 TV를 통해 전달되는데, 이것은 전파에 의한 것이다. 최초로 전파를 발생시킨 실험은 1888년 독일의 헤르츠에 의하여 실시되었다. 그 실험에서 헤르츠는 전파가 빛과 같이 직진 · 반사 · 굴절 현상이 있다는 것을 밝혀냈다. 주파수의 단위 Hz는 그의 이름에서 유래한 것이다.

(1) 마르코니의 무선장치

헤르츠의 실험을 잡지에서 본 이탈리아의 마르코니는 1895년 최초의

1895년
무선전신의
발명
마르코니

무선장치를 만들었다. 이 무선장치를 사용하여 약 3 km 떨어진 거리에서 모스 신호에 의한 통신실험을 했다. 그는 무선통신을 기업화하기 위해 무선통신·신호회사를 설립했다.

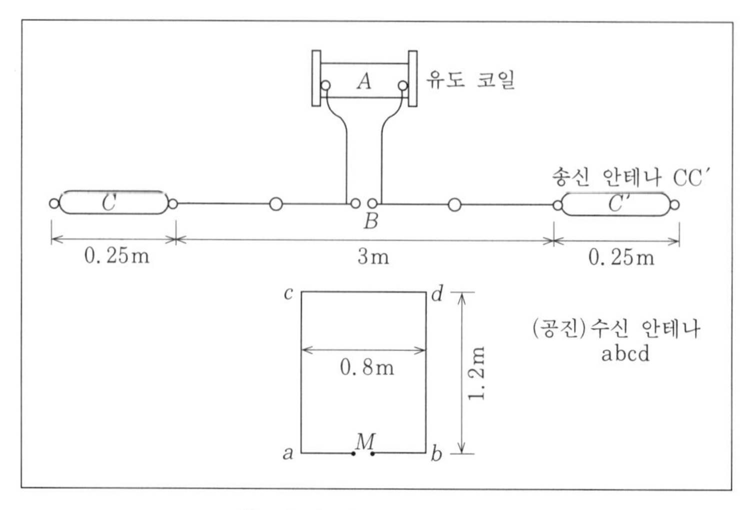

헤르츠의 전자파의 전파실험

1899년에는 도버 해협을 넘어 통신에 성공하였고 1901년에는 영국에서 2,700 km 떨어진 뉴펀들랜드에서 모스 신호의 수신에 성공했다.

마르코니는 무선통신 분야에서 많은 성공을 거두었으나, 해저 케이블 회사가 이해가 대립된다는 이유로 뉴펀들랜드에 무선국을 설치하는 데 반대하기도 하는 등 마르코니의 반대자가 적지 않았다.

마르코니와 무선장치

(2) 고주파의 발생

무선통신에는 안정된 고주파를 발생시키는 것이 필수적이다.

닷델은 코일과 콘덴서를 사용한 회로에서 고주파를 발생시켰는데 주파수는 50 kHz 미만, 전류도 2~3A로 작았다.

1903년
고주파의 이용
파울젠

1903년 네덜란드의 파울젠은 알코올 증기 속에서 생긴 아크로 1 MHz의 고주파를 발생시켰고 페텔전은 이것을 개량하여 출력 1 kW의 장치를 만들었다.

그 후에 독일에서 기계식의 고주파 발생장치가 고안되었고 미국의 스텔라나 페센덴, 독일의 골트슈미트 등은 고주파 교류기에 의한 방법을 개발하는 등 많은 과학자나 기술자가 고주파 발생의 연구에 착수했다.

(3) 무선전화

1906년
무선전화의
발명
알렉센더슨

모스 신호가 아닌 사람의 말을 보내기 위해서는 음성신호를 실을 반송파가 필요한데, 이것은 고주파여야 한다.

1906년 GE사의 알렉센더슨은 80kHz의 고주파 발생장치를 만들어 무선전화의 실험에 처음으로 성공했다.

무선전화에서 음성을 보내 그것을 받으려면 송신하기 위한 고주파 발생장치와 수신하기 위한 검파기가 필요하다.

닷델의 고주파 발생장치

1913년
헤테로자인
수신기 발명
페센덴

페센덴은 수신장치로서 헤테로다인 수신방식을 고안하여 1913년에는 그 실험에 성공했다.

닷델은 송신장치로서 파울젠 아크 발신기를 사용하고 수신장치로서 전해검파기를 사용한 수화기식을 고안했다. 당시로서는 모두가 불꽃발진기를 사용하고 있었기 때문에 잡음이 많았고 실험단계에서 성공은 했지만 실용화와는 거리가 멀었다. 전파를 안정적으로 발생시키고 잡음이 적은 상태로 수신하기 위해서는 진공관의 출현이 기대되었다.

(4) 2극관과 3극관

1883년, 에디슨은 점등해 있는 전구의 필라멘트에서 전자가 나와 전구의 일부분이 검게 되는 것을 발견하고 이것을 에디슨의 효과라고 명명했다.

드 포레스트와 3극관

1904년
2극관의 발명
플레밍

1904년, 플레밍은 에디슨 효과에서 힌트를 얻어 2극관을 만들어 이것을 검파에 이용했다.

1907년
3극관의 발명
드 포레스트

1907년, 미국의 드 포레스트는 2극관의 양극과 음극 사이에 그리드라고 하는 또 하나의 전극을 설치한 3극관(오디온)을 발명했다. 이 3극관은 신호 전압의 증폭에 사용되는 동시에 피드백 회로를 설치하여 고주파를 안정적으로 발생시킬 수도 있는 것으로서 획기적인 회로소자라 할 수 있다.

3극관은 더욱 개량되어 단파나 초단파의 고주파를 발생시킬 수 있게 되었다. 또한 3극관은 전자류를 제어할 수 있는 기능이 있어 그 후 출현한 브라운관이나 오실로스코프와 밀접한 관계가 있다.

5 전지의 역사

1790년, 갈바니는 개구리의 해부에서 「동물전기」를 제창하였으며 그것을 계기로 볼타는 두 종류의 금속을 접촉시키면 전기가 발생한다는 것을 밝혔다. 이것이 전지의 기원이라고 할 수 있다.

1799년
볼타 전지의
발명
볼타

1799년, 볼타는 동과 아연 사이에 염수로 적신 종이를 넣고 그것을 적층한 전지, 「볼타의 전퇴」를 만들었다. 퇴(堆)라고 하는 글자는 높이 쌓는다는 의미로 전퇴는 전지의 작은 요소를 높이 쌓은 것이라는 의미이다.

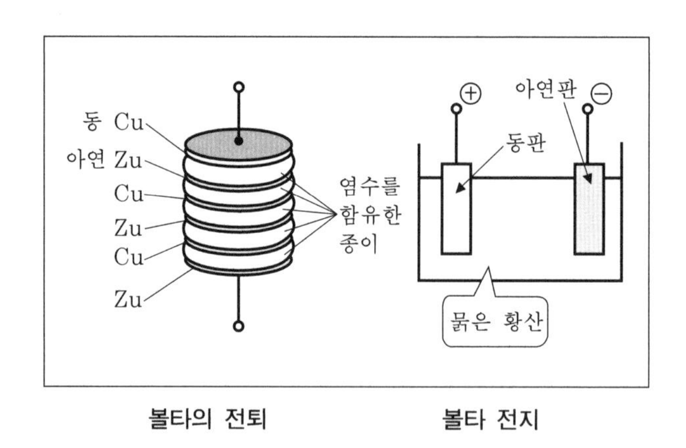

볼타의 전퇴　　　　볼타 전지

(1) 1차 전지

한번 방전해 버리면 다시 사용할 수 없는 전지를 1차 전지라고 한다. 볼타는 볼타의 전퇴를 개량하여 볼타 전지를 만들었다.

1836년
다니엘 전지의
개발
다니엘

1836년, 영국의 다니엘은 질그릇 통 속에 양극과 산화제를 넣은 다니엘 전지를 개발했다. 이것은 볼타 전지에 비하여 장시간 전류를 얻을 수 있는 것이었다.

1868년, 프랑스의 르크랑셰가 르크랑셰 전지를 발표하였고 1885년에는 일본의 오이(尾井)가 오이 건전지를 발명했다.

오이 건전지는 전해액을 스폰지에 함침시켜 운반을 편리하게 한 독특한 것이었다.

다니엘 전지

1917년, 프랑스의 페리는 공기 전지를, 1940년에 미국의 루벤은 수은 전지를 발명했다.

(2) 2차 전지

1859년
2차 전지의 발명
프란데

방전해 버려도 충전하여 다시 사용할 수 있는 전지를 2차 전지라 한다. 1859년 프랑스의 프란데는 충전하면 몇 번이든지 사용할 수 있는 납축전지를 발명했다. 이것은 최초의 2차 전지로 묽은 황산 속에 납의 전극을 넣은 구조였다. 현재 자동차의 배터리에 사용되고 있는 것과 같은 타입이다.

1897년, 일본의 시마즈 겐조는 10암페어시의 용량을 가진 납축전지를 개발하여 Genzo Simazu의 이니셜을 따서 GS 배터리라는 상품명으로 판매했다.

1899년, 스웨덴의 융그너는 융그너 전지를, 1905년에 에디슨은 에디슨 전지를 만들었다. 이들 전지는 전해액으로 수산화칼륨을 사용하고 있으며 이것이 후일 알칼리 전지라 불리는 것이다.

1948년 미국의 뉴먼은 니켈・카드뮴 전지를 발명했다. 이것은 충전할 수 있는 건전지라는 점에서 획기적인 것이었다.

(3) 연료 전지

1939년
연료 전지의 발명
글로브

1939년, 영국의 글로브는 산소와 수소의 반응중에 전기 에너지가 발생한다는 것을 발견하고 실험에 의하여 연료 전지의 가능성을 밝혔다.

즉, 물을 전기분해하면 산소와 수소가 되는데 그 반대로 외부에서 양극측에 산소, 음극측에 수소를 보내어 전기 에너지와 물을 만드는 것이다.

글로브 당시에는 실험단계로서 실용화되지는 않았으나 1958년 케임브리지대학(영국)에서 출력 5kW의 연료 전지가 완성되었다.

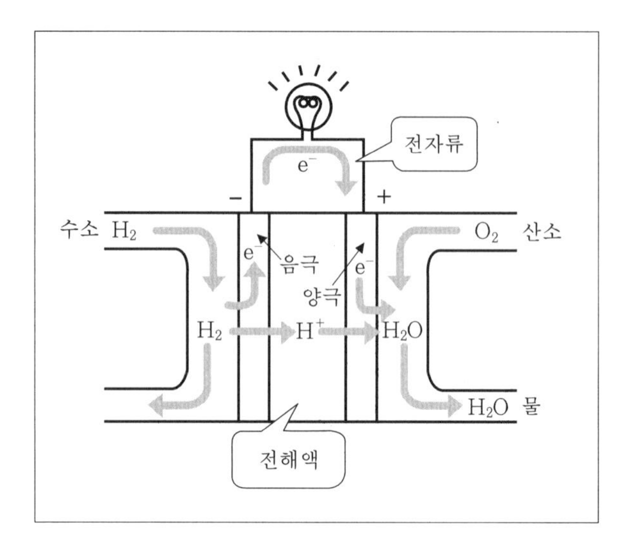

연료 전지의 구조

1965년, 미국의 GE가 연료 전지의 개발에 성공하여 이 전지가 1965년 유인 우주비행선 제미니 5호에 탑재되어 비행사의 음료수와 비행선의 전기 에너지로서 이용되고 있다.

또한 1969년 달 표면에 도착한 아폴로 11호에도 선내용 전원으로 연료 전지가 사용되었다.

(4) 태양 전지

1873년, 독일의 지멘스는 셀렌과 백금을 사용한 광전지를 발명했다. 이 셀렌 광전지는 현재 카메라의 노출계에 사용되고 있다.

1954년
태양 전지의
발명
샤핀

1954년, 미국의 샤핀은 실리콘을 사용한 태양 전지를 발명했다. 이 실리콘 태양 전지는 pn 접합 실리콘에 태양빛이나 전등빛이 조사되면 전기 에너지가 발생하는 것이다.

인공위성이나 솔라 카, 또는 시계나 전자계산기 등에 널리 이용되고 있으며 더욱이 변환 효율이 높은 소자의 개발이 진행되고 있다.

인공위성에 사용되는 태양 전지

6 조명의 역사

영국의 산업혁명(1760년)으로 공장에서 「물품을 만드는」 이른바 대량 생산의 시대가 되었다. 이에 따라 야간의 조명이 중요한 요소로 등장했다.

1815년
아크 등의
발명
데이비

1815년, 영국의 데이비는 볼타의 전지를 2,000개나 사용하여 아크를 발생시키는 유명한 실험을 했다.

런던의 투광 조명(1848년)

(1) 백열 전구

1860년
스완 전구의
발명
스완

1860년, 영국의 스완은 탄화면사로 필라멘트를 만들어 이것을 글라스구에 넣어 탄소선 전구를 발명했다.

그러나 당시의 진공기술로는 장시간 필라멘트를 가열하여 점등시키는 것은 불가능했다. 즉 필라멘트가 글라스구 속에서 산화하여 연소되어 버렸던 것이다.

스완이 생각한 백열 전구의 원리는 현재의 백열 전구의 기원이며 그 후 필라멘트의 연구와 진공기술의 개발 등이 진전되어 실용화에 이르게 되었다. 스완은 대단한 발명을 했다고 할 수 있다.

1865년, 슈프링겔은 진공현상을 연구하기 위해 수은 진공 펌프를 개발했다. 이것을 알게 된 스완은 1878년에 글라스구 내의 진공도를 높이고 다시 필라멘트로서 면사를 황산으로 처리한 후에 탄화하는 등의 연구를 바탕으로 스완의 전등을 발표했다. 이 백열 전구는 파리 만국박람회에 출품되었다.

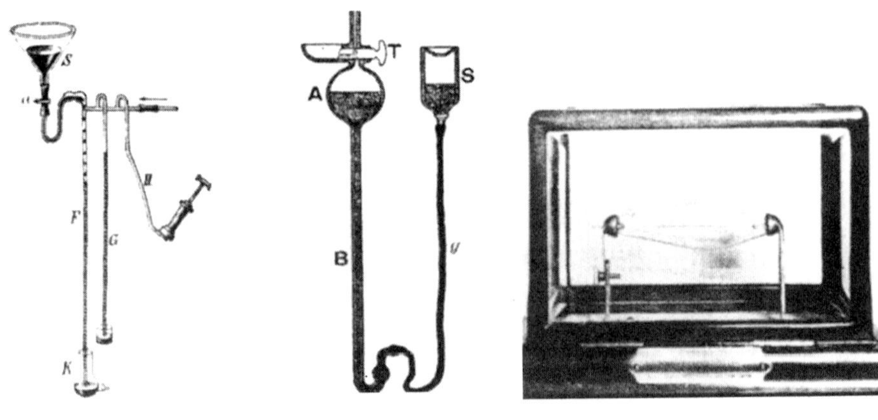

슈프링겔의 진공 펌프

스완의 전등

1879년
백열 전구의
발명
에디슨

1879년, 미국의 에디슨은 백열 전구를 40시간 이상 점등시키는 데 성공했다.

1880년, 에디슨은 백열 전구에 사용되는 필라멘트의 재료로서 대나무가 우수하다는 것을 발견하고 일본, 중국, 인도의 대나무를 채집하여 실험을 거듭했다.

에디슨은 직원인 무아를 일본에 파견하여 교토, 야하타에서 양질의 대나무를 구하여 약 10년에 걸쳐 야하타의 대나무로 필라멘트를 제조했다. 그 대나무 필라멘트 전구의 제조를 위해 1882년에 런던과 뉴욕에 에디슨 전등회사를 설립했다.

1886년
도쿄전등회사
의 설립

일본에서는 1886년에 도쿄전등회사가 설립되어 1889년부터 일반 가정에 백열 전구가 보급되기 시작했다.

1910년, 미국의 크리지는 필라멘트에 텅스텐을 사용한 텅스텐 전구를 발명했다.

1913년, 미국의 랑뮤어는 글라스구 속에 가스를 봉입하여 필라멘트의 증발을 방지한 가스가 봉입된 텅스텐 전구를 발명했다.

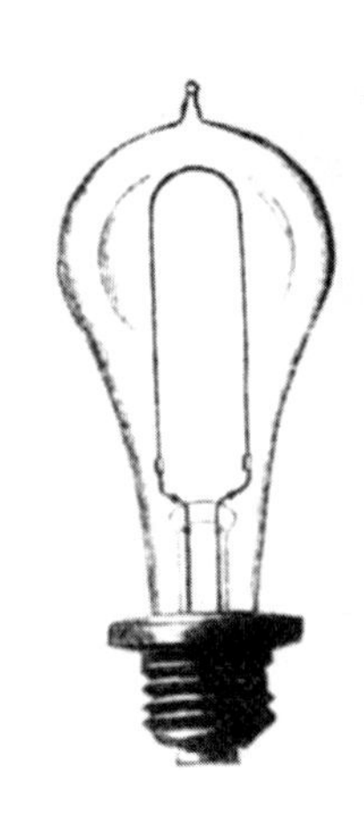

필라멘트에 대나무의
탄화물을 사용한
에디슨 전구

1925년, 일본의 不破橘三은 내면 무광택 전구를 발명했다.

1931년, 일본의 三浦順一은 2중 코일 텅스텐 전구를 발명했다.

이상과 같은 경위를 거쳐 현재 우리들이 누리고 있는 백열 전구를 이용한 일상생활이 존재하는 것이다.

(2) 방전 램프

1902년
방전 램프의
발명
휴잇

1902년, 미국의 휴잇은 글라스구 내에 수은증기를 넣어 아크 방전시킨 수은 램프를 발명했다. 이 램프는 수은증기의 기압이 낮으면 자외선이 많이 나오기 때문에 살균 램프로 사용되고 있다. 또한 고압이 되면 강한 빛을 발한다.

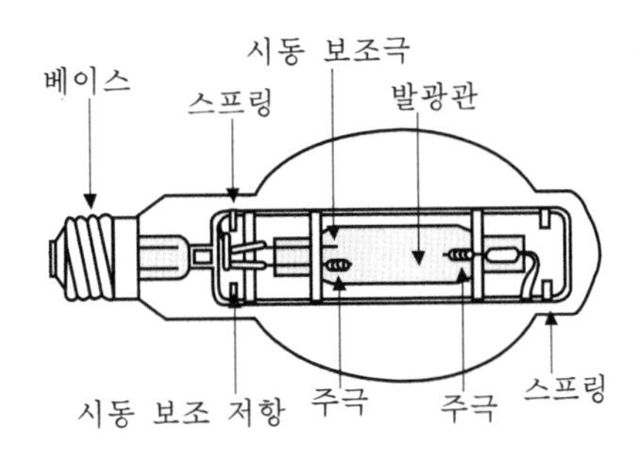

수은등

현재 광장 조명이나 도로 조명에 널리 사용되고 있는 형광수은 램프는 수은의 아크 방전에 의한 빛과 자외선이 글라스구에 도포된 형광체에 닿아 발하는 빛을 혼합해서 이용하고 있다.

1932년, 네덜란드의 필립스사는 파장이 590 nm로 단색광을 발하는 나트륨 램프를 개발했다. 이 램프는 자동차 도로의 터널 조명에 널리 사용되고 있다.

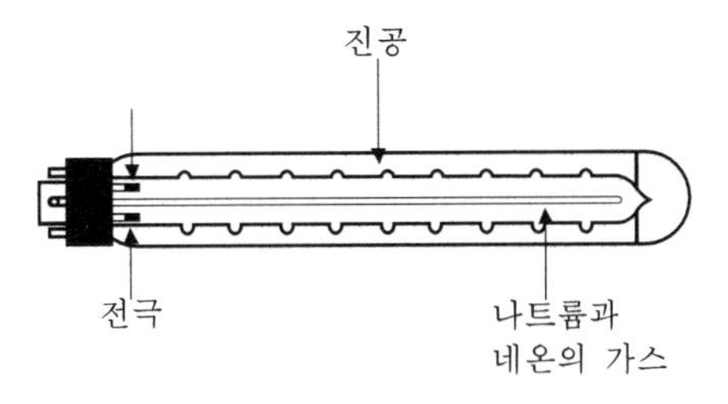

나트륨 램프

1938년, 미국의 인먼은 현재 널리 사용되고 있는 형광 램프를 발명했다. 이 램프는 수은 아크 방전으로 생긴 자외선이 램프의 내측에 도포된 형광체에 닿아 여러 가지 색의 빛을 발하는데, 일반적으로는 백색 형광체가 많이 사용되고 있다.

7 전력기기의 역사

1820년, 엘스테드의 전류에 의한 자기 작용의 발견은 전동기의 기원이라고 할 수 있으며, 1831년 패러데이에 의한 전자유도의 발견은 발전기나 변압기의 기원이라고 할 수 있다.

(1) 발전기

1832년
발전기의 발명
빅시

1832년, 프랑스의 빅시는 수동식 직류발전기를 발명했다. 이것은 영구자석을 회전하여 자속을 변화시켜 코일에 발생하는 유도기전력을 직류전압으로 얻는 것이다.

1866년, 독일의 지멘스는 자려식의 직류발전기를 발명했다.

1869년, 벨기에의 그램은 환상(環狀) 전기자를 만들어 환상 전기자형 발전기를 발명했다. 이 발전기는 수력으로 회전자를 회전시키는 것으로 개량을 거듭해 1874년에는 3.2 kW의 출력을 얻게 되었다.

2상 방식에 의한 고튼의 대형 발전기

1882년, 미국의 고튼은 2상 방식의 발전기로 출력 447 kW, 높이 3 m, 무게 22톤의 거대한 발전기를 제작했다. 미국의 테슬러는 에디슨사에 있을 무렵 교류의 개발을 시도하였으나, 에디슨은 직류방식을 고집했기 때문에 2상 교류발전기와 전동기의 특허권을 웨스팅하우스사에 팔았다.

1896년
교류송전의
개시
테슬러

1896년, 테슬러의 2상 방식은 나이아가라 발전소에서 가동하여 출력 3,750 kW, 5,000V를 40 km 떨어진 버팔로시에 송전하고 있다.

1889년, 웨스팅하우스사는 오리건주에 발전소를 건설하여 1892년에 15,000V를 비츠필에 송전하는 데 성공했다.

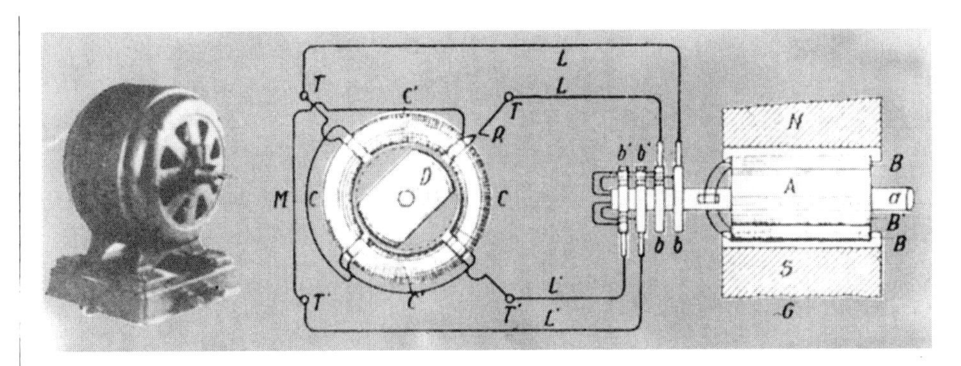

테슬러의 2상 발전기와 전동기 (오른쪽은 1888년 테슬러의 유도전동기)

(2) 전동기

1834년
전동기의 발전
야코비

1834년, 러시아의 야코비가 전자석에 의한 직류전동기를 시험・제작했다.

1838년, 전지 320개의 전원으로 전동기를 회전시켜 배를 주행시켰다. 또한 미국의 다벤포트나 영국의 데비드슨도 직류전동기를 만들어(1836년) 인쇄기의 동력원으로 사용하고 있었는데 전원이 전지였기 때문에 널리 보급되지는 않았다.

웨스팅하우스의 유도전동기 (1897년)

1887년, 테슬러의 2상 전동기는 유도전동기로서 실용화를 기했다.

1897년, 웨스팅하우스는 유도전동기를 제작하고 회사를 설립하여 전동기의 보급에 노력했다.

(3) 변압기

교류 전력을 보내는 경우 교류 전압을 승압하여 수용가가 이용하는 경우에 보내 온 교류 전압을 강압하는 데 변압기는 필수적이다.

1831년, 패러데이는 자기가 전기로 변환되는 것을 발견하였는데, 이것이 변압기의 기원이 되었다.

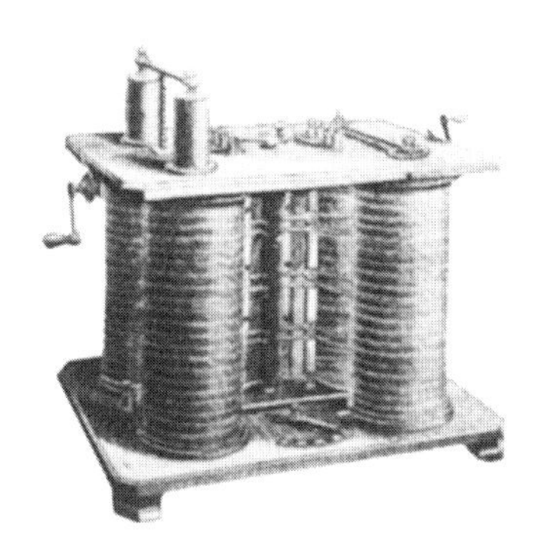
고럴과 깁스의 변압기 (1883년)

1882년
변압기의 발명
깁스

1882년, 영국의 깁스는 「조명용, 동력용 전기배분 방식」 특허를 취득했다. 이것은 개자로식 변압기를 배전용에 이용하는 것이었다.

웨스팅하우스는 깁스의 변압기를 수입, 연구하여 1885년에 실용적인 변압기를 개발했다. 또한 그 전해인 1884년 영국의 홉킨슨이 폐자로식의 변압기를 제작했다.

(4) 전력기기와 3상 교류 기술

2상 교류는 4개의 전선을 사용하는 기술이었다. 독일의 도브로월스키는 권선을 연구하여 120°씩 각도를 변경한 세 개의 점에서 분기선을 내어 3상 교류를 발생시켰다. 이 3상 교류에 의한 회전자계를 사용하여 1889년에 출력 100W의 최초의 3상 교류 전동기를 제작했다.

드리보 도브로월스키

1891년
3상 교류
송전의
개시
도브로월스키

같은 해 도브로월스키는 3상 4선식 교류 결선 방식을 연구하여 1891년에 프랑크푸르트의 송전 실험(3상 변압기 150VA)은 대단한 성공을 거두었다.

8 전자회로 소자의 역사

현대는 컴퓨터를 포함하여 일렉트로닉스가 활발한 시대이다. 그 배경은 전자회로 소자가 진공관 → 트랜지스터 → 집적회로의 흐름으로 진전된 것과 밀접한 관계가 있다.

(1) 진공관

진공관은 2극관 → 3극관 → 4극관 → 5극관의 순서로 발명되었다.

1904년
2극관의 발명
플레밍

2극관 : 에디슨은 전구의 필라멘트에서 전자가 방출되는 「에디슨 효과」를 발견했다.

1904년 영국의 플레밍은 「에디슨 효과」에서 힌트를 얻어 2극관을 발명했다.

플레밍의 2극관

1907년
3극관의 발명
드 포레스트

3극관 : 1907년, 미국의 드 포레스트는 3극관을 발명했다. 당시에는 진공기술이 미숙하여 3극관의 제조에 실패하였으나 개량을 거듭하여 3극관에 증폭작용이 있는 것을 발견, 드디어 일렉트로닉스 시대의 막이 열리게 되었다.

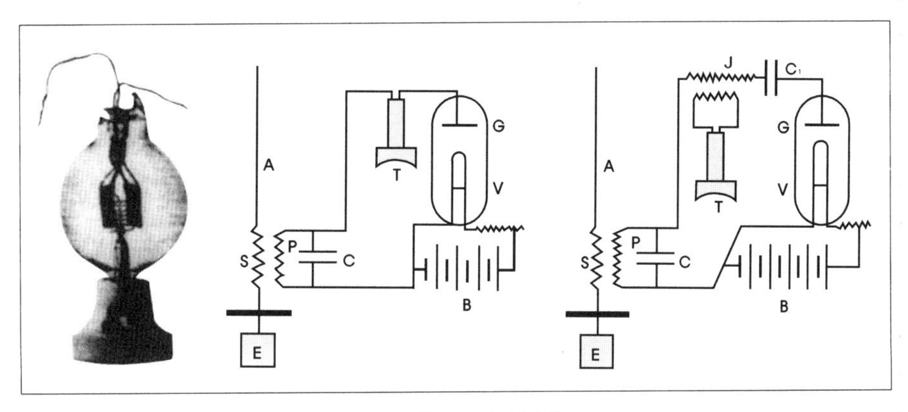

드 포레스트의 3극관

발진기는 마르코니의 불꽃장치에서 3극관의 발진기로 되었다. 3극관은 3개의 전극이 있으며 플레이트와 캐소드 및 그 사이에 제어 그리드를 설치하여 캐소드에서의 전자류를 그리드로 제어하는 구조이다.

1915년
4극관의 발명
라운드

4극관 : 1915년, 영국의 라운드는 3극관의 그리드와 플레이트 사이에 또 하나의 전극(차폐 그리드)을 설치하여 플레이트에 흐르는 전자류의 일부가 제어 그리드로 돌아오지 않도록 고안해냈다.

1927년
5극관의 발명
요브스트

5극관 : 1927년, 독일의 요브스트는 4극관에서 전자류가 플레이트에 충돌하면 플레이트에서 2차 전자가 방출되므로 이것을 제어하기 위한 억제 그리드를 플레이트와 차폐 그리드 사이에 설치한 5극관을 발명했다.

이 외에 진공관의 크기를 소형으로 하여 초단파용으로 개량한 에이콘관은 1934년에 미국의 톰프슨이 발명했다.

또한 진공관의 용기를 글라스가 아니고 금속제로 한 ST관(1937년), 형태를 소형으로 한 MT관(1939년) 등이 발명되었다.

(2) 트랜지스터

1948년
트랜지스터의
발명
쇼크레이,
바딘, 브라텐

반도체 소자를 대별하면 트랜지스터와 집적회로(IC)가 된다. 2차 대전 후에는 반도체 기술의 발달로 일렉트로닉스가 급격히 발전했다.

트랜지스터는 미국의 벨연구소에서 쇼크레이, 바딘, 브라텐에 의하여

1948년에 발명되었다.

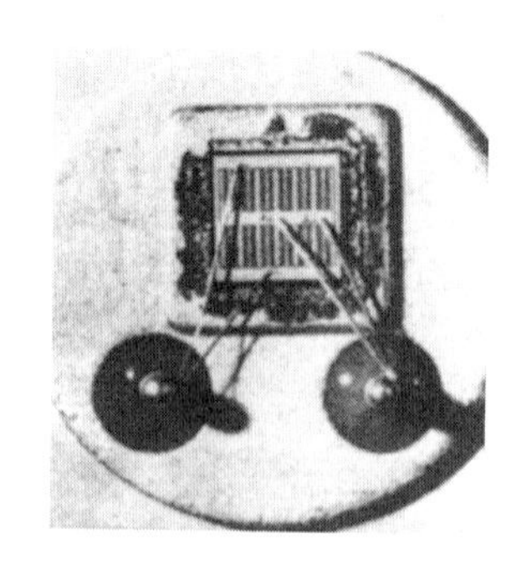
실리콘 파워 트랜지스터

이 트랜지스터는 불순물이 적은 게르마늄 반도체의 표면에 2개의 금속침을 접촉시키는 구조로 점접촉형 트랜지스터라고 한다.

1949년, 접합형 트랜지스터가 개발되어 점점 더 실용화 되었다.

1956년, 반도체의 표면에 불순물 원자를 고온으로 침투시켜 p형이나 n형 반도체를 만드는 확산법이 개발되었고 1960년에는 실리콘 결정을 수소 가스와 할로겐화물 가스 중에 놓고 반도체를 만드는 에피택시얼 성장법이 개발되어 에피택시얼 플레이너형 트랜지스터가 만들어졌다.

이와 같은 반도체 기술의 발전은 집적회로의 탄생으로 이어졌다.

(3) 집적회로

1961년
IC의 발명
텍사스
인스트루먼트사

1956년경 영국의 다머는 트랜지스터의 원리로부터 집적회로의 출현을 예상했다.

1958년경 미국에서도 모든 회로소자를 반도체로 만들어 집적회로화하는 것이 제안되었다.

1961년 텍사스 인스트루먼트사는 집적회로의 양산을 시작했다.

집적회로는 하나하나의 회로소자를 접속하는 것이 아니라 하나의 기능을 가진 회로를 반도체 결정 중에 매입하는 개념의 소자이므로 소형화를 기할 수 있고 접점이 적기 때문에 신뢰성이 향상되는 이점이 있다.

고밀도 집적회로

집적회로는 해를 거듭할수록 그 집적도가 증가하여 소자수 100개까지의 소규모 IC에서 100~1,000개의 중규모 IC, 1,000~100,000개의 대규모 IC, 100,000개 이상의 초대형 IC의 순으로 개발되어 여러 가지 장치에 사용되었다.

전기의 기초

전기의 기초를 배우는 방법

전기가 이렇게 편리하게 사용되고 있으며 또 이들 전기의 내용을 배울 수 있는 시대에 살고 있다는 것은 행복한 일이다. 과학자나 기술자에 의해 전기 기술은 점차 새로운 발견, 발명, 응용이 이루어지고 있다.

분명히 전기에 관한 현상이나 이론은 상대가 전자라는 눈에 보이지 않는 것을 취급하기 때문에 파악할 수 없을 것 같지만 학습 방법을 기초적인 사항부터 하나하나 올바르게 이해해 가면 정말로 재미있게 배울 수 있다. 또한 배운 것을 실제로 응용하여 직접 할 수 있는 것은 시험해 보는 것도 좋을 것이다.

전기, 전류의 원동력은 무엇인가, 학습을 시작하기에 앞서서 이것부터 밝혀 기본을 확실히 하여 두자.

이어서 전기의 회로가 등장하게 되는데 어떠한 경우나 개개의 요소가 조합되어 큰 힘을 발휘하듯이 전기의 경우도 이들 요소를 찾은 후 각 요소간에 작용하는 기본적인 룰을 구분하기로 한다.

또한 전기 회로라는 면에서 본 경우, 회로 내에서 전기의 흐름을 바꾸거나 정지시키는 스위치나 흐름을 제한하는 저항이 이들 접속 방법에 따라

그 역할에 어떠한 변화가 일어나는가를 알아보고 또한 전류를 구하는 식을 배워 나가기로 하자.

이러한 기초적인 내용을 익힌 후 조금 어렵겠지만 회로의 구성을 규명하는 도구가 되기도 하는 키르히호프의 법칙이나 브리지 회로에 대해서 지식을 쌓도록 하자.

이 장에서는 이와 같이 전기의 정체를 확인하는 것부터 시작하여 전기 회로의 전체상을 파악할 수 있도록 설명하고 여기서 작용하는 기본 룰을 해명하기로 한다.

그리고 마지막으로 단위와 그림 기호를 살펴보겠다. 최후까지 정독하여 전기의 기초를 다지기 바란다.

어느 항목을 읽으면 되는가

전기란 정말로 무엇이라고 생각하는가? 이런 것은 알고 있는 사람이라도 다시 한 번 "기초 다지기"를 해보자.
그러기 위해서는?

옛날 한 현인이 화살 3개를 가지고 1개씩은 쉽게 꺾이지만 3개를 합치면 쉽게 꺾이지 않는다는 것을 말하며 힘을 합치는 것에 대한 중요성을 설명하였다. 전기 회로도 요소의 집합으로 어떠한 힘이 생기는가?

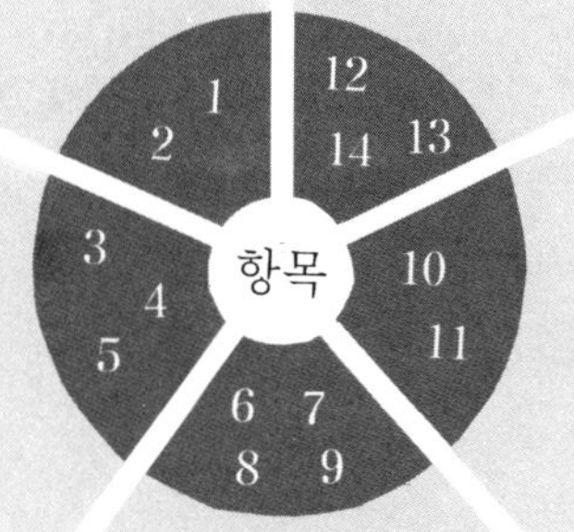

저항의 작용은 2장에서도 배운다. 여기서는 회로 내의 저항이 전류의 흐름에 어떻게 영향을 주는가를 다룬다.

복잡한 느낌의 회로도 기본적인 룰을 알면 재미있게 배울 수 있다. 과연 어떤 룰이 있는가를 알아 보자.

전기의 기초는 직류에서 시작한다. 여기서 변환되어 직류로 된다는 이야기도 하였다.
더욱이 단위나 그림 기호도!

1 마술사의 옷을 벗겨라

전기의 정체

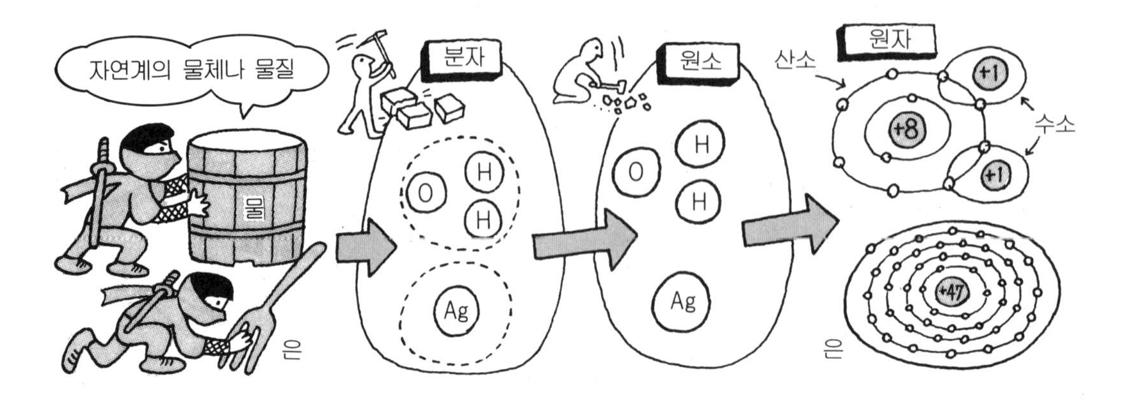

왜 물체가 ⊕나 ⊖로 바뀌는가

자연계에 존재하는 물질을 과학적 수단을 이용해서 세분하면 더 이상 세분되지 않아 그 물질로서의 성질을 상실해 버리는 곳까지 가게 된다. 이것을 **원소**라고 한다.

예를 들어, 식염 결정의 한 입자를 작게 하여도 식염의 성질을 갖는 동안은 아무리 작아도 식염의 분자이다. 만일 이것을 다시 더 세분한다면 나트륨(Na)과 염소(Cl)라는 작은 입자가 된다. 이것은 이미 식염은 아니지만 나뉘어진 Na · Cl끼리는 비슷한 성질을 가지는데 이러한 것을 **원자**라고 한다. 원자(atom)라는 말은 그리스어로 "분할할 수 없다(indivisible)"라는 의미를 가지고 있다.

원자의 구조는 태양계에 비유되며, 중심에 태양에 상당하는 **원자핵**과 그 주위를 공전하는 혹성과 같은 **전자**로 되어 있다. 단 원자핵은 **양자**와 **중성자**로 되어 있다.

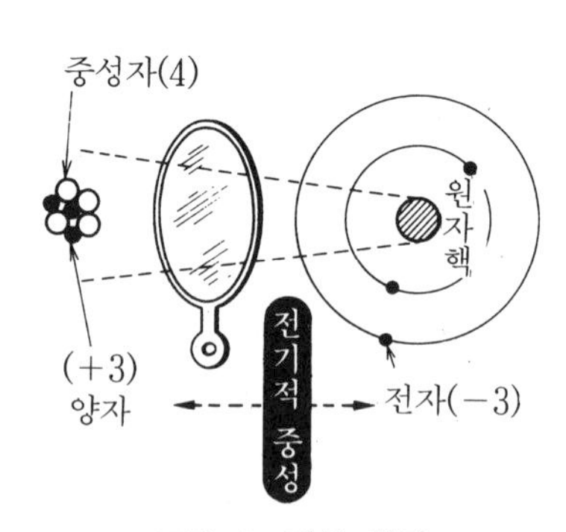

그림 1 리튬 원자

이들은 전기적인 것으로, 전자는 부(마이너스), 양자는 정(플러스)의 전기를 가지고 있다. 보통 원자는 +, −의 전기량의 크기가 밸런스를 유지하고 있어 전기적으로 중성을 띤다(**그림 1**).

그러나 외부로부터의 힘, 예를 들면 열이나 마찰 또는 다른 전자의 충돌 등과 같은 에너지를 부여하면 핵에 약하게 연결되어 있던 전자(**최외각 전자**라고 한다)가 궤도에서 튕겨져 나간다. 그 결과 원자는 ⊖(마이너스)의 전기를 상실 ⟶ 따라서 전기적으로 ⊕(플러스)가 된다. 또한 어느 원자는 ⊖(마이너스)의 전기를 획득 ⟶ 따라서 원자는 ⊖(마이너스)가 된다.

이와 같이 평상시에는 전기적으로 중성인 원자라도 ⊕가 되거나 ⊖가 되기도 한다.

⊖의 전자가 마술사의 정체

물체를 전기적으로 플러스와 마이너스로 만드는 전자의 마술을 확인해 보자(**그림 2**).

우선 에보나이트봉을 모피로 마찰하여 에너지를 가한다. 모피의 전자가 튀어나가 에보나이트봉은 ⊖로 대전된다(⊖의 전기가 여분이 되는 것).

모피 쪽은 ⊖의 전자가 부족하여 ⊕로 대전된다.

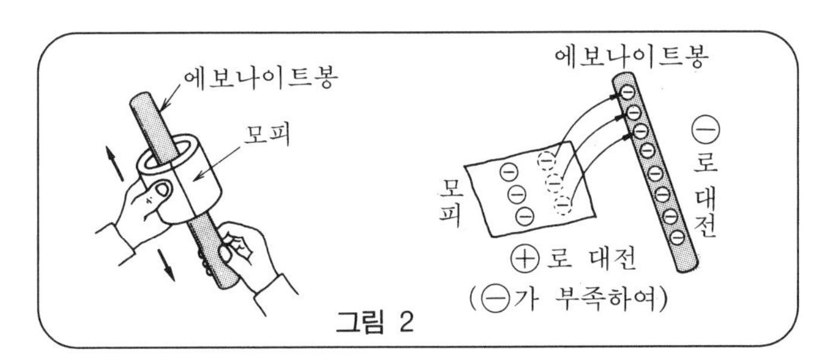

그림 2

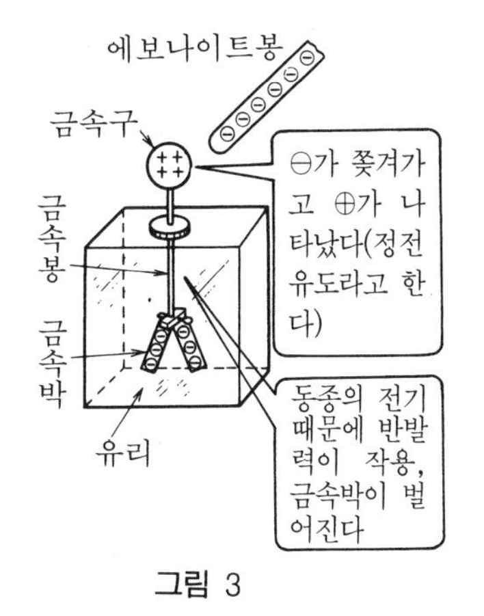

그림 3

또한 이러한 전기의 발생을 조사하기 위해 **그림 3**과 같은 **박검전기**(箔檢電器)라는 것을 사용한다. 유리 용기 내에 2장의 얇은 금속박을 늘여 놓았다. 이 박은 유리 속에 있기 때문에 바람이나 공기에 전혀 영향을 받지 않는다.

[실험] ⊖로 대전된 에보나이트봉을 그림 3과 같이 금속구에 근접시키면 하부의 금속박이 벌어지고 멀리 하면 닫힌다. 이것은 전자의 존재를 확실히 나타내고 있으며, 에보나이트봉의 ⊖에 의해 금속구 내의 ⊖가 멀어져 금속박 쪽으로 옮겨진다. 또 금속박 쪽에서 같은 종류의 전하가 모이면 반발력이 작용해서 박이 벌어진다.

마찰 전기의 여러 가지

마찰에 의해 어떠한 전하가 나타나는가는 동일 재질이더라도 상대에 따라 달라진다. 아래 그림은 두 가지의 물체를 마찰했을 때 우측에 있는 것이 ⊖의 전기로 대전되는 것을 나타내고 있다. 주변에 있는 재료로 확인해 보도록 하자.

(+) 모피 —— 유리 —— 운모 —— 명주 —— 호박 — 셀룰로이드 — 에보나이트(−)

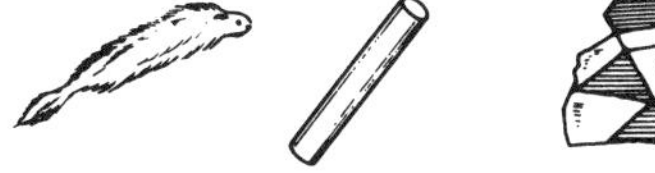

2 일도 양단! 기본을 알아본다

전기를 흘리는 근원과 흐르는 길은

전기의 흐름은 물의 흐름에 비유된다. 기본적인 사항이 거의 비슷한 것이 사실이므로 물의 흐름과 관련지어 알아보기로 하자.

① 물을 흐르게 하기 위해서는 무엇이 필요한가? 자연적인 경사가 있어야 한다. 없으면 인공적으로 고저를 만든다. 이것이 위 그림의 댐과 **그림 1**의 펌프에 해당된다. 이 고저의 차를 전기에서는 **전압**이라고 부른다.

② 물의 흐름에 상당하는 것을 전기에서는 **전류**라고 한다. 전류는 금속체나 대지 등 어디에서나 흐른다. 그러나 이것만으로는 원하는 장소에서 사용할 수 없다.

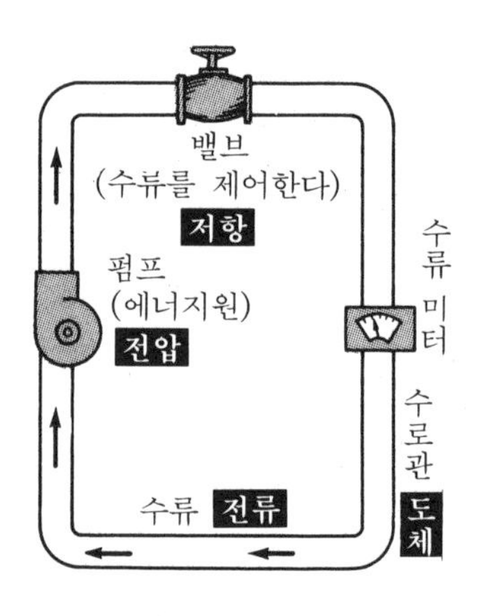

그림 1 전기가 흐르는 길

③ 수류(水流)를 낭비시키지 않는 파이프가 있듯이 전기에도 전류가 흐르는 통로로 사용되는 것이 있는데, 이것을 **도체**라고 한다. 도체가 노출되어 있으면 다른 도체에 닿았을 때 전류가 옆으로 새 버린다. 이것을 방지하기 위해 도체를 둘러싸서 전류를 옆으로 흐르지 않게 하는 역할을 하는 것을 **절연체**라고 한다.

④ 그림 1에서 중간에 밸브를 넣었는데 이것은 물의 흐름을 컨트롤하기 위한 것으로서, 흐름의 양이 바뀐다. 이것과 동일한 작용을 하는 것을 전기에서는 **저항**이라고 한다.

1 [A](암페어)의 전류란 1초 사이에
1 [C](쿨롬)의 전하 이동률

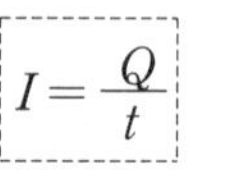

$$I = \frac{Q}{t}$$

1 [C]≒6,240,000,000,000,000,000개의 전자
=6.24×10^{18}개의 전자

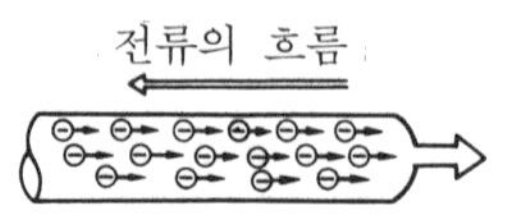

전류의 흐름과 전자의 흐름이 반대인 것에 주의

전자의 흐름이 전류의 흐름

물의 흐름은 매초 몇 m^3로 측정하는데, 전류도 매초 어느 정도의 전하가 이동하고 있는가로 측정한다.

이 전류, 즉 전하의 이동이 어떻게 되어 있는가를 설명한다. **그림 2**와 같이 A와 B라는 ＋로 대전한 공과 －로 대전한 공이 있다.

이 2개의 공 사이를 동선 또는 도체로 연결하면 여분의 전자가 B에서 A로 도체 사이를 이동해서 양쪽 전자의 양이 같아지면 정지한다. 이때 양쪽 공에는 전자의 차가 없어졌기 때문이다. 이와 같은 전자의 움직임을 **전류**라고 한다.

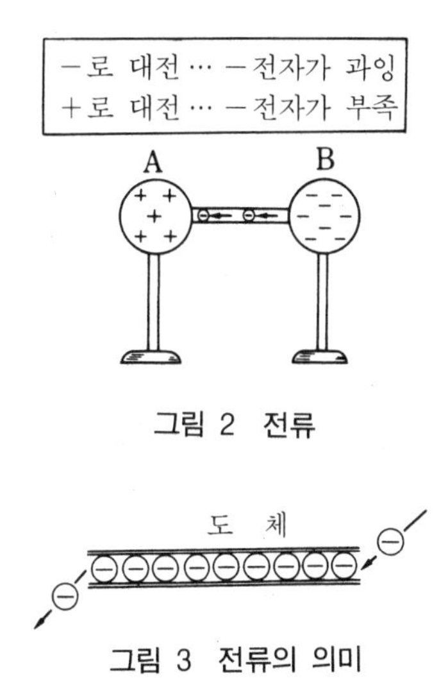

그림 2 전류

이와 같이 전기라는 마술사의 정체가 전자라는 것을 알았다. 또한 실제로는 전류의 흐름이 전자의 흐름이지만 우리는 전류의 방향을 전자의 흐름과 반대로 파악하고 있다. 도체 내에 가득 차 있는 전자를 통해서 다른 곳으로부터의 전자가 이동한다는 것은 **그림 3**과 같이 전자 ⊖가 밀려 나가는 에너지가 부여되어 이 동작을 반복하고 있다고 할 수 있다. 이와 같은 전자의 이동을 일으키게 하는 힘을 **기전력** 또는 **전압**이라고 한다.

도 체

그림 3 전류의 의미

따라서 전지와 같은 기전력이 전구와 같은 부하에 동선 등으로 접속되면 전자가 흘러 전원의 마이너스 단자로부터 전구를 통해서 전원의 플러스 단자로 진행해 나가며 전류가 흐르게 된다. 이 상태는 다음의 Let's try에서 구체적으로 확인하기 바란다. 이 경우도 전류는 보통 전원의 플러스 단자 → 전구 → 전원의 마이너스 단자 방향으로 흐른다.

손전등을 분해해 보자!

전구가 점등되고 있을 때는 전지에서 전자가 유출되고 있는 것이다. 이 전자의 움직임을 따라가면 하나의 길이 생긴다.

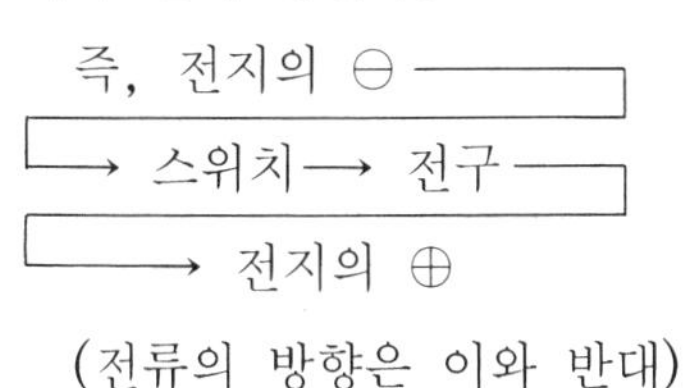

(전류의 방향은 이와 반대)

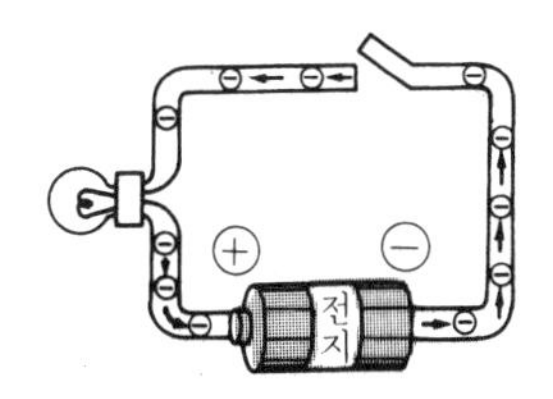

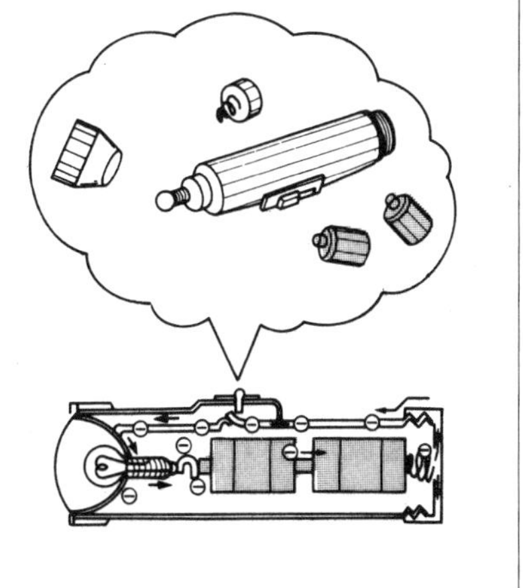

3 전기의 근원

옴의 법칙

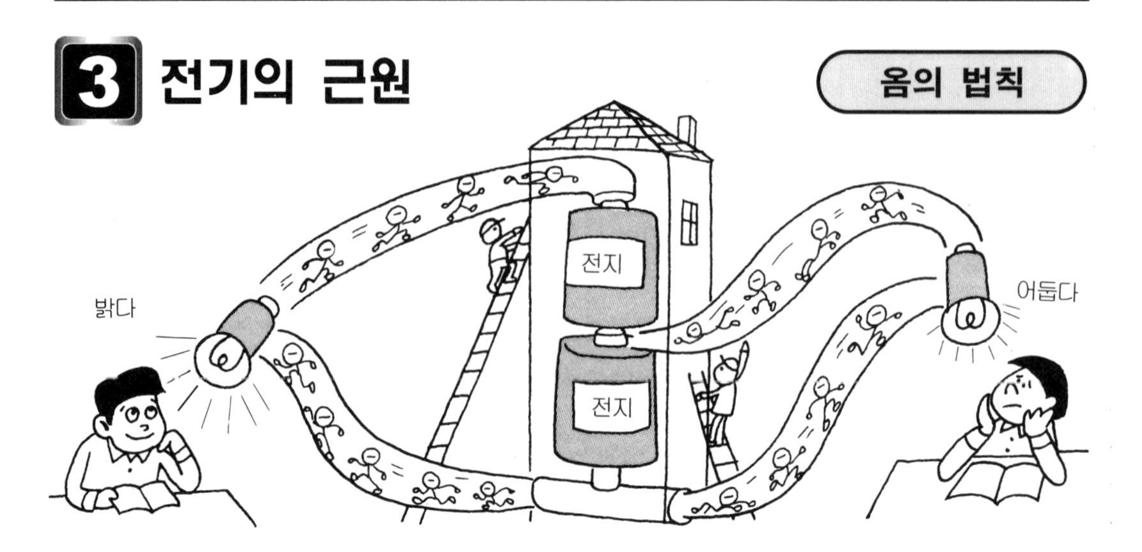

전류는 전압에 비례한다

위의 그림에는 2개의 회로(전류가 흐르는 통로. 4에서 상세히 배운다)가 있다. 즉, 좌측은 전지 2개를 전원으로 하여 전구를 켠 경우이고, 우측은 전지 1개의 경우이다.

여기서는 당연히 좌측의 전구가 밝게 빛난다. 이 상태를 수조의 물과 물의 흐름으로 대비시킨 것이 **그림 1**이다. 이 경우 수위차라고 표시한 곳이 위 그림의 전지에 상당한다. 수위차가 큰 쪽이 물의 흐름도 큰 것을 의미한다.

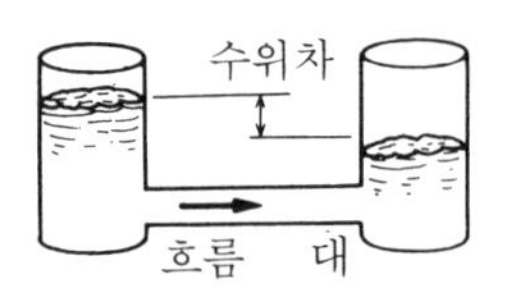

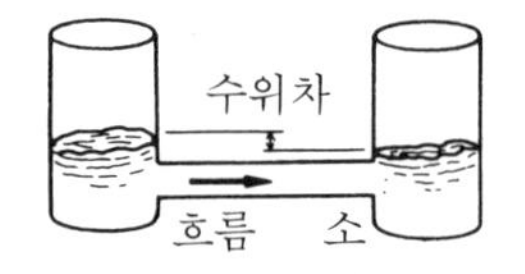

그림 1 전류의 대소

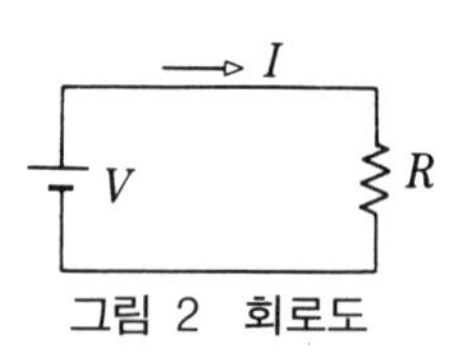

그림 2 회로도

다음에 좀 더 정확하게 회로에 있는 요소에 대해서 조사해 본다. 회로도는 **그림 2**와 같이 되어 있다. 다음의 것을 실험해 보자.

① 저항 R을 일정하게 하고 전압을 바꾸었다.

② 전압 V를 일정하게 하고 저항을 바꾸었다.

이 실험의 결과를 그래프로 나타낸 것이 **그림 3**인데 위의 그래프가 ①의 경우이다. 이 그래프는 가로축에 시간을 잡고 시간이 지남에 따라 ──선과 같이 전압을 가했을 때 전류가 어떻게 됐는가를 ---선으로 동일한 곳에 기입하였다. 그림이 겹치는 것을 보아 **전류는 전압에 비례한다**는 것을 알 수 있다. 아래는 ②의 경우인 그래프이다.

──선과 같이 전압(저항) 변화
---선과 같이 전류가 흐른다

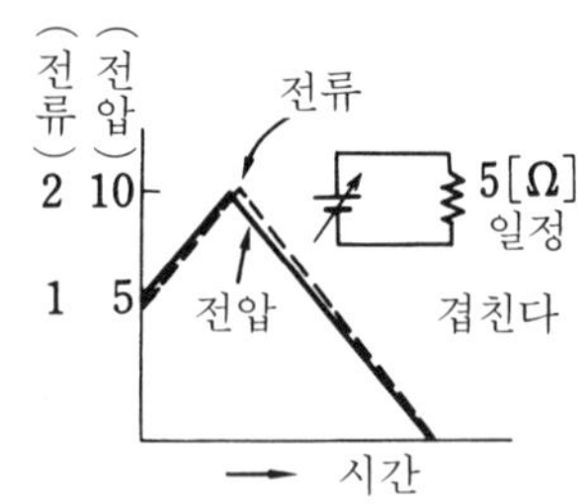

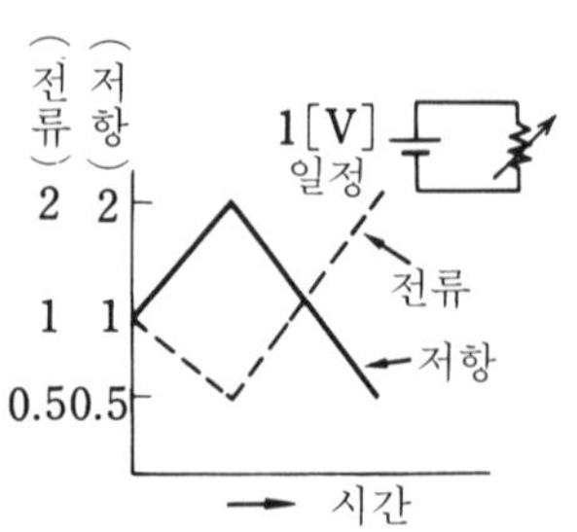

그림 3 변화하는 모양

옴이 예측한 전기의 법칙

앞의 실험에서 결론으로 얻을 수 있는 것은

① 전류는 전압에 비례한다.

② 전류는 저항에 반비례한다.

> G. S 옴 (독일)
> 1789~1854
> 1827년「전기회로의 수학적 연구」를 발표하고 옴의 법칙을 발견

여기서 전류 I[A], 전압 V[V], 저항 R[Ω]이라고 하면 위의 관계는 나음과 같이 되며, 이것을 **옴의 법칙**이라고 한다.

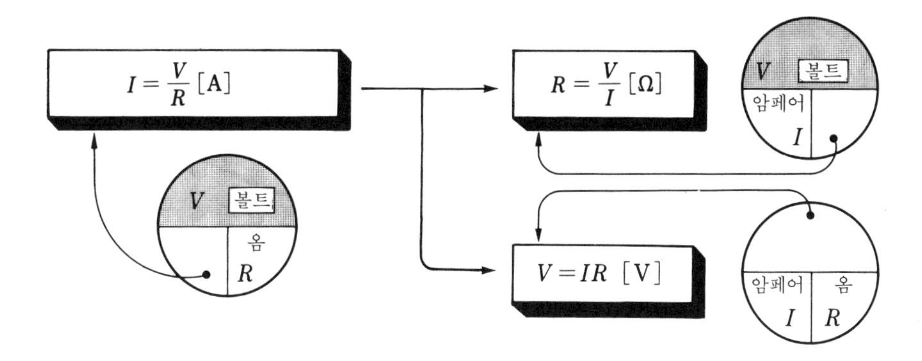

[예제 연습] 옴의 법칙은 전기 회로 해명의 기본이 되는 법칙이다.

몇 가지 예제를 통해서 이용법을 확실하게 익혀 두자.

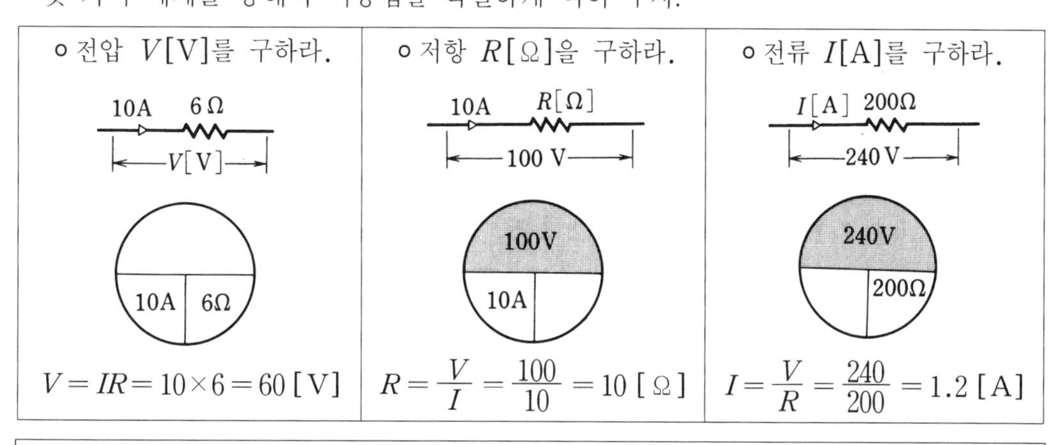

○ 전압 V[V]를 구하라.	○ 저항 R[Ω]을 구하라.	○ 전류 I[A]를 구하라.
10A 6Ω, V[V]	10A R[Ω], 100 V	I[A] 200Ω, 240 V
10A 6Ω	100V 10A	240V 200Ω
$V=IR=10\times6=60$ [V]	$R=\frac{V}{I}=\frac{100}{10}=10$ [Ω]	$I=\frac{V}{R}=\frac{240}{200}=1.2$ [A]

$V-I-R$과 G · S옴

1. 볼트(회로에서 전류를 흘러나가게 하는 전기적 압력)
2. 암페어(회로내를 흐르는 전류의 양)
3. 옴(회로에 있는 소자의 전기 저항 크기)

이들의 양의 관계는 조지 · 옴이 다음과 같은 것을 발견하였다. 이것을 우측 그림으로 암기하자.

V[V]$=I$[A]$\times R$[Ω]

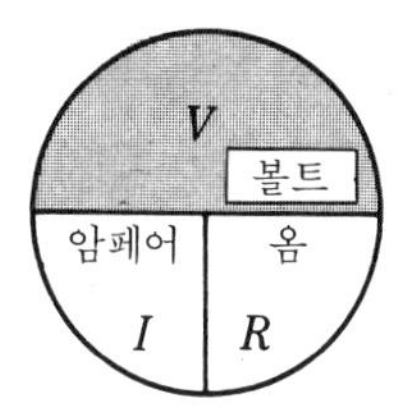

V : 전압의 기호
I : 전류의 기호
R : 저항의 기호

4 국도 루트 X를 주파하라

전기 회로

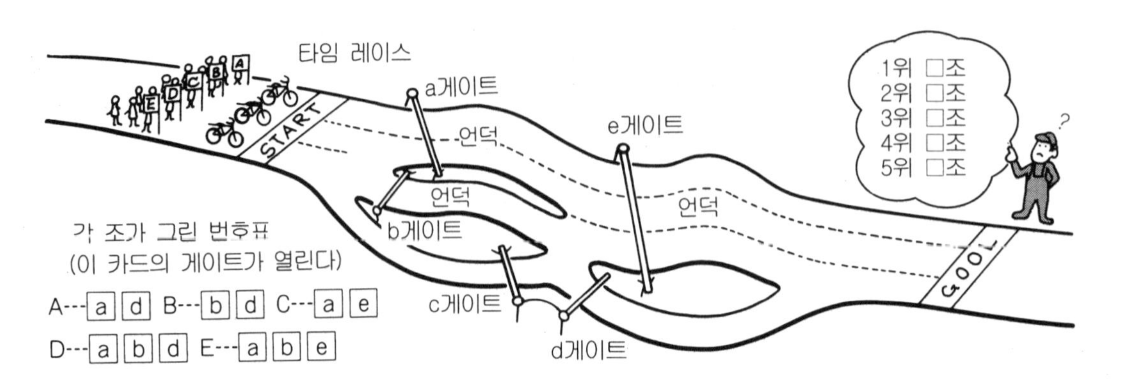

국도와 전기 회로의 유사점과 차이점

국도를 차로 달리는 경우, 잘 만들어진 도로가 있기 때문에 달릴 수 있다. 이것과 마찬가지로 전기도 전류가 흐르는 길이 중요하다. 다만 전기에서는 항상 전류를 흐르게 하는 원동력(전압)이 있고, 그 통로는 원동력이 있는 장치에서 시작하여 다시 그곳으로 되돌아간다는 차이가 있다. 즉, **루프**(폐회로)로 되어 있어야 한다.

다음으로 국도는 도로가 혼잡할 때 △△램프 폐쇄와 같은 적절히 차의 진입을 제약하는 게이트가 있다. 이것이 전기에서는 **스위치**에 상당할 것이다. 또한 도로에 넓은 곳과 좁은 곳이 있는 것과 같이 전기에서는 **저항**으로 대소를 정할 수 있다. 이와 같이 유사점과 차이점이 있는데, 전기는 전원(전류를 흐르게 하는 원동력)──도체(배선)──저항(여러 가지 전기 기기)──스위치와 같은 것들로 조합되어 있고 또 루프로 되어 있다. 이것을 **전기 회로**라고 한다. 여기서 위 그림의 타임 레이스를 전기 회로로 비유하여 생각해 보기로 하자.

전기 회로를 구체적으로, 그리고 능률적으로 나타내기 위해 그림 기호라는 것을 사용한다. 이들 그림 기호에 대해서는 [14]에서 설명하므로 참고하기 바란다. **표 1**에서는 여기서 사용하는 것만을 표시하였다.

표 1 전기 그림 기호의 예

기호	명칭
─/\/\/\─	저항 또는 저항기
─╱ ─	단극 단투 스위치
═─○─	단극 쌍투 스위치
─┤├─	전지

전기 회로도의 활용

위의 그림에서 스타트와 골을 전지의 ⊕, ⊖로 비유하고 게이트는 스위치로, 언덕길은 3차선을 0.3Ω, 2차선을 2Ω, 1차선을 3Ω의 저항으로 한다. 또 게이트 c, d는 인터록된 것으로서 한 쪽이 열리면 다른 쪽이 닫히게 되므로 단극 쌍투 스위치가 사용된다.

게이트의 개방(오픈)은 스위치에서는 「온」으로 한다.

이렇게 하면 스위치의 조작에 따라 각 조의 차가 통과하는 코스를 전기 회로에 의해 바꿀 수가 있다. **그림 1**은 이러한 사고에 기반하여 다시 다음과 같은 가정을 세우고 작성한 전기 회로이다.

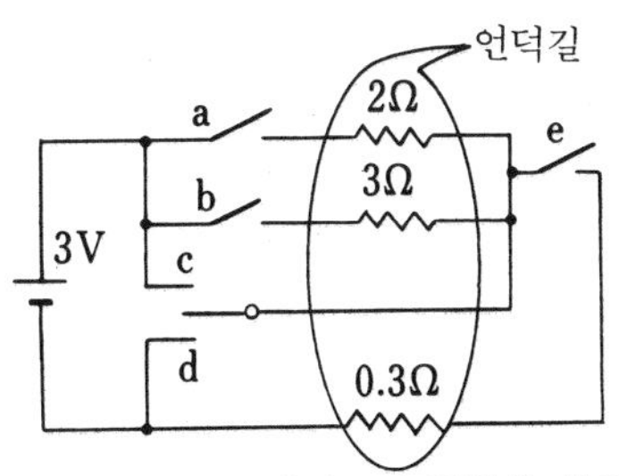

그림 1 차의 레이스와 동일한 회로

① 빨리 도착하는 것은 전류가 많이 흐르는(즉, 차의 흐름이 좋은) 것으로 한다.

② 전류량의 대소는 만들어진 회로에 옴의 법칙을 사용하여 계산한다.

이러한 약속하에서 각각의 경우를 계산한 것이 **표 2**이다. 제목 그림으로 자신이 정한 순위와 비교하기 바란다.

논리 회로나 컴퓨터의 기본 회로로서 AND(앤드) 회로, OR(오어) 회로가 있다. 전자는 두 개의 입력이 양쪽에 있을 때만 출력이 나타나고, 후자는 입력이 어느 한 쪽만 있어도 출력이 나온다.

스위치에 의해 폐회로가 만들어지는 상태를 선으로 덧칠하여 표시해 보자.
(스위치 a, d일 때 … 태선)

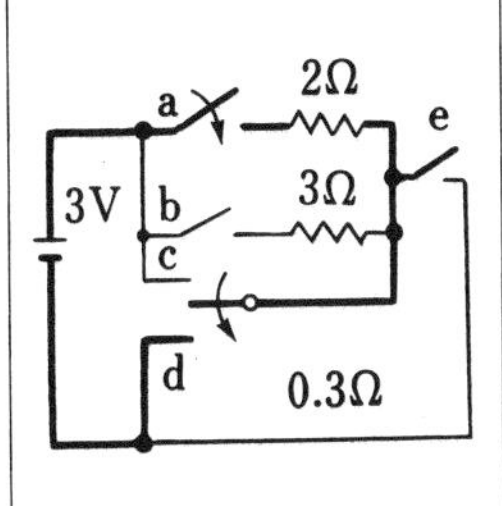

표 2

팀	열리는 게이트 (들어가는 스위치)	조 건	순위 판정 자료 (전류의 계산)	순위
A	a, d	$V=3\,[\text{V}]$ $R=R_1=2\,[\Omega]$	$I=\frac{V}{R}=\frac{3}{2}=1.5\,[\text{A}]$	3
B	b, d	$V=3\,[\text{V}]$ $R=R_1=3\,[\Omega]$	$I=\frac{V}{R}=\frac{3}{3}=1\,[\text{A}]$	5
C	a, e	$V=3\,[\text{V}]$ $R_1=R_1+R_3=2+0.3$ $=2.3\,[\Omega]$	$I=\frac{V}{R}=\frac{3}{2.3}=1.3\,[\text{A}]$	4
D	a, b, d	$V=3\,[\text{V}]$ $R=\frac{R_1R_2}{R_1+R_2}$ $=1.2\,[\Omega]$	$I=\frac{V}{R}=\frac{3}{1.2}=2.5\,[\text{A}]$	1
E	a, b, e	$V=6\,[\text{V}]$ $R=\frac{R_1R_2}{R_1+R_2}+R_3$ $=1.2+0.3=1.5\,[\Omega]$	$I=\frac{V}{R}=\frac{3}{1.5}=2\,[\text{A}]$	2

5 교통 정리의 베테랑은 누구?

스위칭 회로

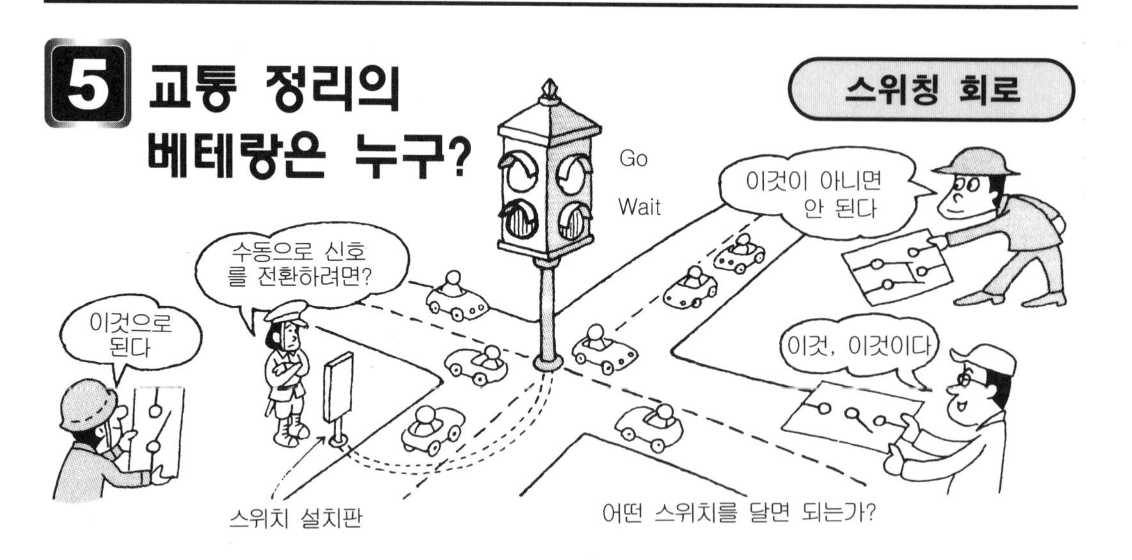

스위치에는 어떤 종류가 있는가

전기는 스위치를 사용하여 컨트롤한다. 집에서 방에 전등을 켰을 때 우리는 전기 **회로를 완성했거나 회로를 닫은 것**이 된다. 이와 같이 스위치가 닫히면 전자는 전구까지 흘러가게 되며, 전기 기술자는 스위치를 사용함으로써 전기 회로의 동작을 자신이 생각한 대로 시킬 수 있다. 그러나 잘 생각해보면 스위치는 "온(ON)"과 "오프(OFF)"의 두 가지 상태밖에 없다. 그러므로 스위치의 형식을 잘 이해하고 사용할 수 있어야 한다. 위 그림의 예에서 신호를 교대로 보내기 위해서는 어떠한 스위치를 사용하면 될 것인가(실제로는 "주의" 신호도 있어 더 복잡하지만)? 우선 스위치의 종류(기본적인 것)부터 알아보자(**표 1**).

표 1

명칭	약칭	스위치	그림기호	명칭	약칭	스위치	그림기호
단극 단투	SPST			2극 단투	DPST		
단극 쌍투	SPDT			2극 쌍투	DPDT		

* S···Single(단) D···Double(쌍, 2) P···Pole(극) T···Throw(투입, 투)

신호등을 교대로 켤 수 있는가

그림 1에 나타낸 것이 해답의 한 가지이다.

Go(가시오)와 Wait(서시오)를 교대로 표시해야 하므로 전환 스위치(SPDT나 DPDT)가 필요하다. 이 경우는 SPDT를 사용하였다. 그러면 다음과 같은 스위치를 사용한 과제도 해결해 주기 바란다.

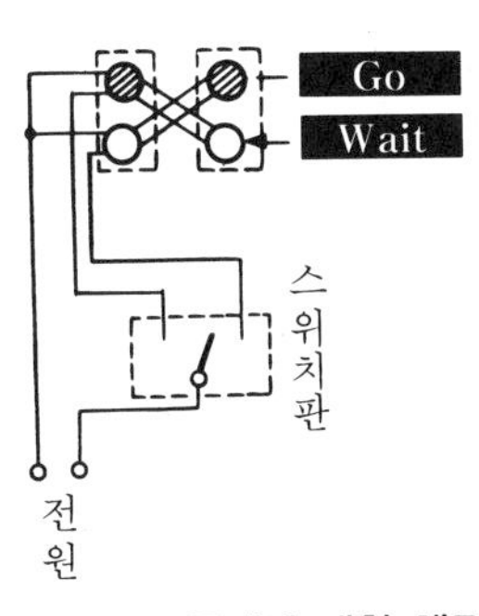

그림 1 문제에 대한 해답

① SPST 스위치로 전등 1등을 점멸시키는 회로

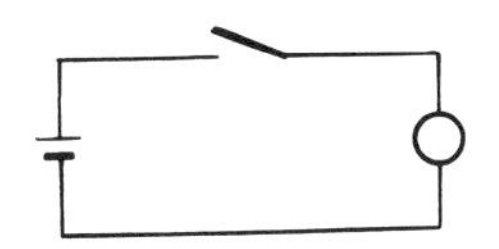

② SPDT 스위치로 전등 2등을 교대로 점멸시키는 회로

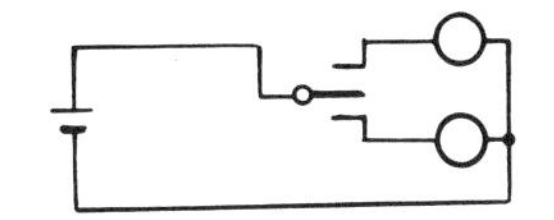

③ DPST 스위치로 전등 1등을 점멸시키는 회로

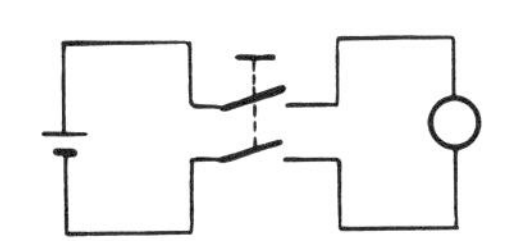

④ DPDT 스위치로 전등 2등을 교대로 점멸시키는 회로

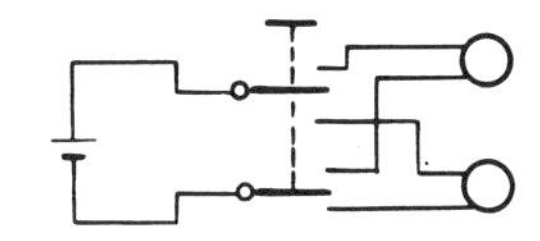

Let's try 접점 이야기

전기를 ON, OFF시키는 접점은 스위치나 릴레이에 반드시 달려 있다. 여기서는 누름 단추 스위치를 예로 들어 접점의 이름과 그림 기호를 알아보기로 하자.

접점은 a접점과 b접점의 두 종류로 구별된다. a접점의 a는 독일어의 「일하다」라는 의미의 아르바이트에서, b접점의 b는 영어의 「해제하다」라는 의미의 브레이크에서 취한 것이다. 그림 기호의 ⊓는 누름 조작을, ---- 는 연동을 나타내는 기호이다. 누름 단추의 동작과 그림 기호의 관계를 암기해 두자.

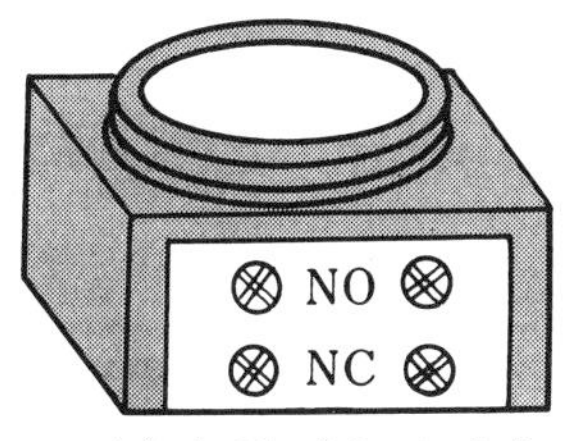

(a) 누름 단추 스위치

a 접점	NO : 노멀 오픈
b 접점	NC : 노멀 클로즈

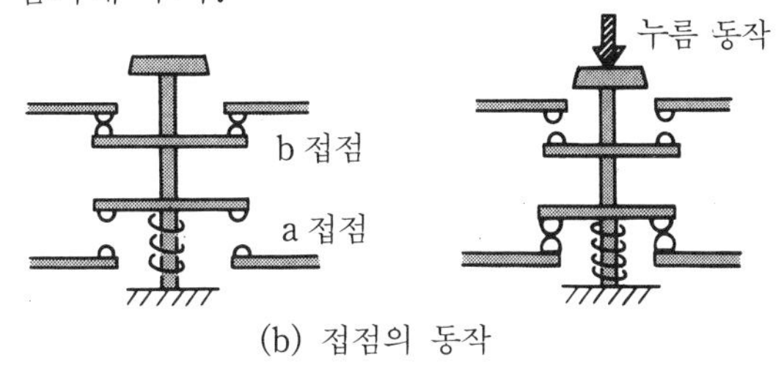

(b) 접점의 동작

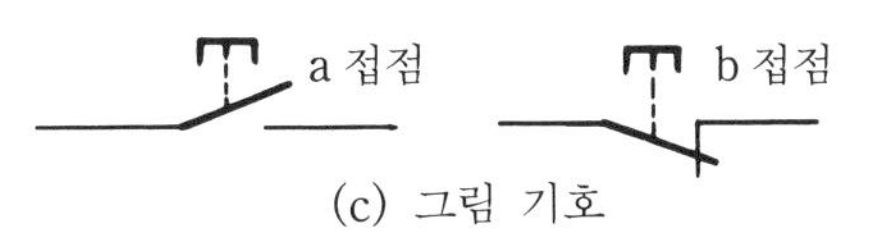

(c) 그림 기호

6 크리스마스 트리에 전구를 달자

저항의 직병렬 회로

환상적인 조명 "크리스마스 트리"

연말이 되면 전나무에 색색가지의 빛을 내는 크리스마스 전구를 켜게 되는데, 이것이 점멸하면 신비로운 무드를 자아낸다. 전구 사용 방법은 연속해서 빛을 내는 사용 방법과 점멸시켜 사용하는 방법이 있다. 크리스마스 트리에 사용되는 것은 후자이다. 이것은 전구를 차례차례 연결해 가는 **직렬 접속**으로 하고 1개의 전구에 바이메탈(열팽창 계수가 높은 금속과 낮은 금속을 합쳐서 1매의 판으로 한 것)을 사용한 자동 스위치를 내장시켜 그것이 떨어지면 전부가 꺼지는 장치로 되어 있다. 바이메탈은 필라멘트의 열로 변형되어 스위치를 열고 냉각되면 바이메탈이 원래대로 복귀하여 다시 스위치가 들어간다. 이러한 반복작용으로 크리스마스 트리의 전구는 점멸하게 된다(**그림 1**). 여기서 이 전구의 연결 방법이 가정용과 다른 점을 잘 알아두자. 가정의 전기는 **그림 2**와 같이 한 쪽 선에는 모든 전구가 같은 측이 연결되고 반대측은 반대측이 연결되는 **병렬 접속**으로 되어 있다. 따라서 1개의 전구를 빼더라도 다른 것은 켜져 있다. 그러나 크리스마스 트리의 전구는 그렇게 되지 않는다. 바이메탈의 동작이 없어도 전구를 1개라도 빼면 전부가 꺼진다.

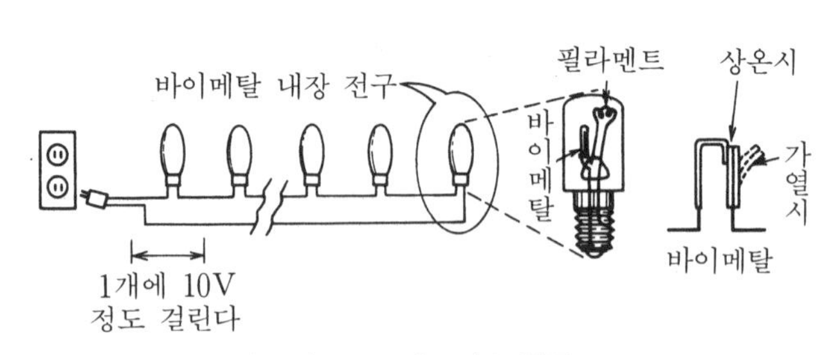

그림 1 크리스마스 전구

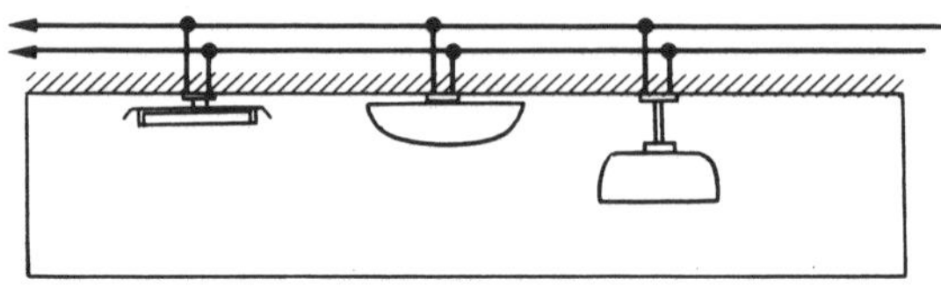

그림 2 가정의 전등

직렬 회로, 병렬 회로의 계산 방법

전열기든 저항이든 1개씩을 단독으로 사용하는 경우도 있지만 이것을 몇 개 연속해서 사용하는 경우도 많다. 이러한 경우의 계산을 알아두자.

[직렬 회로]

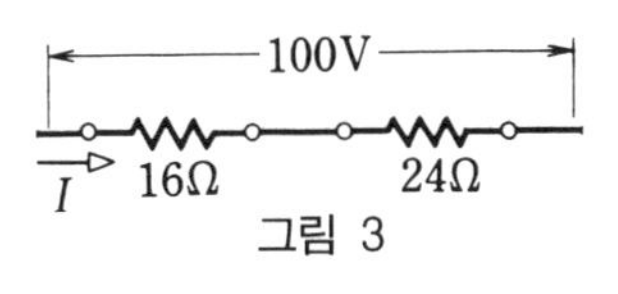

그림 3

그림 3에서 직렬로 된 저항을 흐르는 전류를 구하려면 저항의 합성값을 알지 않으면 안 된다. 직렬 접속에서는 저항은 **합하면** 구해진다.

합성 저항 $R=16+24=40\,[\Omega]$	(어느 저항에나
회로 전류 $I=V/R=100/40=2.5\,[A]$	동일한 전류가 흐른다)

[병렬 회로]

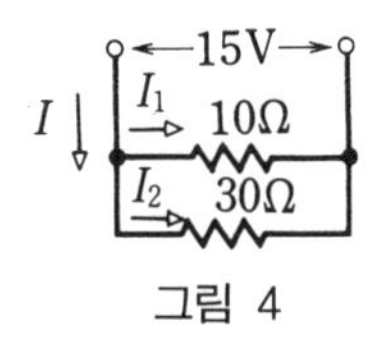

그림 4

병렬 회로에서는 어느 저항에도 **동일한 전압**이 가해진다. 이것을 고려하여 저항의 합성값을 구해 본다(**그림 4**).

① I_1, I_2를 구한다	$I_1=V/R=15/10=1.5\,[A]$
	$I_2=V/R=15/30=0.5\,[A]$
② 모든 전류 I를 구한다	$I=I_1+I_2=1.5+0.5=2.0\,[A]$
③ 병렬 합성 저항	$R=V/I=15/2.0=7.5\,[\Omega]$

여기서 마지막에 구한 합성 저항을 부여된 저항으로부터 직접 구하려면

$R=\dfrac{R_1R_2}{R_1+R_2}$ 로 구해진다. 즉, 2개 저항의 **「총합의 곱」**이면 된다.

이 예의 경우 $R=\dfrac{10\times30}{10+30}=\dfrac{300}{40}=7.5\,[\Omega]$이 되어 일치한다.

직렬인가? 병렬인가? 생각해 보자.

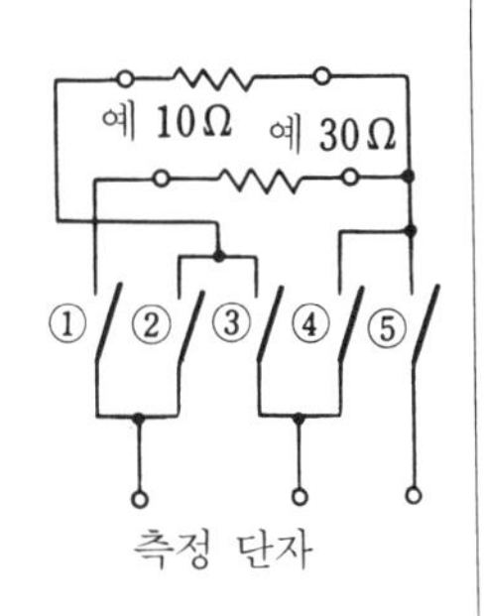

[준비] 저항 2개, 스위치 4개, 옴계(테스터)

[실험] 우측 그림과 같이 배선하고 스위치를 여러 가지로 넣어 그 때의 저항값을 예측하는 동시에 옴계로 측정하여 확인해 보자.

(스위치 넣는 방법의 예 ①과 ③, ①과 ④, ②와 ④, ①과 ②와 ④)

(측정값의 결과 40[Ω], 30[Ω], 10[Ω], 7.5[Ω])

7 대타 기용으로 게임은 역전 (배율기의 효용)

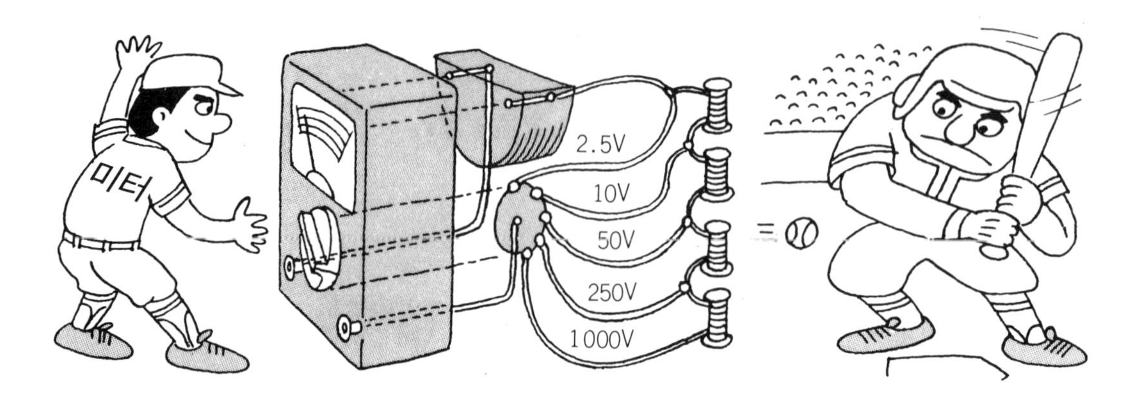

대타 기용은 상대를 조사하고

전압계도 미터 코일에 전류를 흐르게 하여 지침을 가게 한다. 따라서 미터에는 일정량의 전류를 흘렸을 때 지침이 눈금 끝으로 가도록 정해져 있다. **그림** 1에서는 0.1V의 전압을 가하면 0.001A가 흘러 지침이 풀 스케일로 가는 미터라고 하면 전압계 자체가 갖는 저항은 옴의 법칙에 의해

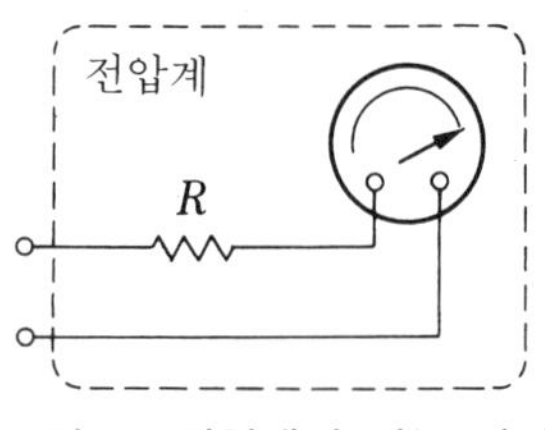

그림 1 전압계가 되는 미터

$$R=\frac{0.1}{0.001}=\frac{1\times 10^{-1}}{1\times 10^{-3}}=\frac{1}{1\times 10^{-2}}=1\times 10^{2}=100\,[\Omega]=0.1\,[\text{k}\Omega]$$

만일 이 미터를 사용하여 10V의 전압을 측정하면 바늘이 지나쳐 미터가 망가져 버린다. 이러한 때는 어떻게 하는가? 이때 대타가 등장한다. 0.1V는 미터에 가해도 되므로 **그림** 2와 같이 이 미터와 직렬로 저항을 넣고 이것에 10−0.1=9.9 [V]를 분담하도록 하면 된다.

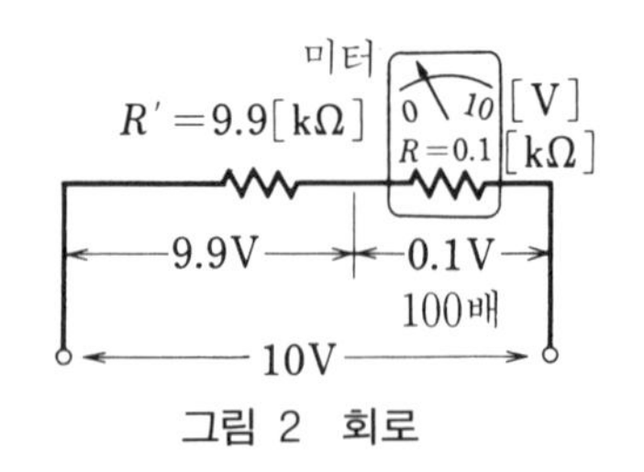

그림 2 회로

그 저항의 크기를 구해 본다.

$$R'=\frac{V}{I}=\frac{9.9}{0.001}=9.9\times 10^{3}=9.9\,[\text{k}\Omega]$$

전압계는 항상 회로에 병렬로(부하나 소자를 끼워) 접속한다. 절대로 직렬로 하지 말 것

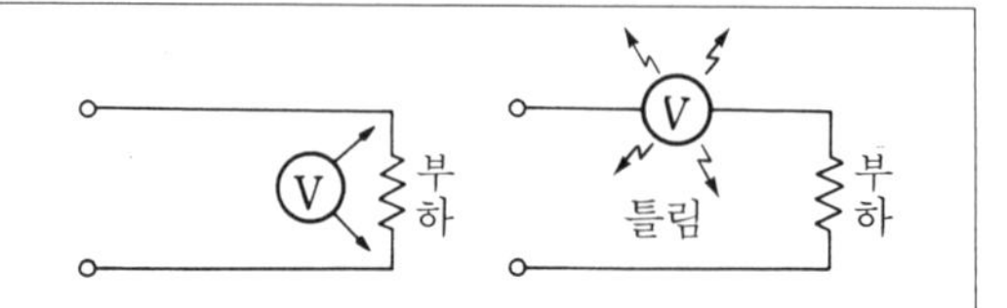

대타의 이름은 "배율기"

앞에서 기술한 바와 같이 대타를 내세우면 1개의 미터로 여러 가지 전압을 측정할 수가 있다. 이와 같이 미터가 가지고 있는 저항(**내부 저항**이라고 한다)과 직렬로 측정 범위를 넓히는 역할을 하기 위해 넣는 저항을 "**배율기**"라고 한다.

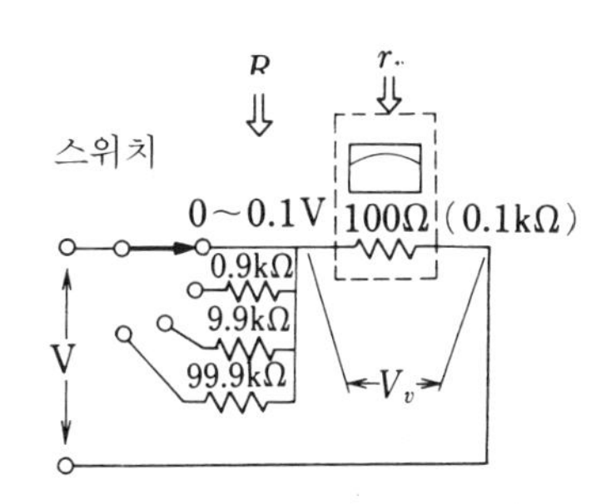

그림 3 다중 범위 전압계

배율기를 몇 개 조립하면 1개의 미터로 몇 종류의 전압을 측정할 수 있다. 이들 배율기의 선택은 전환 스위치에 의하는 경우(회로계 등)나 단자를 여러 개 내는 경우(다중 범위 전압계) 등이 있다. **그림 3**의 경우는 각각의 단자로 몇 볼트까지 측정할 수 있는가를 생각하기 바란다(답은 **표 1**에 표시).

표 1 측정 범위

배율기	측정 범위
0.9kΩ일 때	→ 0~ 1[V]
9.9kΩ일 때	→ 0~ 10[V]
99.9kΩ일 때	→ 0~100[V]

전압계에 가해지는 전압(V_v)의 몇 배의 전압(V)을 측정할 수 있는가를 **배율**이라고 한다. 그림 3에서 이 배율을 m으로 하고 전압계의 내부 저항을 r_v, **배율기의 저항**을 R이라 하면

$$m=\frac{V}{V_v}=\frac{R+r_v}{r_v} \longrightarrow R+r_v=mr_v, \quad \boldsymbol{R=(m-1)r_v}$$

"(배율-1)배의 저항을" 암기하자!

[예제] 내부 저항 500Ω, 5V의 전압계로 200V의 전압을 측정하려면 몇 [Ω]의 배율기를 달면 되는가?

[해답] $m=200/5=40$ $R=r_v(m-1)=500\times(40-1)=19,500$ [Ω]

레인지를 선택하라

전압을 측정할 때, 어느 정도의 값인가 모를 때는 먼저 최대 레인지부터 측정해 나간다. 이것은 큰 저항이 직렬로 들어가 미터를 파손시키는 일이 적지 않기 때문이다. 지침이 우측 그림과 같을 때 전환 노브의 각 위치에 대한 전압값을 판독할 것

답은 p.32의 Let's review에

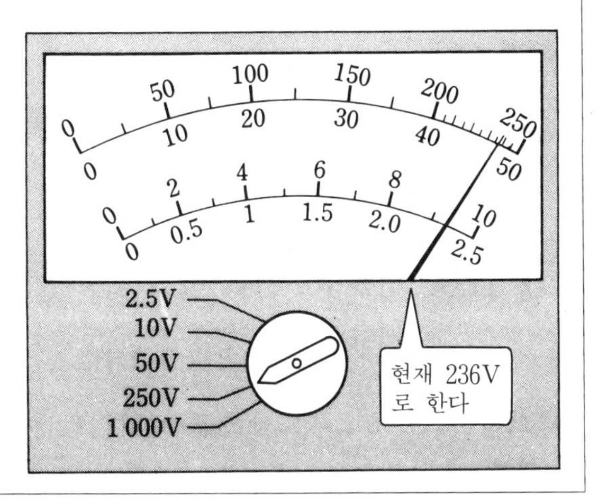

8 바이패스를 통해서 교통 완화

분류기

바이패스 건설의 기본이론

전류계는 회로에 흐르는 전류를 측정하는 것이다. 미터에서는 지침이 움직이는 원동력이 되는 가동 코일은 대단히 가는 선이 감겨져 있기 때문에 큰 전류가 흐르면 타버린다. 큰 전류를 측정하고 싶으면 **분류기**(shunt)라는 저항을 달아 전류의 바이패스를 만든다.

이 분류기를 달면 어떻게 큰 전류를 측정할 수 있는가, 분류기란 도대체 무엇인가, 분류기의 크기는 어떻게 정하는가를 알아본다.

① 분류기란 미터와 병렬로 접속하는 저항기이다.

② 저항의 병렬 회로에서 각 분로에 흐르는 전류의 비는 저항의 크기에 반비례한다.

즉, 전체로 흘러 온 전류가 분류하면 작은 저항에는 많은 전류가 흐른다(이것이 분류기의 원리이다).

③ 분류기의 크기는 **그림 1**을 참고하여 구한다.

$$\underbrace{I_R R}_{\text{전압}} = \underbrace{I_a r_a}_{\text{전압}}$$

$$\therefore\ R = \frac{I_a}{I_R} r_a = \frac{I_a}{I - I_a} r_a$$

I가 100A, I_a가 1A라면 R은

r_a의 $\dfrac{1}{100-1} = \dfrac{1}{99}$배가 된다.

여기서 알 수 있듯이 분류기의 저항은 내부 저항의 1/(**배율-1**)이 된다는 것을 암기하자.

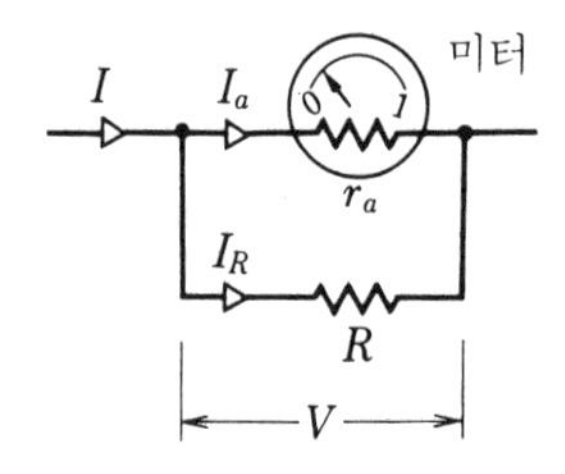

$$I_a : I_R = \frac{V}{r_a} : \frac{V}{R} = \frac{1}{r_a} : \frac{1}{R}$$

$$= R : r_a \quad \cdots(1)$$

(저항에 반비례)

I_a를 모든 전류 I에서 구하면

$$I_a = I \times \frac{R}{R + r_a}$$

반비례이므로 반대측의 저항

그림 1 분류기와 전류

다중 범위 전류계를 설계하자

다중 범위 전류계의 설계는 이미 배운 이론을 응용해서 다음의 스텝 순으로 한다.

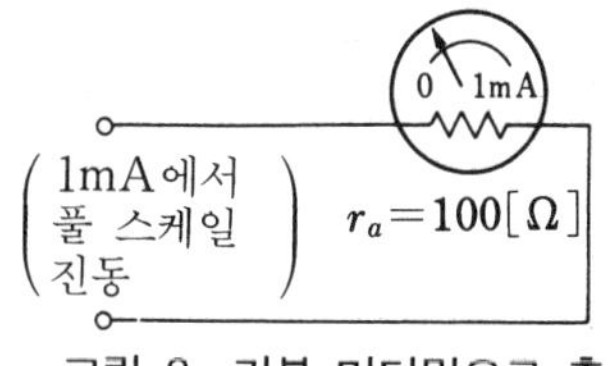

그림 2 기본 미터만으로 측정할 수 있는 전류

[조건] ① 기본 미터는 0.001A(1 mA)에서 풀 스케일 흔들린다(**그림** 2).

② 가동 코일의 저항은 100Ω으로 한다.

③ 이것을 사용하여 0~1 mA, 0~10 mA, 0~50 mA, 0~100 mA를 측정할 수 있도록 분류기를 단다.

Step 1 1 mA 흘러서 풀 스케일 가는 데 몇 [V]의 전압이 가해지고 있는가를 계산한다.

$$V=IR=0.001\times100=0.1\ [\mathrm{V}]$$

Step 2 0~10 mA의 미터로 하려면 변류기에 9 mA(0.009A)를 흐르게 한다(9/10배). 그리고 「Step 1」에서 구한 것 같이 미터에는 0.1V가 가해지므로 병렬로 접속되는 변류기에도 0.1V가 가해진다. 따라서 분류기의 크기(R)는 아래와 같이 된다.

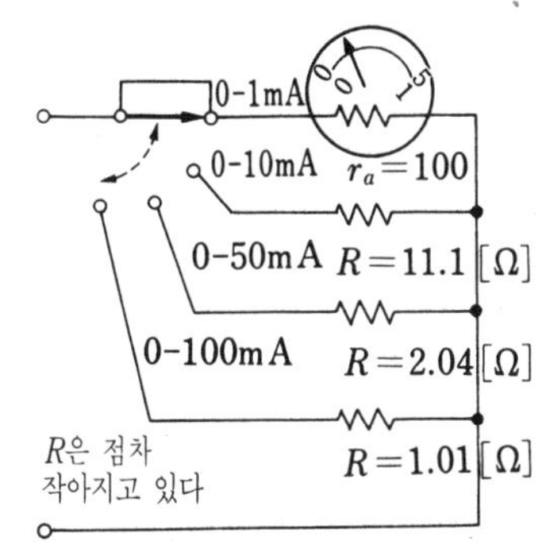

그림 3 다중 범위 전류계

$$R=\frac{V}{I}=\frac{0.1}{0.009}=11.1\ [\Omega]$$

$$\left[R=\frac{1}{\text{배율}-1}\times\text{내부 저항}=\frac{1}{10-1}\times100=11.1[\Omega]\right]$$

같은 방식으로 다른 값도 구하면 **그림** 3과 같이 된다.

Let's try 회로계의 내부 결선

회로계의 기본 결선을 나타낸다. 이 안에 분류기가 사용된 회로가 있는 것을 알 수 있다.

우측 그림을 보고 회로계에 대해서도 이해하도록 하자.

S_1, S_2는 연동

①: 옴 계
②: 전압계
③: 전류계

현재 ③으로 전환하여 직류 전류를 1개의 분류기를 사용한 상태로 측정하고 있다(태선).

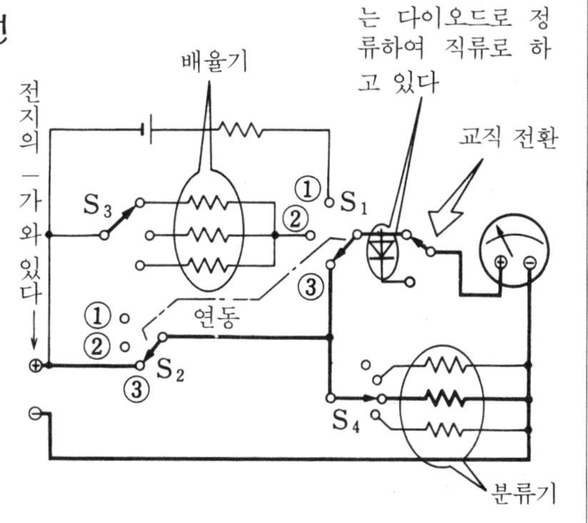

9 변화에 대응할 수 있는 것은 생활의 지혜 (가변 저항기의 이용)

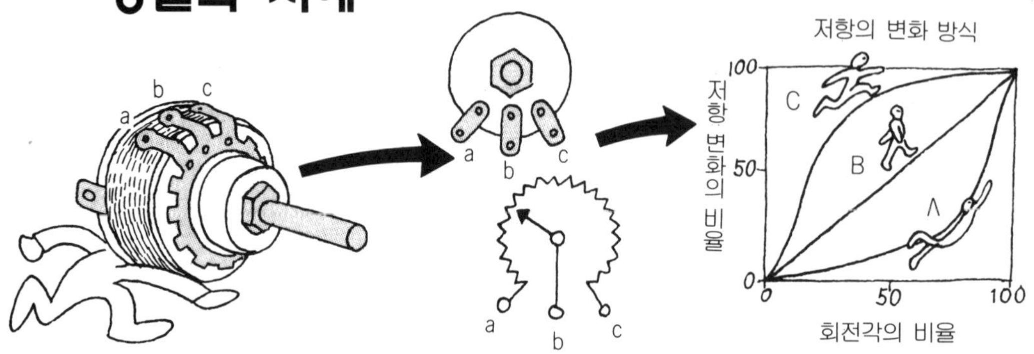

가변 저항기를 알아보자

전자 회로에 보통 사용되고 있는 소자로서, 그 구조는 동일하지만 접속 방법에 따라 다른 동작을 하는 것으로 **가변 저항기**가 있다. 이것은 저항을 변화시켰을 때 전류가 달라지게 하는, 이른바 전류 제어의 사용 방법과 또 한 가지는 퍼텐쇼미터라고 해서 일정 전류를 흐르게 하여 그곳에 생기는 전압을 가동편에서 인출하는 사용 방법이다.

그림 1에 가변 저항기의 외관과 회로도에 그려지는 그림 기호의 예를 들었다. 상술한 두 가지 방법을 종합하면 다음과 같다.

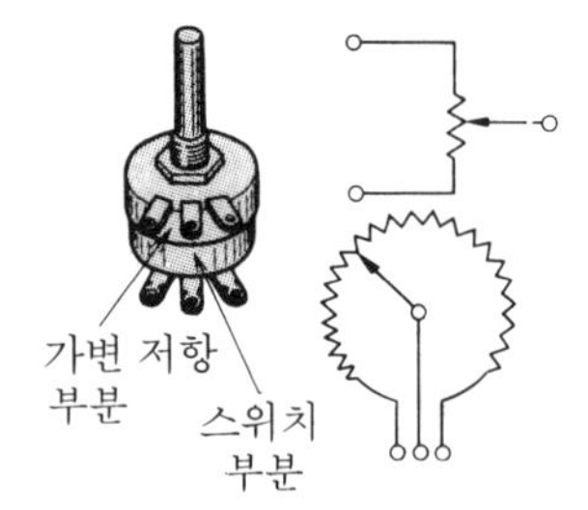

그림 1 가변 저항기

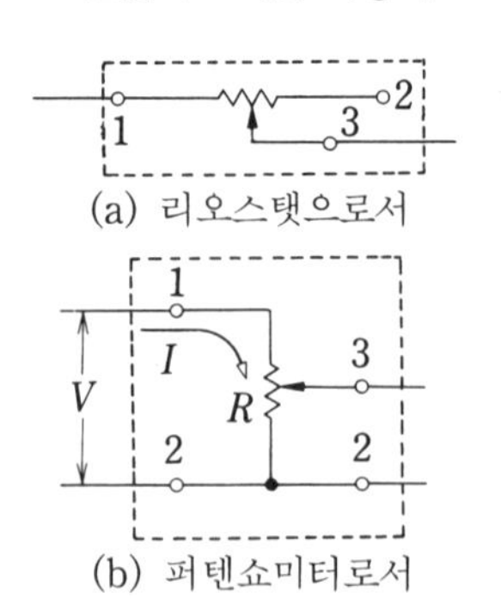

그림 2 가변 저항기 사용 방법

① 리오스탯(가감 저항기)으로서

그림 2 (a)와 같이 접속하면 회로에 흐르는 전류 (I)는 저항기의 단자 1부터 3으로 흘러 가고 3의 이동으로 1~3간의 저항이 바뀌며 전압이 일정하면 이 저항 변화가 전류 I를 바꾼다.

② 퍼텐쇼미터로서

그림 2 (b)의 접속에서는 회로에는 항상 $I=V/R$ [A]의 전류가 흐르고 R 상에는 저항에 비례한 전압이 발생하고 있다. 즉, 탭 3을 R 상 어디에 두는가에 따라 3~2 사이에 나타나는 전압이 변화하게 되며, 이것은 탭 3을 움직임으로써 3~2 사이에서 여러 가지로 변화된 전압(0 [V]에서 V[V])을 인출할 수 있게 된다.

퍼텐쇼미터로 전압 측정

퍼텐쇼미터는 그곳에 생긴 전압을 다른 전압과 비교해서 퍼텐쇼미터 상의 전압값으로 비교한 전압을 읽어낼 수 있다. 이것을 **직류 전위차계**라고도 한다.

예를 들면 전지의 기전력을 측정하려고 테스터를 사용하면 전지에서 전류가 흘러 테스터가 지시하는 전압은 정확하게는 전지의 기전력을 표시하지 않는다. 그것은 전지에는 내부 저항(r)이 있기 때문에 전류(I)가 흐르면 전압 강하(I_r)가 생기고 기전력(E)보다 I_r[V] 낮은 전압 V(단자 전압이라고 한다)를 표시하게 된다. 내부 저항 때문에 밖으로 나오는 전압이 내려가는 것은 **그림 3**과 같이 소형 전구를 달아 비교하면 알 수 있다. 2개를 달고 많은 전류를 흘리면 I_r이 커지며 어두워진다.

이 때문에 전류를 흐르게 하지 않고 측정하는 방법이 보다 정확한 측정이라고 할 수 있다. 전류가 흐르지 않게 됐는가의 여부는 **그림 4**와 같이 양 전압간에 설치한 검류계의 지시가 영이 되었을 때를 보면 된다(이 방법을 "영위법"이라고 한다).

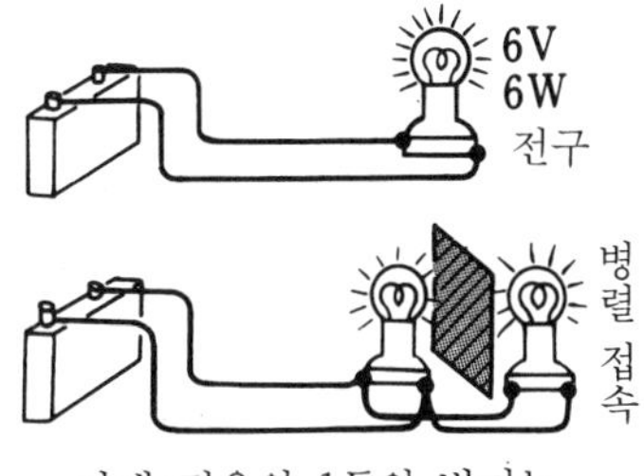

아래 경우의 1등의 밝기는 위의 경우보다 내려간다

그림 3 전지의 내부 저항

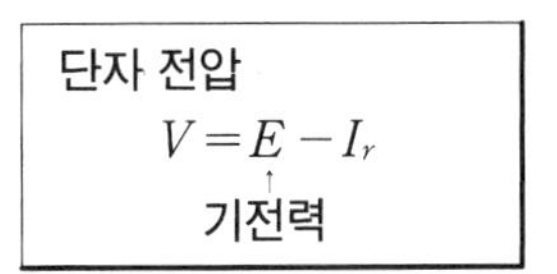

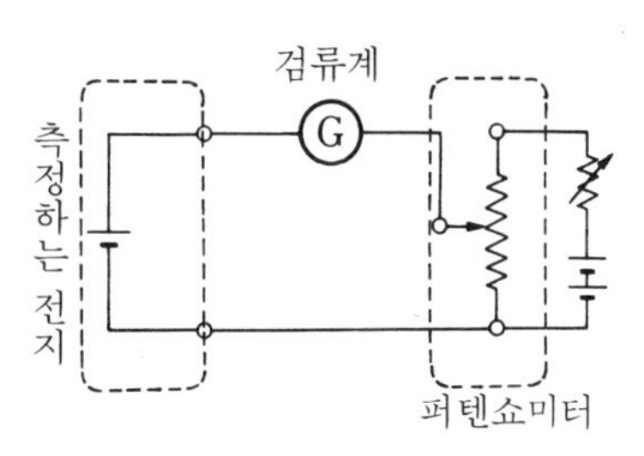

그림 4 전위차계의 원리

전위차계의 외관과 원리도

실제의 전위차계 외관과 회로도를 우측에 나타냈다. E_x가 피측정 전지이다.

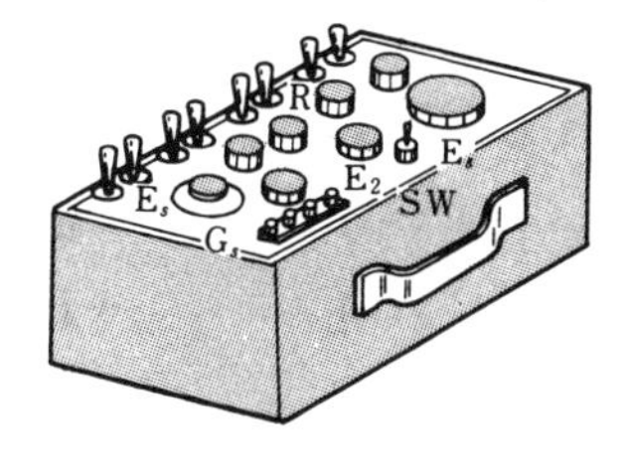

SW를 E_s측으로 하고 E_s 다이얼을 돌려 정확하게 E_s에 맞추고(회로에 측정 전류가 흐른다) SW를 E_x측으로 하여 E_x 다이얼을 바꾸어 측정한다.

10 전기 회로에도 미로가 있는가

키르히호프의 법칙

운전 면허를 따는 데 필요한 법규

옴의 법칙에 의해 모든 것이 풀린다고 생각하는 것이 당연할 수도 있겠지만 약간 복잡한 전기 회로(예를 들면 전원이 2개소에 들어가 있는)가 되면 새로운 기법을 사용하지 않고서는 풀 수 없게 된다. 여기서 등장하는 것이 **키르히호프의 법칙**이다. 이것도 법칙이므로 확실히 이 법칙(교통법규와 같은 것)을 암기하면 아무 문제없이 올바르게 문제를 풀 수 있게 될 것이다. 두 가지 법칙이 있으므로 하나씩 암기하도록 하자.

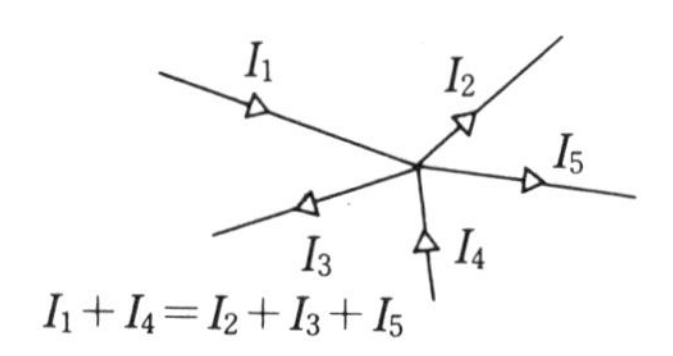

그림 1 제1법칙의 예

기전력의 정부

⊖ ⊕ $+V$[V] ⊕ ⊖ $-V$[V]

가는 방향

전압 강하의 정부

R[Ω] 전류 I[A] $+IR$[V]

R[Ω] 전류 I[A] $-IR$[V]

가는 방향

그림 2 전압의 정부 약속

[제1법칙] 그림 1과 같이 전류에 대해서 생각할 때 「회로 내의 어느 접속점에 유입되는 전류의 대수합은 영이 된다」는 것이다. 다른 표현으로 말하면 들어오는 전류의 합과 나가는 전류의 합은 같다는 것이다.

[제2법칙] 이것은 전압에 관한 것으로서, 역시 「하나의 폐회로에서는 그 안에 포함되는 전압 강하의 대수합과 기전력의 대수합은 같다」는 것이다. 여기서 폐회로란 위 그림의 a−b−c−d−a와 같이 루프가 되는 곳이다.

또한 **그림** 2는 전압의 정부(正負) 표시 방법을 나타낸다.

법규를 알았으면 안전 운전을

위의 두 가지 법규를 사용할 수 있도록 하고 이를 활용하여 전기 회로에 관한 문제를 푸는 기술을 익히도록 하자.

그림 3에서 우선 a점에 제1법칙을 적용시키면

$$I_1 = I_2 + I_3 \quad \cdots\cdots (1)$$

다음에 (I)과 (II)의 폐회로에 화살표 방향을 따라 제2법칙을 적용시키면(정·부는 **그림 2** 참조)

$$25\,I_2 - 10\,I_3 = 40 \quad \cdots\cdots (2)$$

$$10\,I_3 + 10\,I_1 = -20 \quad \cdots\cdots (3)$$

과 같은 방정식이 성립된다.

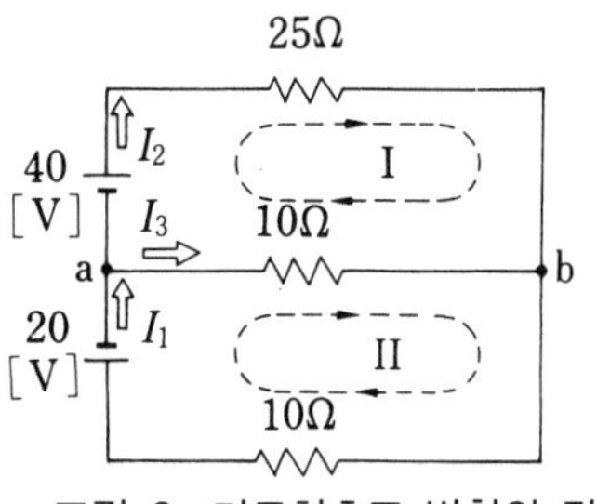

그림 3 키르히호프 법칙의 적용

이것을 풀면 각각의 전류를 계산할 수 있다. 계산 방식은 우측에도 나타나 있으므로 직접 해보기 바란다.

이렇게 해서 키르히호프의 법칙을 적용해 나가면 전기 회로의 미로와 같은 문제도 풀 수 있게 된다.

식 (1)을 식 (3)에 대입하여 정리하면

$$10\,I_2 + 20\,I_3 = -20$$

(2)×2 $\quad 50\,I_2 - 20\,I_3 = 80$ (+

$$60\,I_2 = 60$$

$$\therefore\ I_2 = 1[\mathrm{A}] \quad \cdots\cdots\cdots (4)$$

식 (4)를 식 (2)에 대입 $\quad -10\,I_3 = 40 - 25$

$$I_3 = -1.5[\mathrm{A}] \cdots\cdots\cdots (5)$$

(4), (5)를 (1)에 대입 $\quad I_1 = 1 - 1.5 = -0.5[\mathrm{A}]$

키르히호프(독일)
1824~1887 회로망을 흐르는 전류를 구하는 법칙을 발견한 사람

키르히호프의 법칙을 영어로 표현해 보자

회로도와 대비시켜 영어 실력을 쌓자.

[제1법칙] The algebraic sum of all
(algebraic sum: 대수 합)
the current directed toward a junction
(the current: 모든 전류 / directed toward: ~쪽을 향하고 있다)
point is zero.

(접속점을 향하고 있는 모든 전류의 대수합은 영)

[제2법칙] The algebraic sum of all
the voltages taken in a specified
(모든 전압 / 취해진 / 특정한)
direction around a closed path is zero.
(방향으로 / 폐회로 주위)

(폐회로에 있어서 정해진 방향으로 취해진 모든 전압의 대수합은 영)

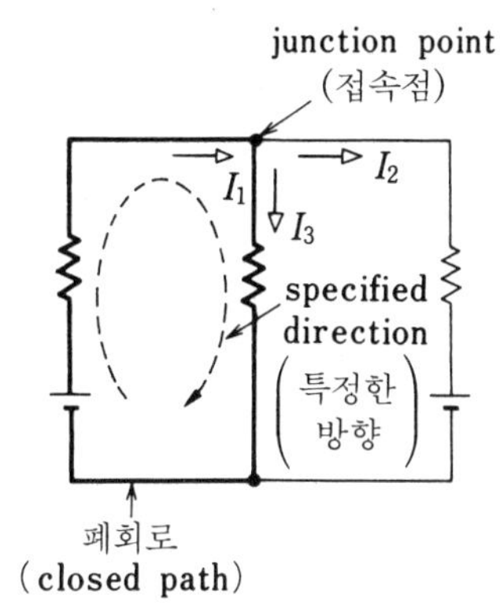

11 "아루루의 도개교"는 고호의 걸작

브리지 회로

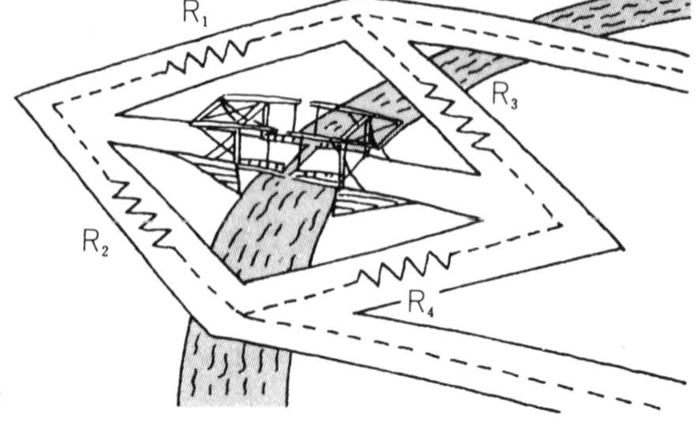

다리 감시는 4명의 손으로

네덜란드는 물의 나라라고 불리듯이 시내에는 운하가 있고 전원에도 풍부한 관개 수로가 있다. 그곳에는 아름다운 다리가 있어 한가로운 풍경을 만들어 낸다. 전기 회로에도 다리를 놓으면 그곳에는 전류의 유로가 만들어진다. 이 경우 다리의 역할은 주위의 상태에 따라 결정되므로 이것을 잘 이해하면 회로도 쉽게 풀 수 있을 것이다.

그림 1의 **교락**(橋絡)으로 설명한 회로도를 **브리지 회로**라고 한다. 이 회로는 주위 4개의 저항값에 의해 다리를 내리거나 올려도 회로 상태와 무관하다고 할 수 있다. 이 때를 **브리지는 평형되어 있다**라고 하는데, 이것은 가, 나 두 점의 전위가 동등해졌을 때이기도 하다.

다리를 내린다는 것은 그 사이를 단락하는 것이고, 다리를 올린다는 것은 그 사이를 개로(오픈)하는 것이다. 이 상태가 주위의 4개 저항값의 여하(**평형 조건**)에 따라 정해진다.

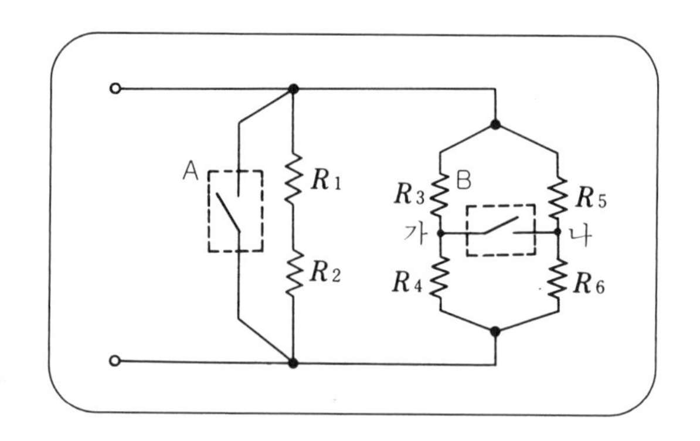

A의 다리는 저항 R_1, R_2가 영이 됐을 때와 같은 작동을 한다. **단락** 또는 R_1, R_2를 단락했다고 한다.

B의 다리는 가점, 나점이 연결되어 전류의 유로가 만들어진다. **교락** 또는 브리지한다고 한다. $R_3 \sim R_6$의 저항 크기의 상태로 유로에 전류 흐름의 여부가 정해진다.

그림 1 스위치를 넣으면 다리가 걸린다. 이 때 회로는 어떻게 되는가

브리지를 사용하여 저항 정밀 측정

브리지 회로는 보통 **그림 2**와 같이 그린다.

또, 이 브리지에서 평형조건이 성립할 때는 c, d의 전위가 같아졌을 때이므로 전위가 같다는 것을 **그림 3**에 설명한다. 평형시에는 다음과 같은 관계가 성립된다.

$$PI_1 = QI_2 \qquad RI_1 = XI_2$$

$$\therefore \ \frac{P}{R} = \frac{Q}{X} \quad \text{또는 } P \cdot X = QR$$

여기서 X에 미지 저항을 연결하고 P, Q, R을 이미 알고 있다면 다음 식에 의해 X는 구해진다.

$$X = \frac{Q}{P} \cdot R$$

이 식을 사용하여 미지 저항을 측정하는 것을 **휘트스톤 브리지**라고 한다.

위의 식에서 알 수 있듯이 R을 적당히 가감하고 P와 Q는 각각 10, 100, 1,000Ω의 3종을 조합하는 것만으로도 Q/P가 0.01~100배로 변화할 수 있으므로 P와 Q를 **브리지의 비례변**이라 한다.

R과 P, Q의 비례변을 곱하여 X를 계산한다.

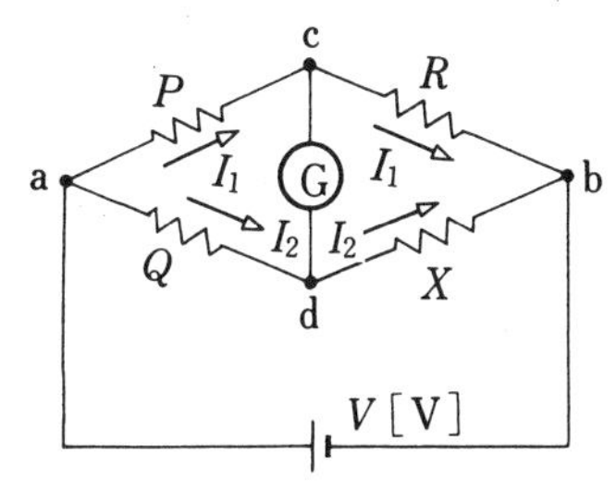

c점, d점의 전위가 같은 것은 검류계 Ⓖ에 전류가 흐르지 않는 것으로 알 수 있다.

그림 2 브리지 회로

전위가 같다고 하는 것은

① 전지에서는 같은 전압의 것

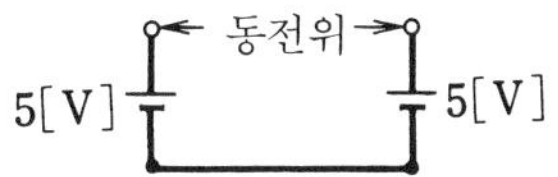

② 전압 강하는 I와 R의 곱이 같은 것

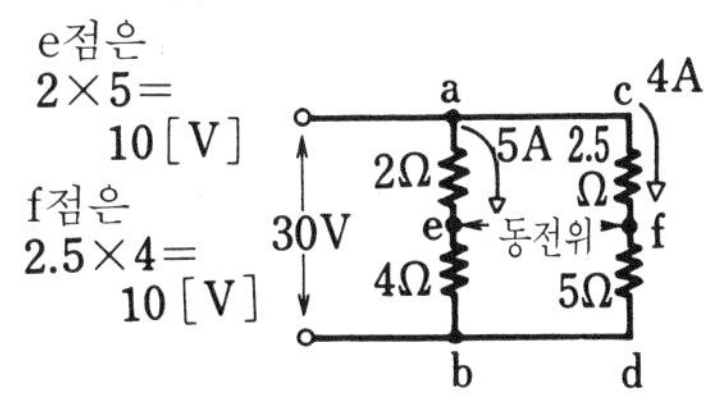

a점, c점보다 낮다. 따라서 함께 동전위가 되고 있다.

그림 3

P. O. Box

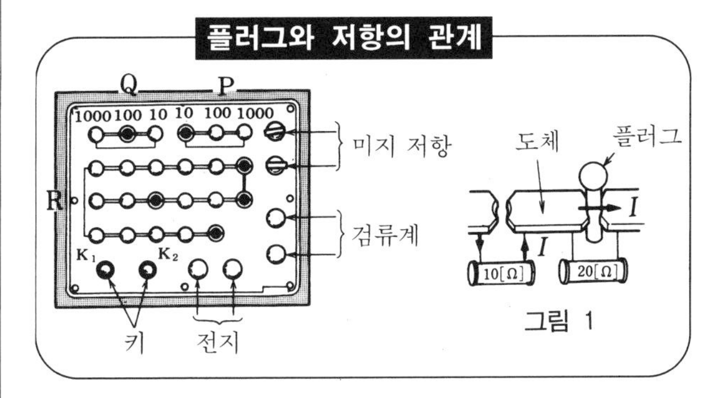

그림 1

좌측 그림은 P. O Box라고 하는 휘트스톤 브리지이다.

좌측 그림과 같이 플러그를 빼면 저항은 그 표시값이 되고 플러그를 꽂으면 저항은 0 [Ω]이 된다.

따라서 플러그를 전부 꽂고 키 K_1을 눌러서는 안 된다.

12 정형 수술로 성질 전환

정류된 직류

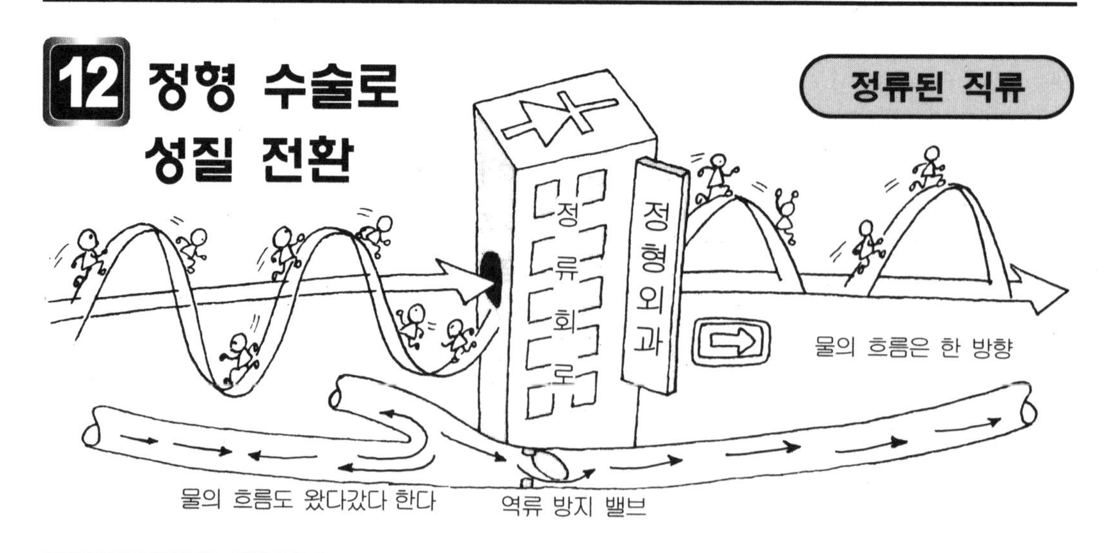

전기에도 있는 교통 규칙

다이오드(정류기)라는 것의 기본적인 목적은 전류를 한 방향(one way)으로만 흐르게 하고 반대측으로는 흐르지 않게 하는 것이다. 위의 그림에서 위에 있는 수관의 밸브와 같은 것이기도 하다. **그림 1**의 그림 기호의 화살표 방향으로 일방 통행시키는 것으로서, 실제로는 그림 1의 위쪽에 있는 것과 같은 형태를 하고 있다. 또한 그림에 나타나듯이 실물에는 띠 마크를 하여 방향(극성으로 −(캐소드라고 한다))을 구별하고 있다. 이것은 교통으로 비유하면 일방 통행 마크 ➡라고 할 수 있으며, 교류(흐르는 방향과 크기가 시간과 더불어 바뀌는)를 직류(흐르는 방향이 일정한 전류)로 바꾸는 전기의 성질이 있는데, 이것을 **정류됐다**고 한다. 다만 이 경우의 직류는 크기가 시간에 따라 바뀌어 맥이 뛰는 것 같이 되므로 **맥류**(脈流)라고 하는 직류가 된다. 그리고 회로계(p.19)는 1개의 직류 미터로 교류도 측정하고 있는 것은 다이오드가 들어 있어 정류하여 직류로 되어 있기 때문이다.

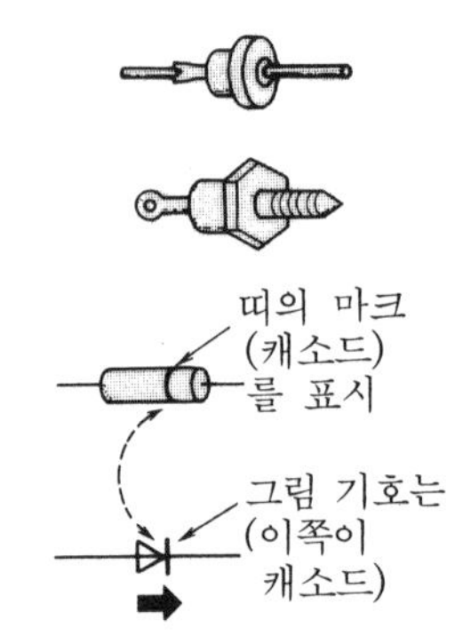

그림 1 다이오드와 그림 기호

One point

직류란 방향이 바뀌지 않는 전압, 전류이고 교류는 시간의 경과에 따라 그 방향이 바뀌는 전압·전류이다. 우측 그림은 직류의 예를 그린 것으로서, 두 그림 모두 전압, 전류의 크기는 바뀌는 일이 있어도 방향은 바뀌지 않는다. 우측 그림과 같이 맥이 뛰듯이 크기가 바뀌는 것은 특히 맥류하고 하며, 정류 파형도 그 중의 하나이다.

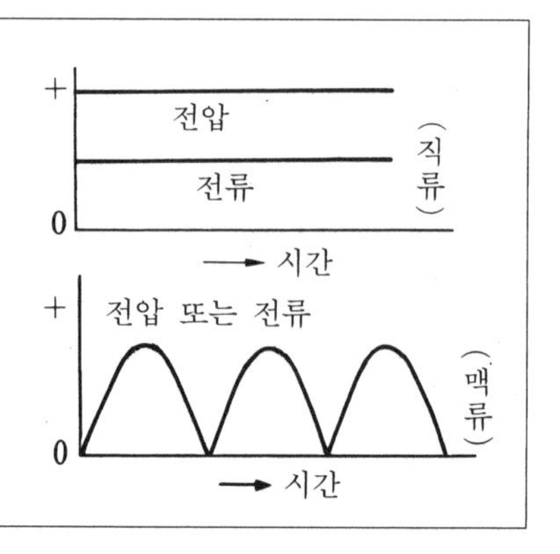

정류된 직류로 전력 제어

전기가 하는 일에 대해서는 p.45의 전류의 작용에서 배우겠지만 여기서 전열기의 히터에서 발생하는 열량(즉, 전력)을 컨트롤하는 방법을 들어 본다. 다음 중의 하나로 정류된 직류가 일익을 담당하고 있는 것을 알 수 있다.

① 저항을 가감해서

그림 2의 상단과 같이 히터(저항)에 병렬로 히터를 달아 저항이 감소하고 그 결과 전류와 전력이 증가한다.

② 전압을 가감해서(그림 2의 중간 참조)

이것도 p.45의 전류의 작용에 대한 설명으로 알 수 있다.

③ 다이오드를 통해서

이것은 그림 2 하단과 같이 교류가 정류되면 파형의 반밖에 전류가 흐르지 않는다. 전류의 파형이 +, − 일 때도 전류가 흐른 경우와 비교하면 그때의 전력을 1로 할 경우 일하는 내용, 시간은 반이 된다.

정류된 직류에서는 전력이 1/2이 되는 것을 알 수 있을 것이다.

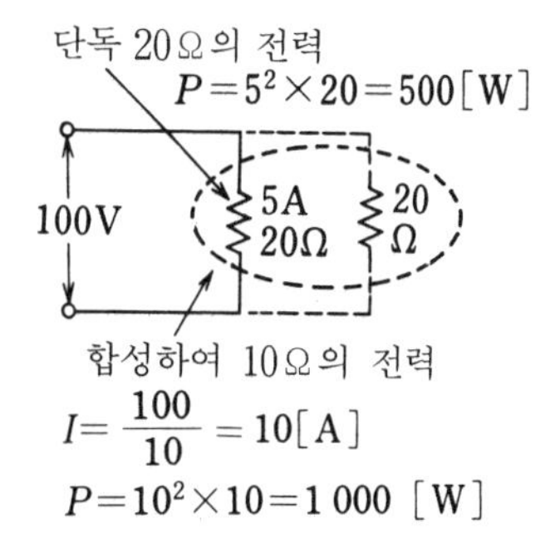

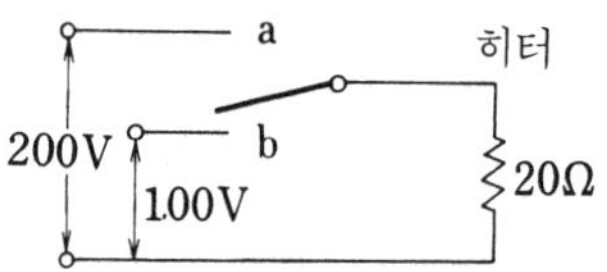

(100V일 때) $P=\left(\frac{100}{20}\right)^2\times 20=500$[W]

(200V일 때) $P=\left(\frac{200}{20}\right)^2\times 20=2\,000$[W]

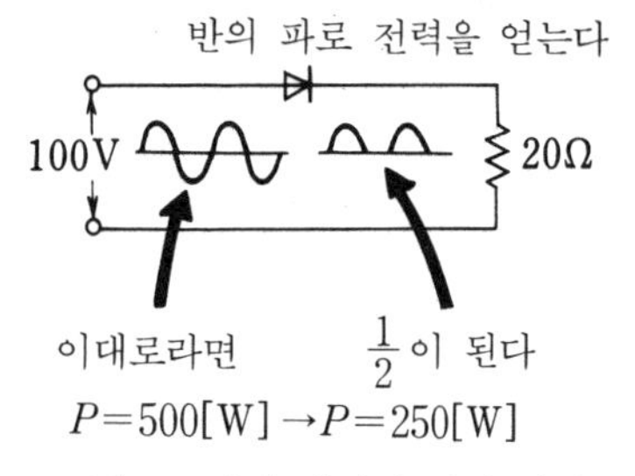

그림 2 전력 제어의 여러 가지

Let's try

전력 제어의 일례

간단하면서도 저렴한 방법에 의해 3종류를 컨트롤할 수 있는 회로를 우측에 예로 들었다. 스위치가 각각의 위치일 때 전력은 어느 정도인지 계산해 보자.

교류 단상 3선식

전열기는 저항과 같으므로 교류도 직류와 동일한 계산으로 된다.

[답]

스위치 위치	전류 (I)	전력 $I^2\times R$
1, 2	전력이 $\frac{1}{2}$이 된다	250W
1, 3	5A	500W
1, 4	10A	2,000W

스위치의 위치를 (1, 2), (1, 3), (1, 4)로 한 경우를 생각해 보기 바란다.

13 할머니가 좋아하는 "경척"

SI 단위계

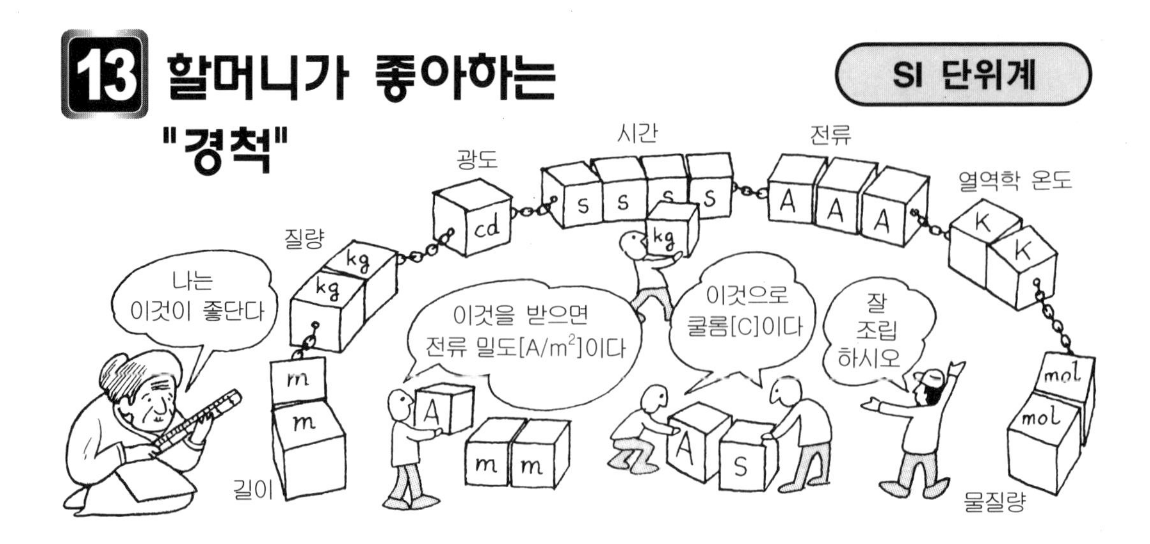

편리성과 합리성은 모순되는가

물건을 매매하는 데도, 제작하기 위해 다른 사람에게 부탁하는 데도 **측정한다**는 것은 대단히 중요한 일이다. 게다가 세계 각 국의 사람들이 제각기 다른 단위를 사용하여 측정한다면 큰 혼란이 일어날 것이다.

그래서 전 세계가 동일한 단위를 사용하기로 결정한 것이 **SI 단위***이다. 이것은 7개의 **기본 단위**(위의 그림)를 정하고 하나의 양에는 1개 단위를 사용한다고 하는 방침으로 출발하였다(주; 프랑스어의 Systême International d'Unités의 약자).

물론 세상에는 여러 가지 양이 있기 때문에 상기 7개의 단위만으로는 부족하다. 따라서 그 외의 단위는 이것을 조합해서 사용한다. **표 1**은 이와 같이 조립된 후에 고유의 명칭이 붙여진 **조립 단위** 중 전기에 관계된 것만을 예로 든 것이다.

단위는 통일하면 편리할 것 같지만 지금까지 사용된 단위를 바꾸는 것이 어려운 경우도 있다(동양에서는 치나 자 단위, 미국에서는 피트나 야드 단위 등을 사용할 수 없게 된 것 등). 또한 과학 연구에서 작은 것에는 그것에 맞는 단위를 정하는 것이 편리한 경우가 있어 통일하여 합리성을 따지면 오히려 불편한 경우도 있다. 그러나 세계적 경향은 SI 단위계로 되고 있다.

표 1

양	단위의 명칭	단위기호	정의
주파수	헤르츠	Hz	S^{-1}
에너지, 열량	줄	J	N · m
전력	와트	W	J/S
전기량 · 전하	쿨롬	C	A · S
전압 · 전위	볼트	V	W/A
정전용량	필라드	F	C/V
전기저항	옴	Ω	V/A
컨덕턴스	지멘스	S	A/V
자속	웨버	Wb	V · S
자속밀도	테슬라	T	Wb/m^2
인덕턴스	헨리	H	Wb/A

한편, 모든 것을 당장 SI 단위로 하는 것은 아니고 당분간은 종래의 단위를 그대로 사용하는 것이 있는데, 전력량의 단위가 그 한 예이다. 이것은 에너지의 단위로서 [J]로 하지 않으면 안 되지만 전력 에너지는 [Wh], [kWh]가 사용되고 있으므로 당분간은 그대로 사용하다가 언젠가는 [J]로 바뀌게 될 것이다.

1 [W·s]=1 [J], 1 [W·h]=3.6 [kJ]

16의 접두어란 무엇인가

SI 단위는 양에 따라서는 너무 크거나 너무 작은 것이 있으므로 10의 정수배의 기호(접두어라고 한다)를 붙여서 사용한다. 이것들은 16개가 정해져 있는데 **표 2**와 같다. 접두어를 사용한 양(量) 중에서 많이 사용되는 예를 몇 가지 들어보면 다음과 같다.

표 2

배수	명칭	기호
10^{18}	엑사	E
10^{15}	페타	P
10^{12}	테라	T
10^{9}	기가	G
10^{6}	메가	M
10^{3}	킬로	k
10^{2}	헥토	h
10	데카	da
10^{-1}	데시	d
10^{-2}	센티	c
10^{-3}	밀리	m
10^{-6}	마이크로	μ
10^{-9}	나노	n
10^{-12}	피코	p
10^{-15}	펨토	f
10^{-18}	아토	a

밀리암페어 mA $=10^{-3}$ [A]=0.001 [A]

마이크로볼트 μV $=10^{-6}$ [V]=0.000001 [V]

킬로볼트 kV $=10^{3}$ [V]=1,000 [V]

메가옴 MΩ $=10^{6}$ [Ω]=1,000,000 [Ω]

그리고 옴의 법칙으로부터 전압과 저항의 값을 알 때 전류를 구하는 계산에서 저항에 [kΩ]을 사용할 경우 전류는 [mA]로 하면 접두어를 의식하지 않고 계산할 수 있다.

$$\frac{[\mathrm{V}]}{[\mathrm{k\Omega}]}=[\mathrm{mA}]\ \left(\frac{\mathrm{V}}{10^{3}\Omega}=\frac{\mathrm{V}}{\Omega}\times 10^{-3}=\mathrm{A}\times 10^{-3}=[\mathrm{mA}]\right)$$

계산의 비법

접두어가 붙는 계산은 우측과 같이 하면 올바르게 구할 수 있다.

1. 단위를 바르게 환산하여 10^{a}의 형태로 한다.

$$0.01\,[\mathrm{m}]=\frac{1}{100}[\mathrm{m}]=10^{-2}\,[\mathrm{m}],\quad 25\,[\mathrm{cm}]=25\times 10^{-2}[\mathrm{m}]$$

2. 분모에 있는 10의 거듭제곱의 수를 분자에 쓴다.

$$\frac{1}{10^{3}}=10^{-3}$$ 마이너스를 붙인다

$$\frac{1}{10^{-6}}=10^{6}$$ $-(-6)=+6$이 된다

3. 지수의 형태로 계산한다(10^{a}의 곱셈은 지수의 합, 나눗셈은 지수의 차).

$$9\times 10^{9}\times\frac{5\times 10^{2}}{3\times 10^{3}}=\overset{3}{\cancel{9}}\times\frac{5}{\underset{1}{\cancel{3}}}\times 10^{9+2-3}=15\times 10^{8}$$

14 전기 세계의 패스포트

요소와 그림 기호

기술자에게 언어는 필요하지 않다

위의 그림과 같이 외국인이 물건을 살 때 언어가 통하지 않으면 물건을 살 수 없다고 생각할지 모르겠지만 그림에 써있는 기호와 그것에 표시된 물품의 정격 숫자로 자신의 의사를 전달할 수가 있다. 이것은 공업 기술자라면 이해할 수 있는 것으로서, 전기 이외라도, 그리고 사람이 그 자리에 없어도 자신이 만들고 싶은 것의 내용을 상대에게 전달할 수 있다. 이것이 **그림 기호**인데, 이것을 사용하여 그려진 그림은 말하자면 기술자의 언어이다. 이를 위해 JIS(일본공업규격)(한국은 KS: 한국산업규격)에 의해 공통으로 정해진 그림 기호가 있으며, 공업의 여러 분야에서 사용되고 있다.

실체 배선에서 그림 기호 배선으로

그림 1은 서민의 발로서 사용되고 있는 버스의 "정차 표시 회로"이다. 정차 단추를 누르면 램프가 일제히 점등하고 버스가 정류장에 도착하여 문이 열리게 되면 이와 동시에 램프가 꺼지는 회로이다.

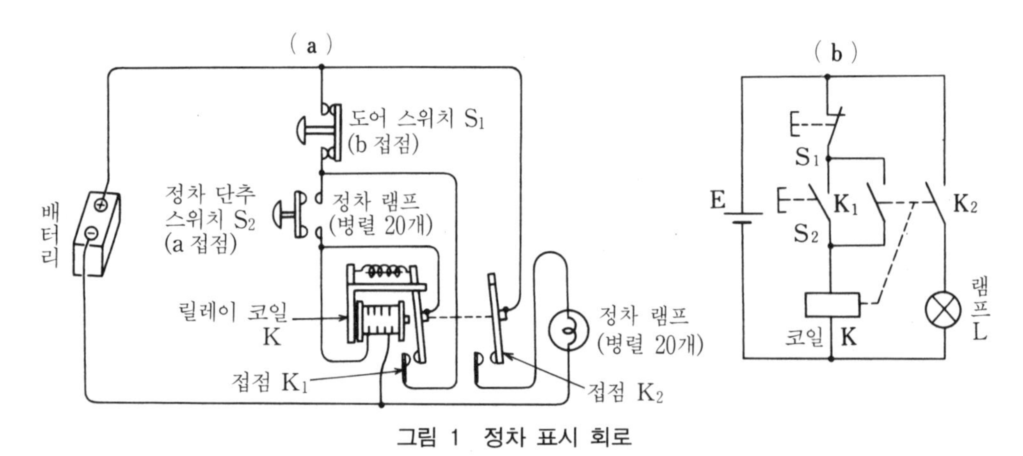

그림 1 정차 표시 회로

정차 표시 회로를 실체 배선으로 표시한 것이 **그림 1** (a)이다. 20개 정도 있는 정차 단추 중 어느 1개를 누르면 릴레이 코일 K가 여자되어 철편이 흡착되고 접점 K_1과 K_2가 ON된다. 그러면 배터리로부터의 전압이 가해져 램프가 점등된다. 동시에 릴레이 코일은 K_1이 ON이기 때문에 자기 유지 회로가 생겨 S_2를 끊어도 여자가 계속되는 것이다. 운전기사가 문을 열면(S_1이 OFF) 여기서 자기 유지가 끊기는 순서의 회로이다.

이 실체 배선도를 그림 기호로 표시한 것이 **그림 1** (b)로, 간단한 회로이다. 그러나 JIS(KS)에서 정해진 그림이나 기호를 제대로 알지 못하면 회로도를 읽을 수 없다. 전기 요소와 그림 기호의 관계를 정리해 두도록 하자.

전기용 그림 기호 알라카르트

JIS C 0301(KS C 0102)의 전기용 그림 기호는 다음 표와 같다. 이 규격은 절대로 바뀌지 않는 것은 아니고 국제 규격이 새로 제정되면 연동해서 바뀌는 경우가 있다.

그 그림 기호가 새로운 것인가를 확인하면서 사용하도록 하자.

	연동을 표시		토글 스위치 (a접점)		도선의 분기·교차 (접속할 때)
	수동 조작		누름 단추 스위치 (b접점)		릴레이 코일
	누름 조작		개폐기 (단극 쌍도형)		백열 전구 (램프)
	일반 접점 (a접점)		접지		다이오드
	일반 접점 (b접점)		도선의 교차 (접속하지 않을 때)		교류 플러그 (2극용)

그림 기호를 외우자!

회로도는 JIS(KS) 기호를 사용하여 그린다. 이것은 제도 교과서에도 나와 있으므로 참고하면 좋을 것이다. 그림 기호 옆에 규격값 또는 명칭, 형명이 기입되어 있으므로 같이 알아두도록 하자(생략 표시 있음).

① 저항의 경우

1kΩ까지는 Ω으로 하지만 그 이상은 k(킬로)(kΩ), M(메가)(MΩ)으로 한다.

5Ω 5k 5M

② 콘덴서의 경우

[μF] → μ(마이크로), [pF] → p(피코)로 한다.

1 000p 0.001μ 0.001 .001

1. 공식 활용을 ——

「전기라면 내게 맞겨라」라고 평소에 큰 소리를 치고 있었다면 다음 문제를 풀어 보기 바란다. p. 15에서 배웠던 것이다.

[문] 10Ω에 흐르는 전류 I'는 몇 [A]인가?

[힌트] (1) 30Ω과 10Ω의 합성은?

(2) 전체의 합성 저항은?

(3) 이어서 모든 전류 I를 구한다.

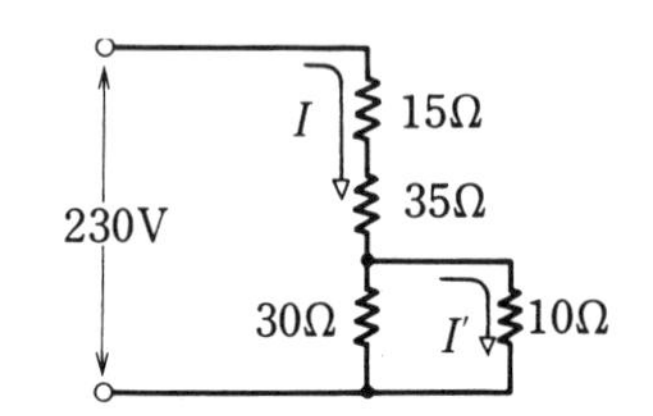

2. 편리성의 원인을 밝혀내자 ——

이웃집 아가씨로부터 「우리집 계단의 전등은 위에서나 아래에서나 자유롭게 점멸할 수 있는데, 왜 그럴까요?」라는 질문을 받았다. 그림의 스위치를 힌트로, p.13에서 익힌 것을 기초로 해서 설명해 보기 바란다.

(어느 쪽으로 스위치를 넣어도 전류가 흐르는 길이 생기도록 한다)

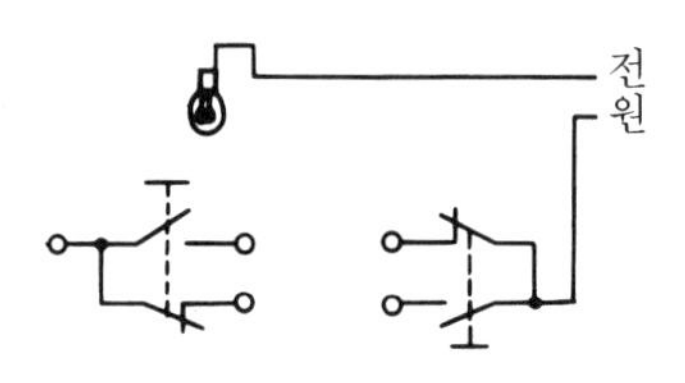

p. 17 Let's try의 (해답)

2.5V 레인지— 2.36V

10V 레인지— 9.44V

50V 레인지— 47.2V

1,000V 레인지— 944V

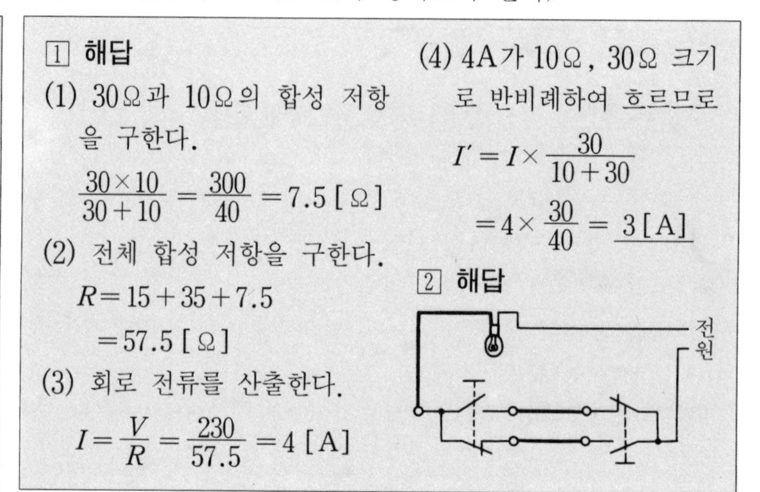

1 해답

(1) 30Ω과 10Ω의 합성 저항을 구한다.

$$\frac{30\times10}{30+10}=\frac{300}{40}=7.5\ [\Omega]$$

(2) 전체 합성 저항을 구한다.

$$R=15+35+7.5=57.5\ [\Omega]$$

(3) 회로 전류를 산출한다.

$$I=\frac{V}{R}=\frac{230}{57.5}=4\ [\mathrm{A}]$$

(4) 4A가 10Ω, 30Ω 크기로 반비례하여 흐르므로

$$I'=I\times\frac{30}{10+30}=4\times\frac{30}{40}=\underline{3\ [\mathrm{A}]}$$

2 해답

전기는 기본을 확실히 배우는 것이 중요하다. 서두르지 말고 천천히 자신의 페이스를 지키면서 공부해 나가자.

전류의 작용

전류의 작용을 배우는 방법

전기를 일으키는 것과 그 전기를 이용하는 것은 상호 관련이 있다. 앞 장에서 전기의 본질을 확인해 보고자 아주 세세한 부분까지 생각해 보고 거기에서 알아 낸 전자의 분포가 기전력으로서 전기를 흐르게 하는 근원이 된다는 것을 배웠다.

이번 장에서는 이러한 기전력 발생의 메커니즘을 다양한 방법의 여러 각도로 맞추어 접근해 보기로 한다.

그리고 이들 전기를 사용할 때 어느 정도의 에너지가 먼저 열로서 얻어지는가, 또 그 열의 발생 때문에 전기 회로에는 어떠한 제한이 생겨나게 되는가를 알아보았다.

열 발생의 근원이 되는 저항을 좀 더 자세히 조사해 보면 성질이 어떠한지를 알게 된다. 그 성질 때문에 널리 이용되어 우리들 생활을 윤택하게 해주는 일면과 그 열 때문에 이용하는 데 있어서 고려하지 않으면 안 되는 것은 무엇인지를 생각해 보기로 한다.

처음에 기전력은 화학 작용에 사용된 것이 대부분이었지만 과학자는 오랫동안 빛의 에너지, 특히 태양으로부터의 에너지를 전력으로 변환할 수 없는가를 연구하여 마침내 완성시켰다. 그 장치의

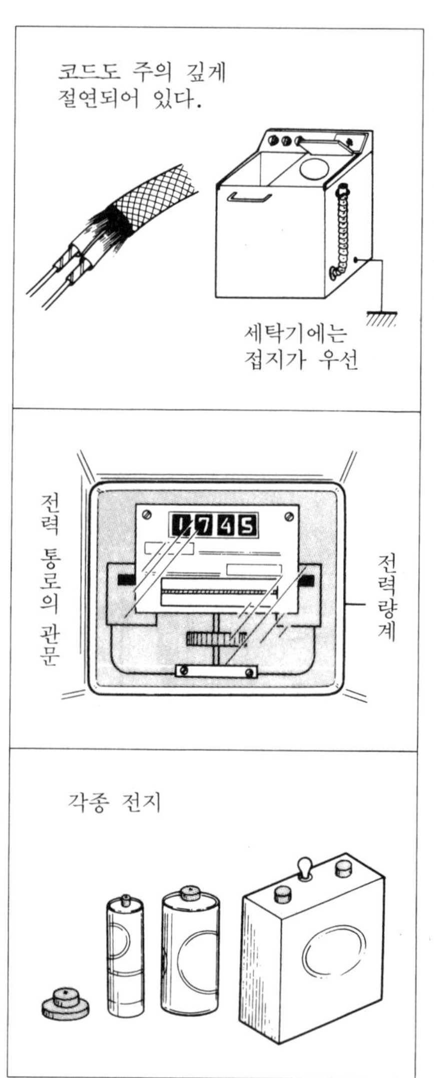

제작 원가가 능력에 비해 현재는 아직 상당히 고가지만 에너지 자원의 이용이라는 점에서 세계의 주목을 받고 있는 것 중의 하나이다. 이러한 다른 에너지의 변환은 좀 더 자세히 살펴보면 재료로 무엇을 사용하였는가가 문제가 된다. 이러한 관점으로 저항의 성질을 연구하는 것이 중요하다.

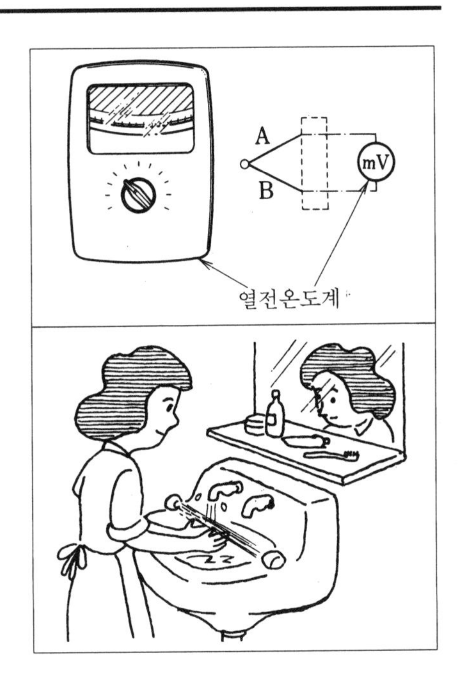

이 장에서는 무한한 전기 세계의 여러 가지 사실과 현상을 밝혀간다는 의미에서 다음과 같은 내용을 공부하기로 한다.

① 저항을 자세히 알아본다.
② 일이나 열 에너지의 성질과 이용방법.
③ 기전력의 발생에 대해서 조사한다.
④ 에너지 변환의 몇 가지 예를 조사한다.

어느 항목을 읽으면 되는가

저항도 깊이 조사해 보면 여러 가지 성질이 있다. 또한 저항이라는 명칭도 경우에 따라 달라진다. 이것들을 조사하려면?

전지 이외에 발생하는 기전력, 그리고 빛을 전기로 변환하는 작용, 그것들의 반대 현상 등 더욱 확대되는 전기의 세계는?

일이라는 것은 중요한 개념이다. 전기에서는 어떤 식으로 이것들을 정의하고 있는지를 조사하기 위해 이 항목이 중요하다.

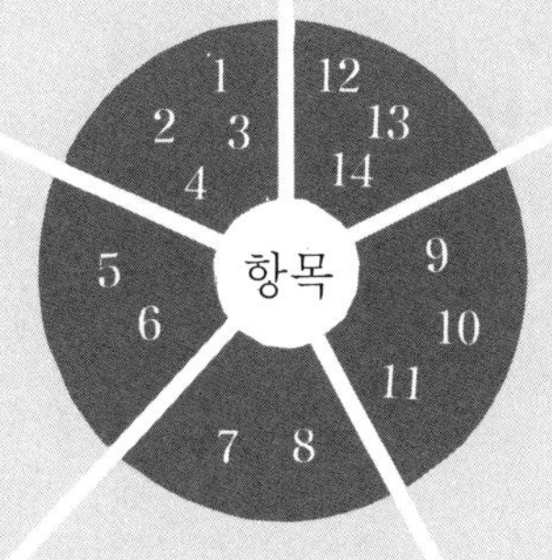

가장 일반적인 전기의 근원은 전지이다. 1790년 이탈리아 과학자 갈바니는 개구리 해부중에 절단한 다리를 2개의 금속 조각으로 잡으면 경련을 일으키는 이상한 현상을 발견하였다. 현재는 어떠한 전지가 있는가?

전기가 하는 일의 이용법 몇 가지를 해명하였다.

1 메스는 외과 수술의 중요한 도구

저항의 성질

저항의 값을 결정하는 4요소

전기 저항은 전기를 사용할 때 관심을 불러일으키고, 유용한 작용도 해준다. 즉, 많은 전기 기기, 전자 기기 안에서 전압을 내리거나 전류를 제한하는 등의 목적으로 사용되고 있다. 따라서 이 저항이 가지고 있는 성질을 올바르게 알아두는 것이 중요하다. 전류의 흐름은 물질 내 자유 전자의 이동이며, 자유 전자가 많은가 적은가, 자유 전자의 열 운동에 따라서도 방해받는다. 또한 위의 그림과 같이 전류의 흐름은 물질 단면적의 대소, 길이의 장단에 따라서도 달라진다. 따라서 전기 저항의 크기에 관계되는 것은 ① **물질의 종류** ② **온도** ③ **단면적** ④ **길이**이다(온도에 대해서는 다음 항에서 알아본다). **그림 1**은 어느 도체의 길이를 일정하게 하고 단면적 A[mm^2]를 변화시켰을 때의 저항값의 변화를 그래프로 표시한 것으로, **반비례** 그래프가 된다.

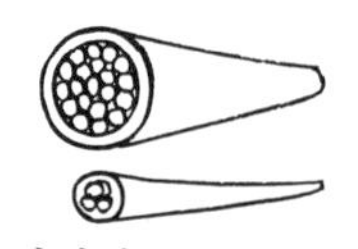

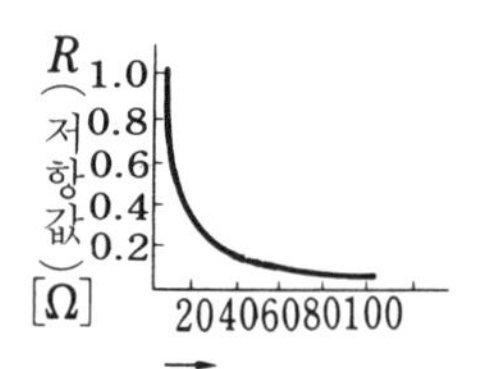

그림 1 단면적의 변화

그리고 **그림 2**는 도체의 단면적을 일정하게 하고 길이 l[m]을 변화시켰을 때의 저항값이다.

이것은 **정비례**의 그래프가 된다.

저항률이란

그림 3과 같이 동일한 온도에서의 단위 길이, 단위 단면적의 소재의 저항(보통 ρ(로우)를 사용한다. 이것은 그 도체의 **저항률**이라고 하며, 단위는 [Ω m]로 표시한다)을 알면 동일한 재질의 것은 길이와 단면적을 구하여 저항값을 계산할 수 있다.

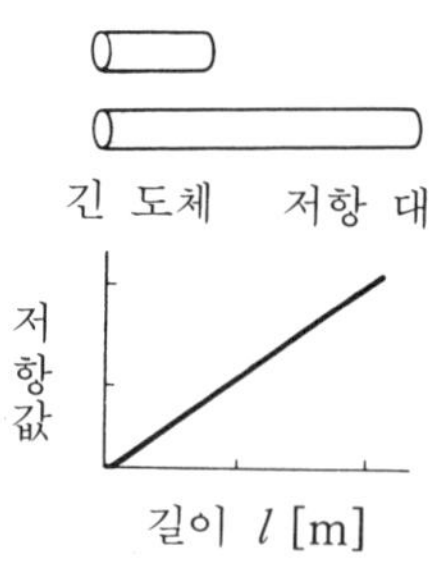

그림 2 길이의 변화

또한 물질의 저항률을 비교하여 전류가 흐르기 쉬운 물질 → 도체, 전류가 거의 통하지 않는 물질 → 절연체, 그 중간의 것 → 반도체로 분류한다(**그림 4**).

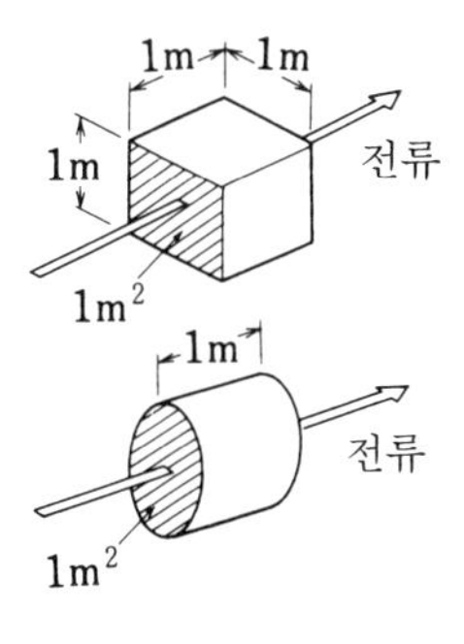

그림 3 저항률

전기 저항에 메스를 대어 조사해 봤는데, 현재로서는 다음과 같이 정리할 수가 있다.

절연체 | 반도체 | 도체

10^{12} 10^{10} 10^{8} 10^{6} 10^{4} 10^{2} 1 10^{-2} 10^{-4} 10^{-6} [Ωm]

그림 4

동일한 재질의 도체로서, 그 길이 및 단면적과 전기 저항의 관계 → 「전기 저항(R)은 도체의 길이(l)에 비례하고 단면적(A)에 반비례한다」 이 때의 비례상수가 저항률(ρ)로서 다음과 같은 식이 성립된다.

$$R = \rho \frac{l}{A}$$

또한 ρ의 역수 $1/\rho$을 **도전율**이라 하고 σ(시그마)로 표시하며, 단위는 [S/m](지멘스/미터)가 된다. 이것은 전류 흐름의 수월성을 나타내고 있다(**표 1**).

표 1 전류 흐름의 수월성

흐름성	종별	저항률 [Ω-m×10^{-8}]
대단히 양호	은	1.62
	동	1.72
양호	금	2.40
	알루미늄	2.62
대체로 양호	텅스텐	5.48
	아연	6.10
	황동	7.00

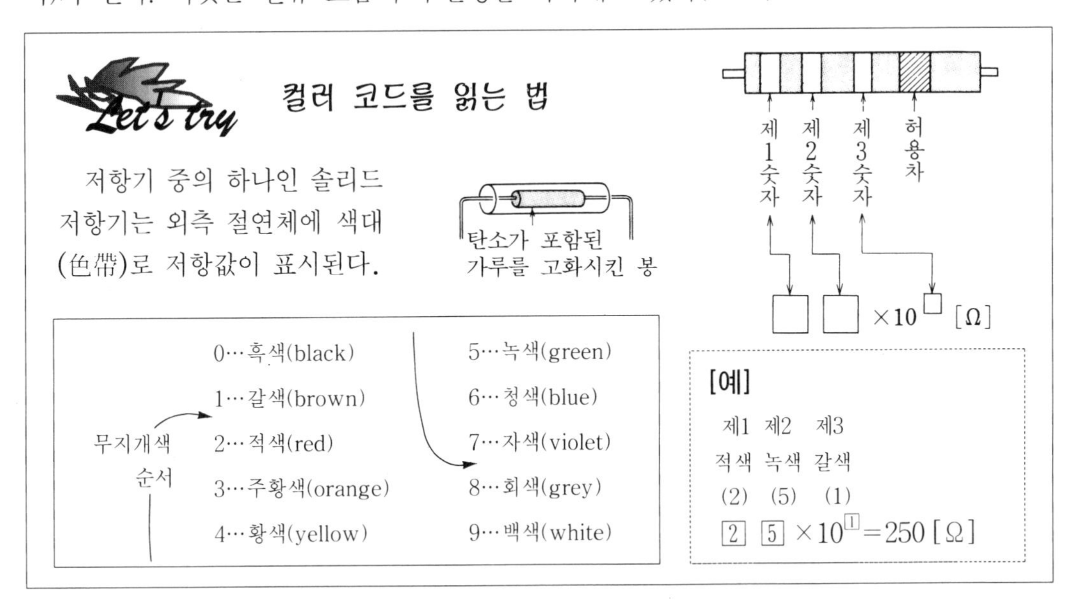

2 요리의 비결은 온도 컨트롤

저항의 온도 계수

온도에 따라 저항이 바뀌는가

자동적으로 실내의 온도를 조절하거나 요리하는 열의 양을 조절하는 것은 난방이나 냉방의 기본이 되는 기기의 모터 운전을 제어하거나 오븐의 히터를 "온", "오프"시키는 것으로 한다. 이를 위해서는 온도가 어느 정도인가를 포착하고 그 결과 원래의 기계에 신호를 전기적으로 전달하면 된다. 온도 변화를 직접 느끼고 그 결과를 전기 신호로 고치는 것을 **센서** 또는 **검출기**라고 하는데, 이 경우 물질의 전기 저항이 온도에 따라 바뀐다는 성질이 이용되고 있다. 일반적으로 물질의 저항은 온도와 함께 저항값이 변화하며 **금속** 저항은 **온도 상승**과 함께 **증가**하고 **탄소 · 전해액 · 절연체** 등은 감소한다. **그림 1**은 이 변화를 그래프로 나타낸 것이다.

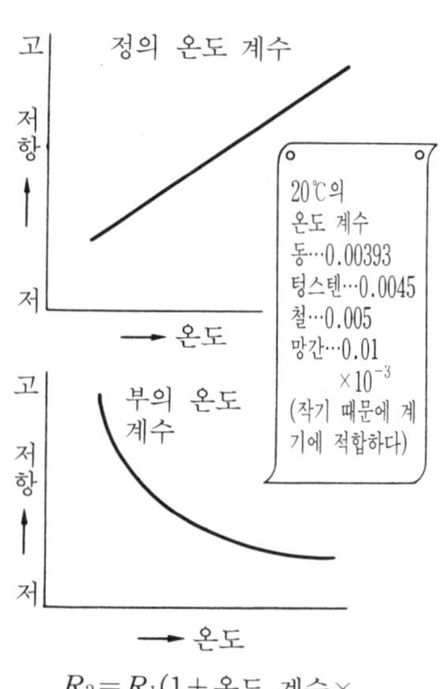

그림 1 저항의 온도에 의한 변화

그리고 또 1℃의 온도 변화에 대한 저항값의 변화를 **저항의 온도 계수**라고 한다. 온도 계수의 일례를 그림 1에 들었는데, 일반적으로 t_1[℃]의 저항값을 R_1[Ω], t_2[℃]를 R_2라고 하면 온도 계수를 α_1으로 하여 R_2를 구하는 식은 다음과 같이 된다.

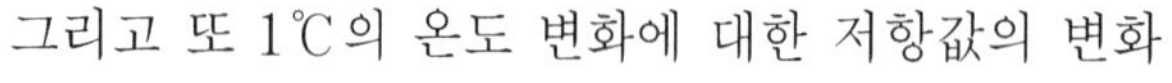

$$R_2 = R_1\{1 + \alpha_1(t_2 - t_1)\}$$

온도에 민감한 반응을 나타내는 서미스터

열의 변화에 반응하는 것으로서 온도계나 서모스탯을 들 수 있다. **서미스터**는 열에 민감하게 반응하는 저항체로서, 이 명칭을 영어로 알아보면 **그림 2**와 같고, 부여된 의미를 알 수 있다.

서미스터에는 두 종류가 있다.

① 열이 올라가면 저항이 증가한다.(PTC)

② 열이 올라가면 저항이 감소한다.(NTC)

정(P) positive 부(N) negative 온도 temperature 계수 coeffieient

이 두 종류의 서미스터 온도 특성을 조사한 것이 **그림 3**의 그래프이다.

NTC형은 온도에 대해서 저항값은 반비례로 낮아지는 데 반해 PTC는 어느 온도 이상이 되면 급격하게 저항이 증가한다.

이 특성을 이용한 것이 PTC 반도체 히터로, 히터 자체로 온도 제어를 할 수 있다.

NTC 서미스터의 용도는 여러 가지가 있지만 예를 들면 자동차의 냉각수 온도가 올라가면 서미스터의 저항이 내려가며 **그림 4**와 같이 미터에 온도가 표시된다.

이와 같은 서미스터의 특성을 이용해서 항온기, 레인지 등의 온도 조정에도 응용되고 있다.

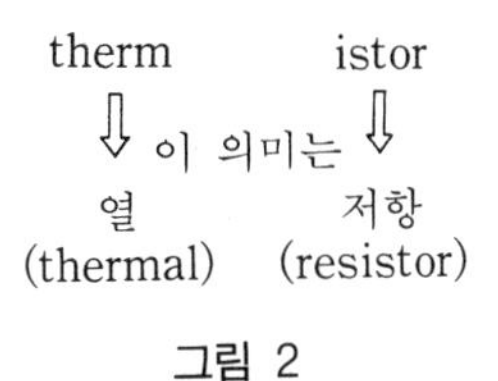

그림 2

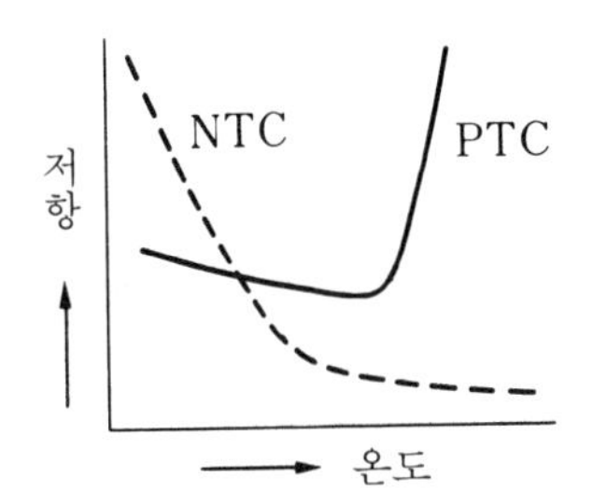

그림 3 서미스터의 온도 특성

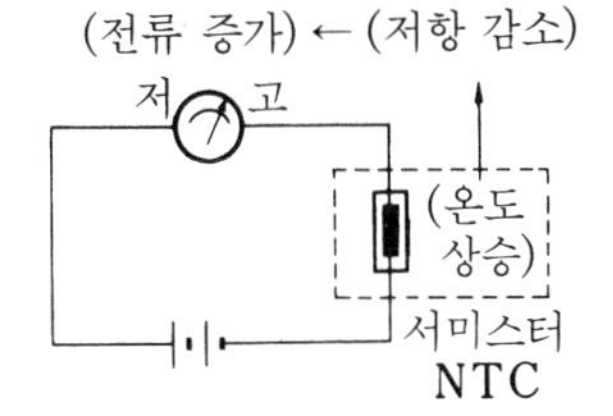

그림 4 서미스터의 이용

그리고 서미스터는 Mn, Co, Ni, Fe, Cu 등과 같은 천이 금속의 산화물 복합 소결체로 만들어지며, 공업 계측용으로서는 2,000℃ 정도까지 사용되는 것도 개발되고 있다.

서미스터의 테스트

전구와 회로계(옴계)를 사용하여 서미스터를 테스트해 보자.

① 100V의 전구를 켜고 그것이 약간 가온되는 것을 기다린다.

② 옴계의 리드를 서미스터에 달고 전환 스위치를 사용해서 바늘이 눈금판 중앙에 오도록 세트한다.

③ 램프를 서미스터에 근접시킨다. 바늘이 우측으로 흔들리면(저항 감소) NTC, 반대면 PTC이다.

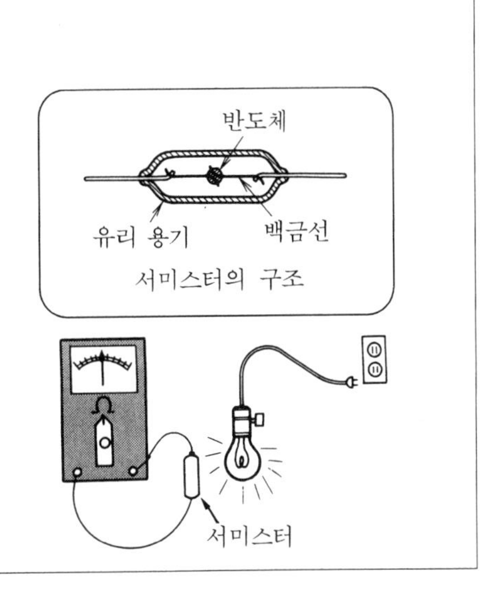

3 누수, 누전, 자원의 낭비

절연 저항

전기는 왜, 어디서 누설되는가

전기를 흐르게 하는 전선을 전로라고 하며, 전로는 원칙적으로 대지로부터 절연하여 사용한다. 이 절연은 절연물이라고 하는 것으로, 주위를 감아서 사용하는데, 직류 전압을 가하게 되면 이 절연물을 통해 극히 적은 양의 전류가 흐른다. 이 전류를 **누설 전류**라고 하며 또 절연체의 저항을 **절연 저항**이라고 한다.

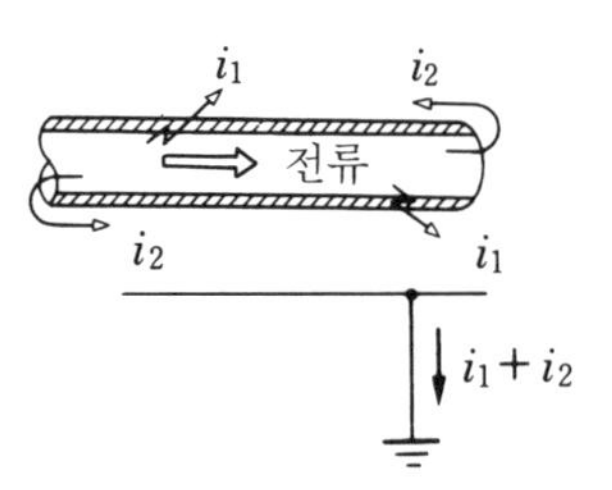

누설 전류
i는 i_1과 i_2의 합

그림 1 누설 전류

이 누설 전류는 **그림 1**과 같이 자세히 살펴보면 절연물 내부를 관통해 나가는 전류 i_1과 표면을 따라 흐르는 표면 전류 i_2의 합이라고 할 수 있다.

본래 절연물은 특히 저항이 높으며 전기를 거의 통과시키지 않는 것으로 생각하고 있지만 주위 온도나 습도 그리고 공사 상태에 따라 누설 전류가 흐르게 된다. 그러나 보통 누설 전류가 극히 작기 때문에 우리들은 절연된 전선을 안심하고 사용하고 있다.

절연 전선의 절연 저항은 **전선 길이에 반비례**한다. 왜냐하면 길이가 길어지면 누설 전류가 길이에 비례해서 증가하기 때문이다.

[예제] 절연 전선 300 m로 절연 저항이 50 MΩ 이면 1 km당 얼마가 되는가?

[풀이] $300 : 1{,}000 = R : 50$ (반비례 때문) $\qquad R = \dfrac{50 \times 300}{1{,}000} = 15\ [\mathrm{M\Omega}]$

이와 같이 전선이 길어졌기 때문에 절연 저항이 반비례해서 감소하였다.

동일한 저항이라도 성질에 차이가 있다

절연 전선의 도체 저항과 그 주위를 싸고 있는 절연물의 저항은 동일한 저항이라도 성질이 다르다. 그 차이에 의해 전기 사용상 여러 가지 제한이 생기는 것도 알아두도록 하자.

① **길이에 대해서** 도체의 저항은 길이에 비례하고 절연물의 절연 저항은 **반비례**한다. 긴 것일수록 누설 전류는 많아지기 때문이다.

② **온도의 상승** 도체 저항은 증가하지만 절연 저항은 감소한다. 이것이 절연 전선의 허용 전류(8 참조)를 결정하는 요소가 된다. 전류를 흐르게 하여 열이 생기더라도 절연이 열화하지 않는 범위에서 전류값을 정하고 있다.

③ **전압** 전압이 높아지면 절연 저항은 감소한다. 이 때문에 고전압 회로에는 높은 절연 저항의 것이 사용되는 것이다. 여기서는 절연 저항에 중점을 두고 자세히 알아보았다.

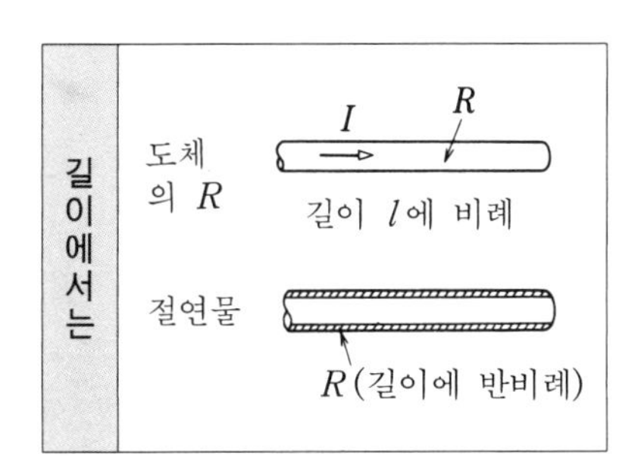

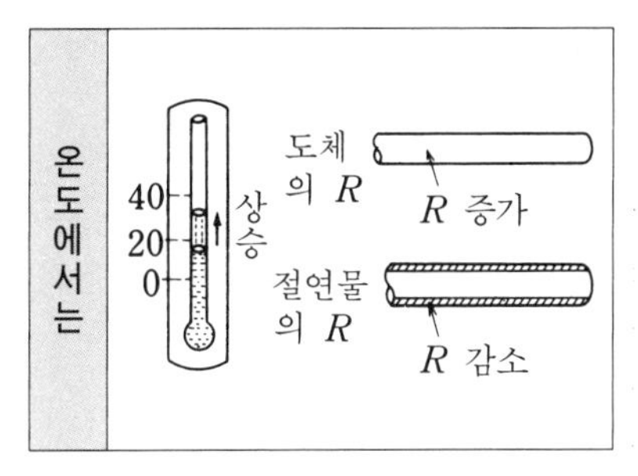

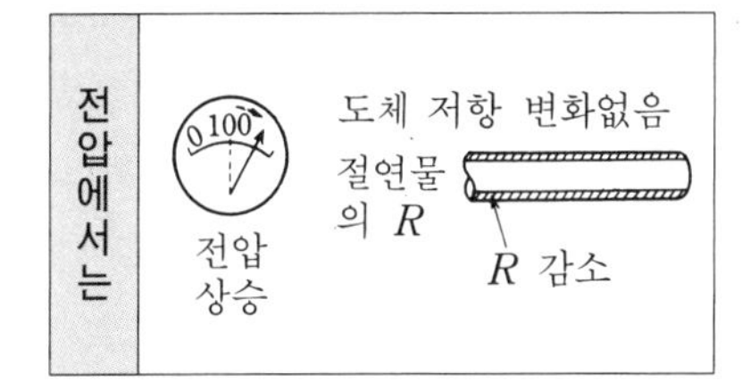

전선과 대지간의 절연 저항 측정

가정 옥내 배선의 절연 저항은 어떻게 측정하면 되는가?

이것은 분전반으로 전류 제한기의 스위치를 끊고 분기 회로 브레이커마다 절연 저항계(메거라고 한다)를 사용하여 측정하면 된다.

기준값을 우측에 들었지만 이 이상이 필요하다.

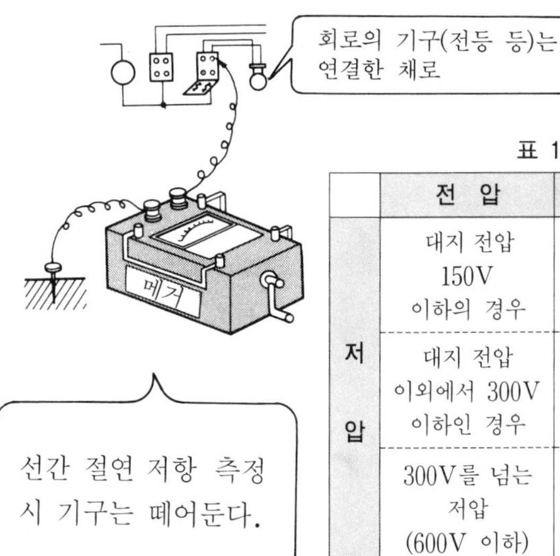

표 1

	전 압	절연 저항값
저압	대지 전압 150V 이하의 경우	배가 된다 0.1MΩ 이상
저압	대지 전압 이외에서 300V 이하인 경우	배가 된다 0.2MΩ 이상
저압	300V를 넘는 저압 (600V 이하)	0.4MΩ 이상

4 접지 저항

대지는 위대한 수용소

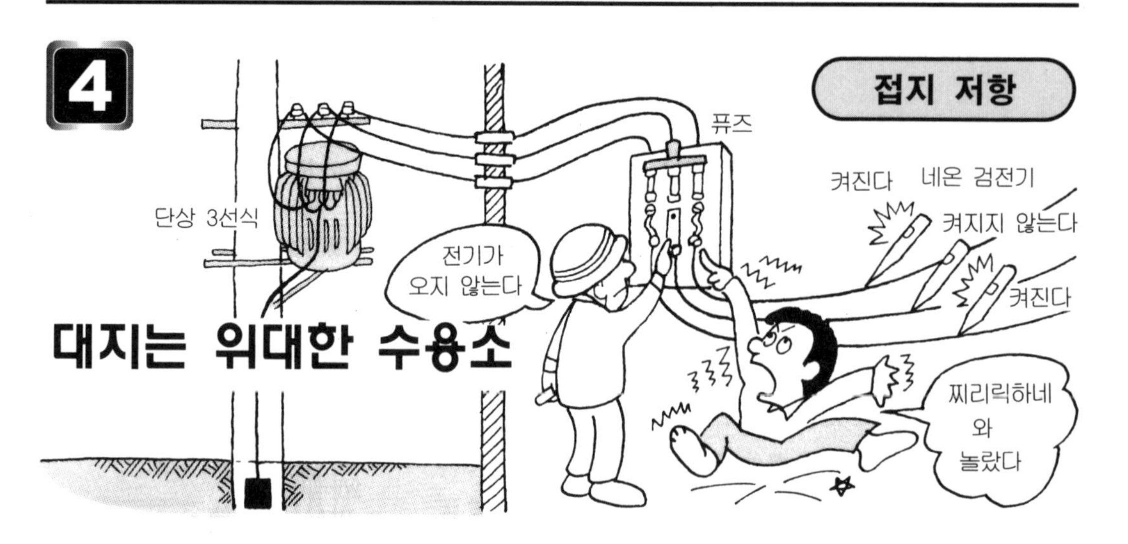

「접지한다」는 것은

전기 학습에서 대지는 대단히 중요한 사항이다. 앞에서 전기의 정체를 알기 위해 물질을 세분하여 극미한 세계를 살펴보았지만 그 반대로 큰 물체의 하나로 지구는 우선 전압(전위)의 기준(영전위)이 된다. 또한 대지와 전기 회로의 일부 또는 전기 기기의 케이스 등을 접속하여 그 부분을 대지 전압과 동일하게 한다. 후자의 경우 그것에 의해 안전 기기의 동작을 확실하게 하거나 전기가 오는 부분(충전되고 있다고도 할 수 있다)이 고장으로 케이스에 접촉됐을 때, 사람 등이 그것에 접촉하여 감전되는 것을 방지한다. 이와 같이 안전적인 면에서 비충전부를 도체로 대지에 연결하는 것을 **접지한다**고 한다. 또한 상술한 바와 같이 접지한다는 것은 대지와 동일한 영전위로 만드는 것을 의미한다(**그림 1**).

대지에도 저항이 있는가

지금까지의 설명으로 알 수 있듯이 지구의 전위는 영이다. 즉, 지구에 닿았다고 해도 전기가 통하는 것은 아니다. 또한 전류가 지구에 흘러도 지구의 전위는 바뀌지 않는다.

따라서 지구는 위대한 전기의 수용소라고 할 수 있을지도 모른다. 그래서 전기를 사용하는 곳에서는 세계 어디서나 대지와 동일해지려고 이

② 이상 전압을 억제하고 대지 전압을 저하시켜 보호장치 동작을 확실하게 한다.

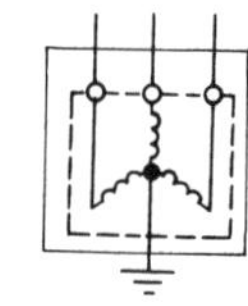

③ 피뢰기 등의 뇌해방지 장치의 보호효과를 충분히 한다.

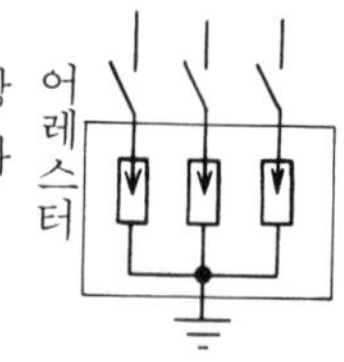

그림 1 접지의 목적

큰 품에 안기게 되는 것이다(**그림 2**). 그러나 사람의 "사고"나 "생각"에 비유해 보면 알 수 있듯이 어느 사람의 생각이 공명하더라도 전부를 알 수 없는 것과 마찬가지로 대지에 접지하기 위해 접지봉이나 접지판을 대보아도 그곳에 저항이 생겨 완전히 대지와 하나가 되는 것은 아니다. 이와 같이 접지판(봉)과 대지간에 생기는 저항을 **접지 저항**이라고 한다.

대지에 저항이 있다고 생각할 수는 없는 것이다.

그림 2 지구는 전기의 수용소

접지 공사에 구분이 있다

접지는 여러 곳에서 사용되는데, 이것을 **전기설비기술기준**이라는 법령에서는 사용 목적에 따라 **표 1**과 같이 4가지로 구분하여 접지 저항값을 정하고 있다. 보충 설명에 있는 위험도가 높다는 것은 고압 이상의 기기가 이것에 상당된다.

표 1

종 류	접지 저항값	보 충
제 1 종 접지공사	10Ω 이하	위험도가 큰 경우
제 2 종 접지공사	150 / 고압전로의 1선 지락전류 이하	변압기의 중성점 접지
제 3 종 접지공사	100Ω 이하	위험도가 적은 경우
특 별 제 3 종 접지공사	10Ω 이하	제3종보다 위험도가 높을 때 300V를 넘는 철대 등

접지 공사에 관해서

접지 공사가 올바르게 되어 있는가의 여부는 중요한 것으로, 접지 저항 측정법은 전기 계측의 p.212에 나와 있으므로 참고하기 바란다.

여기서는 접지선으로서 배선하는 선의 굵기와 우리들 주변에서 쉽게 볼 수 있어 접지극으로 대용할 수 있는 수도관(금속물)을 기준으로 들었으므로 기억해 두면 좋을 것이다.

접지공사 구 분	접지선 굵기 (이상)
제 1 종	지름 2.6 mm
제 2 종	지름 4 mm
제 3 종 특별 제3종	지름 1.6 mm

수도관(금속)은 3Ω 이하일 때는 어떠한 접지공사에서도 사용 가능

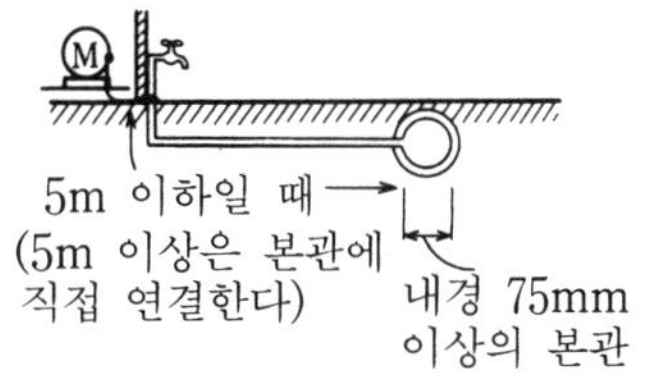

전기설비기술기준 제18조, 제19조(한국은 제21조, 제22조) 등을 참조하기 바란다.

5 능력을 나타내는 "와트 수"

일과 전력

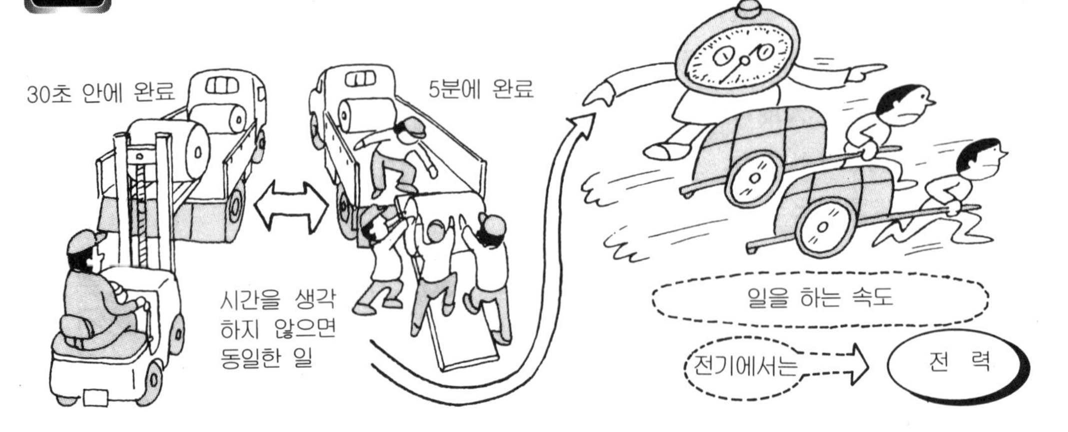

일 · 동력 · 에너지

우리들은 일, 에너지, 동력(일률)이라는 용어를 혼동해서 사용하고 있는 경우를 쉽게 볼 수 있다.

일이라는 것은 예를 들면 과학적으로는 하나의 물체를 어느 곳에서 다른 곳으로 옮기는 것처럼 어느 거리에 대해서 힘을 작용시키는 것이다.

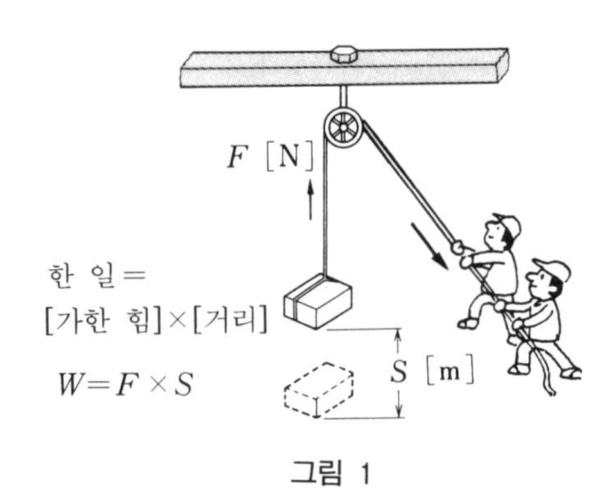

그림 1

즉, 위의 그림에서는 포크리프트로 물체를 이동시키고, 한쪽에서는 힘으로 사람들이 이와 동일한 일을 하고 있다. 어느 쪽이나 걸린 시간을 생각하지 않으면 같은 일을 한 것이다. 이 일 W[J]을 구하기 위해 힘을 F[N], 거리를 S[m]로 하면 $W=FS$[J]가 된다.

그리고 이것에 대해서 시간을 고려하여 단위 시간(매초)에 하는 일의 비율을 P[W]라고 하면 시간을 t[s]라고 할 때 $P=W/t$[W]라는 식이 성립되는데, 이 P를 **동력**이라고 하며 전기에서는 **전력**이라고 한다.

즉, 이 동력(또는 전력)의 P는 같은 일이라도 빨리 되었는가, 늦게 되었는가의 상위를 표시하며 일을 하는 물체의 능력을 나타낸다. 또 에너지는 물체가 일을 하기 위해서는 그것이 이루어지는 특별한 상태(돌이 낙하한다든가…)가 되어 있는 것이 중요하며 이러한 일을 할 수 있는 상태를 물체는 에너지를 가지고 있다고 한다.

전기에서 전력의 단위는 "와트, 단위 기호는 W"이며, 증기 기관을 발명한 제임스 · 와트와 연관되어 붙여졌다. 이것은 1볼트의 전위차인 곳을 1쿨롬의 전하를 1초 동안에 움직이면 그 때 이루어진 일이 1와트의 전력이 된다.

전기가 일을 할 때에는

도체 내를 전자가 움직일 때 그곳에는 일을 하는 힘이 있다. 이것은 전원에 있는 전압에 의해 전류의 흐름이 생긴 것인데, 이것이 전열기의 히터 저항에 흐르면 열로 변환되어 일을 한다(**그림 2**). 또한 팬을 돌려 냉풍, 열풍을 송출하기 위해 모터를 돌리면 기계적인 일을 한 것이 된다(**그림 3**).

그림 2 열 에너지로 변환

그림 3 기계 에너지로 변환

이와 같이 전기는 여러 전기 기기 내에서 반드시 다른 어떠한 형태로 바뀌어 일을 하게 되며 전기 에너지로 존재하고 있는 동안은 아무런 일도 하지 않은 것이다.

따라서 전기 회로 어딘가에 일을 하는 것을 넣어 주지 않으면 전기는 일을 하지 않는다.

그리고 이 일을 하는 능력이 **전력** P[W]이고 이 P[W]를 얼마동안 사용했는가를 전기에서는 **전력량** W[Ws], 즉, W[J]이라고 한다(**그림 4**). 전력량도 많아지면 [Wh], [kWh]라는 단위를 사용한다.

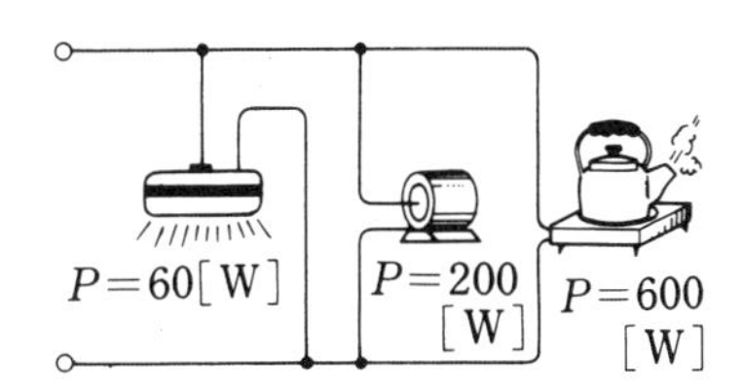

그림 4 일을 하는 물체, 일을 하는 능력 P[W]

전기 기기의 능력 비교

가정용 전기 기구에 붙여진 "와트 수"는 그 기기의 전기로서의 능력을 나타낸다. 이것에 시간을 곱하면 그때까지 사용한 전력량이 된다.

에너지를 절약하자.

품 명	소비전력	품 명	소비전력
전기 풍로	0.6 1.2 kW 2.0	전기 담요	20 ~ W 60
전기 밥솥	0.5 ~ kW 1.2	전기 각로	200 ~ W 600
토스터	400 ~ W 600	전기 냉장고	100 ~ W 500
전기 난로	0.5 1 kW 2 3	텔레비전	50 ~ W 200

6 사랑하는 여자에게는 열중하라

줄의 법칙

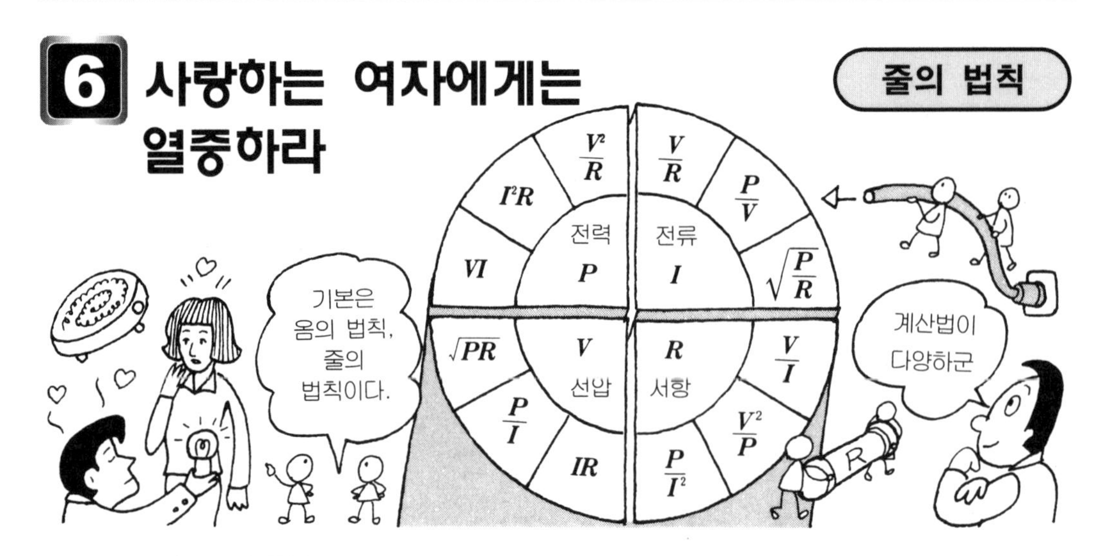

열중하는 비법

지금까지 밝게 점등되고 있던 전구를 소켓에서 뺐을 때 무엇이 이렇게 전구를 뜨겁게 만들었을까 하고 생각해 본 적은 없었는가?

이것은 회로의 각 요소 저항에 전류가 흘러서 발생한 열이다. 전기 회로에서는 이 발생한 열을 "와트"[W]로 하여 계산할 수 있는데, 전기 기기도 열에 있어서 여러 형태가 있다(**그림 1**).

사람도 사랑하는 여자가 생겼을 때 쓸데없는 수고를 하지 않는 사람과 아주 열심히 열중하는 사람이 있다.

따라서 전기 기기의 운전도 정상인가 비정상인가는 각각 기기의 정상시 온도를 경험으로 알고 있으면 쉽게 구분할 수 있다. **그림 2**에 의해 전력에 대한 계산을 하여 보자.

① 옴의 법칙 이용 ⟶ 전류 계산

$$I = V/R = 100/20 = 5\ [\text{A}]$$

② 전력의 계산 ⟶ 와트 수 계산

$$P = I \times I \times R = 5 \times 5 \times 20 = 500\ [\text{W}]$$

40W의 전구가 상당히 높은 열을 내고 있다.

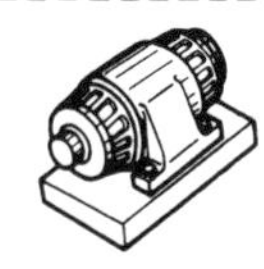
수백 W 또는 수 kW라도 열은 거의 나지 않는다.

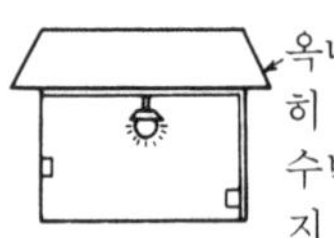
옥내 배선은 극히 작은 와트 수밖에 사용하지 않는다.

그림 1 전력과 열의 관계

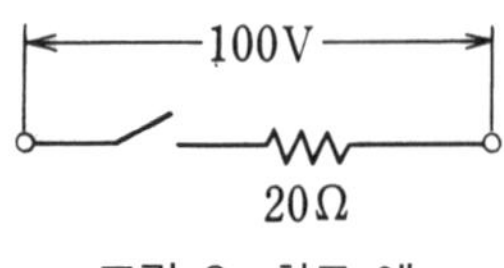

그림 2 회로 예

줄의 법칙($P = I^2R$)

단위 시간 중에 발생하는 열량은 도체의 저항 및 전류의 제곱에 비례한다. 이것을 줄의 법칙이라고 한다.

변화를 일으키게 하는 전압과 저항

전력을 바꾸는 것 (1) 전 압

그림 2에서 만일 전압이 2배가 되어 저항에 가해지면 어떠한 일이 일어나는가를 생각해 보자.

100V에서 500W의 전력이었던 소자가 200V에서는 2kW(2,000W)가 되어 4배의 전력이 소모된다. 이유가 무엇일까? 계산은 앞에서 구한 방식 순으로 해 보면 된다.

① $I=\frac{V}{R}=\frac{200}{20}=10\,[\mathrm{A}]$ (이것은 2배이다)

② $P=I\times I\times R=10\times 10\times 20=2{,}000\,[\mathrm{W}]$ (이것은 4배이다)

전력을 바꾸는 것 (2) 저 항

<직렬 접속> 저항이 증가했을 때

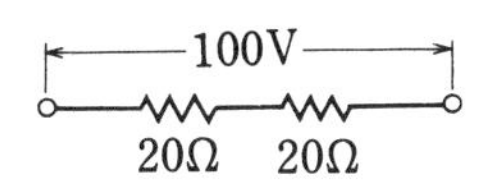

저항은 2배인 40Ω

① 옴의 법칙 $I=\frac{V}{R}=\frac{100}{40}=2.5\left(\frac{1}{2}\text{배}\right)$

② 줄의 법칙 $P=I^2R=2.5^2\times 40=6.25\times 40=250\,[\mathrm{W}]\left(\frac{1}{2}\text{배}\right)$

<병렬 접속> 저항이 감소했을 때

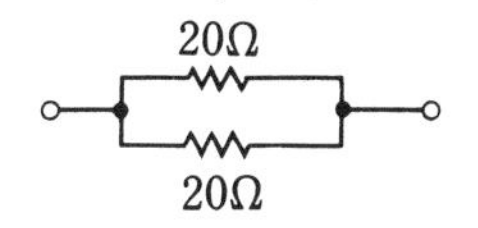

저항은 $\frac{20}{2}=10\,[\Omega]$

① $I=\frac{V}{R}=\frac{100}{10}=10[\mathrm{A}]$ (2배)

② $P=I^2R=10^2\times 10=1\,000[\mathrm{W}]$ (2배)

이것으로 전력(P)은 전압의 제곱에 비례하고 저항에는 반비례한다는 것을 알 수 있다($P=V^2/R$의 식으로 표시한다. 중요한 식이므로 의미를 잘 익혀두자).

저항을 자세히 알아보자!

전자 회로에 사용되는 저항에는 저항값 이외에 정격 전력이 표시되어 있다. 동일한 저항값이라도 정격 전력값이 큰 것은 형태도 커진다. 전력의 계산식 $P=I^2R$에 의해 동일한 R이라면 P가 큰 만큼 I를 많이 흐르게 할 수 있다. 그렇게 하면 발열량도 많기 때문에 형태도 커진다. 저항을 사용할 때는 이 정격 전력값을 항상 생각하고 규정값 이내의 전류를 흐르게 하여 사용하도록 하자.

(사업규격에 정해져 있는 정격전력값의 예)
1/8 W, 1/4 W, 1/2 W, 1 W, 2 W, ……

[예제] 1/4W 100Ω의 솔리드 저항에 흘릴 수 있는 전류는 어느 정도인가?

[해답] $I^2=\frac{P}{R}\quad I=\sqrt{\frac{P}{R}}=\sqrt{\frac{1/4}{100}}=\frac{1}{\sqrt{400}}=\frac{1}{20}=0.05\,[\mathrm{A}]$

7 전력 이용의 이모저모

전 열

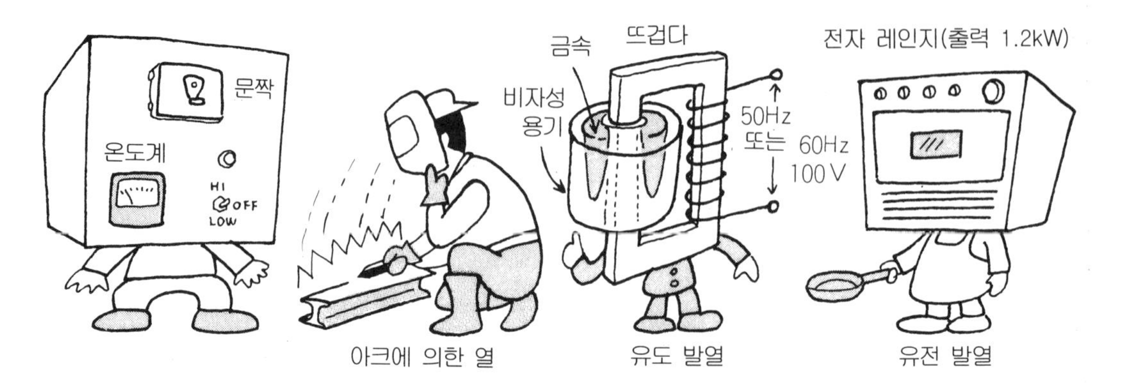

다양한 전열 발생 장치

전기 저항에 전류가 흐르면 줄열이 발생한다. 이것은 우리 생활에서 가장 많이 이용되고 있다. 이때의 발생 열량의 관계를 **그림 1**에 나타냈는데 이 밖에 전기로 열을 발생시키는 방법으로는 아크 발열, 유도 발열, 유전 발열, 적외선 등의 열이 이용되고 있다.

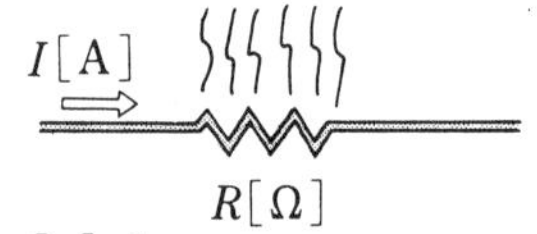

그림 1 발생 열량

① **아크 발열** 전기가 기체라는 절연물을 뚫고 방전하면 전기 에너지의 일부가 열이나 빛이 된다. 이때 상당히 고온이 되는 것을 이용한다.

② **유도 발열** 전자 유도 작용에 의해 금속 등에 전류가 흐르며 그것에 의해 줄열을 발생시키는 것을 말한다. 위의 그림에서 유도 발열이라고 표시한 것은 내화물 용기에 금속을 넣어 녹이고 있는 것이다.

③ **유전 발열** 전자 레인지는 어떻게 요리를 따뜻하게 하는가? **그림 2**와 같이 절연물을 전극에 끼고 고주파(교류로 높은 주파수라는 의미)의 교류를 가하면 내부로부터 뜨거워진다. 이것은 안의 분자가 진동하기 때문으로 이러한 발열 방법을 유전 발열이라고 한다.

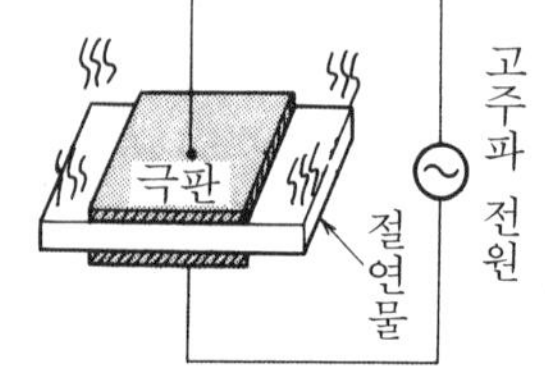

그림 2 유전 발열

> **One point**
> 줄열의 발열체는 전열기나 전기로에서 많이 사용되고 있다.
> 종류로는 ① 금속 발열체와 ② 비금속 발열체가 있다. ①은 보통 니크롬선으로 1,000℃ 미만에 사용되고 ②의 탄화 규소(SiC)를 소성한 것은 1,200~1,500℃에 사용된다.

주변에서 보기 쉬운 예

7색으로 찬란한 빛과 색을 연출해 내는 칠보 세공도 유약을 동판 등에 칠한 후에 전기로에서 800℃ 정도 열처리하게 되면 신비로운 아름다움이 탄생한다.

칠보로를 그림으로 나타냈는데, 이 회로는 **그림 3**과 같이 간단하다. 여기서도 스위치가 전열선을 전환하는 역할을 하고, 열전대(⑫에서 배운다)로 노내 온도 검출을 하는 등 학습한 내용이 종합되어 있다.

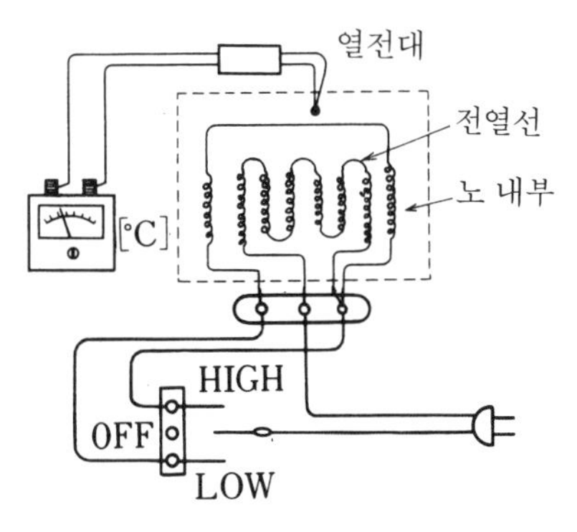

그림 3 칠보로

그리고 **그림 4**는 전자 레인지 본체의 구성을 대략적으로 나타낸 것이다. 발생 고주파의 주파수는 2,450 [MHz]가 사용되고 있다. 교류에 대해서는 후에 배우겠지만 주파수를 사용하는 것은 이러한 높은 주파수(마이크로파라고 한다)를 발생시키는 자전관(磁電管 ; 마그네트론)을 쉽게 손에 넣을 수 있다는 점 외에 식품 안에 전파가 침투하는 깊이가 거의 적당하기 때문이다.

(1 [MHz]란 10^6 [Hz]를 말한다)

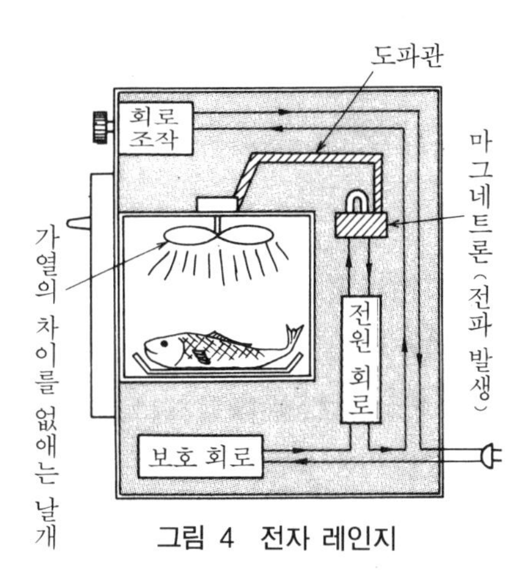

그림 4 전자 레인지

로스터를 직접 만들어 보자!

비엔나 소시지를 자신이 가지고 있는 저항으로 굽는 기구를 만들어 보자.

교류 100V가 가해지므로 감전되지 않도록 충분히 주의해야 하며, 가열하는 것이므로 화재가 발생하지 않도록 재료를 잘 선택하여야 한다.

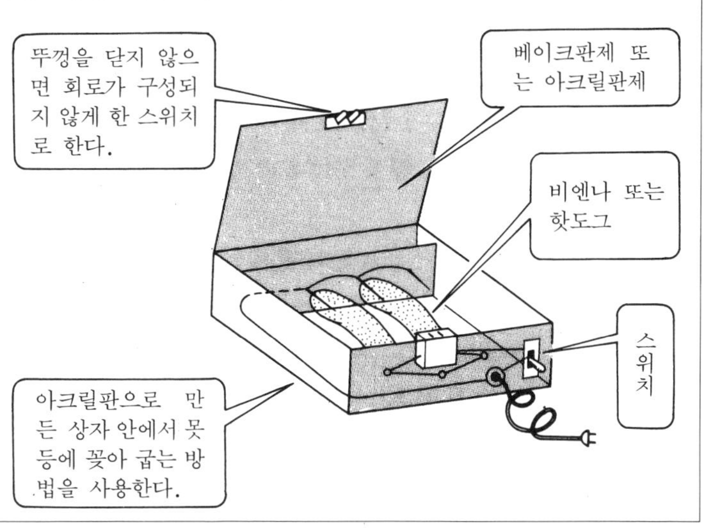

8 무리가 통하면 도리가 물러간다

전선의 허용 전류

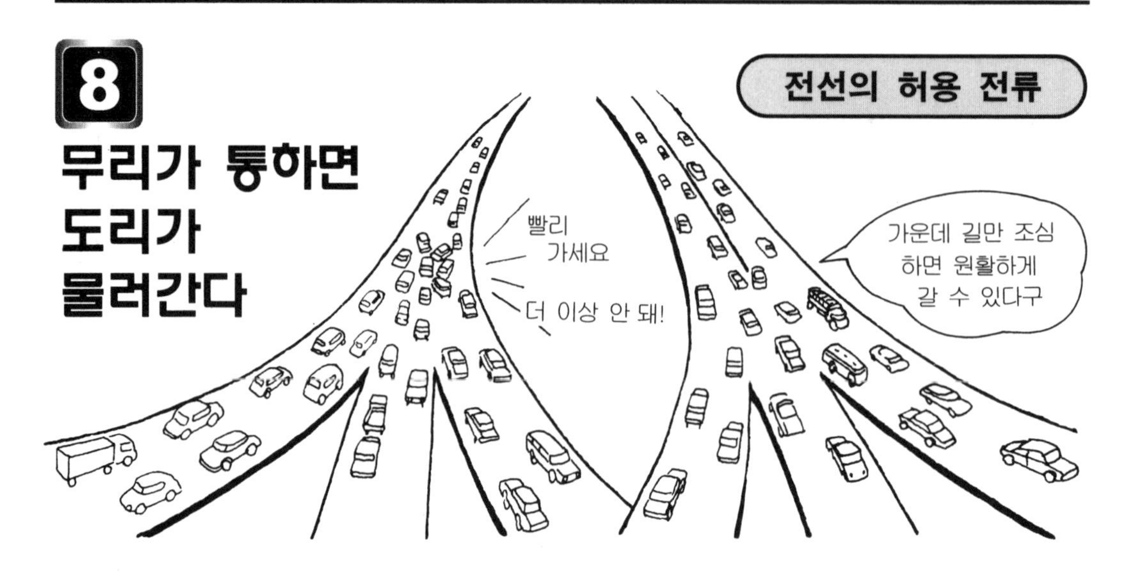

전선의 허용 전류를 결정하는 것

전선에 전류 I[A]가 흐르면 그 저항 R[Ω]에 의해 t초 동안 I^2Rt[J]의 열량이 발생하기 때문에 이 발열 작용에 의해 전선 자체의 온도가 높아진다(**그림 1**).

특히 절연 전선은 온도가 높아지면 절연을 파괴하거나 도체가 용단(溶斷)된다. 따라서 절연 전선에 허용되는 최고 온도에서 전류 크기가 정해지게 된다. 이 전선에 안전하게 흐를 수 있는 최대 전류를 **허용 전류**라 한다.

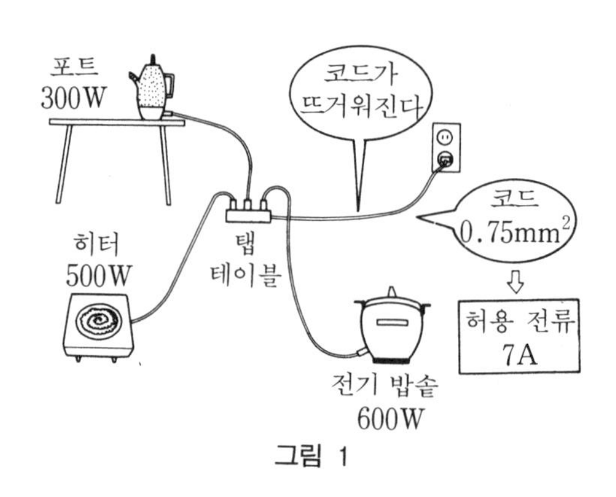

그림 1

절연 전선 등에 전류를 흐르게 하면 전선이 갖는 저항으로 줄열이 발생하고 온도도 올라가는데, 이 온도에 한계를 정하고 이 한계를 넘지 않도록 사용한다. 이것은 전선의 굵기로 흘릴 수 있는 전류가 정해진다는 것이다. 이 점을 잘 알아두는 것이 좋다. 그리고 실제로 전선 최고 허용 온도는 600V 비닐 절연 전선으로 60℃이지만 주위의 영향도 받게 되므로 30℃로 하고 있다.

One point

600V 비닐 절연 전선의 종류에 따른 허용 전류값을 아래에 나타낸다.

굵 기	1.6 mm	2.0 mm	5.5 cm²	8 cm²	14 cm²	21 cm²
허용 전류 [A]	27 (7이 붙는다)	35 (7×5의 값)	49 (7×7의 값)	61 (6+1은 7이 된다)	88 (예외)	115 (1+1+5는 7이 된다)

〈주〉 애자 사용 배선시의 허용 전류(7과 관계 있는 수로 암기할 것)

허용 전류를 결정하는 요소

허용 전류를 결정하는 것은 전류에 의한 전선내 발열량이다. 이 발생 열량도 전부 외부로 발산해 버리면 되지만 실제로는 발생 열량과 방열량이 같아진 온도로 자리잡게 된다. 이 온도가 허용 온도 이내라면 절연 피복이 손상되는 일은 없어지는 셈이다.

이러한 점을 감안하여 허용 전류를 정하고 있는 요소에 대해서 정리해 본다(**그림** 2).

① 전선의 저항, 즉 전선의 굵기(지름), 전선의 저항률에 관계된다. 사실은 전선의 길이도 저항을 증가시키지만 길면 방열량도 증가하므로 길이는 관계없다.

② 절연물의 종류와 그 두께

③ 주위 온도

④ 주위 조건(통풍이 좋은가 등)

마지막의 ④는 예를 들면 옥내 배선 공사에서 IV선(비닐 절연 전선)을 금속관에 넣어 배선할 때는 3할 감소된 전류가 허용 전류가 되므로 다음 예와 같이 계산에 의해 확인할 필요가 있다.

[예] 1.6 mm의 IV선을 금속관 공사로 사용하면 몇 [A]까지 흐르게 할 수 있는가?

감소율 0.7로 하고 $27 \times 0.7 = 18.9$ [A]

이 때문에 보통의 배선(1.6 mm)으로는 2 kW의 전기 기구를 사용할 수 없다.

①
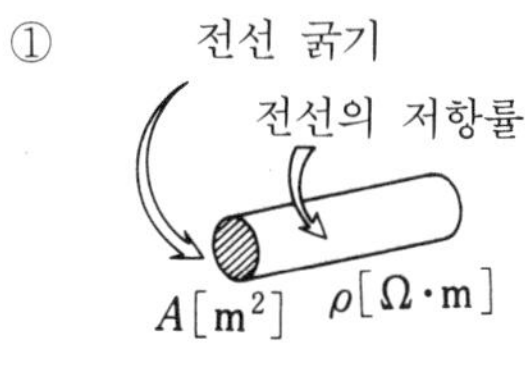

②
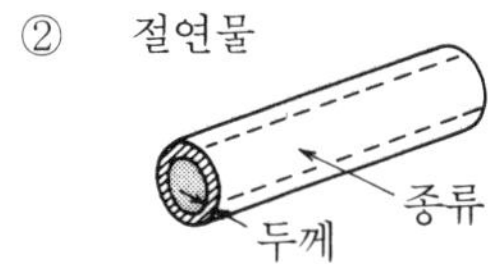

③
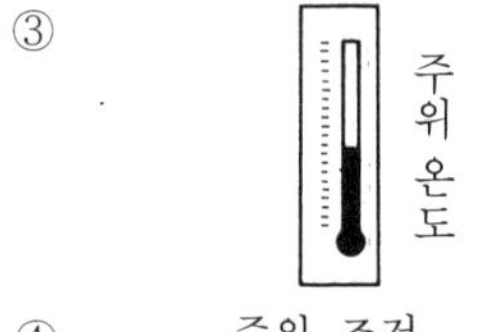

④
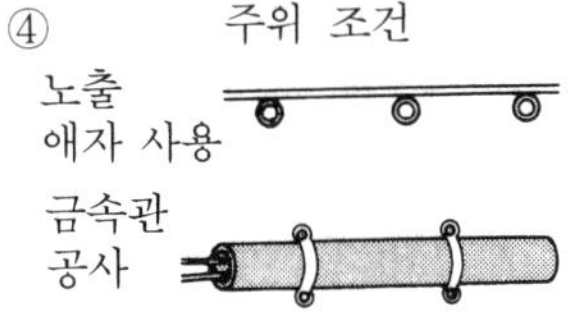

그림 2

전기공사기사 시험에 도전!

일반 가정의 옥내 배선 공사를 하려면 전기공사기사 자격 시험에 합격하지 않으면 안 된다. 이 시험에 나오는 문제를 예로 들어 본다. 풀어보도록 하자.

해답은 가, 나, 다, 라에서 선택	가	나	다	라
① 옥내 배선에 사용되는 전선 굵기를 결정하는 요소로서 올바른 것은	접 지 저 항 허 용 전 류 기계적 강도	전 압 강 하 절 연 저 항 기계적 강도	전 압 강 하 허 용 전 류 절 연 저 항	전 압 강 하 허 용 전 류 기계적 강도
② 전선 3개를 금속관 내에 넣는다. 허용 전류의 감소 계수는	0.4	0.5	0.6	0.7

[해답] ①=라 ②=라

9 레몬으로 전구가 켜지는가

전 지

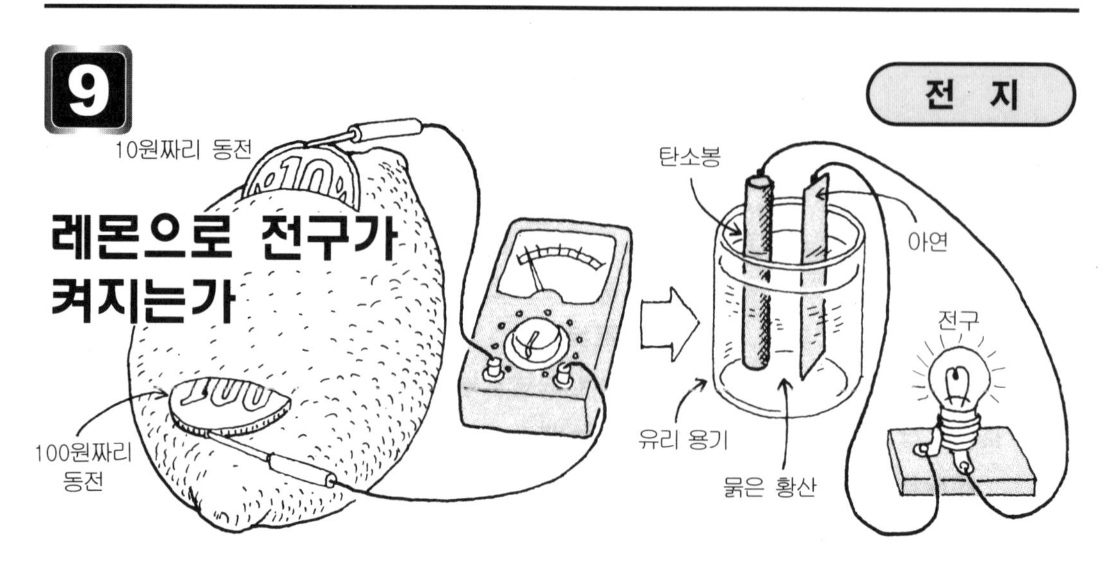

전지 실험

레몬 껍질에 칼집을 내어 그곳에 100원짜리, 10원짜리 동전을 삽입하고 여기에 미세한 전류를 측정할 수 있는 미터를 접속하면 전압이 발생하는 것을 알 수 있다. 보다 좋은 전지를 만들려면 탄소봉(이것은 헌 건전지에서 구할 수 있다)과 아연판을 위의 그림과 같이 유리 용기에 묽은 황산을 넣은 곳에 집어넣으면 된다. 이 경우 극성은 탄소봉이 +이고 아연판이 −가 된다.

전지란 일반적으로 화학적 에너지를 전기 에너지로 변환시키는 것이다.
태양광 ⟶ 반도체에 대해서는 10 참조

전지의 전기 발생 메커니즘은

전지에서는 어떻게 전기가 발생하는가? 메커니즘이라고 했지만, 무엇인가 전기를 발생시키는 기구가 있다고 생각하면서 사용하고 있는 사람이 많을 것이다. 사실은 전기를 배우는 사람에게도 "화학 지식"이 요구된다. 즉, 전지의 전기 발생은 **화학 작용**에 의해 이루어지고 있는 것이다.

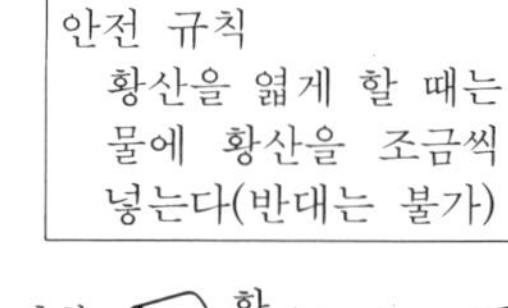
안전 규칙
황산을 엷게 할 때는 물에 황산을 조금씩 넣는다(반대는 불가)

물(H_2O)에 황산(H_2SO_4)을 혼합한 것을 **전해액**(물에 용

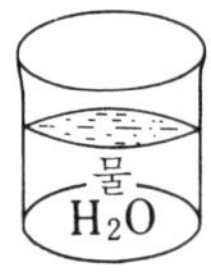

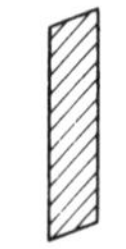

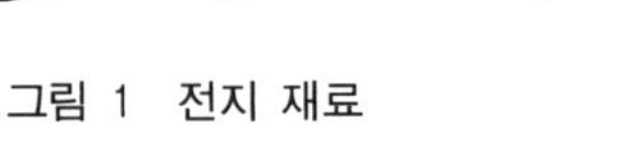
그림 1 전지 재료

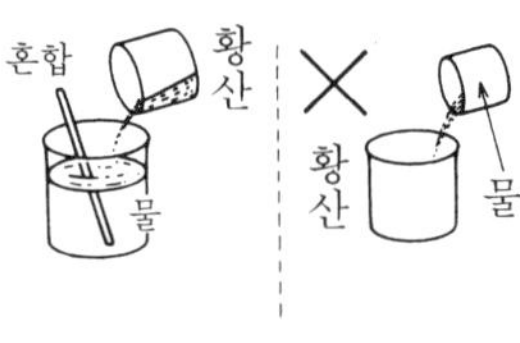

그림 2

해되면 자발적으로 해리하여 + 이온, − 이온이 만들어지고 있는 액체)으로 하고 이 안에 탄소봉, 아연이라고 하는 전극을 넣으면 화학 작용이 일어난다(**그림 1, 그림 2**).

즉, 전해액의 황산은 +이온($2H^{+}$)과 −이온(SO_4^{--})으로 나뉘어지고 −이온은 아연극(+극)에 끌려 그것과 결합하여 황산아연($ZnSO_4$)을 만든다. +이온은 탄소극(−극)에 끌린다. 이 작용이 전극간에 전위차를 발생시킨다. 이 때문에 아연 전극에는 부의 전자가 남아 아연은 −극이 되고 탄소봉은 +극이 된다. 이러한 종류의 전지는 대략 1.5 [V]의 전압을 발생한다.

건전지의 구조

건전지에는 전해액으로 염화암모늄(NH_4Cl)을 고형으로 한 것이 사용되고 지금까지의 설명과 동일하다.

전류의 흐름은 전자의 움직임과 반대가 된다(**그림 3**).

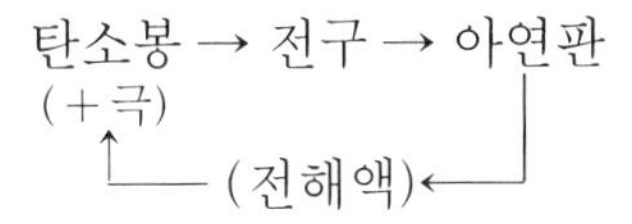

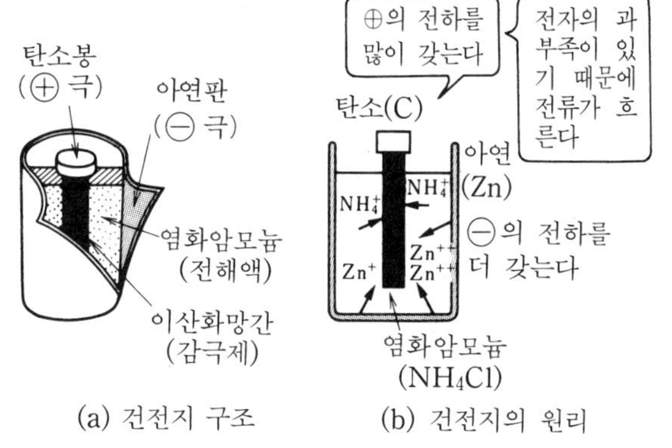

(a) 건전지 구조　(b) 건전지의 원리

그림 3

건전지에서 아연은 화학 작용으로 조금씩 녹아 방전이 다 되면 재차 사용할 수 없게 된다. 이러한 것을 **1차 전지**라고 한다.

Let's try

정말 흐르는가?

전지 작용의 실험에 한 가지 방법이 더 있는데 오른쪽 그림과 같다. 그림에서는 압지를 잘라 식염수에 넣었던 것을 100원짜리 동전과 10원짜리 동전 사이에 넣는다. 감도가 좋은 전류계(1 mA 이하)에 연결하면 미세하지만 전압이 발생하여 전류가 흐르는 것을 미터로 확인할 수 있다.

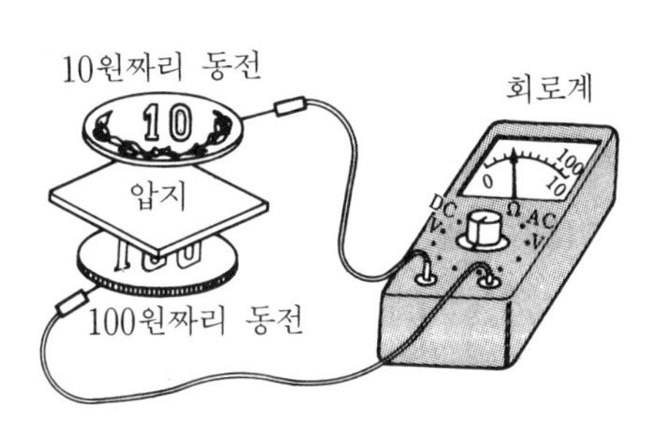

10 요정의 집을 찾아가 본다

기타 전지

솔라 시스템의 중심 태양전지

반도체는 원리에 따라 p형 반도체와 n형 반도체로 분류된다.

n형 반도체는 마이너스 전하가 여분으로 있는 반도체, p형은 플러스 전하가 여분으로 있는 반도체로 외어 두기 바란다. 태양전지는 실리콘의 n형 반도체 표면에 붕소를 수 미크론 두께로 스며들게 하여 p형의 막을 만든 것으로서, 거기에 빛이 닿으면 빛을 흡수하여 전구가 생기는 것이다(그림 1). 이 때의 전압이 0.4V, 전류는 1 cm^2 당 약 30 mA이므로 보통 전지와 같이 직렬, 병렬로 연결하여 전압이나 전류를 크게 한다. 또한 태양으로부터의 에너지는 방대한 것으로 우리가 1년 동안 소비하는 열 에너지에 상당하는 것을 3일 동안 쏟아내고 있다고 한다. 이와 같은 거대한 에너지를 집열하는 연구를 하는 것이 솔라 시스템인데, 그 중에서도 태양 전지는 주요 역할을 수행하고 있다.

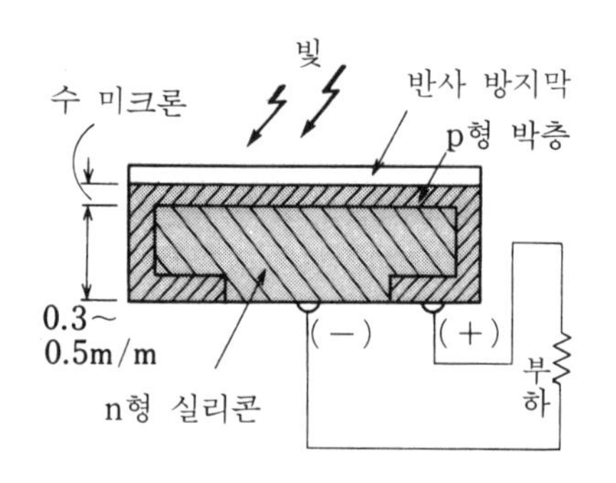

그림 1 실리콘 태양전지의 구조

One point

태양전지는 아직 가격은 비싸지만 곧 실용화 될 것이다.

최근에는 국가가 보조를 하여 2~3 kW의 태양전지 모듈이 가정용으로 나와 있다. 앞으로 널리 도입되기 위해서는 1W당 가격을 훨씬 더 많이 내려야 할 것이다.

코스트 다운 목표	1980년	1983년	1985년	1990년	2000년
	50,000원/W	20,000원/W	12,000원/W	6,500원/W	1,000원/W

사용하고 있는 이들 전지

① **1차 전지** 1차 전지에는 9에서 배운 망간 건전지나 전기 용량이 큰 알칼리 건전지가 있다.

이들 전지는 전지의 크기에 따라 단1, 단2, 단3 등으로 분류되고 있다.

버튼형 전지에는 **그림 2**의 공기 전지나 알칼리 버튼 전지 등이 있다.

사용하는 용도와 가격을 고려하여 건전지를 선택하는 것이 중요하다.

② **니카드 전지** 이것은 니켈과 카드뮴의 이름에서 니카드라고 불리고 있다.

알칼리 축전지 1극에 카드뮴(Cd)을 사용, 건전지와 같이 밀폐한 것이다(**그림 3**). 전압은 1.2V, 소형으로 휴대용이고 충전도 가능하다. 이 전지는 충전을 주의 깊게 하면 수백 번 반복해서 사용할 수 있으므로 망간 건전지보다 경제적이라고도 할 수 있다.

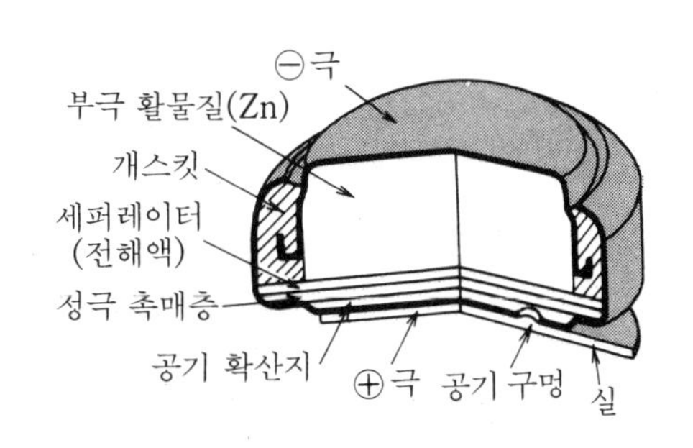

그림 2 단추형 공기 전지

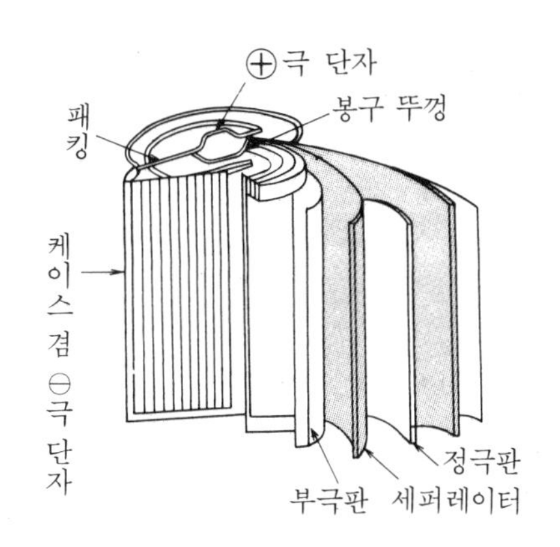

그림 3 니카드 전지

CdS 감광 소자의 감도를 알아보자!

빛에 의해 저항값이 바뀌어 전기 전도를 좋게 하는 것으로 CdS 감광 소자가 있다. 이 구조와 외형은 우측 그림과 같은데, 회로를 짜서 실제로 실험해 보도록 하자.

이것을 응용하여 미터를 표준 조도계로 교정하면 자작 조도계도 만들 수 있다.

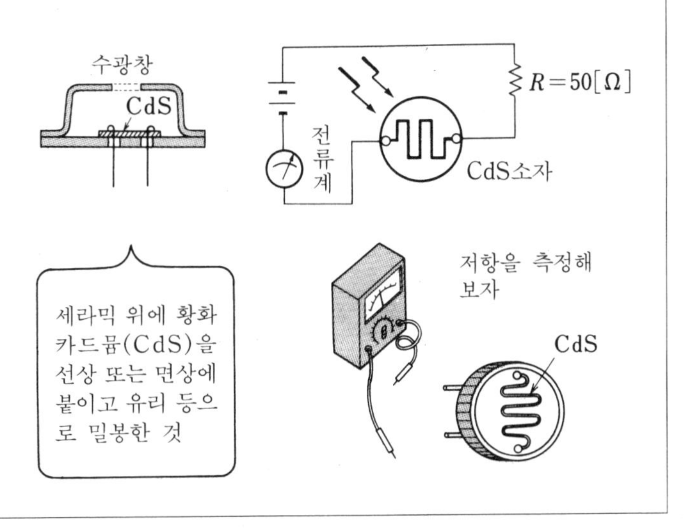

11 전기 저금통을 살펴보자

납축전지

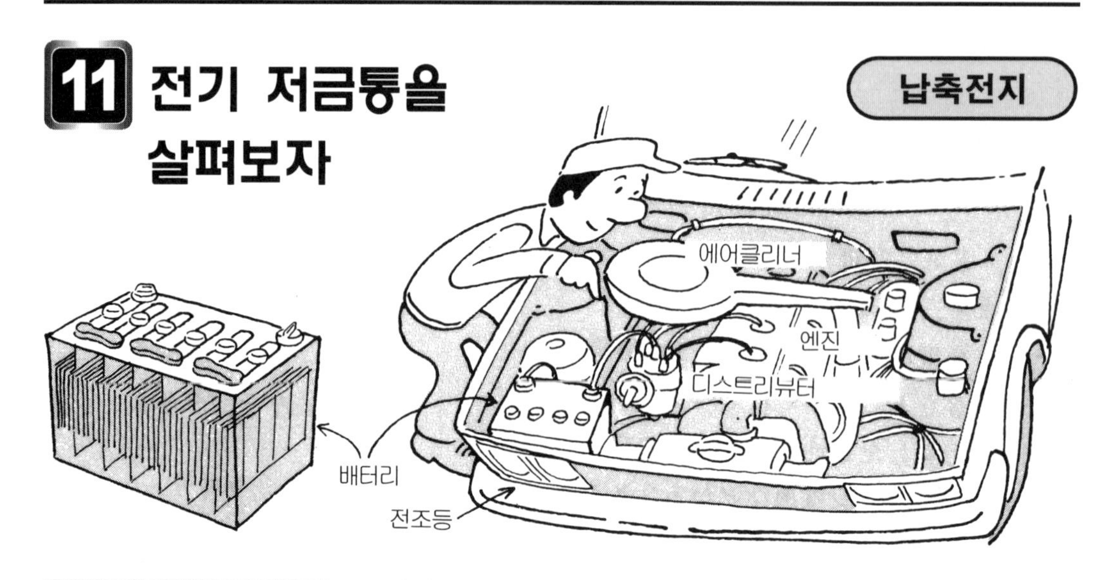

화학 에너지를 축적

위의 그림에서 차의 전기의 근원이 되고 있는 전지는 2차 전지라고 불리며, 전기를 사용할 때와 반대로 전지에 전류를 흐르게 하면 재차 전기의 힘이 회복(충전된다고 한다)되도록 되어 있다. 이것은 납축전지(2차 전지는 니카드 전지도 포함된다)라고 하며, **그림 1**과 같이 ⊕극에는 이산화납, ⊖극에는 순수한 납이 사용되고 있다. 용액은 묽은 황산(비중 1.2~1.3)이다. +극은 적갈색을 하고 있으므로 어느 쪽이 +극인지 알 수 있다(충전 상태).

축전지는 전기를 축적하고 있는 것이 아니고 전기 에너지를 만들어 내는 근원인 화학 에너지를 축적하고 있다.

즉, 축전지의 작용을 알기 위해서는 다음의 화학 변화를 확실히 암기해 두는 것이 중요하다. 축전지(배터리)에서 전기를 인출하고 있을 때를 **방전**이라고 한다.

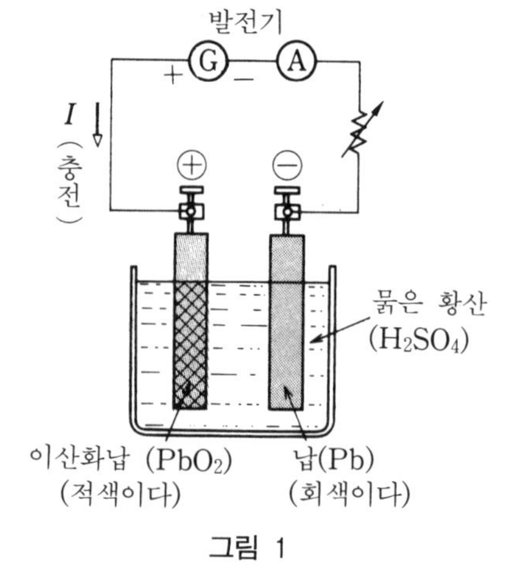

그림 1

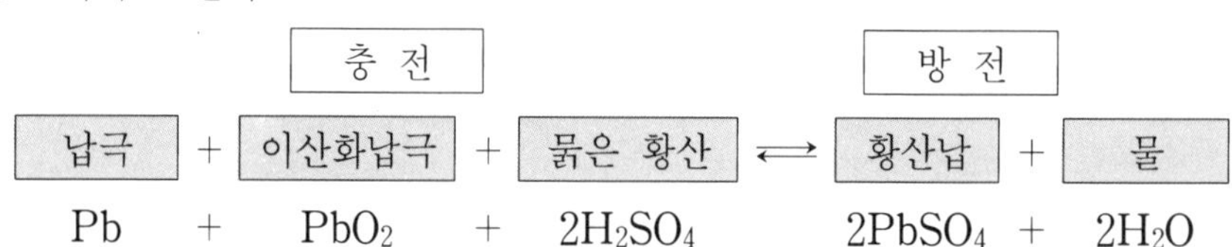

방전하면 양쪽 전극이 황산납이 되어 묽은 황산의 용액은 물로 바뀌어 간다. 이것이 완전히 충전되면 황산과 물의 혼합물, 즉 묽은 황산이 된다. 또한 이때의 비중은 1.3이나 그 이하이다(**그림 2**).

충전중인 배터리에서는 폭발성 가스인 수소가 나오고 있으므로 배터리 옆에서 성냥을 켜서는 안 된다.

비중 ← 황산 $1cm^3$의 무게 / 물 $1cm^3$의 무게

황산의 비중은 1.8
물의 비중은 1.0

그림 2

축전지 용량이란

축전지를 구입하거나 사용할 때 필요한 것은 **"용량"**이라는 것이다.

배터리 용량이란 일정 시간 동안 전류를 흐르게 할 수 있는 능력을 말한다.

따라서 어느 차의 배터리가 100 [Ah]의 용량이라고 하면 다음과 같이 말할 수 있다.

1시간에	100A	100 × 1 = 100 [Ah]
10시간에	10A	10 × 10 = 100 [Ah]
100시간에	1A	1 × 100 = 100 [Ah]

용량 = 전류[A] × 시간[h]

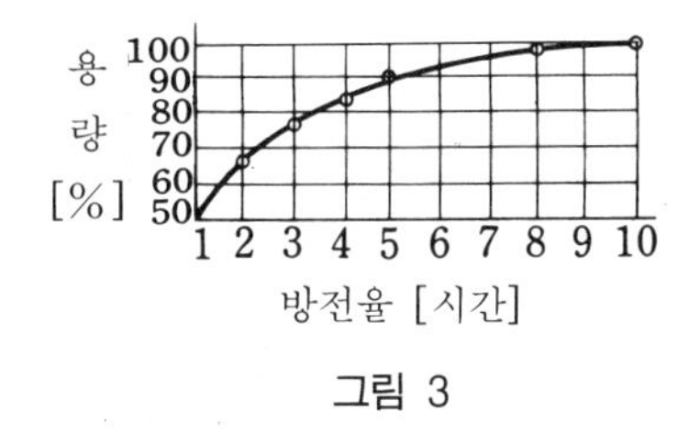

그림 3

그러나 실제로는 방전하는 시간에 따라 용량은 감소한다. 일반적으로는 일정 전류로 방전하여 10시간에 방전 한계(1.8V 정도 하강)에 도달했다고 할 때 이것을 10시간 방전율이라고 한다. 이것이 표준이 되고 있다.

그림 3은 기타 방전율로 방전했을 때의 용량 변화를 그래프로 나타낸 것이다. 단시간에 대전류를 흐르게 하면 방전 용량이 적어지는 것을 알 수 있다.

배터리액의 비중을 측정하자!

비중계를 사용하면 배터리 용액의 비중을 곧 알 수 있다.

우측 그림은 **흡상 비중계**이다. 고무공을 잡고 고무관을 전해액 내에 담가 액을 빨아올려서 부표의 눈금으로 비중을 읽는다.

비중계의 원리는 아르키메데스의 법칙에 따른다. 즉, 액체 내의 물체가 밀어낸 액체의 양은 자신의 무게와 같다는 것이다. 액의 비중이 무거우면 비중계는 그다지 침하하지 않는다. 부표가 침하한 곳을 비중으로 환산하여 눈금을 만들어 두면 바로 읽을 수 있다.

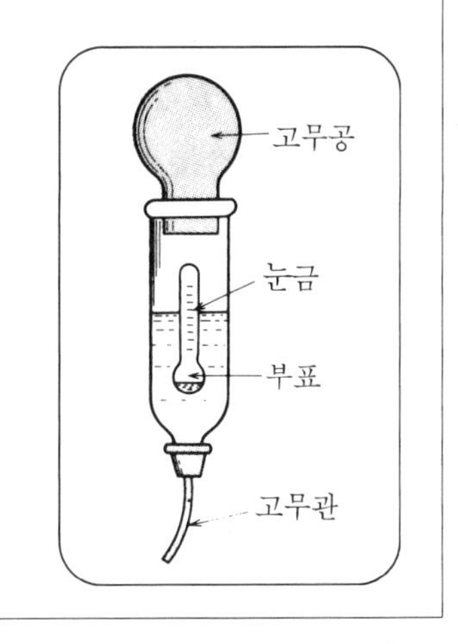

12 온도의 차로 전기를 만들자

열기전력

제벡 효과란

전기로와 전기 오븐의 열을 제어하거나 측정하는 데 사용되는 간단한 장치를 위의 그림에 나타냈다. 이것은 **열전대**(thermocouple)라고 하는 것으로서, 2개의 상이한 도체(금속 또는 합금)를 **그림 1**과 같이 그 양단끼리 결합하여 회로를 만들고 이들 2개의 접점 J_1, J_2를 상이한 온도로 유지하면 회로에 일정한 방향의 전류가 흐르는 것을 이용한 것이다.

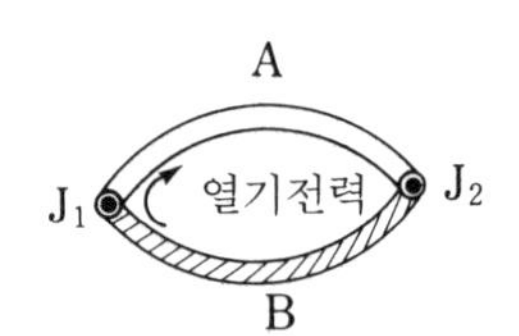

그림 1 열전대의 원리

이 현상을 **제벡 효과**라고 하는데, 1821년에 독일의 제벡이 발견하였다. 또, 이때 발생하는 기전력을 **열기전력**이라 하고, 회로에 흐르는 전류를 **열전류**라고 한다. 이와 같은 열기전력은 증폭되어 큰 모터, 밸브, 제어 기기나 기록 장치를 작동시키는 데 사용된다. 실제의 열전대는 니켈－백금, 크로멜－아르멜; 철－콘스탄탄 등 여러 가지 금속, 합금으로 되어 있다. 이러한 생소한 이름의 합금도 열전대로 인해 특별히 개발된 것이다.

아래는 이과 연표 등에 나와 있는 백금과 기타 금속류의 열기전력의 표이다. 이 표에서 열접점은 100℃, 냉접점은 0℃이다(＋는 그림 1에서 백금을 B로 하고 화살표에 흐를 때로 하였다).

아 연	+0.76 mV	니 켈	−1.48 mV	황 동	+0.60 mV
알루미늄	+0.42 〃	코 발 트	−1.33 〃	비스무트	−7.34 〃
동	+0.76 〃	콘스탄탄	−3.51 〃	탄 탈	+0.33 〃
철	+1.98 〃	탄 소	+0.70 〃	납	+0.44 〃

실제로 전기로에 사용되는 열전대는 사용 온도에 따라 1,200℃이면 크로멜－아르멜(CA), 500℃이면 철－콘스탄탄(IC) 등이 있다.

열전대의 응용

① **열전온도계**

우측 그림에도 있듯이 이용의 첫째는 온도 측정이다. 이것은 **그림 2**에 나타나 있는 것처럼 열접점 J_1을 온도를 측정하고자 하는 장소에 꽂고 다른 끝을 물과 얼음을 넣은 보온병 속에 넣어 0[℃]를 유지하고 그 열기전력을 전압계로 계측하는 것이다. 이를 위해 미리 온도와 열기전력의 관계를 그래프로 만들어 두면 그것에 의해 계기에 온도 눈금을 표시, 직독할 수 있게 된다. 열전온도계에는 열기전력과 온도 상승이 비례하는 것을 이용한다. **그림 3**은 그 예이다.

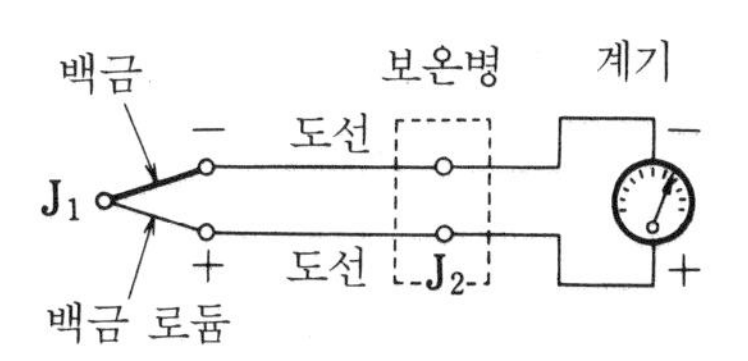

그림 2 온도계

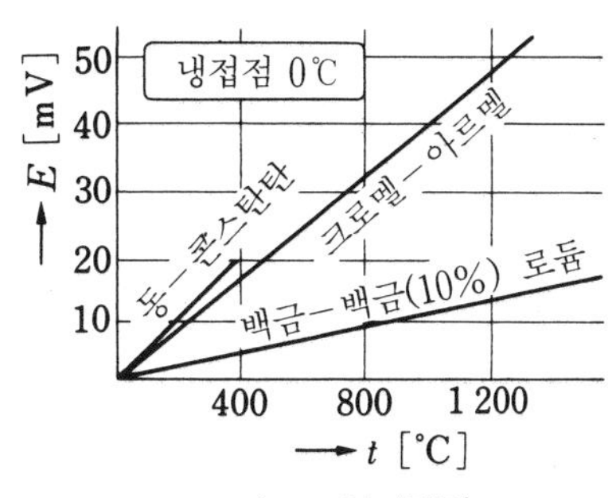

그림 3 열기전력

② **열전형 계기** 이것은 **그림 4**에 일례를 나타냈듯이 열선 히터 H에 측정하고자 하는 전류 I를 흐르게 하고 그 줄열로 열전대 J의 접점을 가열하여 생기는 열기전력으로 계기 지침을 움직이게 한다. J의 온도는 약 250[℃] 정도로 설계되고 열기전력은 약 12 mV 정도이다. 이 계기의 동작 원리를 나타내는 기호는 열전형 ()으로 되어 있다. 그림 4와 비교하면서 외어 두도록 하자.

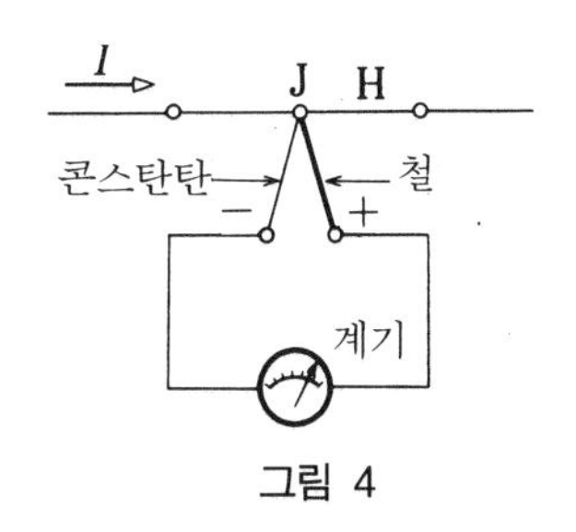

그림 4

Let's try 열전대를 확인하자!

열전대의 기본적인 원리는 우측과 같은 방법으로 간단히 실험할 수 있다. 즉, 2개의 상이한 금속을 단단히 꼬아 감도가 좋은 전류계에 연결하면 기전력 발생을 알 수 있다.

성냥을 켜 그 화염을 꼬은 금속 밑에 대면 작은 전압이 미터 상에서 확인된다.

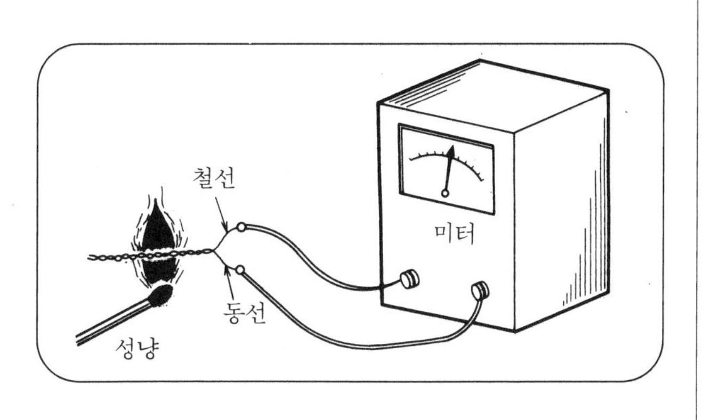

13 흐르게 하면 얼고 두드리면 불꽃이 생긴다

펠티에 효과와 피에조 전기

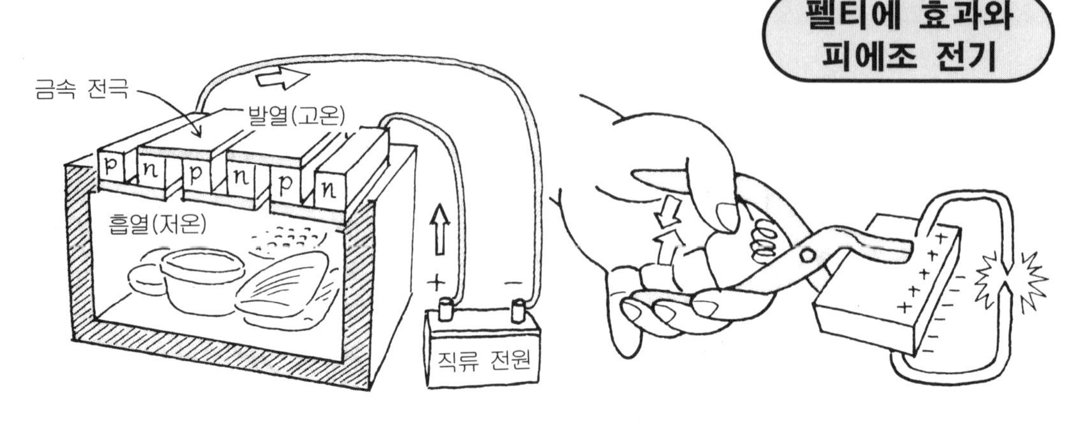

소리 없는 구조 전자 냉장고

상이한 종류의 금속을 접속하여 전류를 흐르게 하면 접점이 있는 곳에서는 저항이 있는 곳에서 발생하는 줄열과는 다른 열 발생과 또 그 반대의 열 흡수가 일어난다. **그림** 1은 이러한 형상의 원리도이다. 흐르는 전류가 반대가 되면 열의 발생과 흡수도 반대가 된다. 이 현상을 **펠티에 효과**라고 한다. 그림에서도 알 수 있듯이 펠티에 효과가 큰 것은 비스무트 등의 반도체인데, 이 발견으로 전자 냉동이 실용화되었다. 위의 그림은 전자 냉장고의 원리로서, p형 반도체와 n형 반도체를 금속 전극으로 접속하여 화살표 방향으로 전류를 흐르게 하면 흡열과 발열이 일어난다. 이 반도체 부분을 엘리먼트라고 한다. 엘리먼트를 전극으로 접속하여 적당량을 합쳐서 사용하기 쉽게 한 것을 모듈이라고 한다.

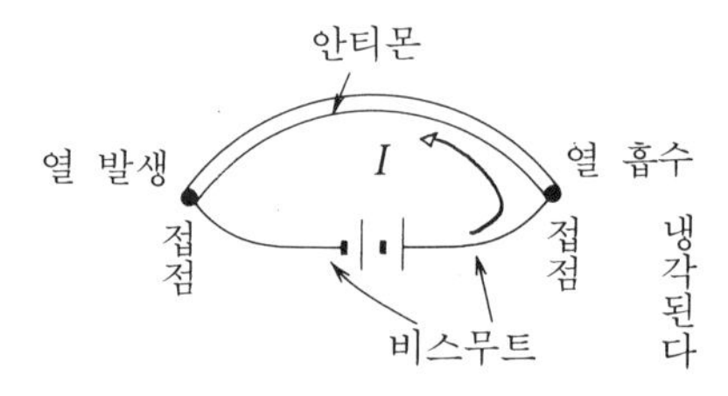

그림 1 원리도

지금 기술한 것과 같이 두 종류의 도체를 접속하고 직류를 흐르게 하면 그 방향에 의해 도체 접합부에서 **그림** 2와 같이 열의 흡수, 발산이 일어나게 되는데, 보통의 금속에서는 이 열량이 작았던 것이 반도체 재료에 의해 실용화 되었다고 할 수 있다. 또, 이 원리를 응용한 전자 냉장고의 특징은 기계적인 가동 부분이 없기 때문에 소리와 진동이 없고 전류의 크기를 바꿈으로써 어느 정도 냉각 능력을 바꿀 수 있다. 전류의 방향을 반대로 하면 지금까지 가온된 곳이 냉각되고 냉각된 곳이 가온되는 특징을 가진다.

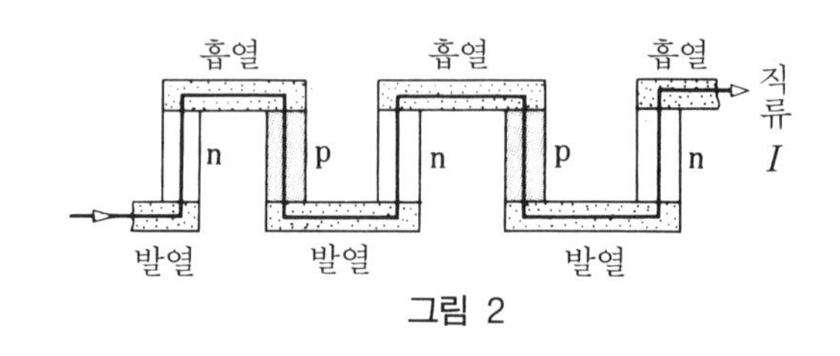

그림 2

응용이 많은 압전기

수정, 로셀염과 같은 많은 결정은 특수한 성질이 있다. 즉, 결정 표면에 전압을 가하면 결정이 비뚤어진다. 이 반대도 바르게 양면에서 결정에 압력을 가하면 한 쪽에 정(+), 다른 쪽에는 부(−)의 전기가 나타난다. 이 현상을 **압전기**(피에조 전기라고도 한다)라고 한다. **그림** 3은 수정에서 방위를 가진 판을 잘라내는 것을 설명한 것이다. **그림** 4는 압력을 가했을 때와 양면에 장력을 가했을 때는 반대 부호의 전기가 일어난다는 것을 나타내고 있다. 이와 같은 현상은 그 옛날 1880년 퀴리 형제에 의해 발견된 것이다. 가스의 자동점화기 등 점화 열원으로 이용되거나 압력에 비례해서 전기를 발생하므로 파형 관측 장치와 함께 사용하면 폭발력이나 엔진 등이 급격히 변화하는 압력도 측정할 수 있다. 귀에 들리는 음파보다 높은 주파수를 초음파라고 하는데 이 10 kHz~20 MHz 발진에도 사용된다. 이것은 수정의 고유 진동수와 동일한 교류 전압을 가하면 수정이 강력하게 진동하여 초음파를 발생한다. 이와 같은 수정 진동자를 압전 소자라고도 한다.

압전 현상은 인산 칼륨이나 티탄산 바륨도 일으킨다. **그림** 5에 압전기가 발생하는 상황을 나타내었다.

그림 3 수정 잘라내기

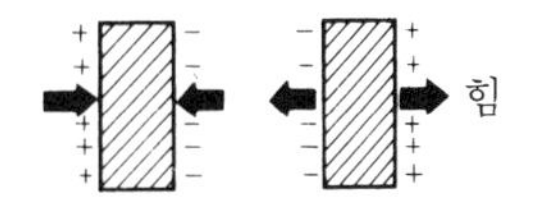

그림 4 전기의 발생

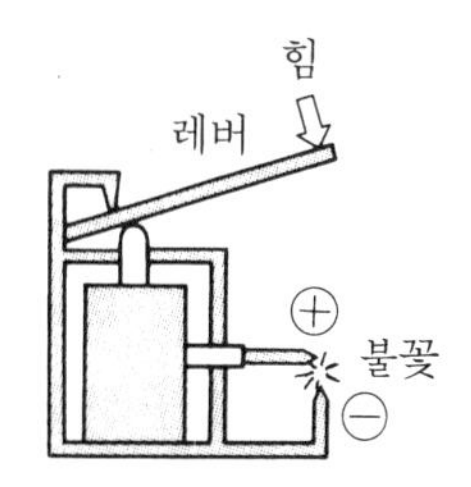

그림 5 압력이 가해지는 상황과 압전기 발생 입력

Let's try 가스 라이터의 구조는?

담배 라이터의 점화나 일반 가스 기구의 자동 점화 장치로 압전 소자가 사용되는데, 그 일례로 담배 라이터의 구조를 예로 들어 보았다.

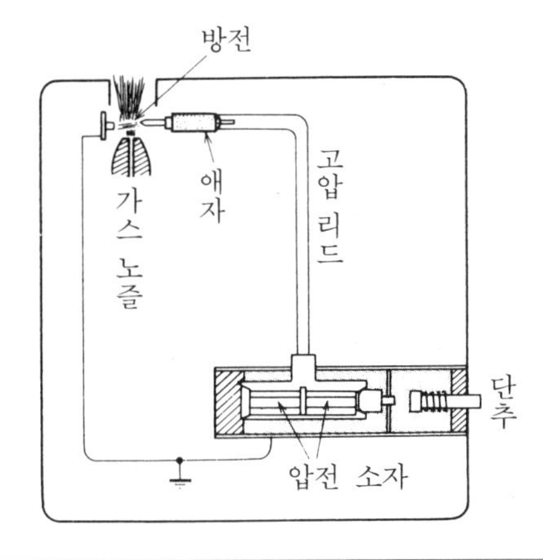

압전 소자 2개를 분극 방향을 반대로 하여 절연 케이스에 넣고 이 양 끝에 맞댐판과 맞댐쇠를 낀다.

누름 버튼으로 충격력을 가하여 출력 12 kV 이상을 낸다.

14 변화의 묘기는 아직도 많다

광전 변화

내 피부는 빛에 민감하다

빛과 전기의 관계는 너무나 상이하다. 즉, 저항이나 전구 필라멘트에 전류를 흐르게 하면 빛이 생기고 반대로 빛이 물체에 닿으면 전기를 일으킨다. 이에 대해서는 [10] 태양전지에서 언급했지만 여기서는 **광전지**에 대해서 설명한다. **그림 1**과 같이 빛을 비추면 셀레늄층으로부터 전자가 광에너지를 받아 경계층을 넘고 베이스와 프론트 투명 전극간에 전위차를 만든다. 전자는 셀레늄층으로 복귀할 수 없다. 왜냐하면 경계층은 한 방향으로만 도통하게 되어 있기 때문이다. 이와 같이 빛이 전류를 발생시킨 것이다. 단, 고가인 것과 1개의 셀로 최대 0.5V 정도라는 것이 결점이다.

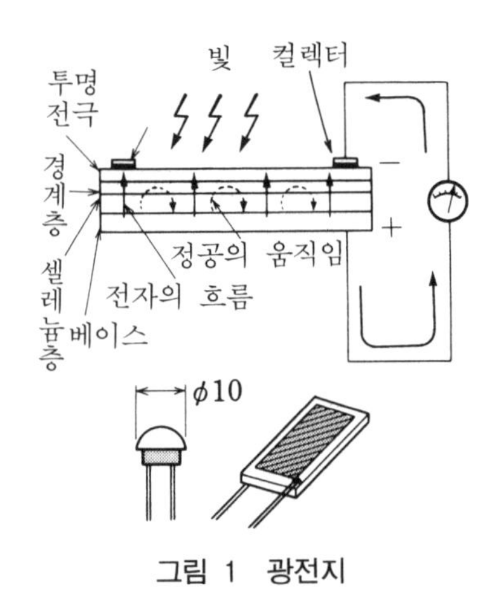

그림 1 광전지

그밖에 빛을 받아 전기적으로 변화하는 것은

① **CdS(황화 카드뮴 셀)** 이것은 [10]의 Let's try에서 예로 들었지만 빛에 의해 전기 저항이 변화한다. 이용 범위가 많다.

② **포토 트랜지스터** **그림 2**와 같은 것으로서, 보통의 트랜지스터의 베이스에 해당하는 곳이 수광구이며, 광량에 따라 컬렉터 전류가 변화한다.

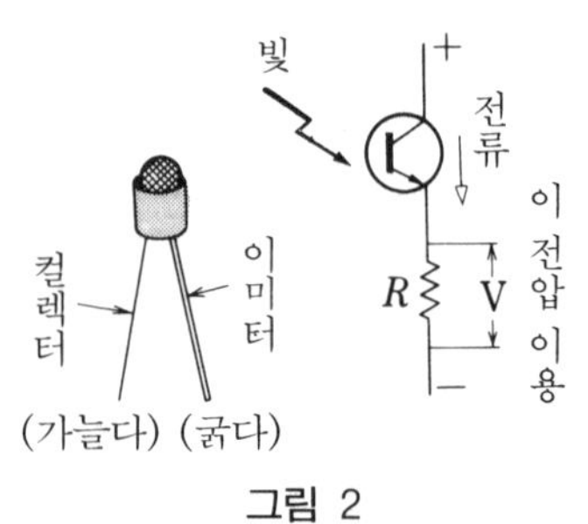

그림 2

CdS 포토 셀이나 포토 트랜지스터는 상당히 많이 사용되고 있다. 포토 트랜지스터는 전면이 유리 또는 투명 플라스틱 렌즈로 되어 있으며 어느 정도의 지향성을 가지고 있는 것이 보통이다. 또한 비교적 높은 주파수까지 사용할 수 있다. CdS 소자는 극성이 없어 교류 전류로도 사용할 수 있다. 일종의 빛에 의해 저항값이 변화하는 저항기와 같은 것으로서 값싸고 감도도 좋지만, 동작원리상 저항체 내에 전부 빛을 비추지 않으면 안 되므로 어느 정도의 면적이 필요하여 소형으로 만들 수가 없다.

오래 되고 새로운 또 하나의 소자

자동문, 자동 온풍 타올, 버스 출구에 사람이 있으면 운전사가 알게 되는 구조 등은 전부 **광전 효과**(빛이 닿으면 전자를 방출하는 현상)가 이용된 것이다. 이것은 빛이 에너지를 가지고 있어 이것이 물질내의 전자를 방출하는 것이다. 이 경우의 전자를 특히 **광전자**라고 한다. 이것을 이용한 것으로는 **광전관**이나 텔레비전의 촬상관이 있다(최근의 비디오 카메라에는 CCD 촬상관이 사용되고 있다).

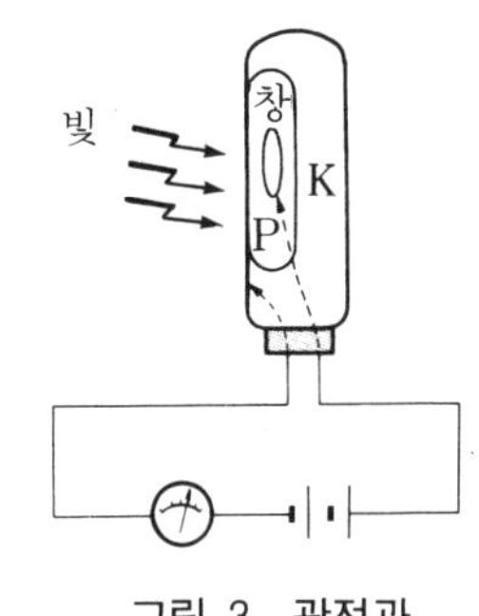

그림 3 광전관

그림 3은 광전관의 원리를 나타내는 그림이다. 유리관 내면에 Cs(세슘) 등의 광전 물질을 도포하고 창을 남긴다. 창에서 빛이 들어가면 Cs면에서 광전자가 방출되어 전지의 플러스에 접속된 양극 P에 도달한다. Cs면 K는 음극이 되어 전지의 도움으로 전류가 흐른다. 이것에 의해 빛이 전류로 바뀌어진다.

여기서 빛을 투사하여 전자가 방출되고 이 전자를 광전자라고 한 현상의 광전 효과는 빛에 전자를 밀어낼 만큼의 에너지를 가지고 있어야 할 필요가 있다. 빛의 에너지 입자를 **광자**(光子)라고 하며, 그 에너지의 크기는 광자의 에너지$=h\nu$ [J]이다.

여기서 h는 플랑크의 상수로 6.62517×10^{-34}, ν는 빛의 주파수로서 주파수가 높은(파장이 짧고 자외선에 가깝다) 빛일수록 광자의 에너지가 커진다.

Let's try 방범 버저를 만들어 보자!

방문객 내방 버저나 방범 버저의 역할을 CdS 소자와 릴레이(자기의 9에서 배운다)를 사용하여 만들어 보자.

빛을 차단하면 릴레이가 동작한다.

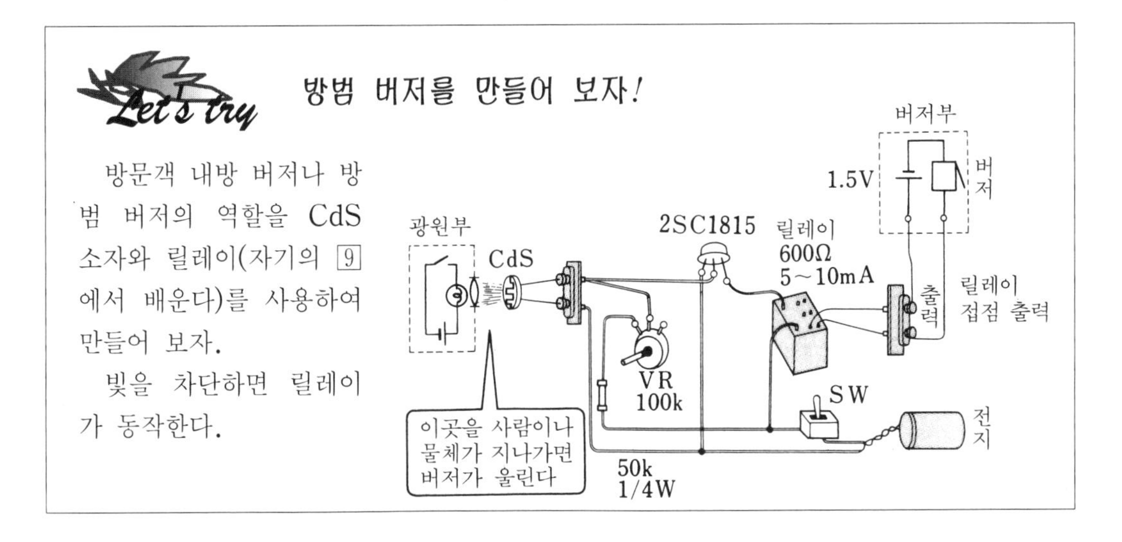

1. 연동선의 저항이 20℃일 때 15Ω이라고 한다. 온도가 60℃로 상승하면 저항은 몇 [Ω]이 되는가?

[해답] 연동선이 20℃일 때의 저항 온도 계수를 [2]의 그림 1에서 구한다.

$\alpha_{20}=$ ☐

이어서 같은 페이지의 저항 계산에 의해 수치를 대입하면 된다.

$R_{60}=R_{20}\{1+\alpha_{20}(t_2-t_1)\}$

$=$ ☐

$=$ ☐

2. 전기가 전류를 흐르게 하여 일을 하듯이 사람도 식사를 하고 그것을 운동이나 열로 변환한다. 1 kWh의 전기는 860 kcal의 열로 바뀐다. 매일 2,000 [kcal]의 식사를 하는 사람은 매시간마다 97W를 소비하고 있다는 계산이 성립한다(계산식 860 : 2,000=1 : 24P).

3. 전기는 안전하게 사용하는 것이 무엇보다도 가장 중요하다. 안전해야만 여러 가지 유용한 일을 할 수 있는 것이다.

안전에 대해서는 [3]과 [4]에서 배웠지만 사람이 감전되는 것은 전류가 인체에 흐르기 때문이다. 이 양이 어느 정도가 되는가를 외어 두는 것도 중요하다.

전류값 [mA]	영　　향
1 이하	전기적 충격이나 저림을 느낀다.
5	아픔을 느끼고 나서 나른함이 남는다.
10	견딜 수 없는 통증, 유입점에 외상이 생긴다.
20	근육 수축, 경련, 자유롭지 못하다.
50	호흡 정지, 때로는 심장기능 정지.

그리고 수족이 물에 젖어 있는가 등에 따라 달라지지만 직류 100V, 교류 40V가 최소한의 안전 한계이다. 항상 주의하며 취급하여야 한다.

(1번 해답) $\alpha_{20}=0.00393$

$R_{60}=15\times(1+0.00393\times40)=15\times1.1572\fallingdotseq17.36$ [Ω]

3

자기의 작용

자기의 작용을 배우는 방법

몇 세기에 걸쳐 자기의 비밀들이 과학자들의 연구를 가로막아 왔다. 옛날 중국 뱃사람들은 특별한 돌을 끈으로 매달면 그것이 언제나 북쪽을 가르키는 것을 발견하였다. 이것이 철광석이었다. 그리스인들은 이것을 자철광이라고 이름 붙였다. 뱃사람들이 이 돌을 선박 항해에 사용하게 되고부터 천연 자석이라고 이름 붙여졌다.

현재 자석은 철 등을 끌어당기는 물체로 알려졌는데, 자석은 천연으로 존재하는 것만이 아니고 실험실에서도 만들어 낼 수 있다. 같은 방법으로 물질을 자석으로 만들려고 하여도 자석이 되기 쉬운 것과 그렇지 않은 것이 있다. 또, 가장 기본적으로 철 등을 끌어당기는 힘은 자석 양단이 가장 강하고 그 양단에는 두 종류의 극, 즉 N극과 S극이 있는 것은 잘 알려져 있다. 그러나 N극이나 S극을 단독으로 끄집어내는 실험은 아직까지 어느 과학자도 성공하지 못했다. 이렇듯 자석에 대한 신비성은 남아 있다.

여기서는 자석의 성립부터 그 성질에 대해서 확실히 알아보기로 한다.

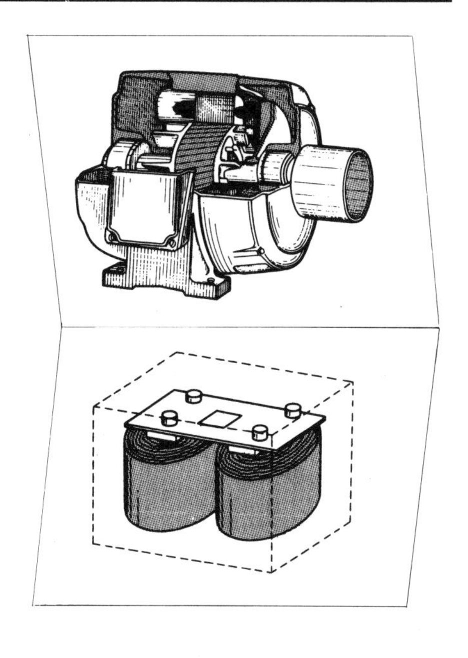

또한 자석을 만들어 내는 과정부터 전류와 자기의 관계를 해명하고 전기 회로와 대응해서 자기 회로의 옴의 법칙에 대해서 알아본다.

이러한 유사성은 형태뿐만 아니라 서로 관련되어 있기 때문에 전기가 가지는 에너지가 다른 에너지로 변환되어 나간다. 또 그 반대 현상도 일어난다. 여기서는 자기가 가지는 기본적 성질과 그것들을 발견한 과학자가 발표한 법칙을 이해하고 그것을 일상 생활에 도움이 되고 있는 모터, 발전기, 변압기, 과전류 차단기, 전자석, 릴레이와 수많은 응용에 대해서 배우기로 한다. 이상은 모두 우리들 일상생활에 사용되는 편리한 것들이다.

어느 항목을 읽으면 되는가

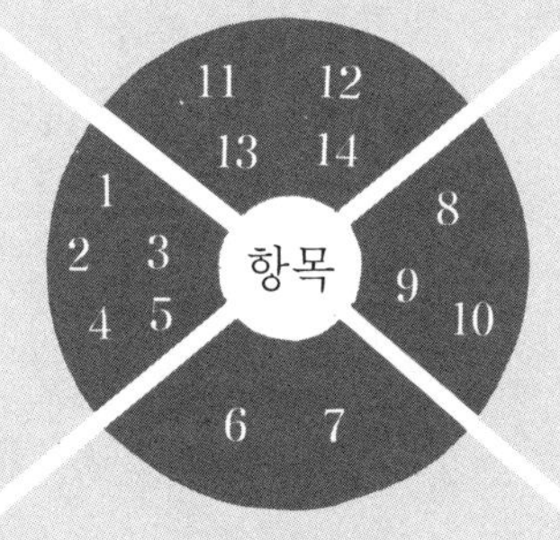

1 또 하나의 신비한 세계

자 석

자석의 성질

자석은 철이나 니켈 등을 끌어당기거나 또 자석끼리는 반발하거나 서로 당기는 성질이 있다. 이 성질을 **자성**(磁性)이라 하며, 이 작용을 **자기**(磁氣)라고 한다.

자석에는 천연 자석인 자철광(Fe_3O_4의 분자 구조를 가진 철의 산화물) 이외에 인공적으로 만들어진 영구 자석이 있는데, 이것에는 봉자석이나 U자형 자석 등이 있다. **그림 1**과 같이 봉자석에 철분을 대보면 철분은 봉자석 양단에 모이고 중앙 부근에는 그다지 모이지 않는다. 이것은 자기가 가장 강한 부분이 자석의 양단 부근에 있기 때문으로, 이것을 **자극**(磁極)이라고 한다. 또 **그림 2**와 같이 봉자석을 실로 수평으로 매달면 한 쪽은 지구의 북극을 향하고 다른 쪽은 남극을 향한다. 북극 쪽을 향하는 자극을 **N극** 또는 **정의 극**, 남극 쪽을 향하는 자극을 **S극** 또는 **부의 극**이라고 한다.

철분이 양단에 모인다

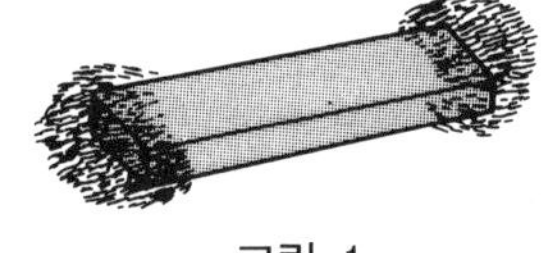

그림 1

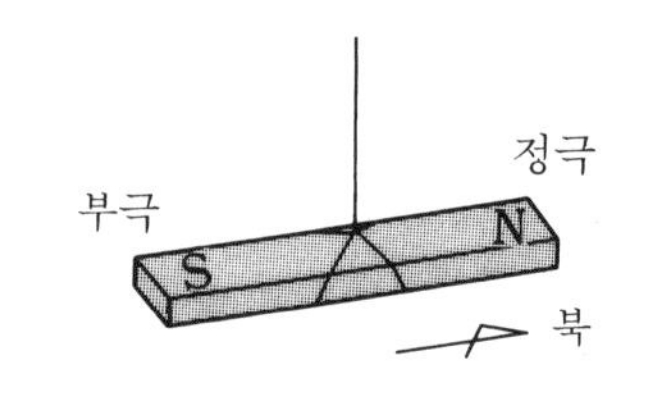

그림 2

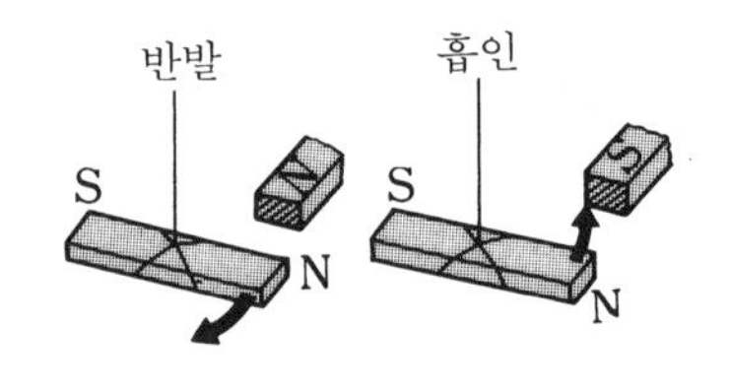

그림 3

그림 3과 같이 실로 매단 봉자석의 N극에 다른 자석의 N극을 근접시키면 반발력이 작용하고 S극을 근접시키면 흡인력이 작용한다. 즉, 동종의 극은 상호 반발하고 이종의 극은 상호 흡인한다.

이와 같이 자석은 우리들이 많이 이용하고 있기 때문에 대체로 알고 있는 것 같지만 자세히 살펴보면 우리가 모르는 여러 가지가 있다. 뒤에 설명할 **전자석**은 전류를 끊으면 자석이 아니지만 봉자석이나 U자형 자석은 그 자체가 자기가 있는 영구 자석이다.

자석은 왜 철을 끌어 당기는가

철이나 니켈은 자석이 되기 쉬운 금속이며, 그 금속의 분자는 대단히 미세한 자석으로 되어 있다. 이것을 **분자 자석** 또는 **자기 분자**라고 하며, **자구**(磁區)라고 하는 작은 구역으로 분리된다.

이것을 알기 쉽게 하기 위해 자구의 하나를 미소한 자석으로 표시해 보면(**그림 4**), 가까이에 자석이 없을 때의 철편 내부는 **그림 5** (a)와 같이 된다.

각 자구의 작은 자석은 제각기 흩어져 있기 때문에 자기적으로는 중화되어 전체적으로 자석의 성질을 갖지 않는다. 그 곳 양단에 자석을 근접시키면 각 자구의 작은 자석은 그림 5 (b)와 같이 동일한 방향으로 배열되고 철편 양단에는 N, S극이 만들어진다.

이와 같이 철에 외부로부터 자기를 가하면 철은 자기를 띠기 때문에 외부 자석과의 흡인 작용에 의해 당겨진다.

또한 이때 양단에 근접시킨 자석을 제거하더라도 각 자구의 배열이 흩어지지 않으면 이 철편은 자화(磁化)되어 영구 자석이 된다.

분자 자석

1개의 자구를 미소한 자석으로 나타낸다.

그림 4 분자 자석과 자구

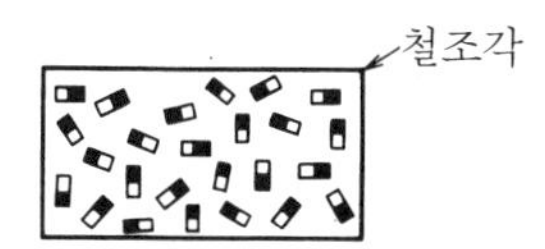

(a) 가까이에 자석이 없을 때

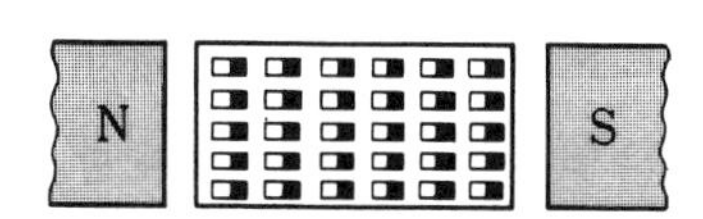

(b) 자석을 근접시켰을 때

그림 5

이상은 자석이 철의 자성 분자를 끌어당겨 모습을 나타낸 것이라고 생각하자.

영구 자석을 만들다

못을 다른 자석으로 문지르면 자화되어 자석이 되지만 세기는 대단히 약해진다. 영구 자석을 만드는 것은 이러한 방법이 아니고 자성 재료(페라이트 등)에 코일을 감고 잠깐 큰 전류를 흘려 전자석으로 했을 때 큰 자기가 남는 것을 이용한 것이 대부분이다.

간단한 예로 우측 그림과 같이 하여 못을 자화시켜 보자.

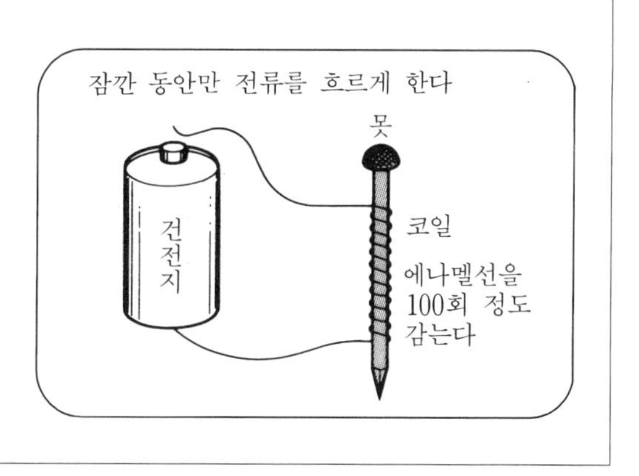

2 "힘"의 관계

쿨롱의 법칙

자극간에 작용하는 힘 -쿨롱의 법칙-

2개의 자석을 근접시키면 서로 흡인하거나 반발하기도 하는데, 그 근접시키는 거리에 따라 그 힘도 크게 달라진다. 「자극간에 작용하는 흡인력 또는 반발력은 2개의 자극 세기의 곱에 비례하고 2개의 자극간 거리의 제곱에 반비례한다.」 이것은 1875년 프랑스 과학자 쿨롱이 실험을 거듭한 결과 발견한 것으로, **자기에 관한 쿨롱의 법칙**이라고 한다.

그림 1과 같이 봉자석의 N극과 S극을 서로 마주 보게 했을 때 그 사이에 작용하는 흡인력 F는 2개 자극의 세기를 m_1, m_2라고 하고 그 거리를 r이라 하면

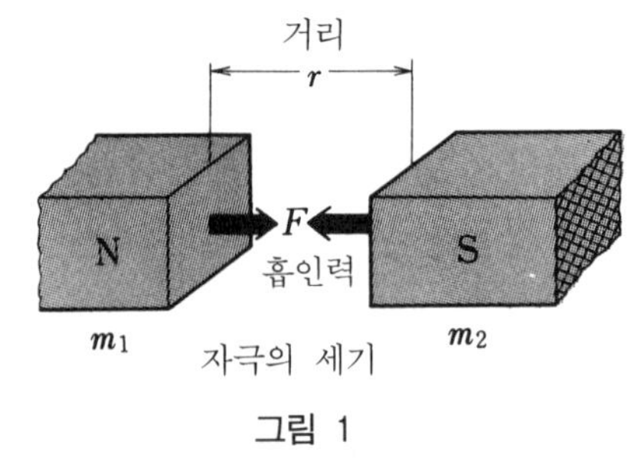

그림 1

$$F = k\frac{m_1 m_2}{r^2}$$

가 되며, k는 비례상수로 자극간의 공간 물질에 따라 상이하다. 자극의 세기 m_1, m_2는 **자하**(磁荷)라고도 하며, 단위는 웨버[Wb]이다. 거리는 r미터[m], 자극간에 작용하는 힘 f는 뉴턴[N]을 사용하며, 진공 내 자극간의 세기 F는

$$F = 6.33\times10^4 \times \frac{m_1 \cdot m_2}{r^2}\ [\mathrm{N}]$$

이 된다. 그리고 위의 식에서 $r=1$[m], $m_1=m_2=1$[Wb]라고 하면 $F=6.33\times10^4$[N]이 된다. 6.33×10^4[N]은 약 6.5톤의 힘과 같은 강력한 것으로서, 이렇게 큰 힘이 된 것도 1[Wb]라는 자극이 있었기 때문이며 1[Wb]라는 단위가 대단히 큰 양이라는 사실을 알 수 있다.

[예] 공기중에 6×10^{-5}[Wb]의 N극과 4×10^{-3}[Wb]의 S극을 10[cm] 떨어뜨려 두면 양자에게 어느 만큼의 흡인력이 작용하는가?

[해답] 앞 페이지의 식에서 $m_1=6\times10^{-5}$[Wb], $m_2=4\times10^{-3}$[Wb], $r=10\times10^{-2}$[m]

$$\therefore f=6.33\times10^4\times\frac{6\times10^{-5}\times4\times10^{-3}}{(10\times10^{-2})^2}=\frac{6.33\times6\times4\times10^{-4}}{10^2\times10^{-4}}\fallingdotseq1.52\,[\text{N}]$$

자계 내 힘의 관계

2개의 자석간에 작용하는 힘을 자력이라고 하는데, 자석 주위에는 이 자력이 작용하고 있다. 즉, 자석 가까이에 소자석이나 철편을 근접시키면 이것들에 힘이 작용하여 흔들리거나 흡인되기도 한다. 그러나 앞으로 배우는 바와 같이 지구 전체가 자석으로 생각되어 자침이 일정 방향을 지시하는 것과 마찬가지로 자석이 멀리 떨어져 있어도 자력은 존재하므로 자력의 작용을 미치고 있는 공간을 앞으로는 **자계**(磁界)라는 말로 정의한다.

또한 자계의 상태를 나타내는 데 **자계의 크기**와 그 **방향**으로 표시한다. 자계의 크기는 자계 내에 단위 정자극(+1Wb)을 두었을 때 이것에 작용하는 자력의 크기로 하는데, 이것은 앞의 쿨롱의 법칙으로 **그림 2**와 같이 구해진다.

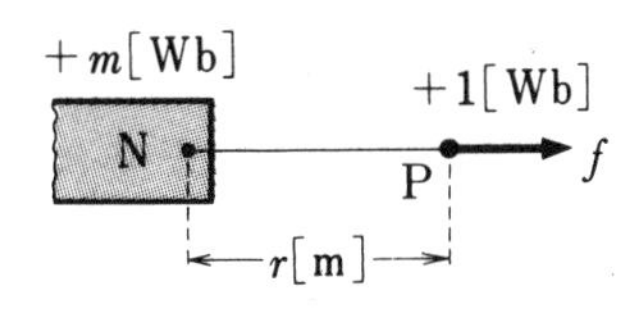

$f=H=6.33\times10^4\times\dfrac{m}{r^2}$ [A/m]

그림 2 자계의 크기 표시법

자계의 방향은 이 점자극에 작용하는 자력의 방향으로, 그림 2의 경우는 화살표와 같다.

또, 자계의 크기가 H[A/m]로 알고 있고 그 자계 내에 m[Wb]의 점자극을 두면 그것에 작용하는 힘 f[N]는 $f=mH$의 식으로 구해진다.

자계의 세기를 구해 보자

자계는 크기와 방향을 가지고 있으므로 벡터량으로 취급한다. 이 둘을 하나로 취급하여 **자계의 세기**라고도 한다. 우측 그림의 자계의 세기를 구해 보자.

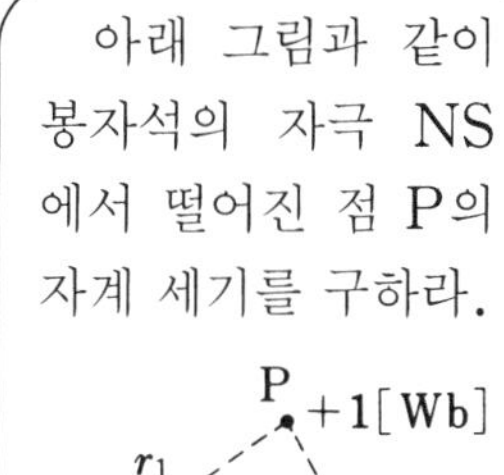

아래 그림과 같이 봉자석의 자극 NS에서 떨어진 점 P의 자계 세기를 구하라.

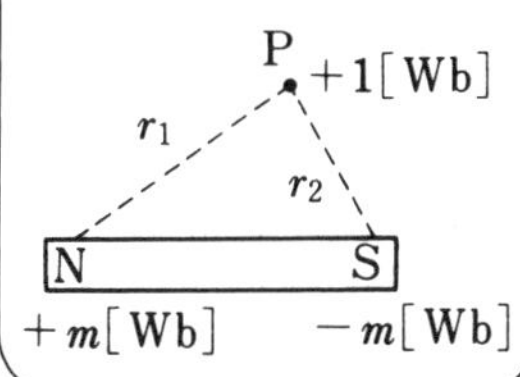

[해답]

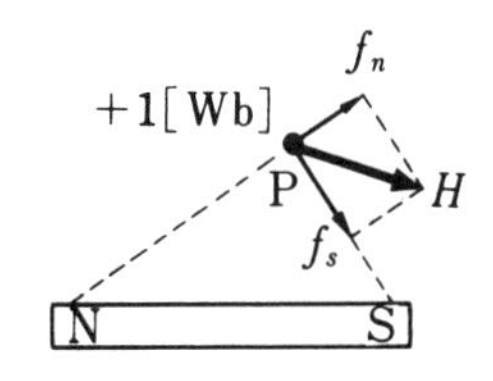

N에 의한 반발력 f_n, S에 의한 흡인력 f_s의 벡터 합이 H가 된다.

3 투명 인간 출현

자력선과 자속

눈에 보이지 않는 것을 보는 마음의 눈

생명과 지구 전부를 창조한 것이 신이라고 하면 그 신성(神性)은 창조된 것을 통해서 알 수가 있다.

이와 같이 자력의 작용이 존재하는 것도 그 현상에서 알 수 있다. 그리고 그 작용의 구체적인 양으로서 **자력선**(磁力線)이라는 가상의 선을 생각하였다. 위의 그림과 같이 두꺼운 종이 위에 철분을 뿌리고 그 밑에 자력의 근원이 되는 자석을 대고 종이의 한 쪽을 두드리면 철분은 정확하게 곡선 형상으로 배열된다. 이것에 의해·적어도 가상의 선을 눈으로 볼 수 있게 되는 것이다.

종교에서는 심안(마음의 눈)을 이용해 사물의 진수를 본다고 한다. 여기서 철분이 없어도 이 자력선의 작용과 성질을 보고 이것에 의해 자계의 상태를 알 수 있게 되는 것이 중요하다. 우선 자력선의 수와 자계 세기의 관계에 대해서는 **1 m^2당 자력선 수**가 H[개]일 때 **자계의 세기**도 H[A/m]라고 약속한다.

예를 들면 어느 자계 내에 2×10^{-6} [Wb]의 점자극을 둘 때 10^{-3} [N]의 힘이 작용했다고 하면 $f=mH$의 관계에서 그 자계의 세기는 $H=10^{-3}/2\times10^{-6}=500$ [A/m]가 되고, 여기서는 1 [m^2]당 500개의 자력선이 통하고 있다. 그 밖에,

① 자력선은 N극에서 나와 S극으로 끝난다.	② 자력선은 장력이 있고 자력선끼리는 반발력이 작용한다.	③ 자력선의 접선 방향은 그 점의 자계 방향을 표시한다.	④ 자력선은 교차하지 않는다. 어느 점에서나 자계의 방향은 하나이기 때문이다.
N S	N N	H_1 H_2 H_3 P_1 P_2 P_3	자력선 P 이러한 일은 있을 수 없다.

앞 페이지의 어느 그림을 보아도 알 수 있듯이 자력선은 모두 자극으로 집중하며 자극 가까이에서는 빽빽하게, 멀리서는 성기게 되어 있다. 이것은 자계의 세기 H 가 자극에서 멀어질수록 약해지는 것과 관계가 있다.

자력선을 보면 자계 세기의 분포, 자계 방향을 알 수 있다. 상술한 약속 또한 이것에 의해서도 이해할 수 있다.

보다 진보된 약속 → 자속

m[Wb]의 자극에서는 몇 개의 자력선이 나오는지는 주위 물질의 자기에 대한 성질을 나타내는 μ(투자율)에 의해 m/μ[개]의 값이 된다고 알려져 있다.

이 식에서 알 수 있듯이 자력선 수는 같은 세기의 자극으로부터도 μ의 값에 따라 달라진다. 따라서 m[Wb]의 자극으로부터는 m[개]의 자기적인 선이 나온다고 정의한 것이 **자속**이다. 이 경우 단위도 [Wb]가 된다. 또한 **그림 1**과 같이 자계 방향으로 수직인 면적 1 [m^2]을 통과하는 자속수를 그 점의 **자속 밀도**라고 하며, 기호로 B, [T(테슬라) 또는 Wb/m^2]를 사용한다.

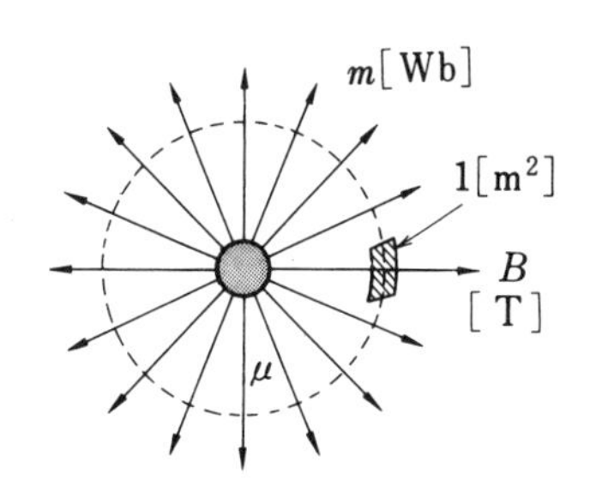

그림 1 자속과 자속 밀도

자속에 대해서도 자력선의 방식을 그대로 살린다. 자속을 사용하면 양의 취급을 보다 합리적으로 할 수가 있다.

앞에서 약속한 것(자속은 자력선의 μ배)에 의해 밀도에 관해서도 $B=\mu H$ 라고 하는 중요한 관계가 성립된다.

투자율의 값을 암기하자!

진공의 투자율은 실험이나 이론적 연구에 의해 다음과 같다.

물질의 투자율은 자화하는 힘에 대해서 자속 밀도가 생기는 비율이라고도 할 수 있다($\mu=B/H$).

여기서 물질이 진공일 때는 특히 μ_0로 한다.

진공의 투자율 μ_0는 다음과 같이 나타낸다.

$$\mu_0=4\pi\times10^{-7}\,[H/m]$$

그리고 일반적인 투자율 μ과 진공의 투자율 μ_0와의 비를 비투자율 μ_s라고 한다.

$$\mu/\mu_0=\mu_s \quad \therefore\ \mu=\mu_0\mu_s \text{ 가 된다.}$$

주요 물질의 비투자율을 다음 표에 나타낸다.

물 질	μ_s	물 질	μ_s
공 기	1.000 000 365	규 소 강	10^3
알루미늄	1.000 214	퍼멀로이	10^4

4 진로를 "북북동"으로 돌려라

지자기

N을 지시하므로 N이 있는 것인가

과학이 진보함에 따라 점점 더 새로운 것이 발견되었는데, 그 중 한 가지는 지구가 하나의 거대한 자석과 같이 작용한다는 것이었다. 그 당시에는 지구가 자석으로서 자극은 지리적으로 북극이나 남극에 근접해 있다고 생각되어졌다. 그리고 북쪽을 가리키고 있을 때 그 방향에 자기적인 N극이 있다고 가정하였다. 그러나 [1]에서 배운 것과 같이 자극은 상이한 극은 끌어당기고 동종의 극에는 반발하므로 자침의 N극은 지구 자석의 S극에 의해 끌어 당겨지고 있다. 따라서 **그림 1**과 같이 지구 자석의 S극이 지리상 N(북극) 가까이 있다는 것이다.

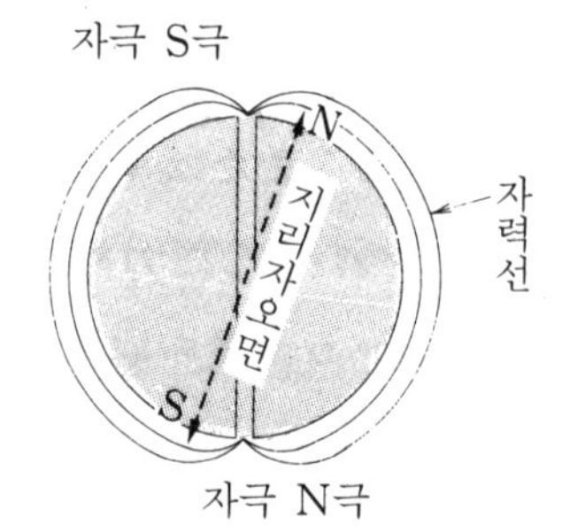

그림 1 지구상의 자극

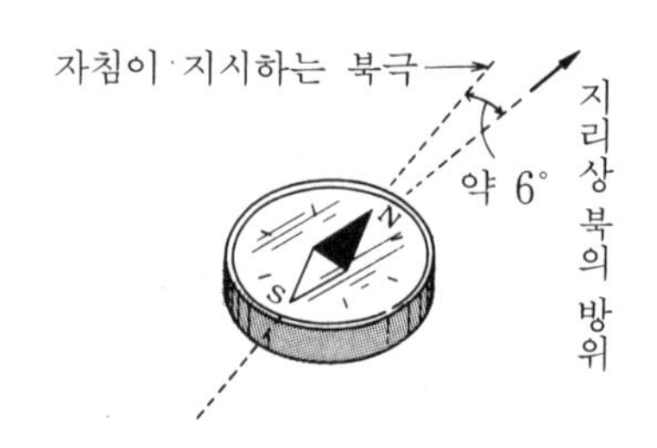

그림 2 진북의 방향

자침은 항상 북을 가리킨다고 하지만 자침이 가리키는 방향에는 지구 자석으로서의 S극이 있고 또 지리적인 북극과도 일치하지 않는다. 여기서 이 자침이 지시하는 방향과 지리적인 북이 있는 방향과의 각도 편차를 **"편각"**이라고 한다.

지구상의 각 지점에서는 이 편각이 있으므로 자침을 사용하여 북의 방위를 조사할 때 이 편각을 교정하지 않으면 안 된다. 일본의 경우는 편각이 **그림 2**와 같이 5~10° 서쪽으로 기울게 된다. 편각이 약 6도인 곳에서 편각을 교정하려면 자침이 북을 지시하는 방향에서 동쪽으로 약 6도 돌린 방위가 진북이 된다.

지자기의 3요소란

지구가 큰 자석이라는 것은 영국의 윌리암 길버트에 의해 밝혀져 1600년에는 북쪽 바다를 항해하고 있으면 자침이 아래를 향하고 수평으로 된 철을 자석으로 하면 기운다는 것이 알려졌다. 이와 같이 지구상에서 어느 각도만큼 수평 방향에서 자침이 경사지게 정지하는 경우 이 각도를 그 지점에서 지자기의 **복각**(伏角)이라고 한다. 또한 어느 지점의 지자기 상태를 나타내기 위해 수평 방향인 자계의 세기가 문제가 되는 일이 많으므로 수평 방향의 분력을 취하고 이것을 그 지점의 **수평 분력**이라고 한다.

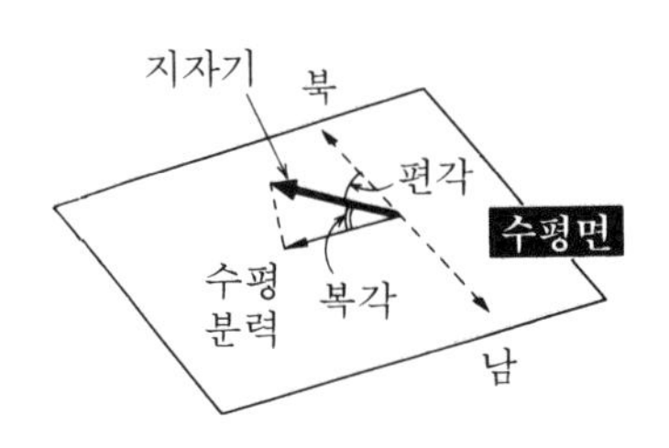

그림 3 지자기의 3요소

이와 같이 지자기에 대해서 상세히 알아보았는데, 앞에서 예로 든 **편각**과 함께 이들 세 가지를 지자기의 3요소라고 한다(**그림** 3).

지자기는 각 지점에서 불변인 것이 아니라 1년 또는 1개월을 주기로 하여 연속적으로 조금 바뀌는 것 외에 태양 흑점이나 공중 전기에 기인하는 **자기 광풍**이 몇 시간마다 무선 통신에 나쁜 영향을 주는 일이 있다.

실버 컴퍼스 사용법

지도와 컴퍼스를 가지고 산야를 누비는 **오리엔테링**을 해 본 적이 있는가? 지도에 표시된 포스트를 목표로 진행할 때 실버 컴퍼스를 사용하여 앞으로 나아갈 방향을 정한다. 그 이유는?

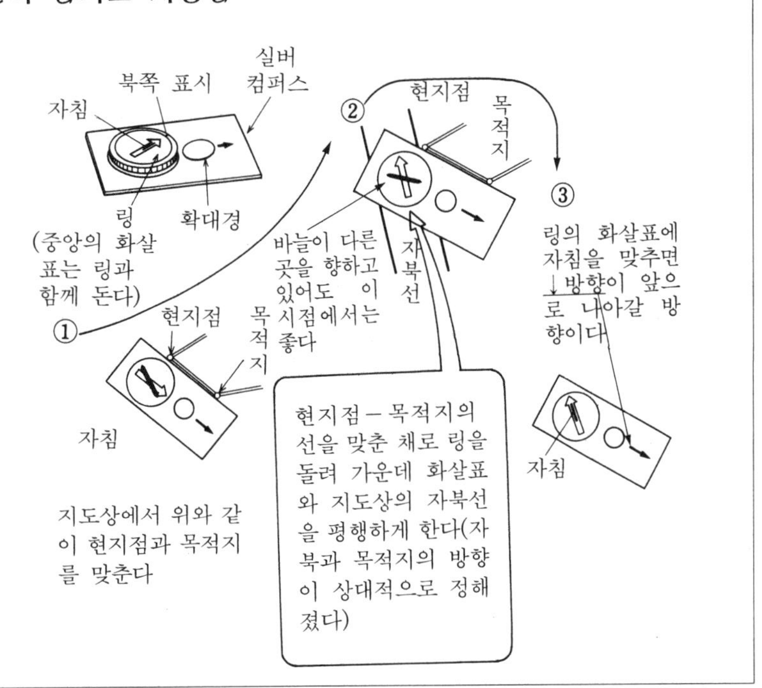

5 핀부터 송곳까지

자성체

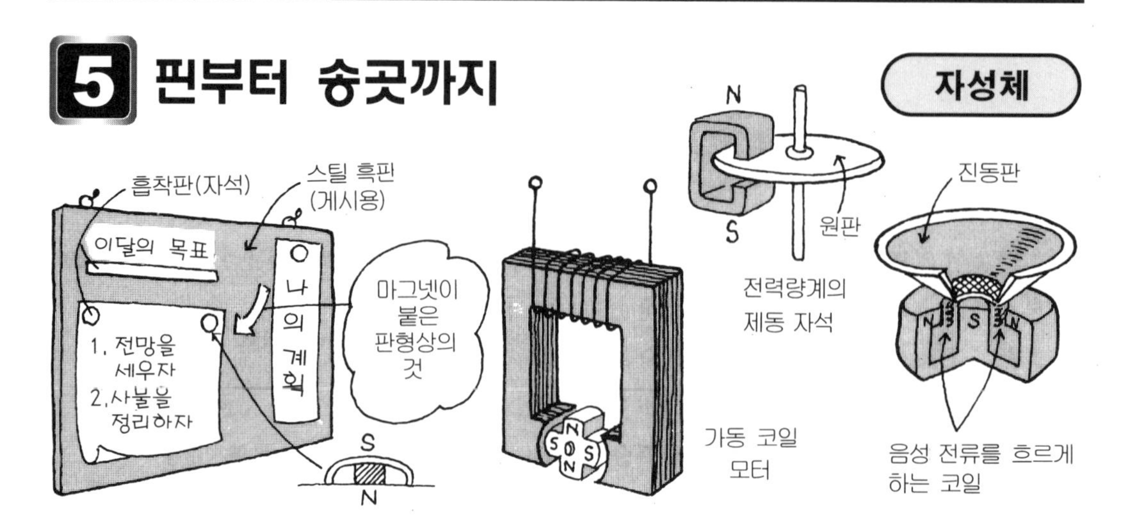

자성을 띠는 데도 성질의 차이가 있다

철 등을 자석으로 하는 것, 즉 물체에 자성을 부여하는 것을 **자화**(磁化)한다고 한다. **그림 1**과 같이 철편에 자석을 근접시키면 철편은 자화되고 그 양단에 N・S의 자극이 나타난다. 이 현상을 **자기 유도**(磁氣誘導)라고 한다. 이 경우 철편에 나타나는 자극은 접근시킨 자석의 자극(N)에 가까운 끝에 자극과 다른 극(S)이 생기고 다른 한 쪽에 같은 극(N)을 유도한다. 자석에 못 등이 흡착되는 것은 철이 자화되어 자석과의 사이에서 흡인력이 작용하기 때문이다.

물질에는 자석 등의 영향으로 강하게 자화되는 것과 극히 조금밖에 자화되지 않는(실용적으로는 거의 자화되지 않는 것) 것이 있는데, 전자를 **강자성체**, 후자를 **상자성체**(常磁性體)라고 한다. 상자성체는 거의 자화되지 않으므로 비자성체라고도 한다.

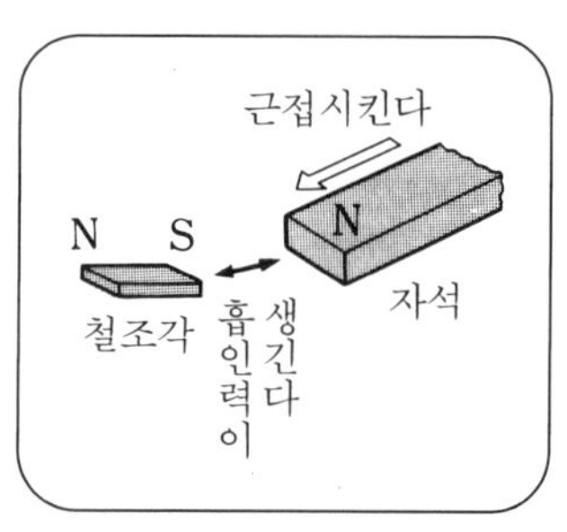

그림 1 자석의 흡인력

강자성체
철, 코발트, 니켈
상자성체
동 · 은 · 아연 · 납 · 탄소
영구 자석 재료의 예
· 열처리 강철…텅스텐 강철
· 절출 강철…MK 강철
· 소결 자석…OP 자석

자석의 취급과 보관에는 그 나름대로 주의를 해야 한다. 즉, 자석은 안의 분자를 한 방향으로 조절하여 자성을 띠므로 자석을 떨어뜨리거나 강하게 때리면 이 정열이 흩어져 자성을 상실해 버리는 일도 있다.

자석의 용도

영구 자석은 각각 특별한 목적을 위해 형태나 크기 등 여러 가지로 제작된다. 그 몇 가지 예를 들어 보겠다.

(a) **흡착용** 작은 것에는 게시판에 문자나 그림을 부착하는

데 사용하는 흡착 버튼이 있고, 또 자석을 뒷면에 붙인 판형상의 것에 의해서도 게시할 수 있다. 이것은 가정, 사무소, 공장, 학교 등에서 여러 가지 용도로 사용되고 있다. **그림 2**는 정반(定盤)에 장치하는 토스칸 받침 부분에 자석을 사용한 예이다.

(b) **계자용** 보자력(保磁力)이 큰 자석으로 자계를 만들고 그 자속을 이용하는 것에 가동 코일형 계기가 있다. 또 자석 발전기의 회전자, 교류용 계기의 제동 자석, 스피커의 계자용 자석 등에 사용되고 있다.

그림 2 자석의 이용

(c) **기억용** 자화된 상태를 그 자화 방향과 세기에 따라 유지할 수 있는 성질을 이용한 테이프 리코더나 비디오의 자기 테이프, 컴퓨터의 플로피 디스크 등은 기억 매체로 사용되고 있다.

열은 자석을 파괴하는 원인이 된다. 이것은 자석에 열이 가해지면 자석의 분자 운동이 활발해지고 정돈된 위치에서 재차 자성이 없었던 흐트러진 위치로 되돌아가기 때문이다.

자기 디스크의 기억 장치

컴퓨터의 프로그램이나 데이터는 어떠한 매체(미디어)에 기억되는가? 최근에는 다양한 매체가 있지만 여기서는 자기로 기억하는 것을 다루어 보겠다. **그림 a**와 같이 플라스틱 원판에 자분을 칠한 플로피 디스크는 약 백만 분자가 기억되지만 기입이나 판독에 시간이 걸린다.

그림 b는 알루미늄 원판에 자분을 칠한 것으로서, 하드 디스크라고 한다. 복수의 원판이 고속 회전하기 때문에 판독 기입 시간이 짧고 기억 용량이 큰 것이 특징이다.

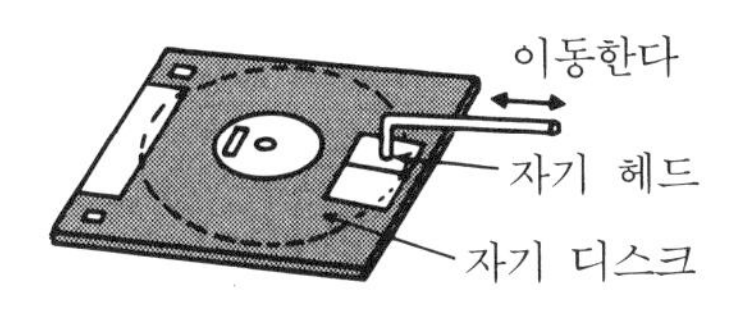

그림 a 플로피 디스크

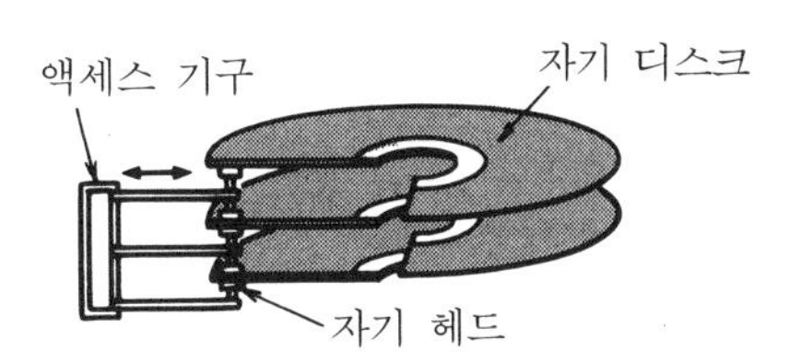

그림 b 하드 디스크

6 해결된 상호 관계

전류와 자기

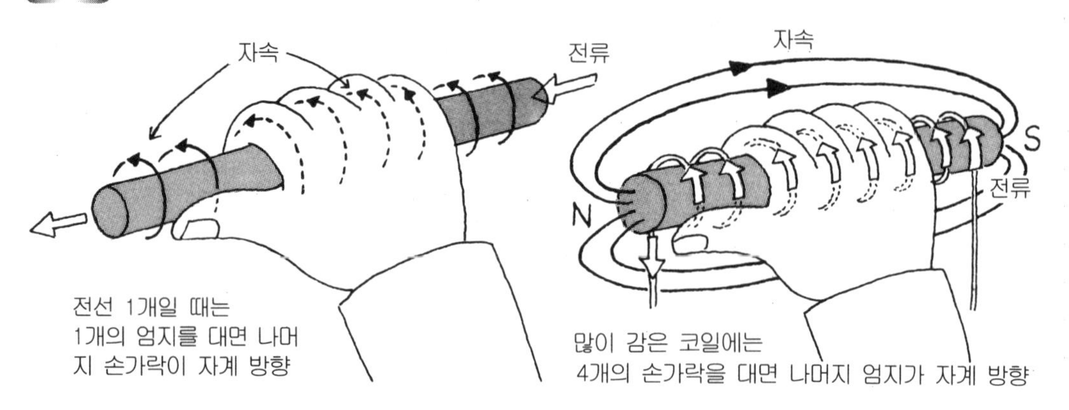

전류에 의한 자계의 발견

18, 19세기경의 과학자는 많은 사람들이 전류와 자기의 관계에 대해서 연구하였다. 그 중에서 덴마크의 물리학자 한·엘스테드는 전기가 흐르는 도체 주위에 자계가 존재하는 것을 발견하였다.

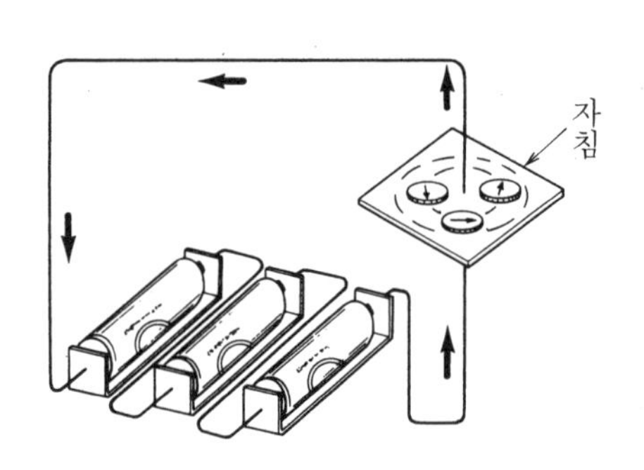

그림 1 전류와 자계의 관계

그림 1은 이것을 증명하는 것이다. 마분지를 관통하여 도체를 통과시키고 게다가 전류를 흐르게 하면 마분지상에 있는 작은 자침이 자속 방향을 지시한다. 여기서 만일 전류가 흐르는 방향을 반대로 하면 바늘은 180° 방향을 바꾸어 반대가 된다. 이것은 자속이 흐르는 전류의 방향에 의존하는 것을 나타내고 있다. 자속의 방향을 아는 방법으로 "오른손의 법칙"이라는 것이 있다. 위 그림의 좌측은 오른손으로 도체를 잡고 엄지를 전류 방향으로 일치시키면 도체 주위에 있는 나머지 4개의 손가락이 원을 만들고 있는 자속의 방향을 나타낸다.

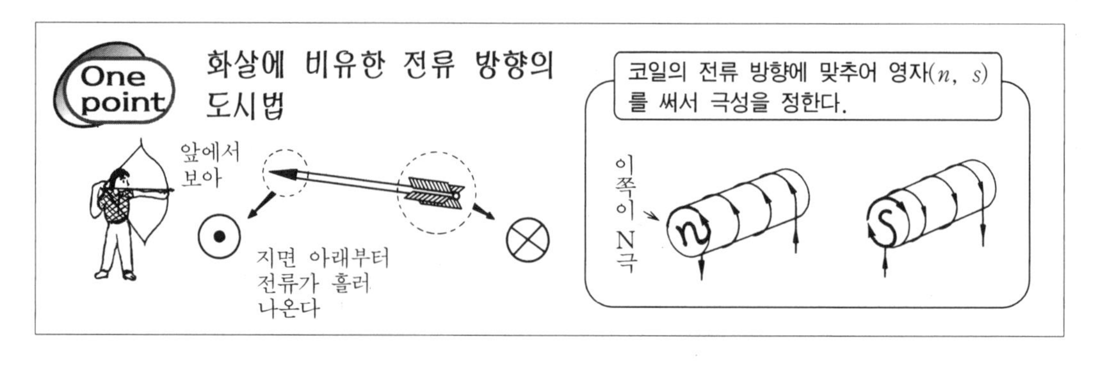

프랑스의 물리학자 암페어가 전류와 자속 방향의 관계를 발견하였다. **그림 2**에 나타나듯이 전류의 방향을 오른나사가 진행하는 방향으로 잡으면 오른나사를 비트는 방향으로 자계가 생기게 된다. 이것을 **암페어의 오른나사의 법칙**이라고 한다.

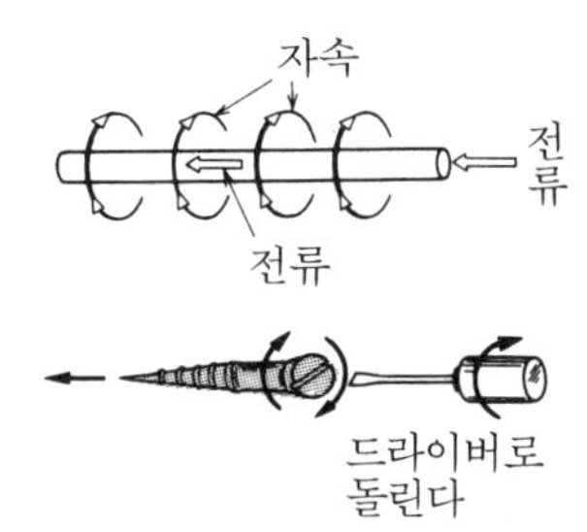

그림 2 오른나사의 법칙

자계를 강하게 하는 방법

그림 3과 같이 도체를 코일 형상으로 감은 경우는 개개의 도체에 의해 생기는 자계가 가해져서, **솔레노이드**(도체를 일정하고 빽빽하게 감은 것) 한 끝에 N극, 다른 끝에 S극이 나타난다. 이때 어느 쪽이 N극이 되는가를 나타내는 방법은 앞의 제목 그림과 같이 이것도 오른손의 법칙을 사용하면 알 수 있다. 4개의 손가락으로 코일을 잡고 또 전류가 흐르는 방향으로 손가락 끝을 맞추면 엄지 끝이 N극인 것을 나타낸다.

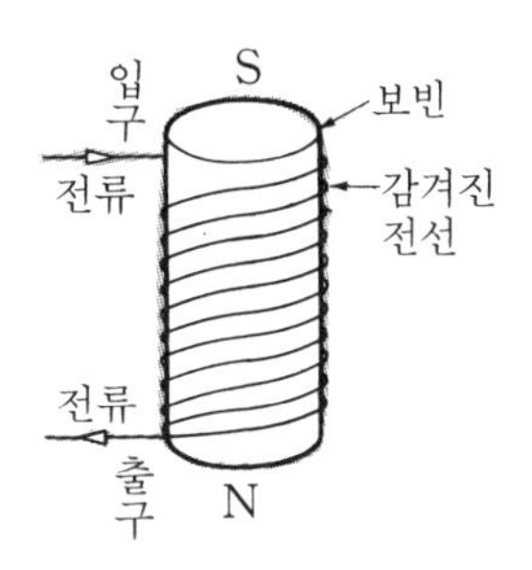

그림 3 자계를 강화시킨다

솔레노이드로 자계의 세기를 증가시키고 자속을 많게 하기 위해서는 코일의 **암페어 · 턴**(감은 횟수에 전류를 곱한 것)을 크게 하는 것이 중요하다.

단위는 [A]를 사용한다. 따라서 500 [A]의 기자력이라고 하면 여러 가지 조합이 있으며, 50 [권수]×10 [A]=500 [A], 100 [권수]×5 [A]=500 [A], 500 [권수]×1 [A]=500 [A] 어느 것이라도 된다.

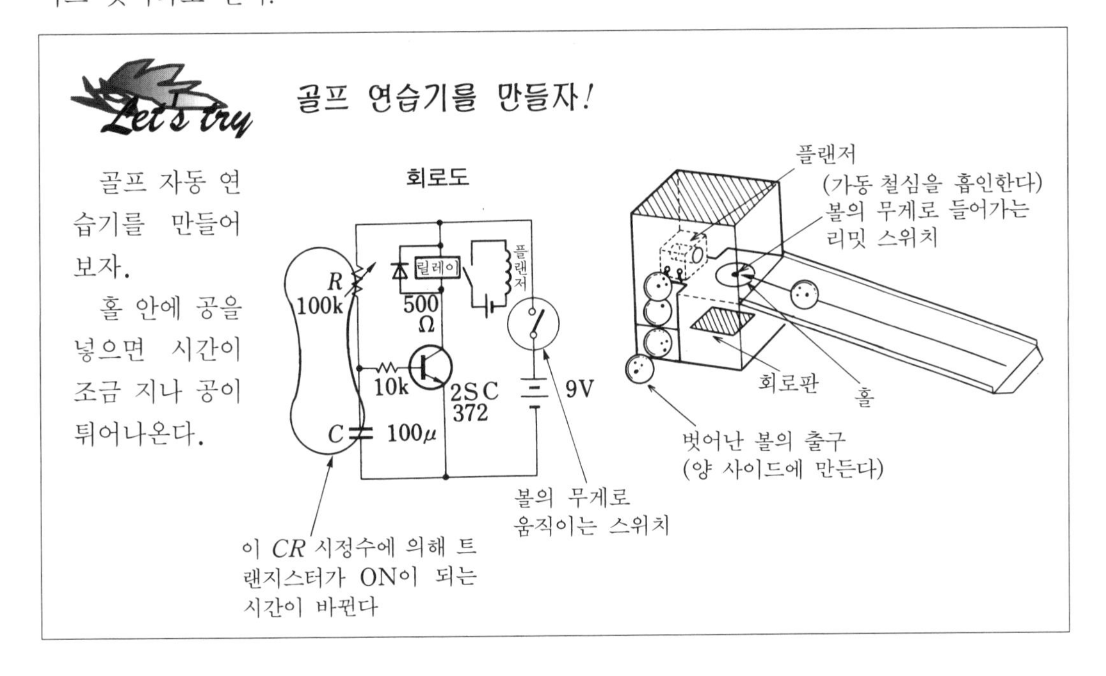

7 닮은 꼴을 찾아라

자기에서의 옴의 법칙

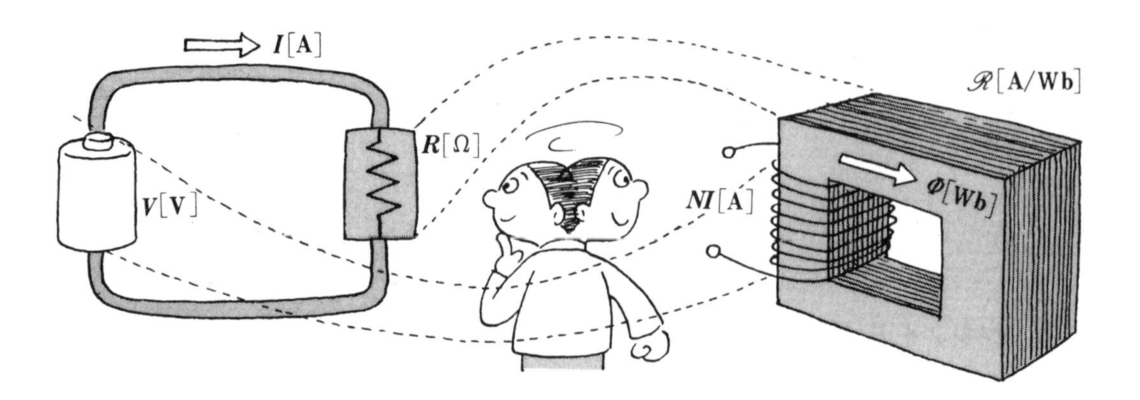

자기 회로에 나오는 용어

전류의 통로를 전기 회로로서 취급했는데, 자속의 통로는 자기 회로라고 한다. 자기 회로의 성질이나 양을 표현하는 용어는 전기 회로와 비슷하다. 다음의 좌우를 비교하여 보면 암기하기 쉬울 것이다.

자기에서는			전기에서는	
자속의 수	Φ [Wb]	⟺	전류	I[A]
기자력	NI[A]	⟺	기전력	V[V]
자기 저항	$\mathscr{R}$ [A/Wb]	⟺	전기 저항	R[Ω]

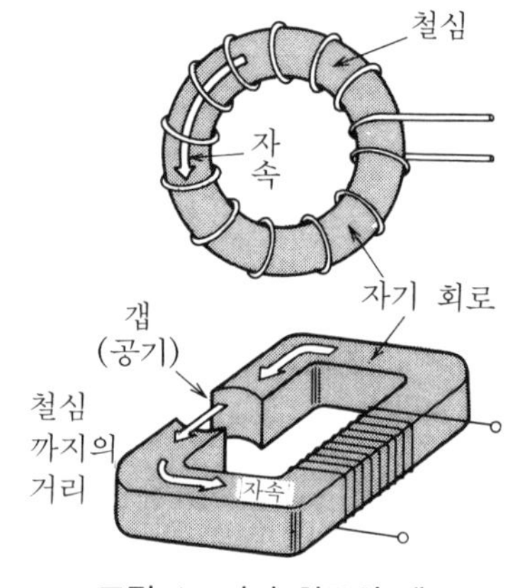

그림 1 자기 회로의 예

여기서 기전력 NI [A]는 자기 회로에 있어서 자속을 만들어 내는 힘인데, 이것을 기호 $\mathscr{F}$를 사용하여 표시하기도 한다. 그리고 위의 제량 사이에는 전기의 옴의 법칙과 마찬가지로 **자기에서의 옴의 법칙**으로 다음 식이 성립된다.

$$\Phi = \frac{\mathscr{F}}{\mathscr{R}}, \quad \text{즉 } \textbf{자속} = \frac{\text{기자력}}{\text{자기 저항}}$$

여기서 자기 저항이라는 것은 자속의 통로가 자속이 통과하는 것을 방해하는 성질을 나타낸 것이다. 전기의 경우와 같이 자기 저항의 크기는 자로의 길이 l[m]에 비례하고 단면적 A[m^2]에 반비례한다. 또한 자로에 사용되는 재료의 상위에도 영향을 받는다.

그래서 자로의 재질이 자속을 유도하는 능력을 나타내는 값으로서 **투자율**이 있고 3의 Let's try에서도 기술하였다. 기호는 μ이고 단위는 [H/m](헨리 매 미터라고 읽는다)이다. 이것을 식으로 나타내면 다음과 같다.

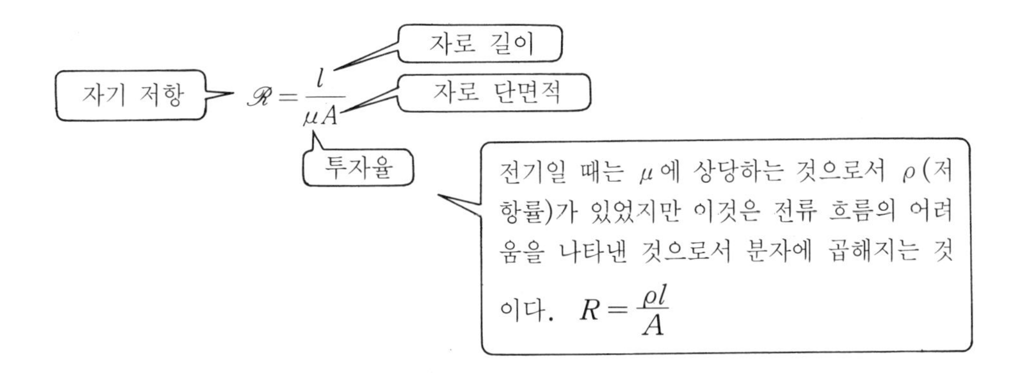

전기 회로에서 저항 R이 있고, 그곳에 I[A]의 전류가 흐르면 I^2R[W]의 줄열이 생겨 전력 소비가 있게 되지만 자기 회로에서는 자속 Φ가 일정한 동안은 에너지 소비가 일어나지 않는다.

전기 회로에서는 도체의 도전율은 주위의 절연체 도전율에 비해 10^{20}배 정도인데, 자기 회로에서는 10^4배 정도이기 때문에 자성체 표면에서 누설되는 자속도 상당히 많으며 이것을 **누설 자속**이라고 한다. 자기 회로에서는 이것 또한 고려하지 않으면 안 된다.

자기 회로 계산을 해보자!

자기 회로에서 자속을 발생시키는 기자력 NI[A]를 자로의 길이 l[m]로 나누면 자로의 1[m]당의 기자력이 나온다.

즉, NI/l인데, 이것은 코일 내에 생긴 자계의 세기 H[A/m]와 동일하다.

[문] 투자율이 $4\pi \times 10^{-5}$[H/m], 길이 3.14[m], 단면적 25[cm²]인 우측 그림과 같은 철재의 자기 저항을 구하고 이것에 150번 코일을 감고 2A의 전류를 흐르게 했을 때 생기는 자속을 구하라.

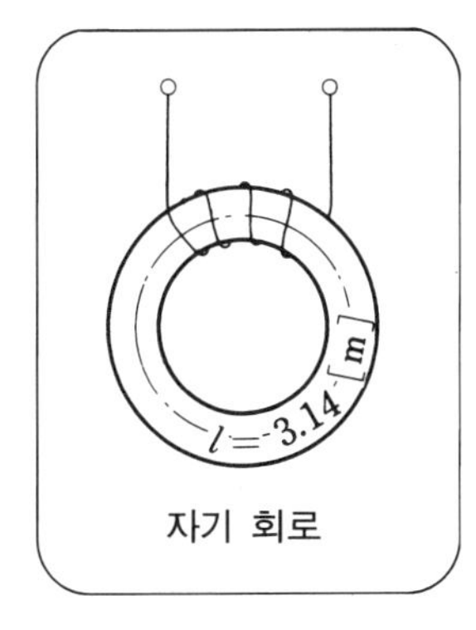

자기 회로

[해답] $\mu = 4\pi \times 10^{-5}$[H/m], $l = 3.14$[m], $A = 25 \times 10^{-4}$[m²]에서 자기 저항 $\mathscr{R}$은

$$\mathscr{R} = \frac{l}{\mu A} = \frac{3.14}{4\pi \times 10^{-5} \times 25 \times 10^{-4}} = \frac{3.14}{\pi \times 10^{-7}} = 10^7 \text{ [A/Wb]}$$

또한 $N=150$, $I=2$ 이므로

$$\Phi = \frac{NI}{\mathscr{R}} = \frac{150 \times 2}{10^7} = 3 \times 10^{-5} \text{ [Wb]}$$

가 된다.

8 심을 넣으면 강해진다

전자석

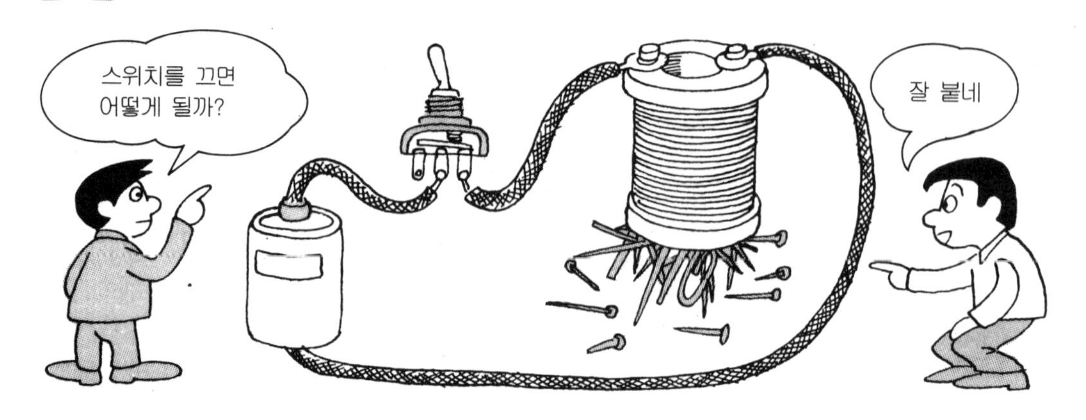

전기와 자석이 합쳐지면

전기와 자석을 합치면 문자 그대로 **전자석**이 되는데 이것이 실제로 존재한다. 자기 회로에서 여러 번 감은 심에 연철 등을 넣으면 자속이 여분으로 생기고 심으로 들어간 연철이 자석이 된다. 위의 그림은 이 상태를 나타내고 있으며 회로도를 **그림 1**에 나타냈다.

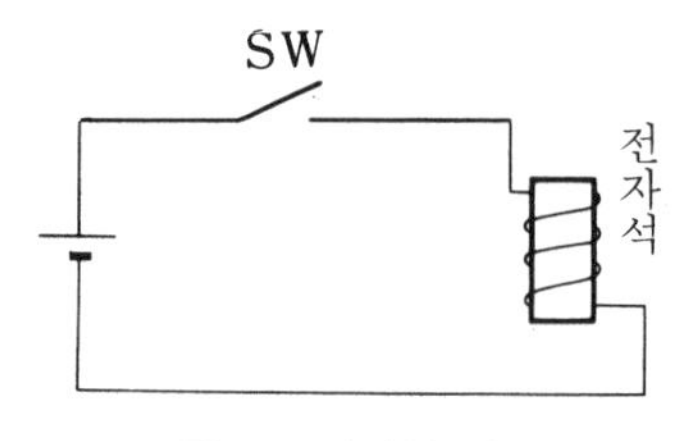

그림 1 전자석 회로

스위치를 개방하면 못은 떨어질 것이다. 그러나 스위치를 개방한 채로 전자석을 철분이 있는 곳에 가지고 가면 철분이 몇 개 정도 붙을 것이다. 이것은 약간의 자기가 남아 있는 것을 나타내며, **잔류 자기**라고 한다. 이 현상은 철을 자화했을 때 자화하는 힘을 약하게 하거나 다시 또 영으로 하면 철심 안에 생긴 자속이나 자속 밀도가 어떻게 변하는가의 상태를 아는데 도움이 된다. 이 모양을 그래프로 그린 것이 **그림 2**이다. 여기서 전류를 반대 방향으로 흐르게 하여 그래프를 그리면 히스테리시스 루프라고 하는 자기에 관해서 중요한 성질을 나타내는 그래프가 된다. 철심에 경철(硬鐵)을 사용하면 잔류 자기가 많고 이 경철은 영구 자석이 되어 버린다.

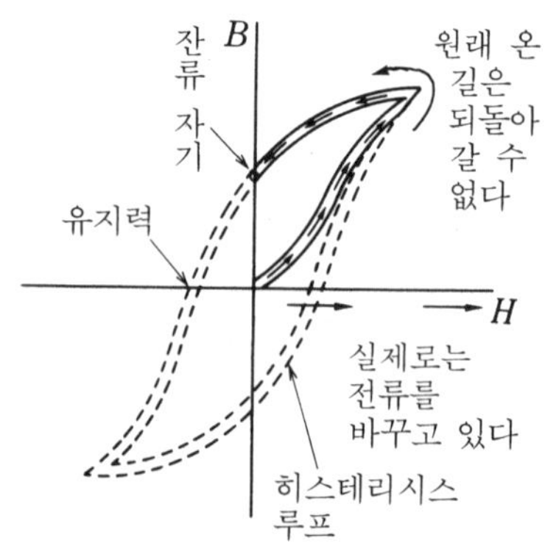

그림 2 히스테리시스 루프

그림 2의 그래프에서 처음 영부터 시작하여 오른쪽 위로 향하는 선은 자화력 H[A/m]를 영부터 점차 증가시켰을 때의 자속 밀도 B[T]의 변화를 구해 나간 것으로서, 처음의 이 부분을 **자화 곡선** 또는 **B–H곡선**이라고 한다.

$B-H$ 곡선의 형상은 철의 종류에 따라 다소 다르지만 경향은 전부 동일하다.

심을 끌어들이는 힘이 있는가

그림 3에서 우선 코일을 여자해 두고 다음에 철심을 가지고 와서 코일 한 끝에 집어넣으면 자속이 집중되어 철심 있는 곳을 통과하게 되고, 자력선이 수축하려고 하는 힘에 의해 철심이 코일 내부에 끌려 들어가기 때문에 손을 놓으면 중심 쪽으로 들어간다.

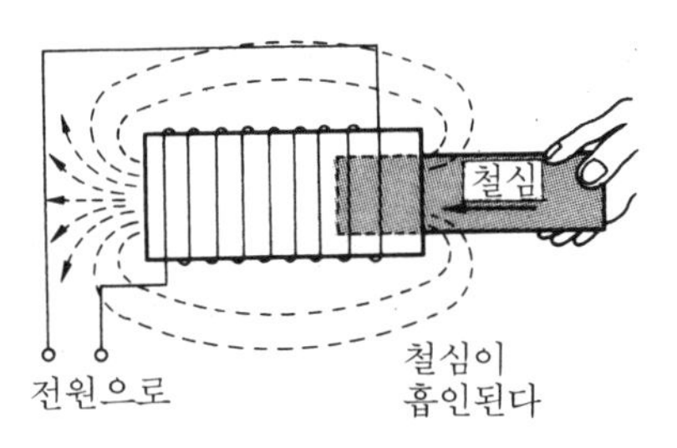

그림 3 철심의 흡인

이것은 자기적인 힘이 기계적인 운동으로 바뀐 것으로 에너지 변환의 한 가지이다.

심을 끌어들이는 동작과 유사한 것으로 **릴레이**라는 것이 있다. **그림 4**에 그 구조를 나타내었듯이 전자석 외측에 가동 철편을 놓고 그것이 흡인되거나 떨어질 때 전기의 회로를 넣거나 끊거나 한다. 이것은 자기 스위치의 일종으로 생각해도 된다. 이 응용은 대단히 광범위하며 여러 곳에서 사용되고 있다.

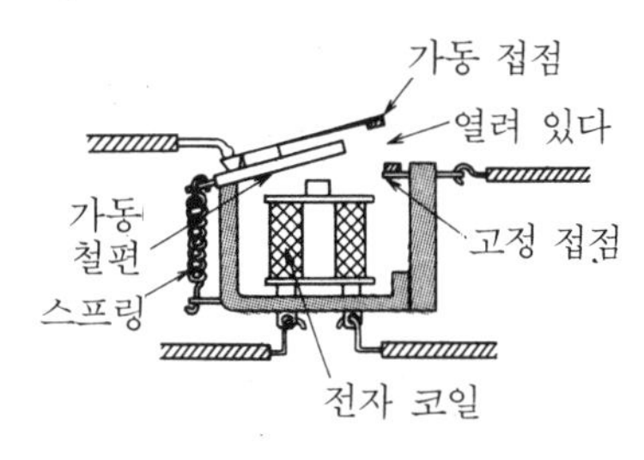

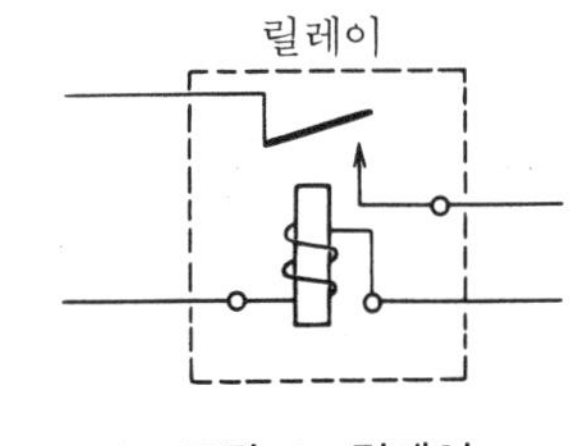

그림 4 릴레이

차임을 만들자!

솔레노이드에 철심이 흡인되는 현상을 이용한 공작을 생각해 보자.

우측의 예는 차임을 만드는 방법을 나타낸 것이다.

직접 해보면 좋을 것이다.

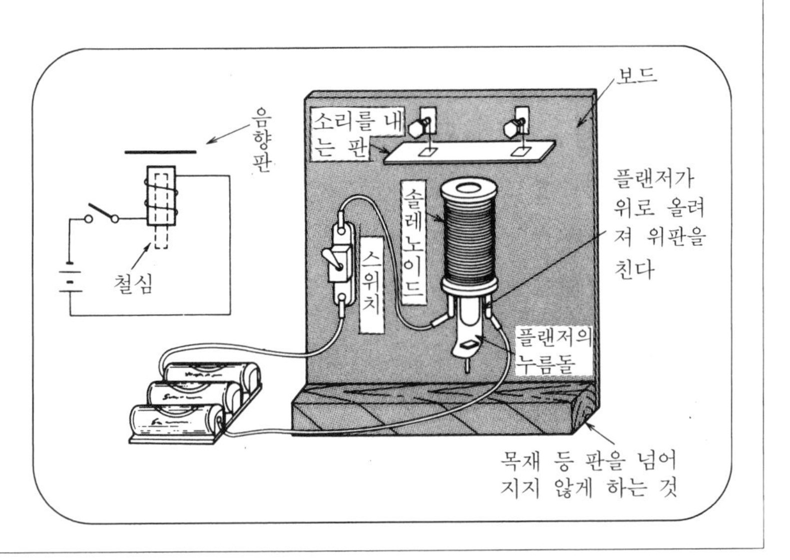

9 전기의 파수꾼 "브레이커"

전자석의 응용

암페어 · 턴이 의미하는 것

전기와 자기의 관계에서 전류에 의한 자계의 세기는 6에서 배운 것과 같이 **암페어 · 턴**과 관계가 있다. 만일 코일을 고정된 횟수로 감았다면 전류의 대소로 그것에 의해 생기는 자계의 강약이 정해진다. 이 원리를 응용한 것이 과전류 차단기(서킷 브레이커)이다.

그림 1은 브레이커의 동작을 설명하기 위해 실험용으로 조립한 것이다.

이 회로의 특징은 가동 철편의 접점도 코일도 전부 직렬로 연결되어 있다는 점이다(이것은 앞에서 설명한 릴레이와는 다르다). 그래서 부하에 연결되는 이 선에 규정 이상의 전류가 흐르면 자계의 세기가 철편을 멈추게 하고 있는 스프링보다 커져 철편을 코일에 끌어 당겨 접점을 "브레이크"해서 회로가 끊겨 버린다.

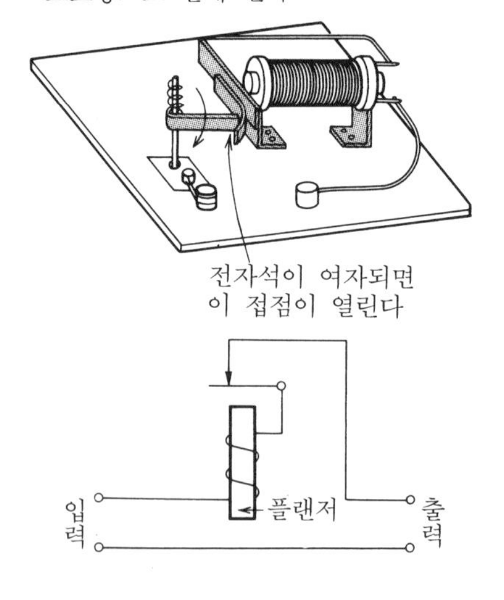

그림 1 브레이커의 원리

이와 같이 과전류에 대해서 항상 파수꾼으로서의 역할을 하고 있다. 퓨즈와 달리 레버를 다시 넣으면 정상으로 복귀한다.

브레이커는 전기 회로를 지키는 장치이다. 가정 등에서 브레이커를 동작시켰는데도 또 다시 동작할 때는 원인을 찾아내어 그곳을 고쳐야 한다.

릴레이의 효용

릴레이는 낮은 전압, 적은 전류의 회로로 큰 전류가 흐르는 회로를 컨트롤하기 위해 사용되는 장치이며, 그 응용 범위는 대단히 넓다. [8]에서도 설명한 것과 같은 동작을 하는데, 릴레이 효용의 몇 가지 예를 들어 보겠다.

① 안전이라는 면에서 생각하면 낮은 전압 회로에서 조작하기 때문에 조작자는 안전하게 할 수 있다.

② 큰 전류의 기기도 먼 곳에서 끌어올 수 있으며, 또한 낮은 전압의 선을 끌어오는 것도 가능하다.

③ 릴레이의 스위칭 동작이 대단히 빠르다.

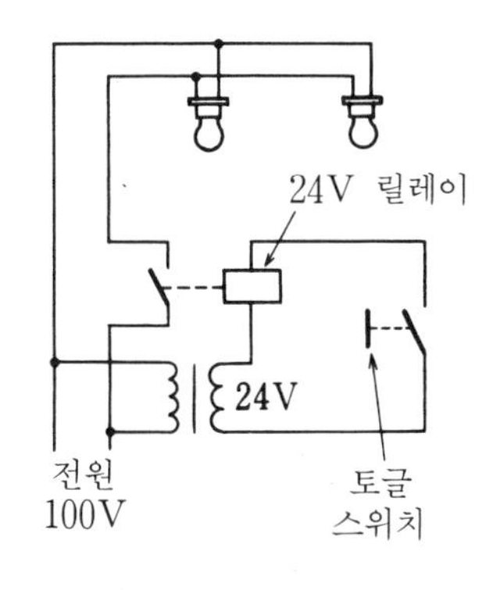

그림 2 가정에서의 릴레이에 의한 전등 점멸 회로

이와 같이 가정과 공장에서도, 그리고 자동차 배선으로 혼을 울리고 헤드라이트를 점등시키며 셀모터를 제어하고, 전압, 전류 레귤레이터로 릴레이가 여러 곳에 사용되고 있다.

릴레이에는 전력용이 큰 것부터 미니어처라고 불리는 작은 것까지 있다. 선택 기준은 다음과 같다.

① **코일의 정격** 직류인가, 교류인가, 몇 V, 몇 A로 사용되는가?

② **접점 용량** 교 · 직류별 · 몇 V, 몇 A를 차단할 수 있는가?

③ **접점 극수** 동시에 작용하는 극수이다.

릴레이의 원리

여러 가지 실험에 사용한 솔레노이드에 철심을 넣어 전자석으로 하고 그것에 우측 그림과 같은 레버 암(아마추어라고 부른다)을 만들어 릴레이로서 사용해 보자.

릴레이나 버저의 레버 암
(아마추어)

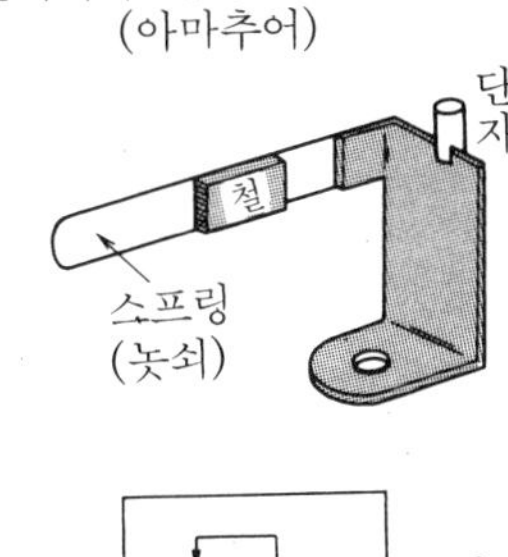

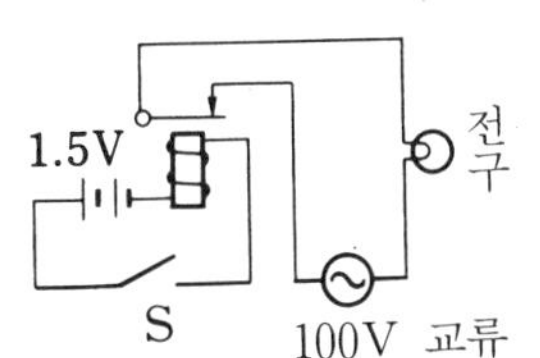

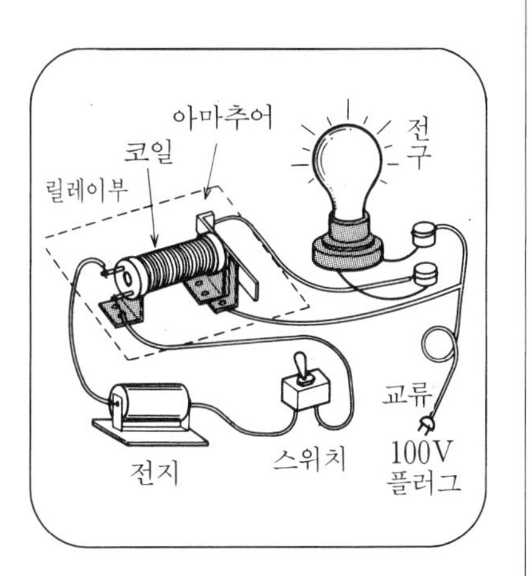

10 작은 장사

마그넷 모터

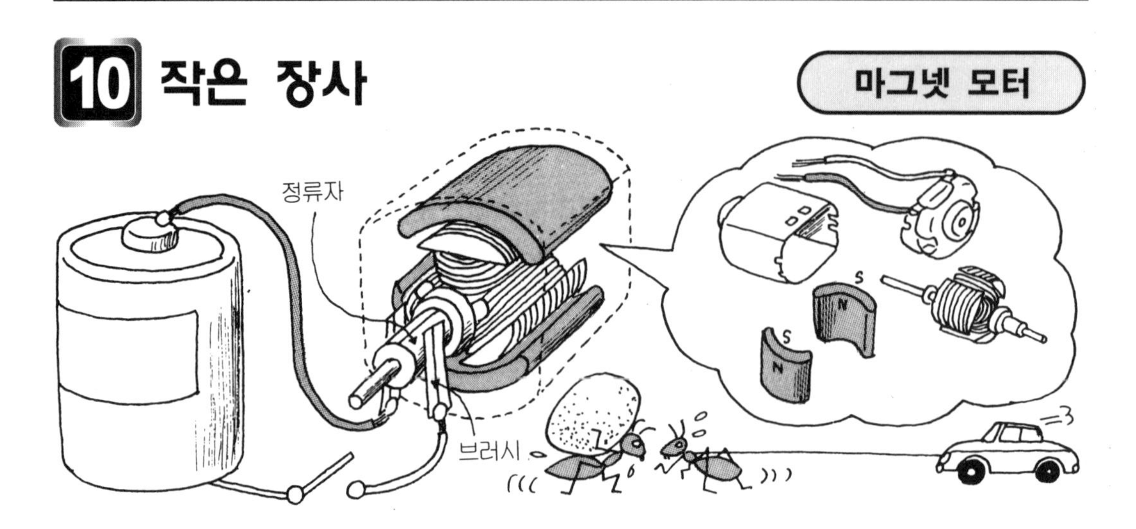

전자력은 왜 발생하는가

그림 1과 같이 양 자극 NS의 중간에 전선을 놓고 이것에 화살표 방향의 전류 I[A]가 흐를 때를 생각해 보자. **그림** 2는 전류가 흐르고 있지 않을 때의 자력선 분포와 전선만에 의해 생기는 동심원 형상의 자계를 겹쳐서 그린 그림이다. **그림** 3은 그림 2를 합성한 경우를 나타낸다. 이 그림은 전선 상부에 그림 2의 자력선의 차가 나타나고 하부에 합이 나타난다. 자력선은 고무밴드와 같은 것이므로 위로 오그라들려고 하여 전선은 위로 끌어올려지고 화살표 F의 힘을 받는다. 이것이 전자력의 방향이다. F의 방향을 정하는 데는 편리한 **프레밍의 왼손 법칙**이라는 것이 있는데, 이것을 나타낸 것이 **그림** 4이다. 즉, 힘을 F, 자력선의 방향 H, 전류 I라고 하면 왼손의 세 손가락(엄지, 인지, 중지)을 서로 직각으로 펴고 다음과 같이 하면 서로의 관계를 알 수 있다.

긴 손가락부터 → ㉶(중지) ㉸(인지) (력)(엄지)

또는

짧은 손가락부터 → F(힘) H(자력선) I(전류)

(알파벳순으로 되어 있다)

또한 자계와 직각으로 둔 도체에 작용하는 힘은

$\boldsymbol{F=BIl}$[N]이다(**그림** 4 참조)

만일 도체를 자계 방향에 대해서 θ의 각을 이루고 있을 때는

$F=BIl\sin\theta$[N]의 힘이 작용하게 된다.

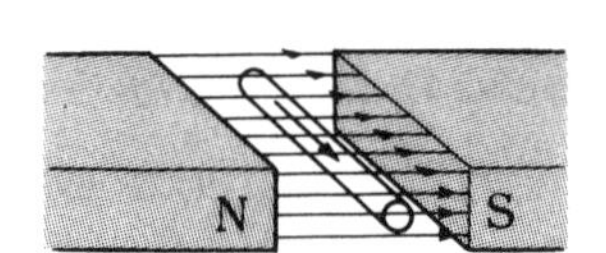

그림 1 전자력

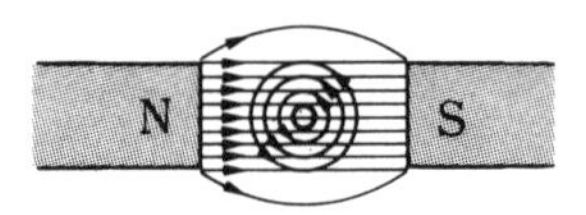

그림 2 자속의 관계

그림 3 힘의 방향

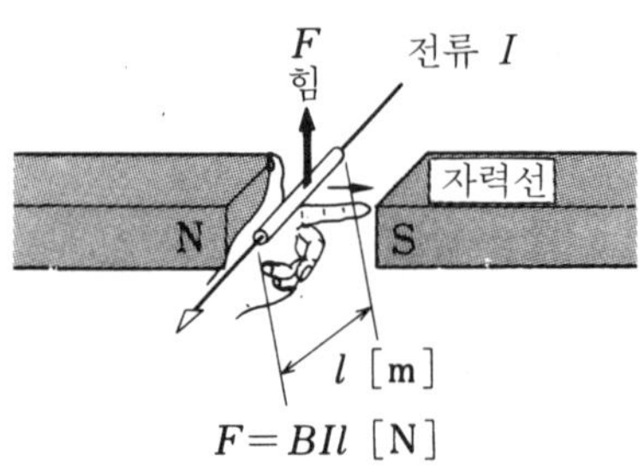

그림 4 프레밍의 왼손 법칙

인간에게 도움이 되는 유능한 하인

전자력은 전기 에너지를 기계 에너지로 변환하는 것으로, 이것을 발견한 중세의 기술자에게 감사하고 싶다. 이 모터의 기능을 보면 가정에서는 냉장고, 세탁기, 청소기 등 학교에서 공장의 기계류를 작동시키고 있고, 산업계에서도 동일한 일을 하여 우리들의 수고를 덜어주고 있다. **그림 5**는 이 모터의 회전 상태를 설명하기 위해 그린 것으로서, 제목 그림과 거의 같다. 코일은 정류자 A에 연결되고 여기에 **브러시**가 접촉된다.

이 브러시는 외부로부터의 전류를 코일에 흐르게 하는 길을 만들고 있다. **그림 6**은 정류자 위치가 회전으로 바뀌어도 항상 동일한 방향으로 회전력이 발생, 모터가 회전하는 것을 설명한 그림이다.

제목 그림은 마그넷 모터라는 소형 모터로, 이것은 모형 공작용부터 일상적인 전기 제품까지 폭 넓게 사용되고 있다.

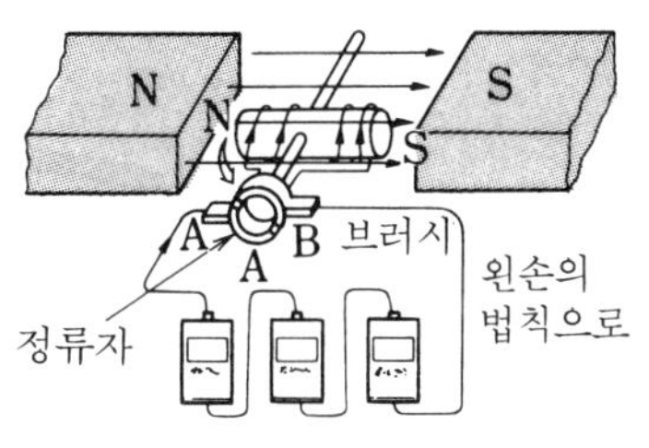

그림 5 모터의 원리

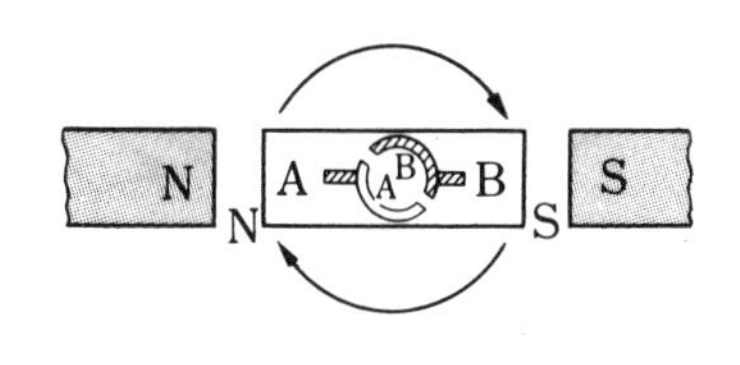

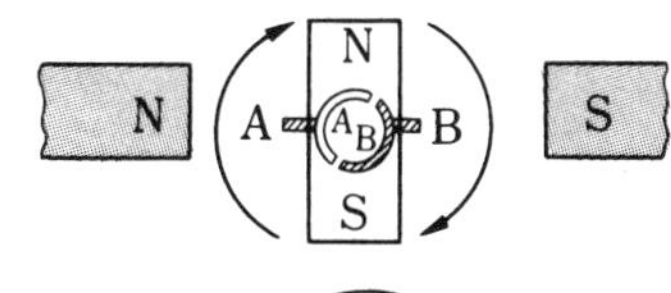

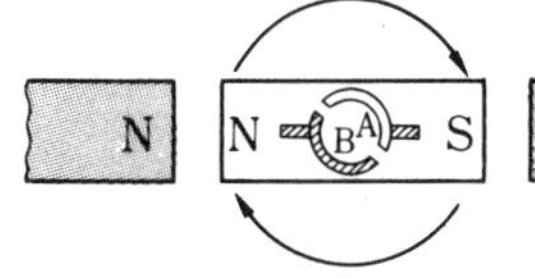

그림 6 회전 상태

예를 들면 전동완구, 펜더 미러, 테이블 클리너, 연필깎기, 전기 면도기, 이닦기 브러시, 경보등, 카 클리너, 소형 잔디깎기 등이다.

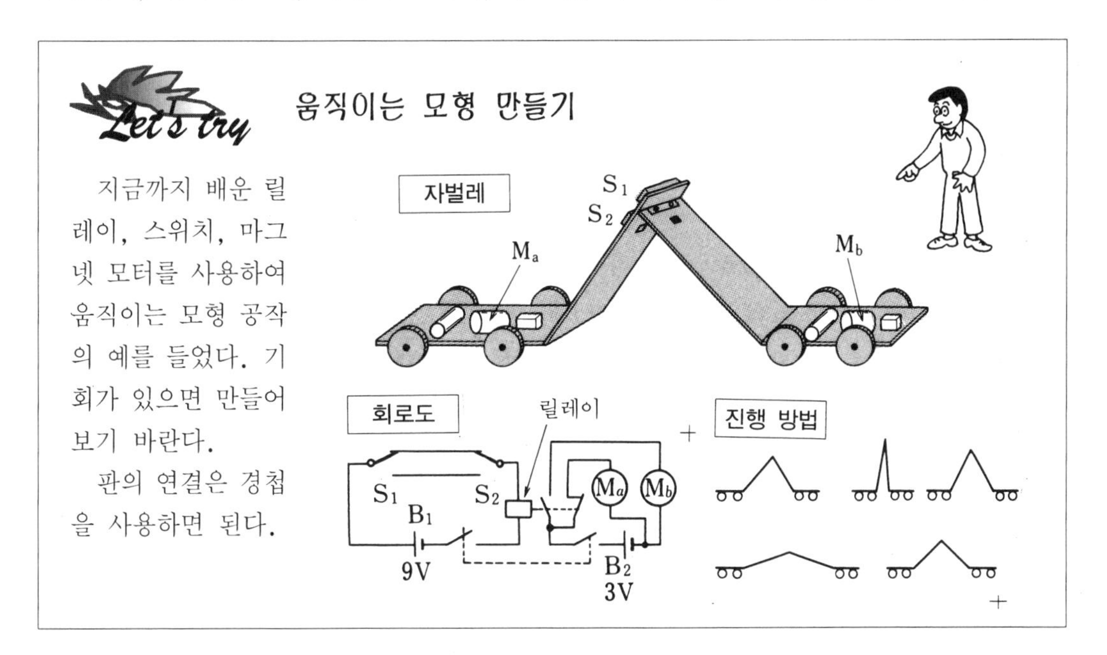

11 전자 유도는 상대 운동

발전의 원리

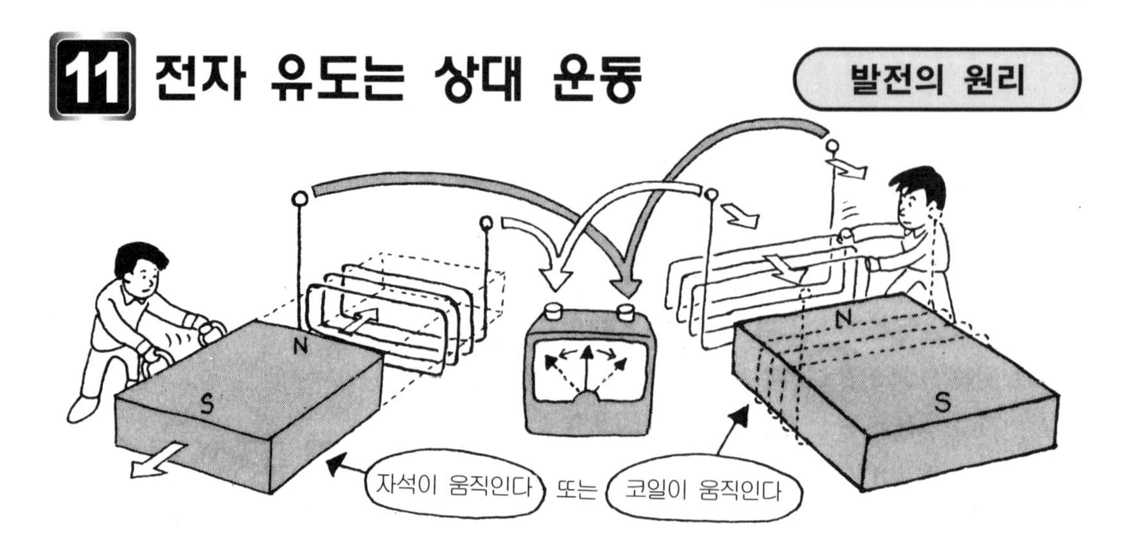

전자 유도의 원천은

자석과 코일만 있으면 전기가 발생한다고 생각하는 사람이 있을지 모르지만 자석과 코일만 있어서는 전기가 발생되지 않는다. 여기서 중요한 것은 코일에 교차되는 **자속을 변화시키는 것**이다. 이 자속의 변화 방식에 따라 여러 가지로 전기의 발생(**전자 유도**) 상태가 달라진다. 위의 그림은 자석의 움직임으로 자속이 변하는 것과 코일의 움직임으로 코일과 교차되는 자속을 변화시키고 있는 것을 그린 것이다. 여기서 코일이 자석에 근접할 때, 즉 자계 내를 도체가 움직일 때는 어느 정도의 전압이 발생하는가를 알아본다.

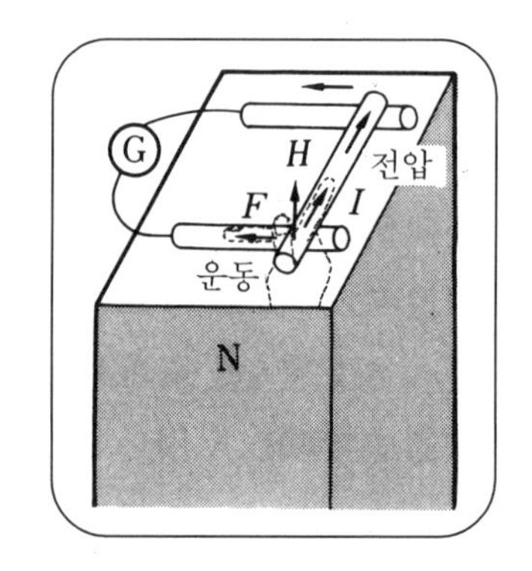

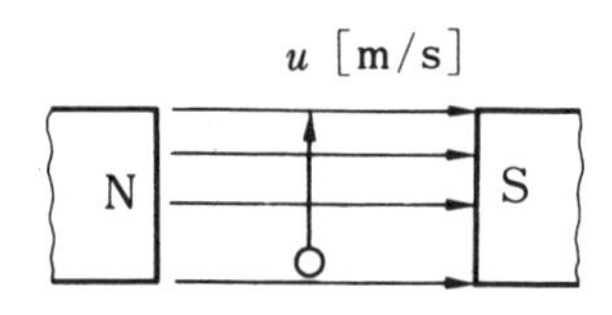

그림 1 전압 발생

그림 1은 코일이 1개인 경우이다. 이때 발생하는 **유도 전압의 방향**에 대해서는 그림 1과 같이 **프레밍의 오른손 법칙**이 있는데, 그것은 「운동 방향(F)을 엄지 방향, 자계(H) 방향을 인지 방향으로 잡으면 유도 전압(전류 I)의 방향은 중지 방향이 된다」는 것이다.

유도 전압의 크기는 자속 밀도 B[T], 도체의 길이를 l[m], 그 운동 속도를 u[m/s]로 하면

$$\boldsymbol{v = Blu}\,[\mathrm{V}]$$

가 된다.

이것도 도체가 θ의 경사를 가지고 있으면 $v = Blu\sin\theta\,[\mathrm{V}]$가 된다.

이용의 첫째는 발전기

유도 전압을 이용하기 위해서는 1개의 도체 대신 몇 개를 연결시킨 코일을 자극(이것도 전자석으로 발생시킨다) 사이에서 회전하도록 동작시킨다. 그러면 **그림 2**에서 코일이 외부 회로와 연결되는 접촉자(**커뮤테이터**라고 한다)인 A는 외부 회로로부터의 접촉자(**브러시**라고 한다) A에 연결되며 화살표와 같이 전류가 흐른다. 이것이 반회전(180°)했을 때(**그림 3**)는 코일 내에 전과 반대의 전압이 발생한다(B의 코일이 그림 3의 A 위치에 있으므로). 그러나 이것도 커뮤테이터, 브러시가 있기 때문에 외부 회로에서는 전과 같은 방향으로 전류가 흐른다. 이때의 발생 전압(전류)은 **그림 4**와 같으며 맥류라고 하는, 직류의 일종이다. 이와 같이 유도 전압의 원리는 발전기로서 응용되며 전기 발생의 근원이 되고 있다. 여기서는 직류 발전기의 원리를 설명하였다. 교류에 대해서는 뒤에서 배우기로 한다.

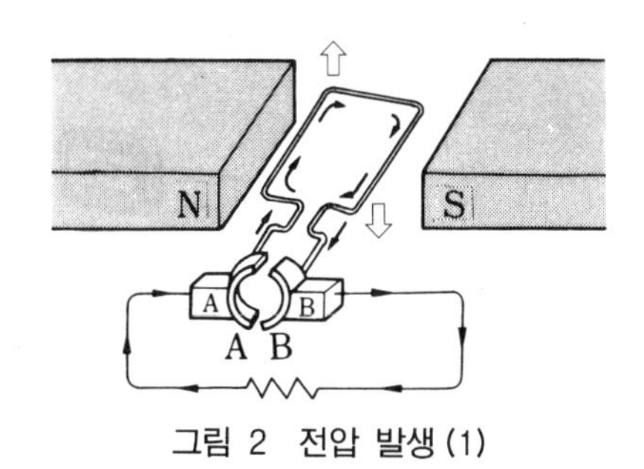

그림 2 전압 발생 (1)

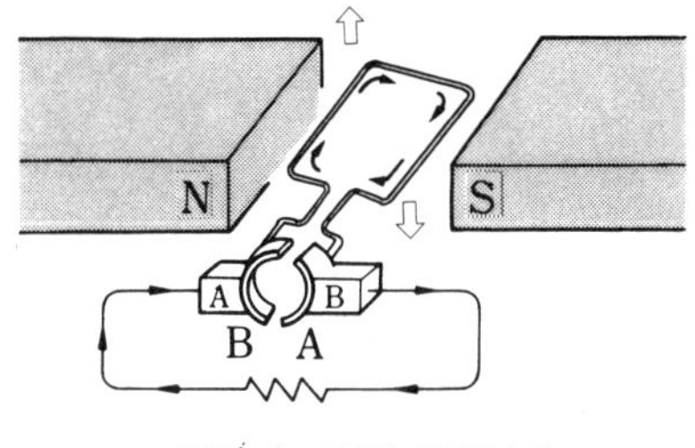

그림 3 전압 발생 (2)

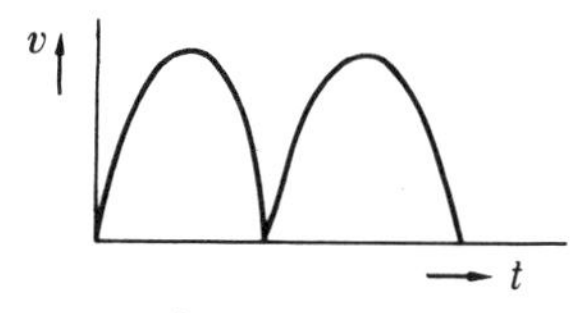

그림 4 맥류 발생

여기서 맥류(脈流)라는 단어가 나왔는데, 이것은 p. 26의 전기의 기초 12에서 설명한 것이다. 잘 알아두기 바란다.

회전 속도계 제작

10에서 배운 마그넷 모터는 그 자체로 직류 발전기가 된다. 이것을 사용하여 회전 속도계(타코미터)를 만들어 보자.

회로도는 우측 그림과 같은 것으로, 100Ω의 저항은 눈금 교정용, 기지의 회전을 측정하여 그 전류값으로 회전수를 환산하면 된다.

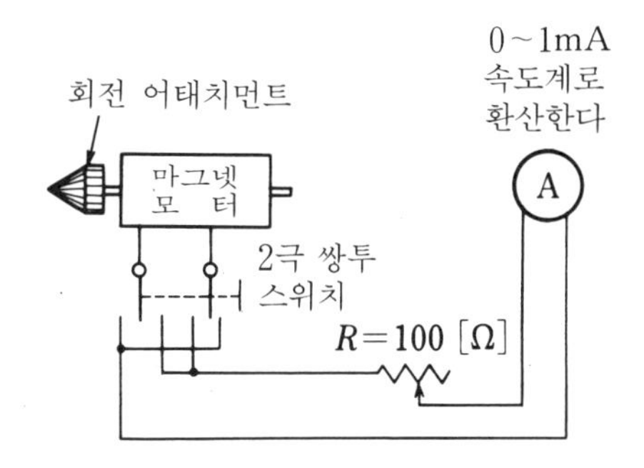

12 전기를 바꿀 수 없는가

변전의 원리

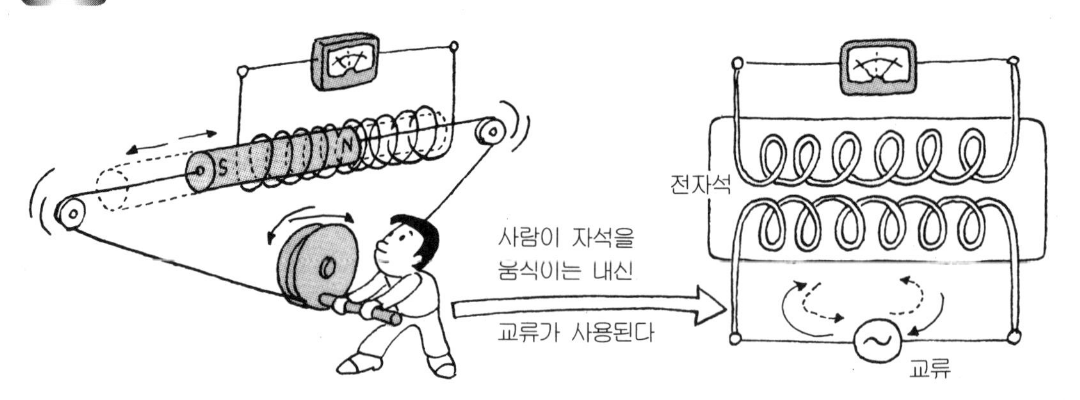

또 한 가지 법칙

위 그림의 좌측은 코일 내에 봉자석을 넣었다 뺐다 하고 있는 그림인데, 이것에 의해 전압이 발생한다는 것은 [11]에서 알아 본 바와 같다. 다음에 **그림** 1과 같이 2개의 코일을 놓고 한 쪽 코일을 전자석으로 하듯이 전류를 흐르게 할 때나 끊을 때 모두 자속의 변화가 일어나 다른 쪽 코일에 전압이 발생한다. 다만 이때는 직류였기 때문에 전류의 변화(즉, 자속의 변화)를 일으키는 데 스위치의 온·오프가 필요했다. 그래서 전원을 위의 그림 우측과 같이 교류(크기, 방향이 변화하고 있다)로 하면 동일한 교류가 발생한다. 이 경우, **유도 전압의 방향**을 정하는 데 다음과 같은 **렌츠의 법칙**이라는 것이 있다.

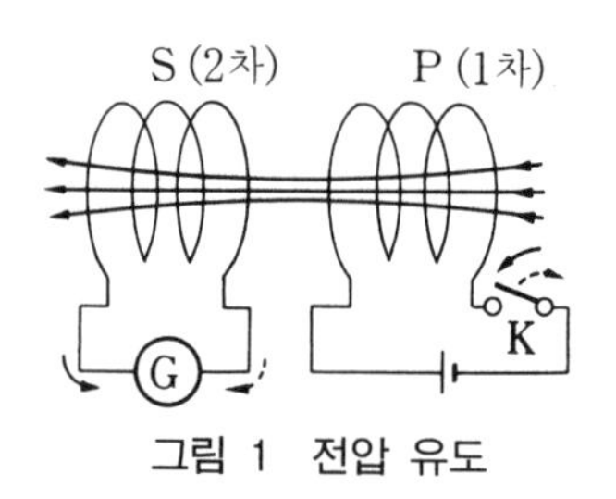

그림 1 전압 유도

「유도 전압은 그 전압에 의해 흐르는 전류가 코일 내 자속의 변화를 방해하는 방향으로 생긴다」 그리고 크기는 「자속의 변화 비율과 코일 권수의 곱에 비례한다」

$$v = -N\frac{\Delta\phi}{\Delta t}\ [\mathrm{V}]$$

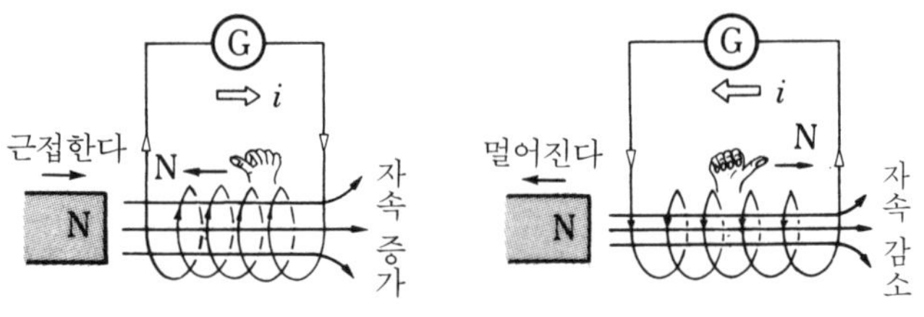

그림 2 전압 발생과 자속의 관계

렌츠의 법칙은 심술꾸러기 같다. **그림** 2의 좌측은 N극이 코일에 근접하면 자속은 증가하지만 **증가하는 것을 방해하기** 때문에 코일 내의 앞측 선에 아래에서 위로 향하는 전류가 흐르고 이에 의해 자속은 좌측 방향으로 생겨 현재의 증가 자속을 없앤다. 이러한 방향의 전압이 생긴다.

무엇이 어떻게 변하는가

제목의 우측 그림에서 2개의 코일이 있을 때 한 쪽 코일의 전압(전류) 변화는 다른 쪽 코일의 전압(전류) 변화를 발생시키는데, 이러한 현상을 이용하는 것이 **변압기**이다.

변압기는 각각의 권선을 1차 권선, 2차 권선이라 하는데, 이 권수로 인해 전압을 올리거나 내릴 수 있다. 이 능력 때문에 변압기가 많이 사용되는 것이다.

그리고 **그림** 3과 같이 1차 전압과 2차 전압의 비는 1차 권선의 권수와 2차 권선의 권수비와 동일하게 되어 있다.

이 현상으로 알 수 있는 것은 1차 회로와 2차 회로는 직접적인 연결이 없는데 전기 에너지가 전해지고 있다는 것이다. 에너지는 자속을 매개로 하여 이동하고 있다. 전력 배전에 변압기는 필수 불가결한 것이다.

변압기는 전압과 전류를 바꾸고 있지만 전력으로서는 바뀌지 않는 것에도 주의하자.

그림 4는 라디오 등에 사용되는 출력용 트랜스이다.

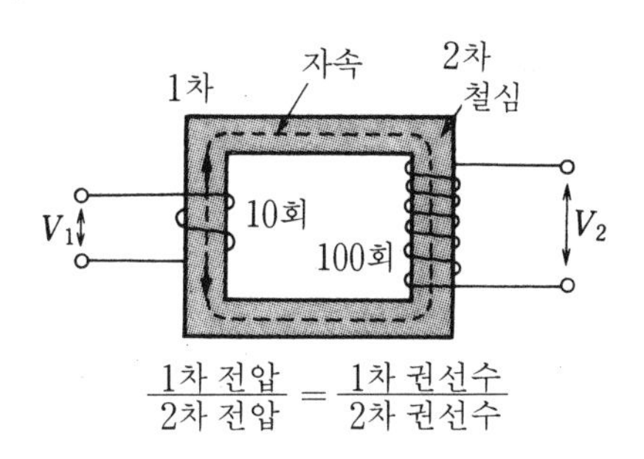

$$\frac{\text{1차 전압}}{\text{2차 전압}} = \frac{\text{1차 권선수}}{\text{2차 권선수}}$$

그림 3 전압의 관계

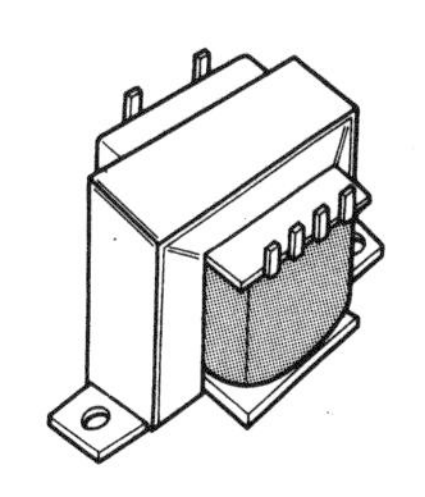

그림 4 출력용 트랜스

Let's try 변압기의 극성

변압기는 교류로 사용하는 것이므로 단자에 극성이 있다고 하면 이상하게 생각할지 모르겠지만 변화의 순간을 파악하면 가능하다.

우측 그림은 이것을 생각한 극성 이야기이다.

1차·2차의 마주 본 단자가 동극이 된다(감극성이라고 한다).

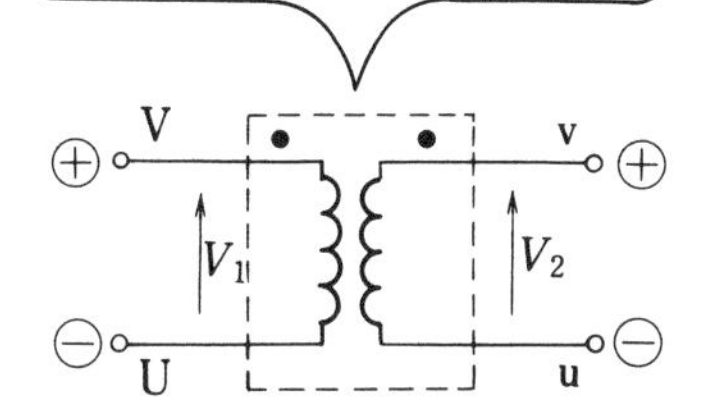

대각선측 단자가 동극이 된다(가감성이라고 한다).

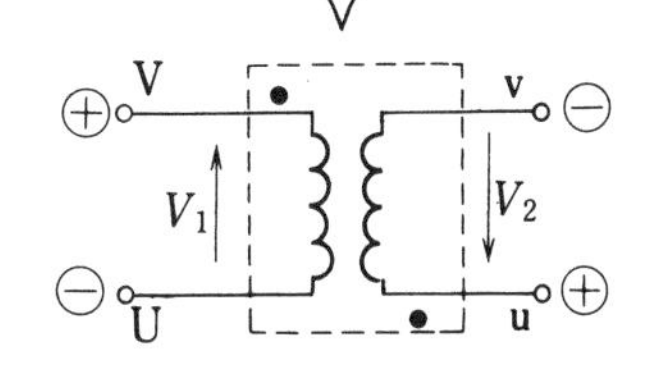

13 부모에게 반항하는 사춘기

인덕턴스

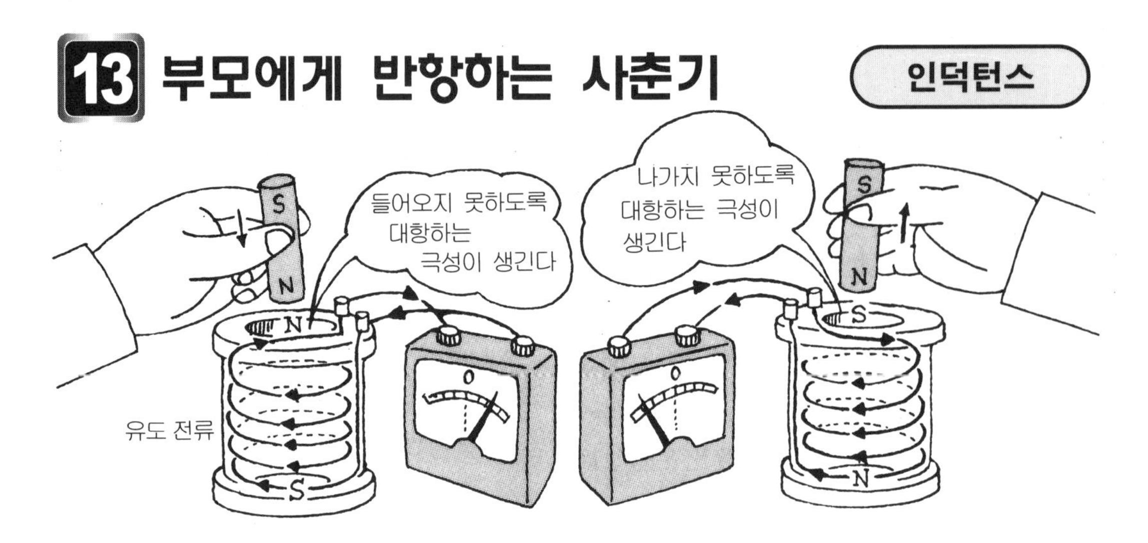

코일의 성질을 정의하자

[11]에서 배웠듯이 코일에 영구 자석을 넣고 빼면 유도 전압이 생기는데, 이때 유도되어 흐르는 전류의 방향과 자석의 움직임에는 일정한 관계가 있다. 이것을 위의 그림에 나타냈다. 이것은 **렌츠의 법칙**의 응용으로, 유도 전류가 만드는 자계의 극성은 영구 자석 극성의 움직임과 반대로 나타난다. 위의 **그림**에서 자석의 N에 주목하면 좌측에서는 자석의 N이 들어오므로 이에 반발해서 코일도 N을 만들고(동종 자극은 서로 반발한다), 우측 그림에서는 자석의 N이 나가므로 끌어당기도록 코일에는 S가 생겨 자석의 움직임에 반발하고 있다. 이와 같이 코일은 모든 것에 반발하므로 사람으로 말하면 사춘기의 소년, 소녀와 같다.

코일이 직접 직류 전원에 접속되고 전류가 흐르게 되면 이 전류에 의해 자계가 생기며 마치 위에서 자석을 넣은 것과 같이 되어 이때에도 반항하는 전류가 유도된다.

이와 같이 코일에 흐르는 전류의 변화와 함께 이것에 반발하여 전류를 흐르게 하는 성질의 대소를 **인덕턴스**라고 한다. 인덕턴스의 예와 기호를 **그림 1**에 나타냈다.

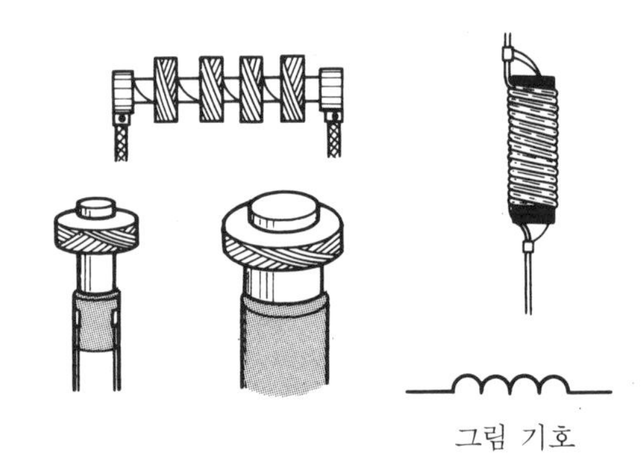

그림 1 여러 가지 코일

인덕턴스는 코일에 전류를 흐르게 하여 이 전류를 변화시킬 때 그 변화에 의해 코일 자체에 기전력을 유도하는 양의 대소를 나타내는 것이라고 할 수 있다. 이것은 코일의 권수, 형태 및 자로의 투자율과 관계가 있다.

인덕턴스를 이해하자

인덕턴스 기호는 영어 대문자의 L을 사용하고 인덕턴스는 헨리[H]라는 단위로 측정된다.

$$V = L\frac{\Delta I}{\Delta t}$$

1헨리라는 것은 만일 회로의 전류가 **1초간에** 1[A]**의 비율**로 변화하고 있을 때 1[V] **전압**이 코일에 유도되면 이 코일의 인덕턴스는 1헨리가 된다. 이것을 수학적 표현으로 나타내면 우측 식과 같다.

이 식 중 ΔI(델타 I)는 암페어로 측정했을 때의 전류의 변화이고 Δt는 초로 측정한 것이다. 기호의 Δ(델타)는 **변화했다**는 의미를 가진다.

위의 식에서 $L = \dfrac{\text{코일의 유도 전압 [V]}}{\text{코일의 전류 변화율 [A/s]}}$ [H]

인덕턴스의 값을 크게 하려면 코일에 철심을 넣는다. 또, 작은 값인 것(고주파라는 교류회로에 사용되는)은 [mH](밀리 헨리=1/1,000 H)나 [μH](마이크로 헨리=1/1,000,000 H)가 있다.

[예] 인덕턴스가 0.5 [H]인 코일에 전류가 흐르고 있고 이것이 0.01초간에 1 [A] 변화하면 몇 볼트의 기전력이 유도되는가?

[풀이] 상단 우측의 식에 의해

$$V = L\frac{\Delta I}{\Delta t} = 0.5 \times \frac{1}{0.01} = 0.5 \times 100 = 50\,[\text{V}]$$

형광등 점등에 인덕턴스가 일조하고 있다

형광 기구에는 안정기라고 하는 인덕턴스가 있다. 이것을 통해서 전류를 흐르게 하고 전류의 흐름을 도중에 끊으면 높은 전압이 발생한다.

이것을 형광등의 점등 개시 전압에 이용한다.

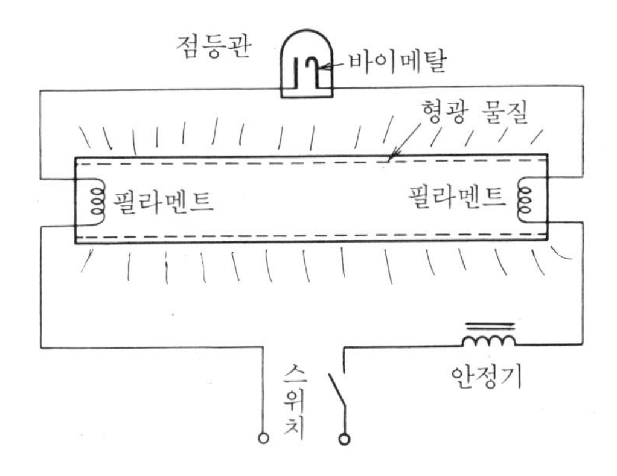

① 스위치를 ON으로 한다. 점등관이 방전되어 내부가 뜨거워져 전극이 붙는다.

② 방전이 끝나고 냉각되어 바이메탈의 전극이 떨어진다. 떨어질 때 안정기에 전압이 발생한다.

14 눈에서 불이 나서 놀랐다

인덕션 코일

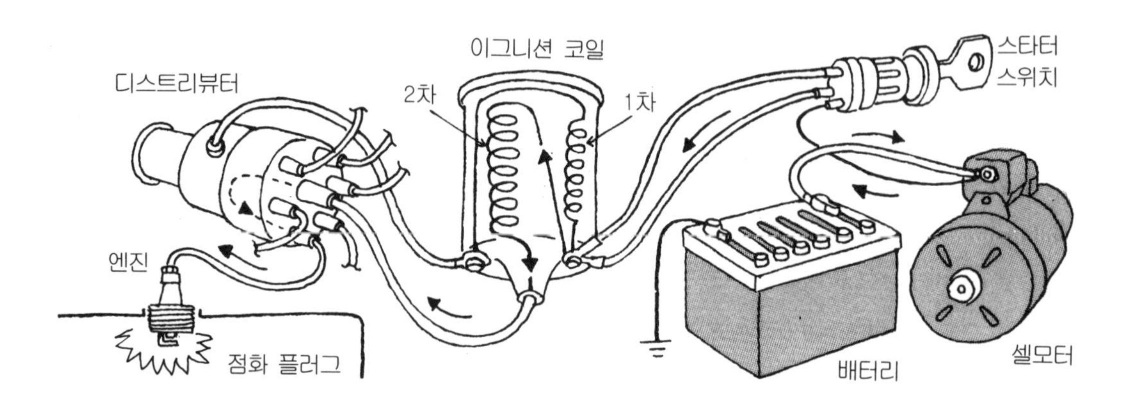

직류에서 변압기를 사용할 수 있는가

교류에서 배운 것과 같이 변압기에는 교류나 맥류를 흐르게 하지 않으면 안 된다. 직류는 시간에 비해서 전류의 변화가 없기 때문에 변압기를 이용할 수 없다. 이런 경우 직류에서 상당히 높은 전압을 얻으려면 **인덕션 코일**(유도 코일)이라는 것을 사용해야 한다. 이것은 유도 전압이 자속(전류)의 시간적 변화에 비례하고 코일이 갖는 인덕턴스에 비례해 나가는 것을 이용하여 **그림** 1의 A점에서 접점을 단속함으로써 1차 권선에 흐르는 전류가 변화하고, 2차측에 높은 전압이 발생하는 구조로 되어 있다.

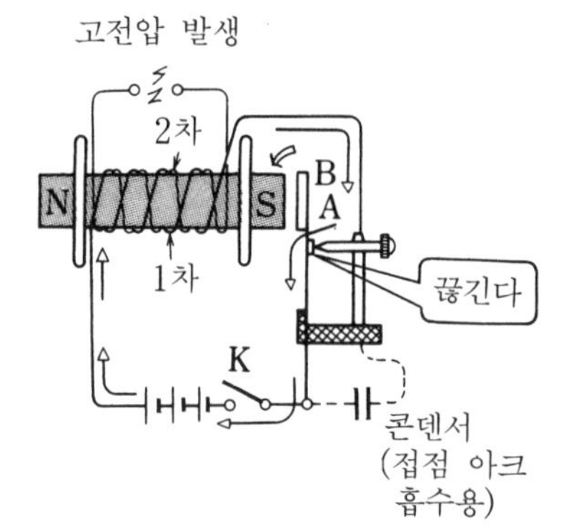

그림 1 인덕션 코일

또한 이 경우 스위치 K를 넣으면 1차 권선에 전류가 흘러 철편 B가 흡인되고 A의 접점이 끊기는 구조로 되어 있다. A가 열리면 철편 B는 복귀하고 재차 A가 닫히며 처음 동작을 반복한다. 그림에서 알 수 있듯이 1차 권선은 비교적 적고 2차 권선은 대단히 많기 때문에 상호 인덕턴스가 매우 크고 높은 전압을 유도하게 된다.

인덕션 코일의 유도 전압은 $e_2 = N_2 \dfrac{d\Phi}{dt} = M\dfrac{di}{dt}$

이그니션 코일의 전압과 권수는

1차 $e_1 = 12$ [V] $N_1 = 20$ [회] 정도

2차 $e_2 = 10{,}000$ [V] 정도 $N_2 = 20{,}000$ [회] 정도

자동차의 점화 기구를 찾자

인덕션 코일의 실용적 응용은 자동차의 점화 장치를 보면 알 수 있다. 제목 사진에 그 모양을 나타냈는데, 실제 배선은 **그림 2**와 같다.

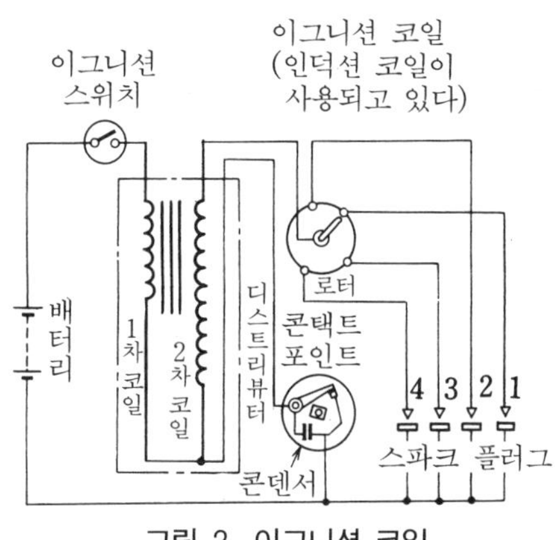

그림 2 이그니션 코일

디스트리뷰터의 콘택트 포인트는 캠 샤프트로 조작되는 기계적 스위치이다. 이것이 1차 코일의 "단", "속"을 실행한다. 그러면 2차 코일에 15,000V 이상의 전압이 발생하여 2차 코드에 의해 디스트리뷰터 캡 중앙부에 유도된다. 디스트리뷰터 내 캠 위에 장치된 로터는 캠과 함께 회전, 점화 플러그에서 나온 선의 양 끝단에 차례로 연결된다. 이와 같이 해서 점화 플러그에 2차 전압이 송입되는 것이다. 배터리인 직류 전원에서 나오는 전류도 이같이 높은 전압으로 변압되어 간다고 보아도 되는 셈이다. 그 이유는 1차측 전류를 스위치로 단속하고, 인덕션 코일로 2차 전압을 발생시키는 장치 때문이라는 것을 알 수 있다.

또한 One point에 나온 M이라는 값은 **상호 인덕턴스**라고 하며 지금까지의 L과 구별해서 **자기 인덕턴스**라고 한다. M은 2개의 코일을 두고 한 쪽 코일에 흐르는 전류를 변화시켰을 때 다른 쪽 코일에 어느 정도의 유도 기전력을 일으킬 수 있는가를 나타내는 값으로서, 단위는 L과 같고 헨리[H]이다.

간단한 실험을!

버저 코일 위에 권수가 많은 2차 코일을 씌우고 누름 단추 스위치로 버저를 울리면 이것이 1차 코일의 전류를 단속시켜 2차에 고전압을 발생시킨다.

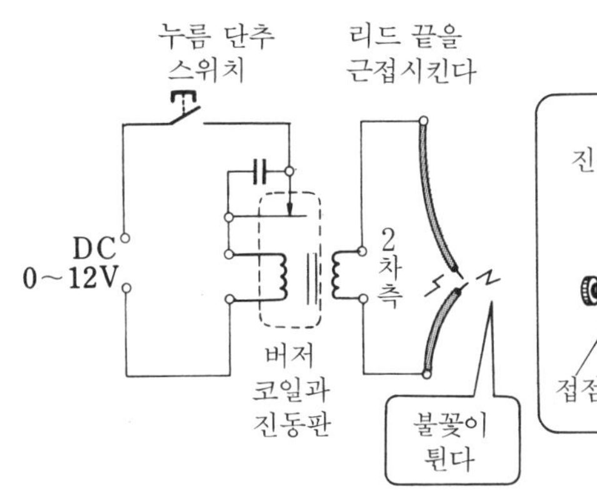

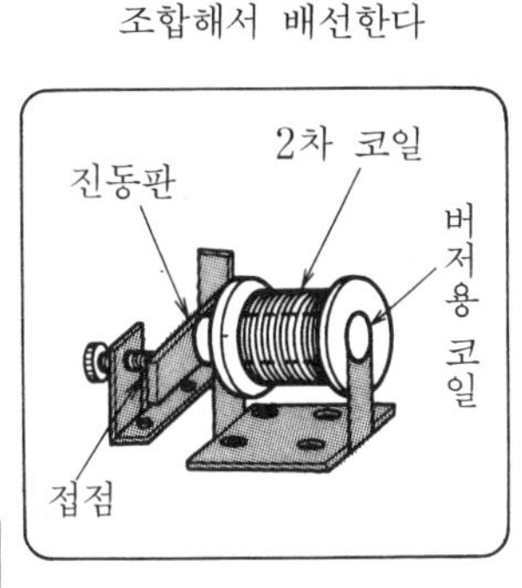

1. 릴레이를 응용한 도구는 많이 있다. 여기서 릴레이와 다음 장에서 배울 콘덴서, 그리고 다른 곳에서 배울 트랜지스터 1개를 사용한 간단한 회로 도구의 예를 들어 본다.

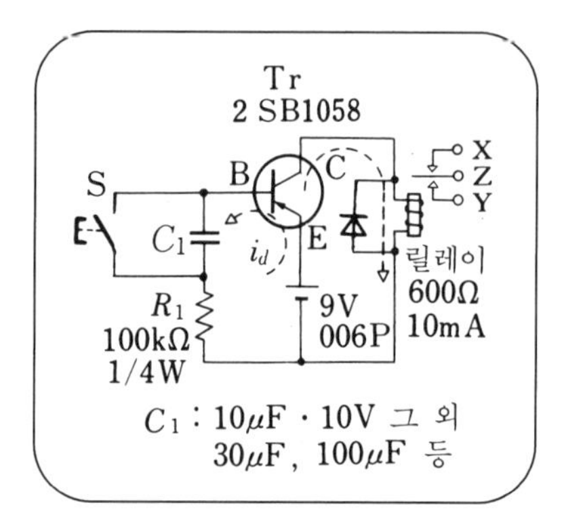

[동작] ① 준비 : 회로를 짜면 트랜지스터의 E, B를 통해서 i_d가 흘러 콘덴서 C_1을 충전시킨다.

② 스위치 S를 누르면 C_1의 전하는 순간적으로 방전하고 그 뒤에 ①과 같이 동작하는데, 이때 릴레이도 작동하고 Z−Y의 접점이 붙는다. 이 회로에 무언가를 연결하면 그곳에 전류가 흐를 수 있다.

③ 릴레이가 동작하고 있는 시간(Z−Y간)은 4장의 정리에 있는 C_1R_1의 곱이 나타내는 시간에 따라 다르며 C_1을 바꾸면 시간을 바꿀 수 있다.

[문] 이 회로의 경우 $C_1=10$ [μF]의 단위를 [F], $R_1=100$ [kΩ]의 단위를 [Ω]으로 하여 $C_1 \times R_1$을 계산해 볼 것. 그 답에 [초]를 붙일 것.

2. 10에서 배운 마그넷 모터는 그 자체가 발전기로 되는 것을 11에서 배웠다. 마그넷 모터 두 대로 이를 확인하는 실험을 해 보자. 회로는 간단하며 다음과 같다.
미터에는 테스터를 사용하여 전압을 측정해 보면 좋다.

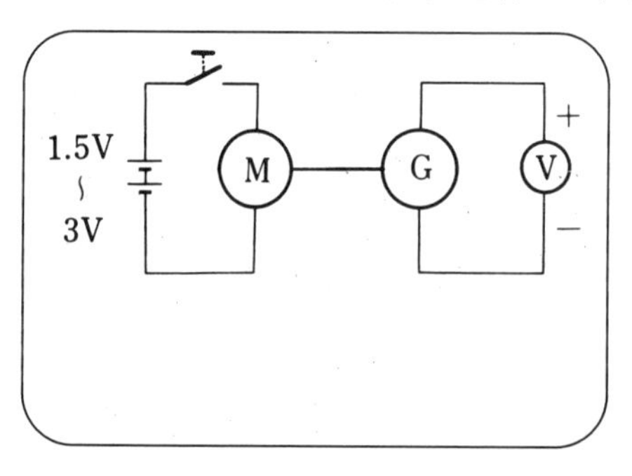

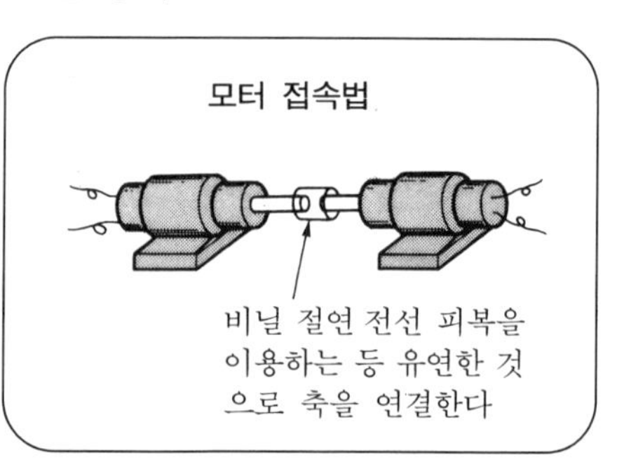

[답] $C_1 \times R_1 = 10 \times 10^{-6} \times 100 \times 10^3 = 1{,}000 \times 10^{-6} \times 10^3$
$= 10^6 \times 10^{-6} = 1$ [초]
이것은 1 [초]동안만 릴레이가 동작하는 것을 나타낸다.

정전기의 작용

정전기의 작용을 배우는 방법

전기 기술 연구 초기에는 전하(電荷)를 축적하고자 하는 연구가 진행되었다.

라이덴병은 그 무렵 연구 성과의 하나로서, 유리병 내외가 주석박으로 칠해져 있다. 이 용기에 전하가 어떻게 들어갈 수 있었을까? 사슬과 막대가 사용됐다고 하는데?

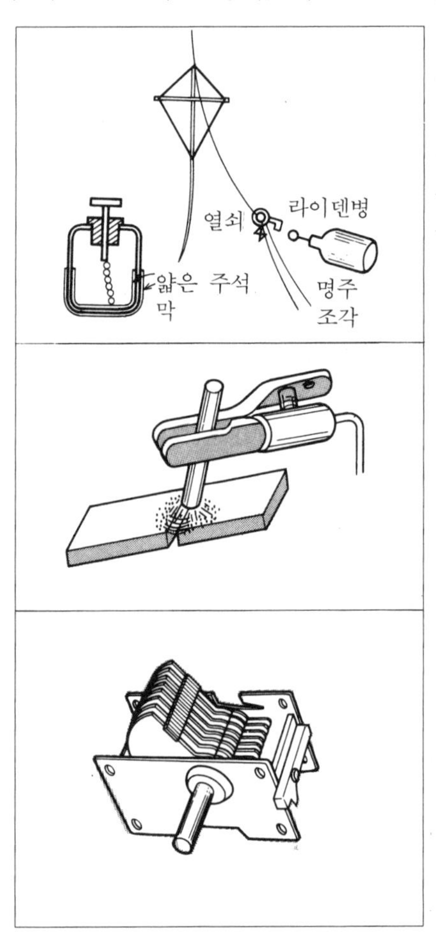

전기량도 점차 모이면 사람에게 쇼크를 주거나 급기야 불꽃을 일으키게 된다. 이것들을 실용적으로 어디에 이용할 수 있는가? 또 어떠한 점에 주의해야 하는가?

기술이 더욱 발달되면 인간 생활에 윤택함과 풍요로움을 주게 되지만 또 한편으로는 공해에 시달린다는 모순도 생겨난다.

이러한 해로움 중의 하나로 분진에 의한 대기 오염이라는 것이 있다. 이 분진 발생을 줄이는데 있어서 정전기의 어떤 면이 살려지고 공해 방지에 도움이 되고 있는가?

또 정전기를 축적하는 용기에 있어서 정전 용량이라는 것이 있는데, 이 역시 여러분이 완전히 알아야 할 전기의 중요한 위치를 차지한다.

이 정전 용량이 갖는 특징은 전기 공학에서나 전자 공학에서도 많은 응용 예가 있다.

이 장에서는 다음과 같은 물음에 대한 답을 얻을 수 있을 것이다.

(1) 정전기란 무엇인가?

(2) 정전기끼리는 어떠한 힘이 작용하는가?

(3) 정전기가 갖는 좋은 점과 나쁜 점을 조사해 보자.

(4) 전계(電界)라는 것은 어떻게 생겼는가?

(5) 정전기 축적과 전압의 관계는 어떠한가? 방전의 구조는?

(6) 콘덴서란 무엇인가?

(7) 회로에서 콘덴서는 어떠한 역할을 하는가?

이와 같이 정전기에 대해서 광범위하게 알아보고 기초적인 사항을 익혀 두자.

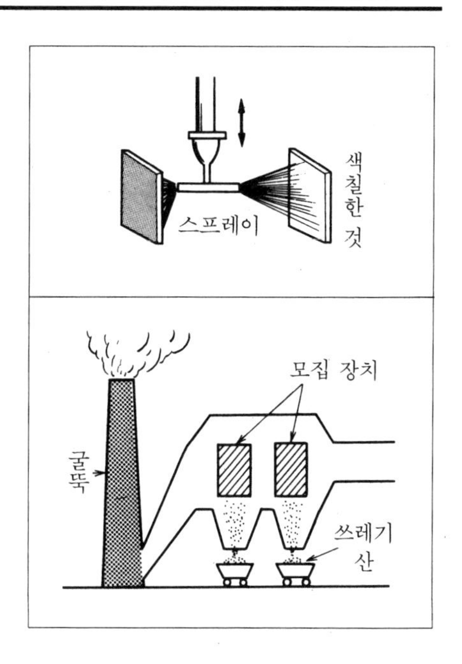

어느 항목을 읽으면 되는가

지금까지 정전기가 왜 일어나는지, 그것이 어떠한 작용을 하는지를 생각해 본 적이 있는가? 정전기에 대해 기본적으로 흥미 있는 주제는?

정전기가 있는 것을 몇 개 접속하면 그 때 전압이 가해지는 방법. 또, 이것들을 응용하는 데 필요한 지식이 있다. 그 내용은?

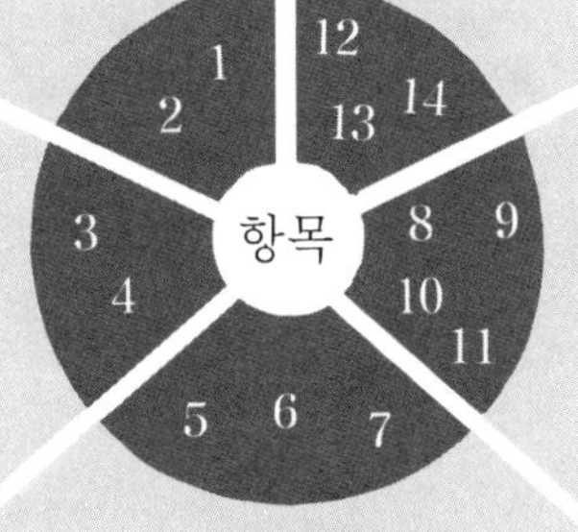

전기의 양이 축적되면 전기가 없는 곳과 다른 상태가 된다. 그 모양을 아는 방법은?

정전기가 근원이 되는 전하를 축적하는 것, 그 용기에 대해서는 이 항목을 단단히 알아두는 것이 중요하다.

전자를 종자로 해서 공간에 전기가 흐르는 방전을 전위와 연결해서 생각하면 어떻게 되는가를 알고 싶을 때는?

1 지금은 "휴식중"

정전기란

정전기에 작용하는 힘의 종류와 크기

정(靜)이라는 글자에는 "휴식중"이라는 의미도 있을 것이다. 전기도 휴식할 때가 있을 수 있다. 전류를 흘려 여러 가지 현상을 관찰해 보면 정전기는 그것과는 다를지도 모른다. 그러나 이 정전기는 전기 기초의 1에서도 배웠듯이 마찰 등의 방법으로 여러 가지를 만들 수가 있다.

우리들도 카펫 위를 걷거나 차 의자에 등을 대고 있을 때 등 신체에 정전기를 축적하고 있을 때가 있다. 이럴 때 다른 사람이 만지거나 문 손잡이에 스쳐서 방전 스파크를 체험한 일이 있을 것이다. 위의 그림은 정전기에 관해 다음과 같은 기본적인 법칙을 나타내고 있다.

① 동종 전하는 서로 반발한다.

② 이종 전하는 서로 흡인한다.

이와 같은 힘을 **정전력**이라고 하는데, 이 정전력의 크기에 대해서 프랑스의 과학자 차레스 쿨롱이 발견한 **쿨롱의 법칙**이라는 공식이 있다. 즉, 「2개의 점전하에 작용하는 정전력(F)은 양 전하(Q_1과 Q_2)의 곱에 비례하고 거리(r)의 제곱에 반비례한다」는 것이다(**그림 1**).

⊕ → ← ⊖

Q_1[C] F[N] Q_2[C]

r[m]

$$F=9\times10^9\times\frac{Q_1Q_2}{r^2}\ [\mathrm{N}]$$

그림 1 쿨롱의 법칙

전기량 1[C]의 정의 : 그림 1의 공식에서 $r=1$[m]로서 $F=9\times10^9$[N]라고 하면 $Q_1=Q_2=1$[C]가 된다. 이와 같이 동등한 점전하를 1 m 떨어트려 놓고서, 9×10^9[N]의 힘이 작용할 때를 1[C]이라고 한다.

실험으로 확인하자

전기 기초 [1]의 Let's try에 나와 있듯이 유리막대와 명주를 문지르면 유리막대는 정으로 대전한다. 모피와 에보나이트봉을 문지르면 에보나이트봉은 부로 대전한다. 다음 그림과 같이 실험으로 확인해 보자.

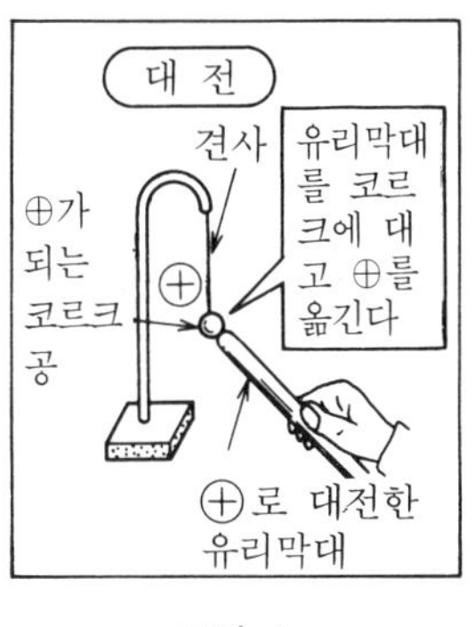

그림 1

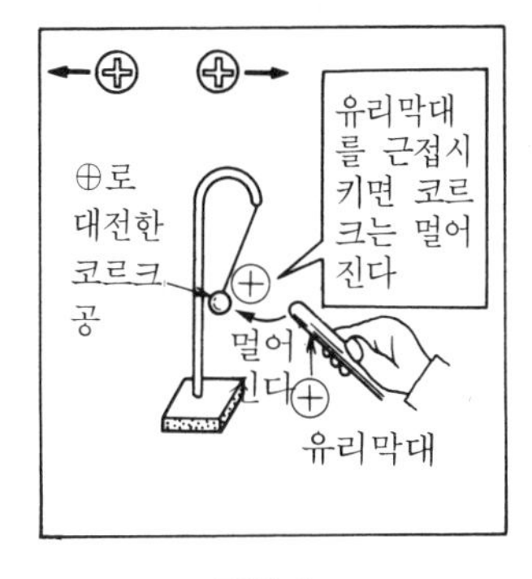

그림 2

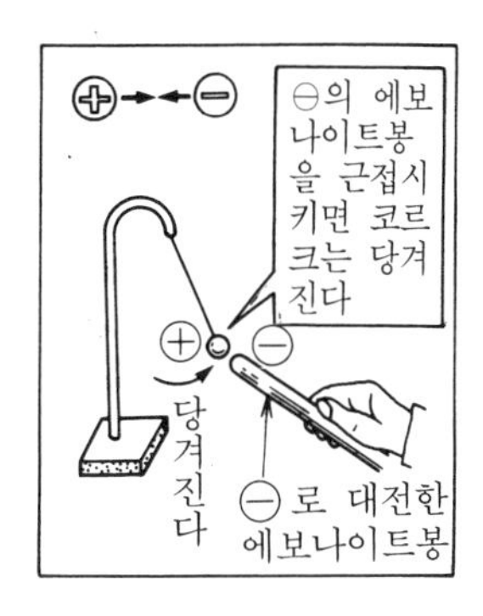

그림 3

① **그림 1**은 정으로 대전한 유리막대를 코르크공에 대고 전하를 코르크공에 옮겨 코르크공을 정으로 대전시킨다.

② 여기서 유리막대와 코르크공은 반발하여 떨어지게 된다. 이것이 **그림 2**이다. 유리막대를 코르크공에 접촉시키려고 해도 계속해서 반발한다.

③ 다음에 부로 대전한 에보나이트봉을 가지고 온다. 그러면 코르크공은 에보나이트봉 쪽으로 따라간다(**그림 3**).

이와 같이 정전기의 기본 법칙을 실험으로 확인할 수 있다.

정전기의 발생

어두운 방안에서 옷을 벗으면 청백색 빛이 보이며 찌지직하는 소리가 난다. 이것이 정전기의 방전이다. 여기서는 정전기가 언제 생기는지 몇 가지 예를 들어 본다.

2 다채로운 방법으로 확인하자

정전기의 공과 죄

괴롭히는 정전기

[1]에서 간단히 설명했지만 정전기의 대전에 대해서 정리해 본다. 또 정전기에 의한 장해는 어떠한 것인가, 그것을 방지하려면 어떻게 해야 하는가에 대해 알아본다.

① **고체 표면의 대전** 플라스틱 시트 등을 롤러로 끼고 이송할 때 롤러와 플라스틱간에 대전한다. 그리고 제지업 등에서는 종이에 정전기가 발생하여 흡착 때문에 파손되는 일이 있다. 이것을 방지하기 위해 작업장 내에 인공적으로 온도를 주어 방지한다.

② **액체의 대전** 탱크의 오일을 육상 탱크에 올릴 때나 가솔린 스탠드에서 탱크롤리차가 급유할 때 급유관을 충분히 접지한다. 이것은 정전하 대전 방지가 아니고 대전에 의한 파이프가 고전위가 되는 것을 방지하기 위해서이다(**그림 1**).

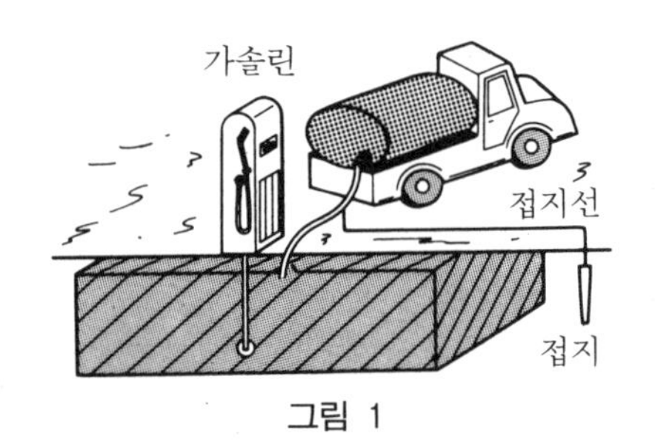

그림 1

③ **자동차 주행중의 대전** 새 자동차로 날씨가 좋을 때 달리다가 정지하여 도어를 열었을 때 쇼크를 받는 경우가 있다. 이것은 타이어와 지면 및 차 전체와 공기의 마찰에 의한 대전이다. 이것을 방지하기 위해 흔히 차에 체인을 단다(**그림 2**).

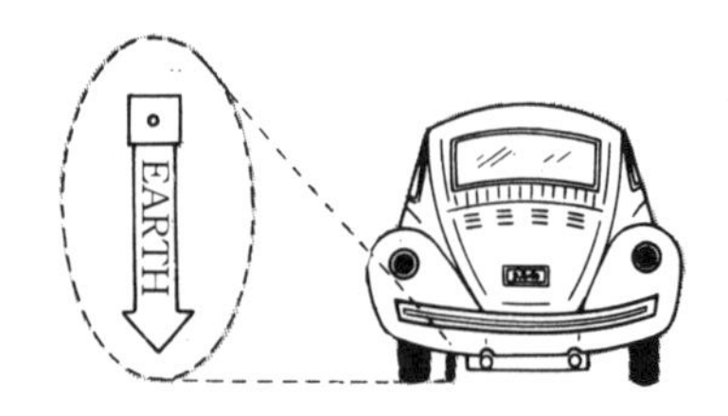

그림 2 자동차 차체의 접지

대전 현상에는 ① 접촉 대전 ; 물질을 접촉했다가 뗄 때의 대전, ② 열전위차 ; 온도가 다른 물질간에서의 전자 이동, ③ 압전 현상 ; 압력을 가할 때 관계되는 대전, ④ 표면 흡착 물질에 의한 대전, ⑤ 분무 대전, ⑥ 빙결 대전 등이 있다.

도움되는 정전기

공장 지대에는 여러 개의 굴뚝이 있어 연기를 내뿜는다.

이 안에는 먼지, 티끌을 포함한 연기로 하늘을 오염시켜 공해를 일으키는 물체가 있다.

이것을 방지하는 데 정전기가 일익을 담당하고 있다.

① **전기 집진 장치** 이것은 2장의 금속판을 서로 맞추어 고전압을 가하면 그 사이에 전하를 띤 소입자가 있어 어느 편인가로 끌어 당겨진다.

이것을 응용하여 **그림 3**과 같이 집진 전극을 정으로, 방전 전극을 부로 하면 코로나가 발생하여 연기 내의 미립자가 부로 대전된다. 이것을 정으로 되어 있는 집진 전극에 끌어 당겨 표면에 부착시킨다. 이따금 흔들어 떼면 된다. 이것으로 연기 내 90% 정도의 티끌이 제거된다.

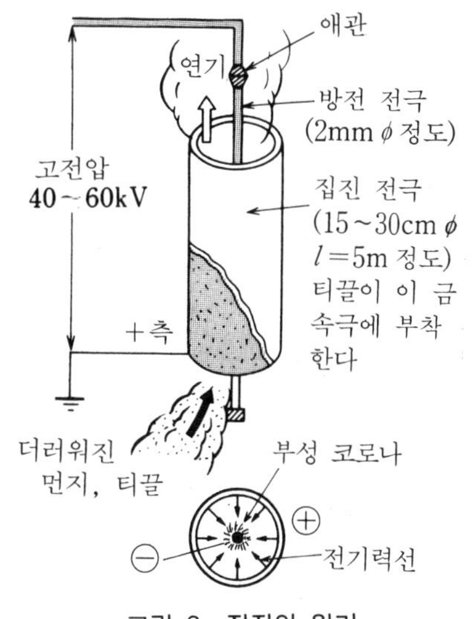

그림 3 집진의 원리

② **정전 도장** 이것은 도료를 분사하는 노즐 선단에 부의 고전압을 가하고 피도장물을 정의 고전압으로 해 두면 도료의 무적(霧滴)이 대상물을 향해서 흡착되어 이면까지 도료가 들어가 얼룩 없이 도장을 할 수 있다. 이것이 정전 도장이다.

Let's try 전기 쟁반이란

종자가 되는 전하가 있으면 몇 번이라도 전하를 인출할 수 있는 장치(전기 쟁반이라고 한다)의 원리를 아래에 설명한다.

정전 유도 상태와 비교해서 조사해 보자.

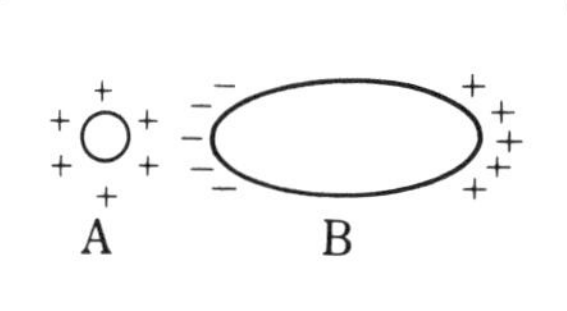

① +의 전하 A를 도체 B에 근접시키면 좌측에 −, 우측에 +의 전하가 유도된다

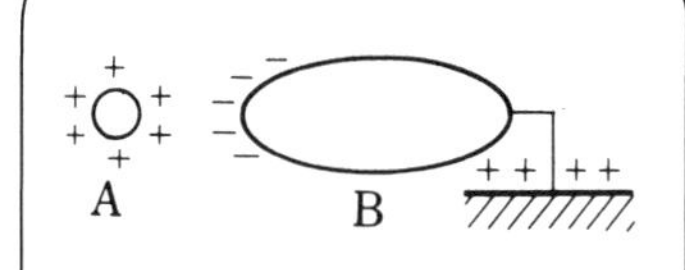

② 도체B의 우측 끝을 접지하면 +전하가 도망간다. (실제는 −가 대지에서 옮겨와 +와 중화한다)

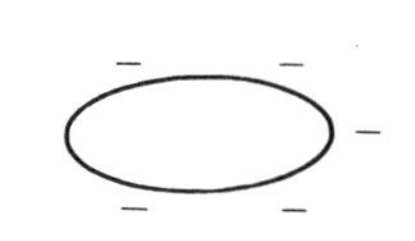

③ 접지를 끊고 전하 A를 멀리하면 B에 − 전하가 남는다

3 공간 영역, 나의 정원

전 계

전기에 영매술이 있는가

전기의 기초 1의 그림 2에서 배웠듯이 부로 대전한 에보나이트봉을 검전기에 근접시키면 왜 검전기에 영향을 주는가? 이것은 대전된 물질 주위에는 눈에 보이지 않는 선이 존재한다고 하는 편이 설명이 쉬울 것 같다. 이들 선을 **전기력선**이라고 한다. 이 선은 대전한 물체 근처가 가장 강하고 또 대전물로부터의 거리 제곱에 반비례해서 약해진다.

그림 1은 2개의 대전구(帶電球)에 전기력선이 서로 끌어당기며 나가고 있는 모양을 나타내고 있다. 전기력선이 존재하는 이러한 공간을 **전계**라고 한다.

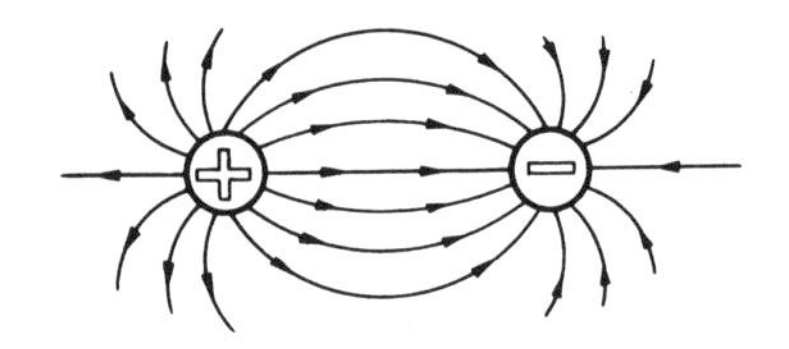

그림 1 전계의 상태 (1)

그림 1은 전하가 다른 경우를 나타내는데, 전하가 같은 극성인 경우는 **그림** 2와 같은 상태의 전기력선 분포가 되어 서로 반발한다.

이와 같이 전계에서의 전기력선의 상태는 1에서 배운 전하에 대한 기본적인 법칙을 여기서도 확실히 나타내고 있다고 할 수 있다. 따라서 전계란 전하에 힘이 미치는 구역을 말하는 것이다.

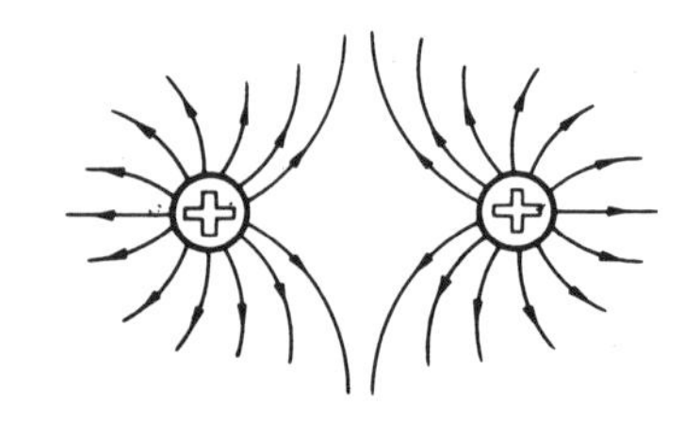

그림 2 전계의 상태 (2)

전계는 자계에 대응하는 것으로, 자력선에 대응하는 것이 전기력선, 그리고 자속에 대응하는 것이 전속(電束)이라는 것도 뒤에서 배울 것이다.

전계는 전하에 힘이 미치는 구역이라고 했지만 그 세기는 그 위치에 +1C의 전하를 두었을 때 그 전하에 미치는 전기력(정부의 전하 흡인력, 반발력 등)의 크기로 나타낸다.

전계 세기의 정의

전극간에 V[V]의 전압을 가한 경우에 **그림 3**과 같이 극판간에 +1[C]의 전하를 두면 이 전하와 정전극판상에 $+Q$[C]의 반발력이, 부전극판의 $-Q$[C]와의 사이에 흡인력이 작용한다. 이와 같이 전극간의 전계는 전하에 힘을 미치므로 그 크기는 +1[C]의 전하에 몇 [N](뉴턴)의 힘이 작용하는가에 따라 결정된다. 이것을 **전계의 세기**라고 한다.

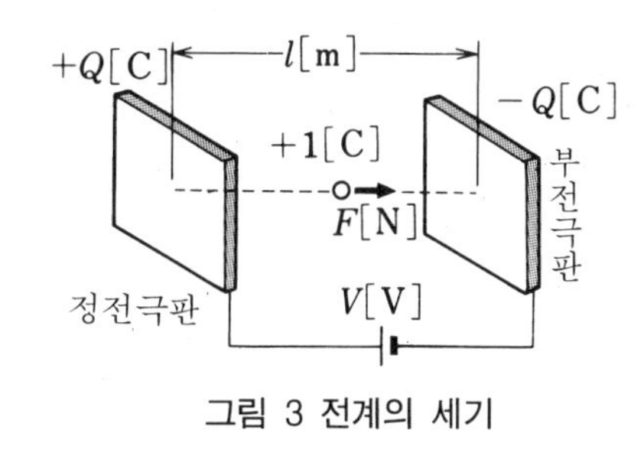

그림 3 전계의 세기

전계 세기의 단위를 외우자

[1] 위의 정의에서 유도되는 단위

그림 1에서 +1[C]에 F[N]의 힘이 작용했다고 하면 이 점의 전계 세기는 F[N/C]이다.

이것은 전계의 세기가 E인 점에 +1[C]의 정전하를 두면

$F=(+1)\times E$[N]이라는 힘이 생긴다. 이 식을 역산하면

$E=F/(+1)=F$[N/C]가 되어 위의 정의가 나오게 되는 것이다.

[2] 일반적으로 사용되는 단위

그림 3의 경우 전계가 생긴 것은 전극에 V[V]의 전압을 가했기 때문이다. 또한 극판이 넓은 면적이면 이 전계는 평등하게 생긴다. 따라서 극판간의 거리를 l[m]라고 하면 1[m]당 V/l[V/m]의 전위의 상위가 생긴다(이것을 **전위의 경사**라고 하며, 단위는 [V/m]이다). 여기서 전계 내에 이 전위의 경사가 생기고 있는 것에 의해 이 전위의 경사를 가지고 전계의 세기 E[V/m]로 한다는 표시 방법이다. 이것이 전계의 세기를 표시할 때 사용되는 일반적인 단위이다.

전파의 세기도 전계의 세기로 측정한다

라디오, 텔레비전이나 기타 무선 통신에서도 전파가 강한 곳과 약한 곳은 그 청취 상태가 크게 달라진다. 이것을 숫자로 표시하는 것이 전계의 세기이다.

전계의 세기를 표시하는 경우 1[μV/m]를 0[dB]로 하고 다음 식으로 계산한다.

$$20\log\frac{E[\mu V/m]}{1[\mu V/m]}=20\log E[dB]$$

4 신통력이 듣는 범위는

전기력선과 전속

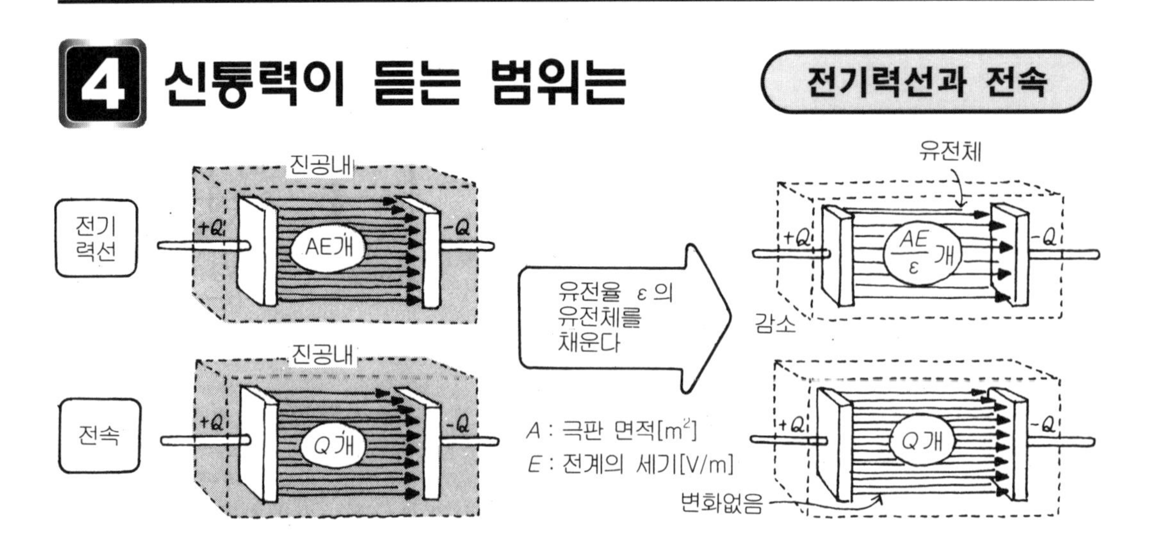

전기력선의 성질

전계의 상태를 나타내는 데 가상의 선을 정하고 이것을 그리거나 생각해 두었다. 이 가상선의 하나는 **전기력선**이고 또 하나는 **전속**(電束)이다. 큰 상위점은 전계를 구성하는 것이 유전체라면 전기력선 쪽은 유전체의 유전율 ε[F/m]에 의해 $1/\varepsilon$ 개로 감소한다는 것. 바꾸어 말하면 유전체에 의해 부여된 전하는 같아도 개수가 달라진다는 것이다.

전기력선은 전계의 상태를 설명하는 데 사용되고 전속과 그 성질의 기본은 바뀌지 않으므로 우선 전기력선의 성질을 그림과 대비하면서 배우기로 한다.

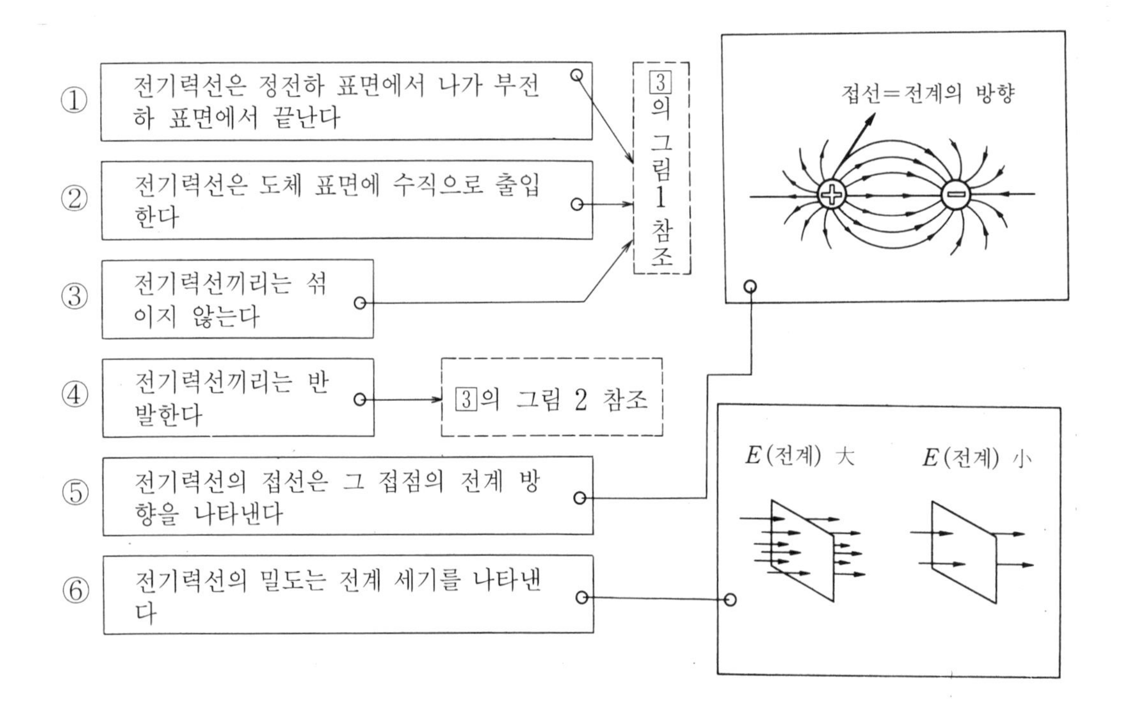

전계, 전속 밀도, 전계의 세기

전속은 주위가 어떠한 물질이더라도(진공 내에서나 유도체 내에서나) 단위 정전하 1 [C]에서 1개의 선이 나온다. 따라서 단위에도 [C]를 사용한다.

다음으로 Q[C]의 전하에서 나오는 면의 전속 밀도(단위 면적당의 전속 수) D[C/m²]와 전하 Q [C]에서 r[m] 떨어져 전속 밀도 D를 조사한 면상의 전계 세기 E[V/m]를 구하여 양자의 관계를 유도해 보자.

이 경우의 유전율을 ε[F/m]이라고 하면 **그림 5**에 의해

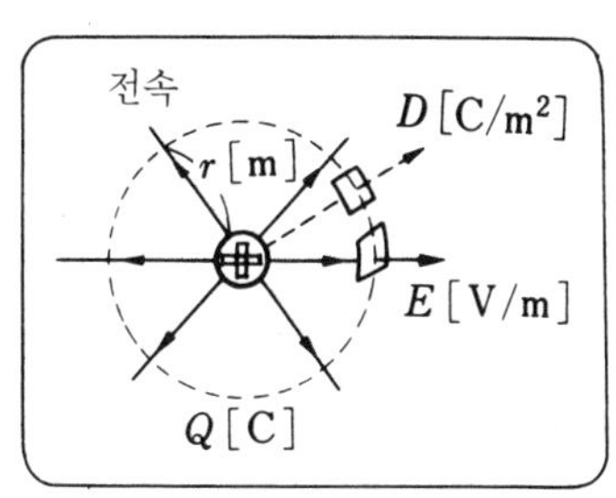

Q[C]로부터는 Q[C]의 전속이 나온다. 또한 구의 표면적은 $4\pi r^2$[m²]가 된다.

그림 5

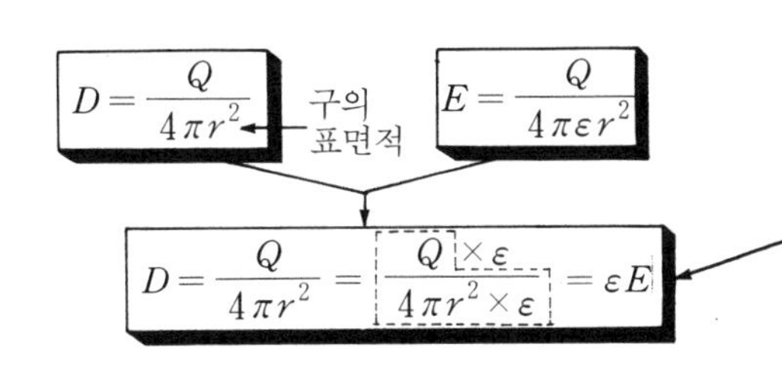

전계의 세기를 ε배 하면 전속 밀도가 구해진다.

[전속의 성질] 전기력선과 거의 동일하지만 다음과 같은 성질을 가진다.

① 전속은 정전하에서 부전하로 끝난다.

② 전속이 나오는 곳 및 도달하는 곳에는 전속 수와 같은 전하가 있다.

③ 전속과 전기력선의 방향은 일치한다.

계산 문제에 강해지자!

공기의 유전율은 진공의 유전율 ε_0와 같다고 취급하고 다음 물음에 답하라.

[문] 공기 내에 있어서 $+10^{-6}$ [C]의 점전하로부터 5 [m] 떨어진 점의 전계 세기 E와 전속 밀도 D를 구하라.

단,

$\varepsilon_0 = 8.855 \times 10^{-12}$ [F/m]

로 한다.

[해답] 다음과 같이 구해진다.

$$\frac{1}{4\pi\varepsilon_0} = \frac{1}{4 \times 3.14 \times 8.855 \times 10^{-12}} = 9 \times 10^9$$

$$E = \frac{Q}{4\pi\varepsilon_0 r^2} = 9 \times 10^9 \times \frac{10^{-6}}{5^2} = \frac{9}{25} \times 10^3$$

$= \underline{360 \text{ [V/m]}}$ …… 답

$\therefore \ D \fallingdotseq \varepsilon_0 E = 8.855 \times 10^{-12} \times 360$

$= \underline{3.19 \times 10^{-9} \text{ [C/m}^2\text{]}}$ …… 답

5 강한 효과, 약한 효과

전위와 침 끝 방전

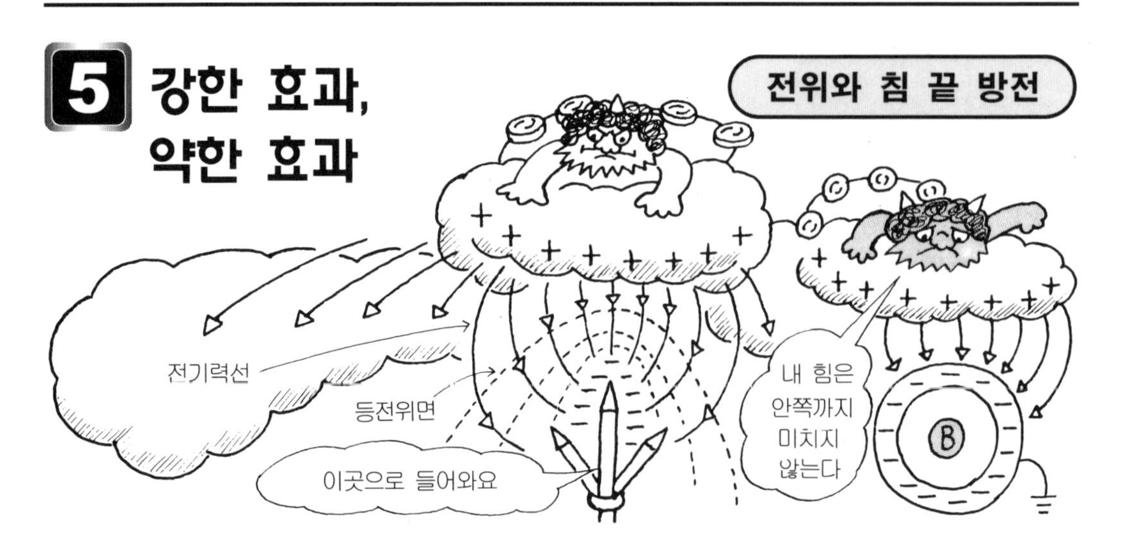

"전위"의 또 다른 정의

전기의 기초 ②에서는 전위에 대해서 수위와 대비시켜 설명했지만 공간 등의 경우는 **그림** 1과 같이 전계의 세기 E[V/m] 방향으로 전하 1[C]이 힘을 받을 때 이 전하를 그곳에 잡아 두는 에너지(위치 에너지)를 **전위**라고 한다.

전계가 Q[C]의 전하에 의해 만들어지고 있으므로 전위의 크기도 그림 1에 나타낸 것과 같은 식으로 되어 있다. 또, 전위가 같은 점을 연결한 것을 **등전위면**(等電位面)이라고 하는데, 이것은 점전하의 경우는 그 점으로부터의 동심구면(同心球面)으로 되어 있다.

이 등전위면은 다음과 같은 성질이 있다.

① 절대로 교차하지 않는다. ② 전기력선과 수직으로 교차한다. ③ 등전위면의 간격이 좁은 곳일수록 전계가 강하다. ④ 도체 표면은 등전위면이다. ⑤ 대지는 영전위의 등전위면이다.

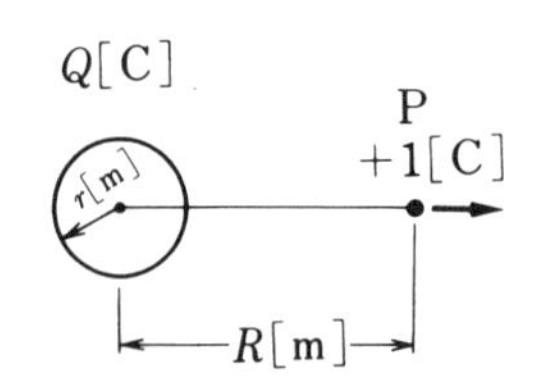

P점의 전위 $V = \dfrac{Q}{4\pi\varepsilon_0 R}$ [V]

* 여기서 ε_0는 진공의 유전율이라고 하며, 8.855×10^{-12} [F/m]이다.

그림 1 전 위

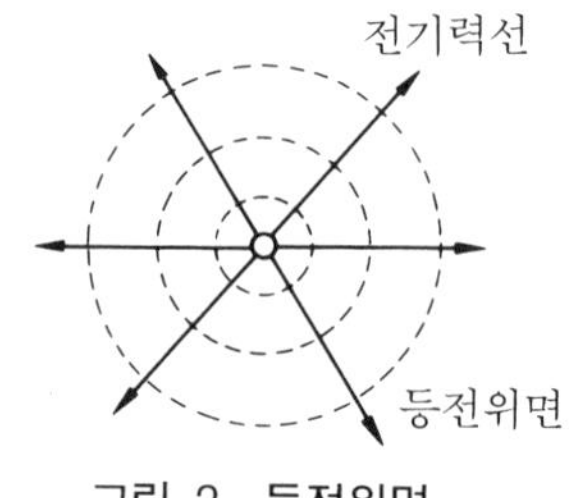

그림 2 등전위면

①은 만일 전위가 상이한 등전위면이 교차한다고 하면 그 교점은 2개의 전위를 갖게 되어 불합리하다. ④는 도체상의 전하는 정지한 상태로 존재한다. 가령 각 점의 전위가 동일하지 않으면 전하가 이동한다. 따라서 등전위로 유지되고 있다. 또 뇌운과 피뢰침의 관계를 나타내는 위의 **그림**에서 전기력선이 많이 모이는 침 끝부분은 전계도 강하고 그곳에는 ……선으로 표시하듯이 등전위면이 생기고 간격도 좁아져 전계가 강한 것을 나타낸다.

침 끝 방전과 정전 차폐

구(球) 이외의 물체가 대전되면 전하 밀도가 불평등해지며 특히 뾰족한 부분의 전하 밀도는 다른 부분에 비해 커진다. 이것을 효과적으로 이용한 것이 피뢰침이다.

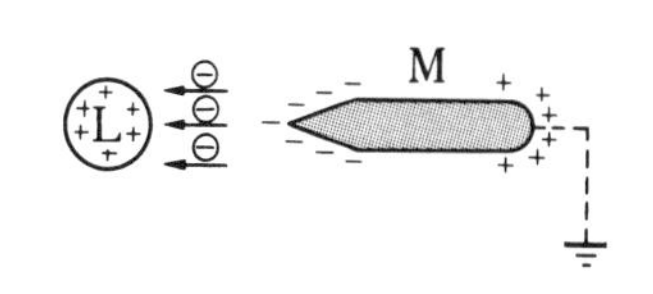

그림 3 침 끝 방전

즉, 세기의 효과를 이용해 천둥을 유도하며 천둥에 의한 재해를 없애도록 하고 있다.

즉, **그림** 3과 같이 L이 정으로 대전, 그것을 침상 도체에 근접시키면 정전 유도에 의해 부가 침 끝에 집중한다. 이것은 주위의 공기에 부의 전하를 주어 L의 전하와 연결되어 중화시켜 버린다. 제목 그림도 이것을 나타내며 **침 끝 방전**을 일으키게 한다. 다만 이때 큰 방전 전류가 흐르므로 접지선은 굵은 것을 사용할 필요가 있다.

다음에 **그림 4**와 같이 대전체 A가 만드는 전계 내에 다른 도체 B를 두면 정전 유도를 받지만 B를 도체 C로 완전히 싸버리면 B 주위의 전계는 소멸되어 버린다.

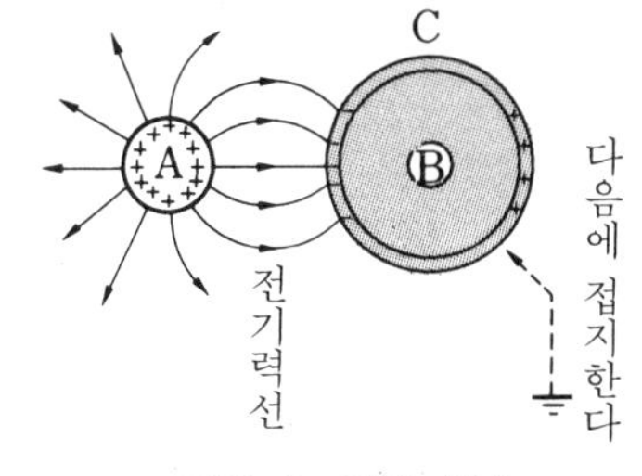

그림 4 정전 차폐

즉, 전계를 약화시키는 효과가 생긴다. 다만 이대로는 전계의 영향을 받지 않지만 B의 전위는 C의 전위와 동등할 때까지 상승한다. 그래서 그림 4 및 좌측 페이지 위의 그림과 같이 C를 접지하면 C의 전위는 영이 되고 B도 영전위가 된다. 이것을 **정전 차폐**라고 한다.

실드의 여러 가지

차폐(실드)는 무선 통신 기기에도 많이 이용되고 있다. 어느 회로에 다른 회로의 전계 및 자계가 영향을 주는 것을 방지하는 것을 실드(차폐)라고 한다. 방지하는 것이 전계인가, 자계인가, 교류에 의하는가에 따라 다음과 같이 된다.

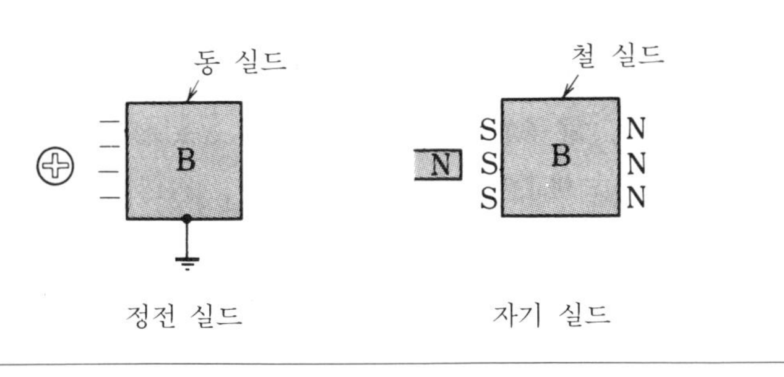

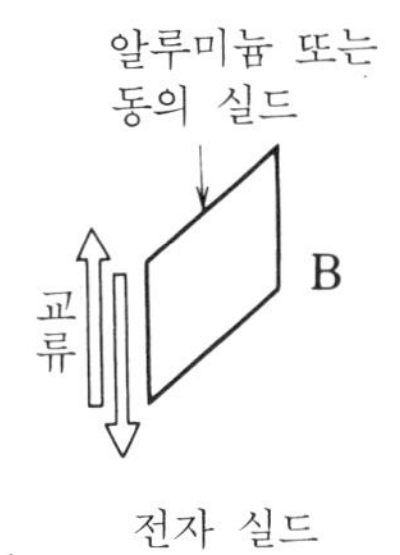

6 고깔 모자의 작용

방전 현상

방전의 메커니즘

방전이라는 말은 8에서 배울 콘덴서에 채워져 있는 전하가 회로에 접속된 저항 등을 통해서 흘러 나갈 때나 전지의 전류를 흘려 보낼 때 사용되고 있었다. 그러나 여기서 말하는 방전은 종래는 절연물인 것이 그 절연 능력이 약화되어 절연 파괴를 일으켜 전류가 유출되는 것을 말한다. 따라서 위의 그림에도 있듯이 여름철 등에 뇌운이 발생하고 그 후 천둥이 울리고 벼락이 떨어지는 것은 공기의 절연이 일부 파괴되어 전류가 흐른 증거이다. 즉, 기체의 분자 또는 원자로부터 전자가 충돌하여 그 분자 또는 원자에서 전자를 분리시켜 점차 전자의 수를 증가시켜 나가는 것으로서, 기체 내에 전류를 흐르게 하는 현상도 **방전**이라고 한다.

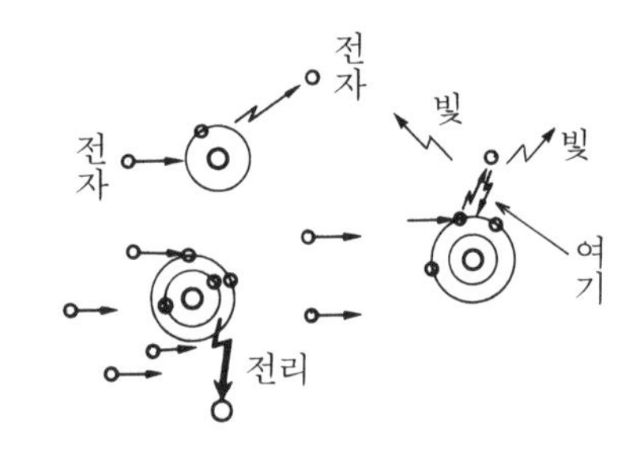

기체 원자의 전리전압		
	나트륨(Na)	5.12[eV]
	수 은(Hg)	10.4 [eV]
	아르곤(Ar)	15.7 [eV]
	네 온(Ne)	21.5 [eV]
	헬 륨(He)	24.5 [eV]

그림 1 전리와 여기

그림 1에 이 상태의 모식도를 그렸는데, 전자가 궤도에서 벗어나는 것이 **전리**(電離)이고 도중까지 벗어나고 다시 돌아가는 것을 **여기**(勵起)라고 하는데, 되돌아갈 때 빛을 낸다. 또 전자를 가속하는 크기는 [eV]라는 단위로 표시된다.

[eV](전자 볼트)는 전자 물리 등에서 사용하는 에너지 단위로서, 1 [eV] $=1.60219\times10^{-19}$ [J]이다. 진공 내에서 1 [V]의 전위차를 횡단할 때 전자가 얻는 에너지로서 SI 단위와 병용해서 사용한다.

방전의 트랜스퍼

기체 내의 방전에 대해서 그 상태를 그래프로 나타낸 것이 **그림 2**이다. **암방전**(暗放電)이라고 쓴 것은 이 단계에서는 소량의 이온이나 전자가 존재하여 그 작용에 의하거나 가한 전계에 의해 이온이 만들어지지만 어느 시간에 소멸되어 버리는 경우로서 전류도 적고 **암류**(暗流)라고 한다. 다음에 전계가 강한 곳에서 국부적으로 전리(電離)가 지속해서 일어나며 바늘과 평행판의 전극은 바늘 선단에 광점(光点)이 생기는 **코로나 방전**이라는 것이 일어난다. 더욱 전계가 강해지면 소리와 불꽃이 일어나며 전체 전극에 걸쳐 방전이 되고(전로 파괴가 일어난 것) **글로 방전**이라고 표시한 부분으로 이동된다. 다음에 이것을 초과하면 전자가 충돌 · 전리에 의해 누승적으로 전자를 증식하여 전극을 과열시켜 금속 증기를 만들고 그 금속 증기의 원자를 전리하여 월등히 많은 전자를 만들고 **아크 방전**이 되어 수 암페어 이상의 큰 전류가 흐르게 된다. 이 방전은 전등 조명에 이용되고 있다. 또한 아크 방전은 **그림 3**과 같이 먼저 전극을 붙여 두고 전극이 과열했을 때 떼면 아크 방전이 이루어진다.

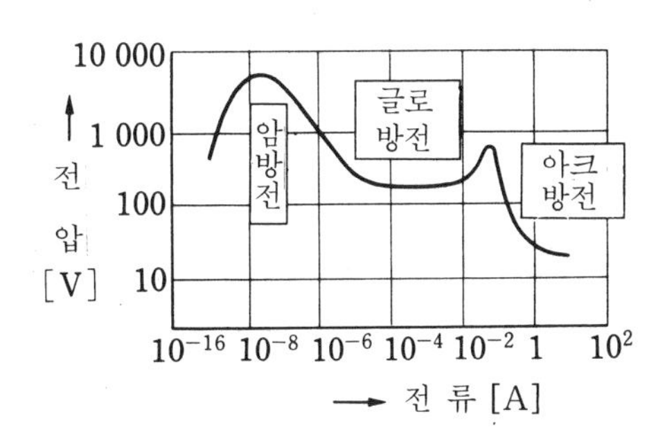

그림 2 방전의 이행

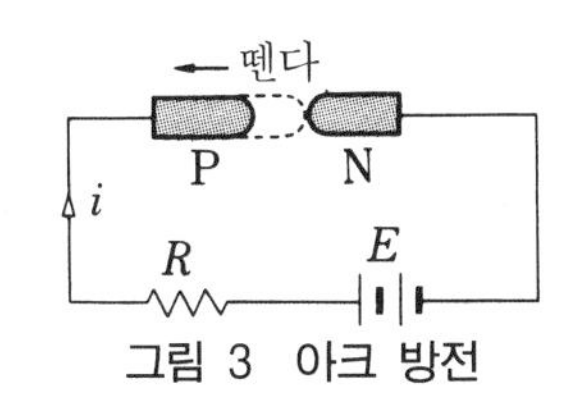

그림 3 아크 방전

피뢰침 높이를 설계해 보자!

산이나 들에서 벼락을 만나면 낮은 곳에 몸을 숨기는 것이 제일 안전하다고 한다. 높은 건물을 보호하는 데는 반대로 벼락을 불러들이는 물체를 내어 그곳에 떨어진 벼락을 대지에 유도하는 방법을 이용한다. 이러한 것을 **피뢰침**이라고 한다.

이 높이는 선단으로부터의 연직선과 60도 각도에 들어가는 반경 내에 보호하는 건물이 들어가도록 하면 된다. 이 각도를 **보호각**이라고 한다. 위험한 물건이 많은 창고 등에서는 보호각을 45도로 하는 경우도 있다.

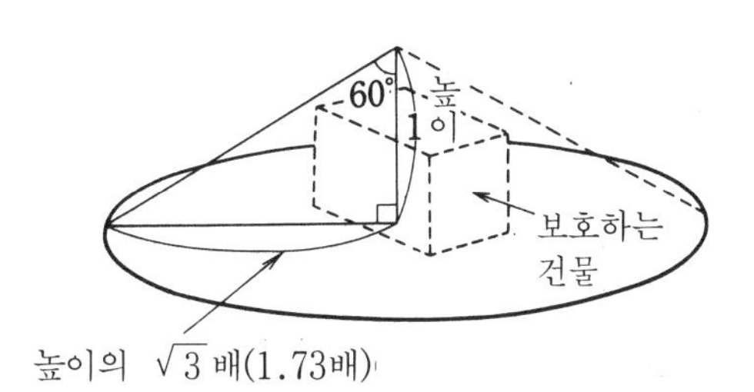

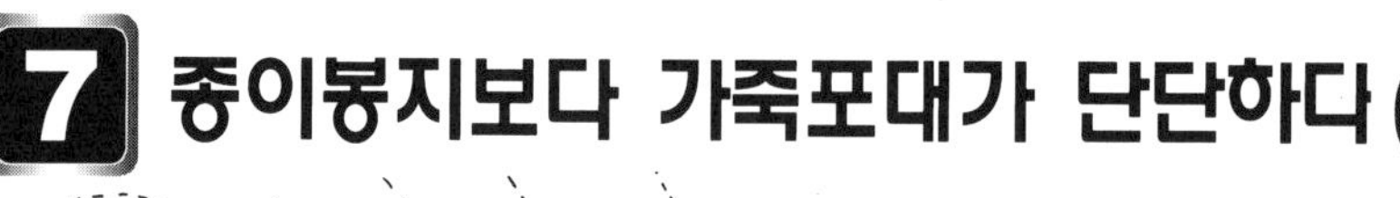

7 종이봉지보다 가죽포대가 단단하다

전위의 경사 절연 내력

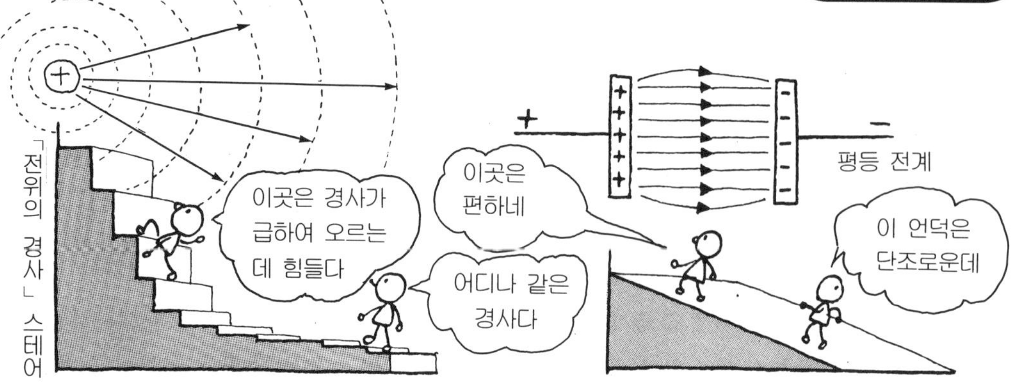

전위가 장소에 따라 변화하는 비율을 무엇이라고 하는가

그림 1과 같이 정전하에 의해 생긴 a점과 b점의 전위를 V_1, V_2라고 했을 때, 그 차를 $\varDelta V$[V]라고 하면 단위 길이당 전위의 변화를 **전위의 경사**라고 하며 단위로는 [V/m]을 사용한다.

$\varDelta r$[m]

a b

V V_1 V_2

$V_2 = V_1 - \varDelta V$

그림 1 전위의 경사

a점일 때 전위의 경사를 G[V/m]라고 하면, ab간의 거리가 $\varDelta r$[m]로

$$G = \frac{\varDelta V}{\varDelta r}$$ 로 나타낸다.

이 식은 a점의 전계 세기 E[V/m]와 수치적으로 같다. 즉, 여기서 중요한 것으로 다음과 같은 것을 알 수 있다.

전기력선이 집중되고 있는 곳 ⇨ 전계의 세기가 큰 곳 ⇨ 전위의 경사가 크다

위의 그림에서 급격한 계단 쪽이 전하 근처로 전기력선이 밀집되어 있는 것과 일치한다.

다만 위의 사진 우측과 같이 평등한 전계인 곳은 어디나 전위의 경사가 같아지며 만일 **그림 2**와 같은 값이면 A, B간의 에너지 차는 $V/2-(-V/2)=V$가 되며 전위차가 V[V]이므로 G, E는

$$G = \frac{V}{l}\ [\text{V/m}], \quad E = \frac{V}{l}\ [\text{V/m}]$$

가 된다.

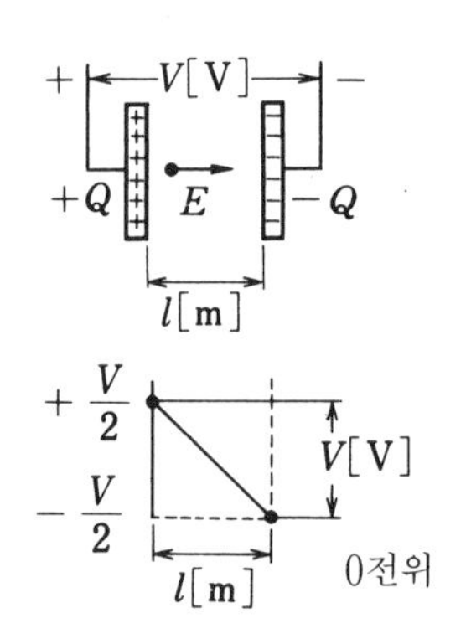

그림 2 평등 전계

절연이 파괴되는 것은 무엇이 원인인가

지금까지 전위의 경사가 전계 세기와 동등하다는 것 등을 배웠는데, 이 전위의 경사가 중요한 이유를 생각해 보자. 즉, 일반적으로 절연 재료에 전압을 가한 경우 그 절연이 파괴되는 것은 재료 내 전위의 대소에 의한 것이 아니라 전위 경사(전계의 세기)의 대소에 의한 것이다.

따라서 절연물을 끼고 그 전극의 전압을 점차 증가시키면 결국 절연이 파괴되는데, 이때의 전압을 절연 재료의 두께로 나눈 값, 즉 이때의 전위의 경사를 **절연 파괴의 세기** 또는 **절연 내력**이라고 한다.

이때의 단위는 당연히 [V/m]지만 보통 [kV/mm]를 사용한다. **표 1**은 그 값의 대표적인 예를 든 것이다. 단, 이 절연 내력도 그때 가한 전압의 상승 속도 및 시간, 재료의 상태(온도, 습도, 기압) 등에 따라 다르다.

표 1

물 질	절연 파괴의 세기 [kV/mm]
운 모	60
유 리	12~20
자 기	34~48
베크라이트	10~30
고 무	10~24
폴리염화비닐	<50
공 기	3

* 공기는 1 cm 간격에서 30 kV, 즉 3만 V의 전압을 가하면 절연이 파괴되는 것을 알 수 있다.

절연 파괴의 세기를 전위의 경사로 나타냈는데, 이때 가한 전압의 값만을 취하여 이것을 **절연 파괴 전압**이라고 한다. 함께 외어 두도록 하자.

또, 양자의 상위점도 확실히 알아두자.

절연 내력 시험은 어떻게 하는가?

고전압(교류는 600V, 직류는 750 V 초과 7,000V 이하를 고압이라고 한다)으로 사용하는 기기는 사용중 절연을 파괴시키지 않도록 시험해야 한다. 그 방법은?

① 아래 그림은 시험용 변압기의 결선도이다. 최대 사용 전압 6,900V의 변압기를 시험하는 데는 몇 Ⓥ를, 가하는가?

[해답] 인가 전압

$6,900 \times 1.5 = 10,350$ [V]

권수비 $\frac{200}{12,000}$ 에서

전압계의 지시는

$10,350 \times \frac{200}{12,000} = 172.5$ [V]

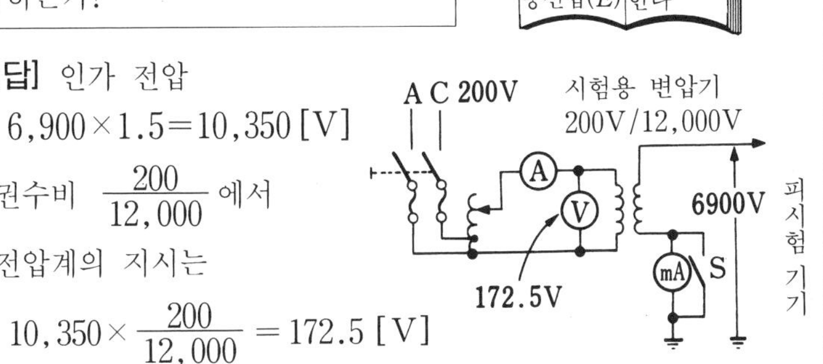

8 2장의 판으로 커다란 작용

콘덴서

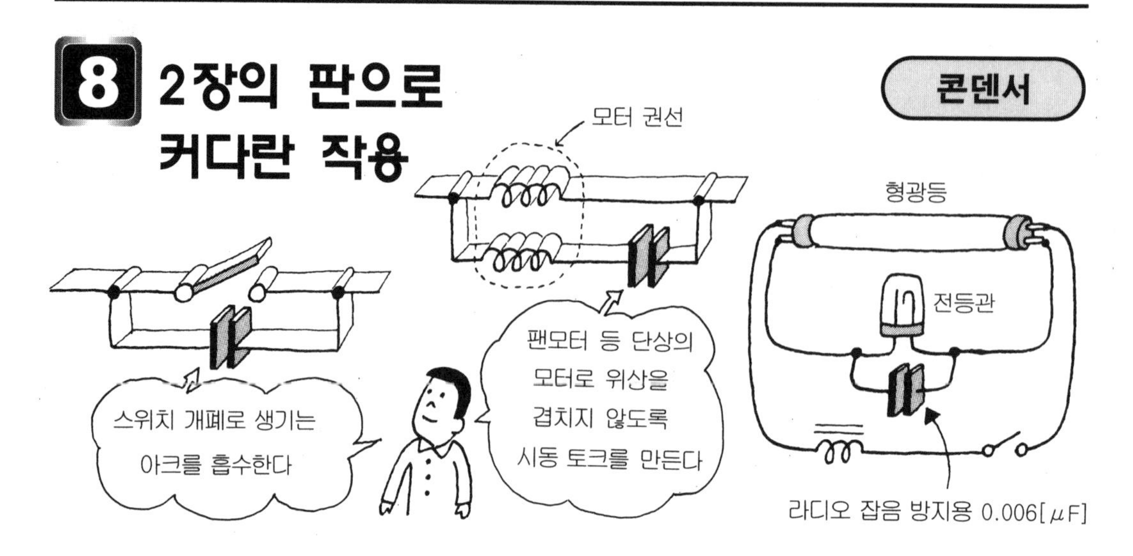

콘덴서의 구조와 종류

콘덴서는 간단한 전기 부품의 하나이다. 이것은 한 마디로 2장의 도체판이 절연물(유전체라고도 한다)에 의해 떨어져 놓인 것이다. 따라서 그림 기호는 위의 그림과 같이 2개의 선으로 그려진다. 2개의 선은 2장의 판을 표시하고 있다. 구조의 일례는 **그림 1**과 같은 페이퍼 콘덴서가 있으며 2장의 박(箔)간에 페이퍼를 넣고 둥글게 말아 만들어진다. 2장의 박으로부터는 리드가 나와 있어 외부 회로와의 접속에 사용되고 있다.

- 바리콘…축을 돌리면 용량이 바뀌게 되어 있다.
- 트리머 콘덴서…이것도 바리콘의 일종으로서, 나사를 돌려 용량을 바꾸게 되어 있다.

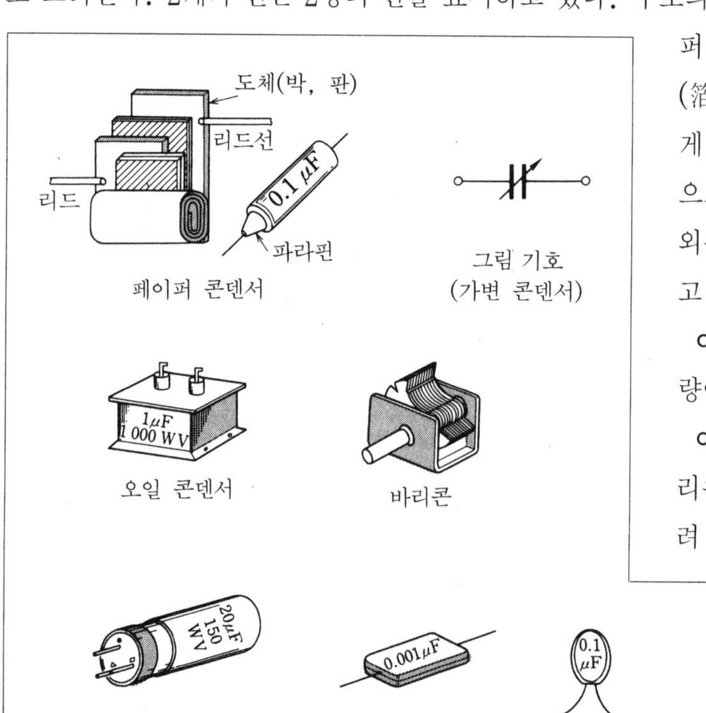

전해 콘덴서 마이커 콘덴서 세라믹 콘덴서 트리머 콘덴서 그림 기호

그림 1 콘덴서의 여러 가지

콘덴서 동작의 이해를 위해

콘덴서의 동작을 이해하려면 정전기에 관한 지식이 필요하다. **그림** 2는 공기를 절연체로 한 2장의 금속판으로 표시된 콘덴서이다. 이것에 직류 전원을 접속한다. 2장의 금속판이 직접 접촉하고 있지 않으므로 "개회로"로 되어 있다. 그러나 회로의 미터에는 스위치가 들어간 찰나 순간적으로 전류가 흐르는 것을 알 수 있다.

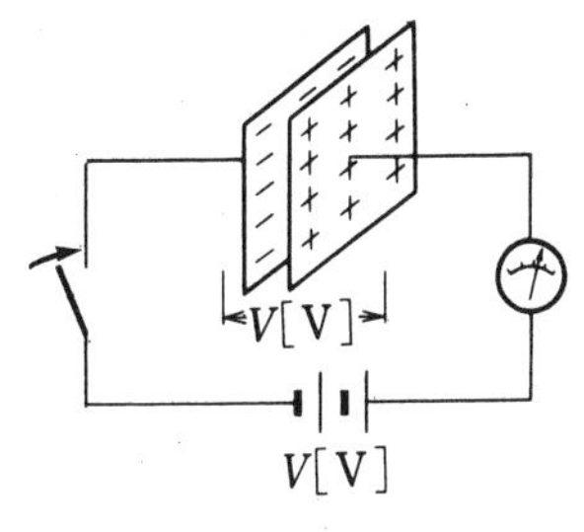

그림 2 콘덴서의 동작

이것은 전원의 －단자에서 전자가 콘덴서의 판 쪽인 플레이트에 흐르고, 이들 전자가 반대측 플레이트의 전자를 멀리하게 되면(동종 전하는 반발한다), 전자는 전원의 ＋단자에 당겨지게 되기 때문이다.

이렇게 해서 콘덴서는 전원의 전압과 동일하게 충전되어 전원의 전압과 대항한다. 이러한 콘덴서를 회로로부터 분리시켜도 콘덴서에 전하는 남아 있어 그 전계 내에 에너지를 축적하고 있다.

단, 이 경우 직류 전류가 콘덴서를 통해 흐른 것이 아니라는 점에 주의해야 한다. 콘덴서는 직류 전류를 저지하는 것이다.

콘덴서의 용량, 즉 전하를 축적하는 능력을 **정전 용량** C라고 하는데, 이것은 1 [V]의 전압 V를 가했을 때 어느 정도의 전하(Q : 단위는 [C] ; 쿨롬)를 축적하는가로 표시하며 그 단위는 [F](패럿)을 사용한다. 이들의 관계는 다음과 같다.

$$C = \frac{Q}{V} \Rightarrow Q = CV$$

플래시 램프 제작

오른쪽 그림과 같은 회로를 짜는 것으로 흥미 있는 실험을 할 수 있다.

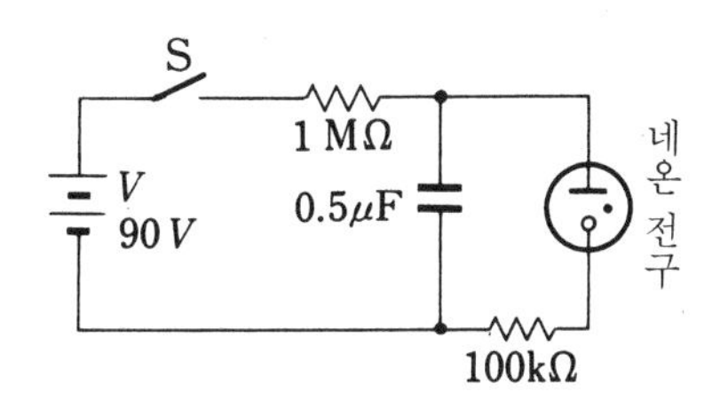

네온 램프는 일정 전압에 도달할 때까지는 점등하지 않는다. 전압이 "방전 전압"에 도달하면 점등한다.

이 회로에서 S를 넣으면 콘덴서는 저항을 통해서 충전되고 이것이 방전 전압까지 높아지면 네온 램프를 통해서 방전된다.

이 반복으로 램프는 계속해서 플래시하는 것이다. 반복 시간은 R과 C의 크기에 의하는데, 이 점은 14를 참조하기 바란다.

9 콘덴서의 감찰관 "테스터"

고장 진단

콘덴서를 테스터로 진찰하자

콘덴서는 [8]에서 배웠듯이 여러 가지 형태의 것이 있지만 2장의 알루미늄박 시트 사이에 얇은 절연지를 끼워 감고 시트에서 리드를 내고 있는 페이퍼 콘덴서는 다시 이것들을 양철통 등에 넣어 전체를 완성한다.

테스터의 리드봉(옴계로 하였다)을 **그림 1**과 같이 콘덴서에 연결하면 테스터 내에 있는 전지에서 전류가 유입된다(전하가 알루미늄박 표면에 확산된다). 접속하면 짧은 시간에 콘덴서 전압이 전지 전압과 같아진다(전압을 상승시키는 방법은 [14]에서 배우게 될 것과 같은 변화를 한다).

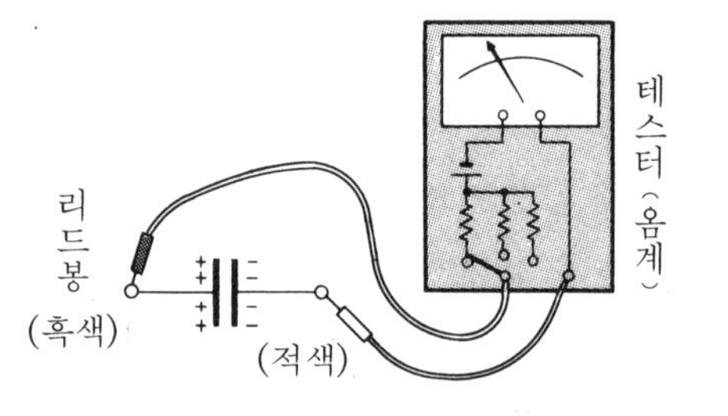

그림 1 콘덴서의 충전

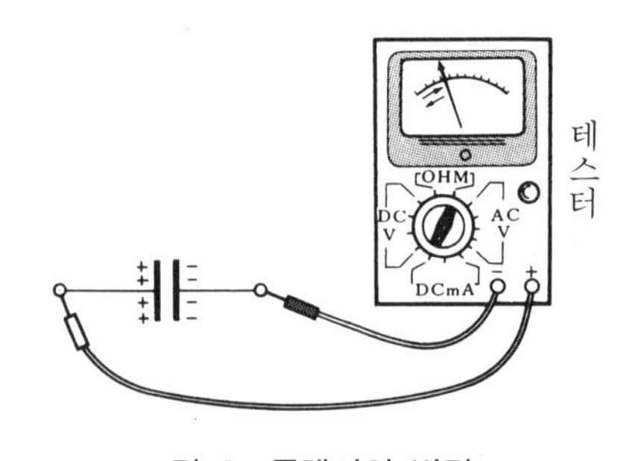

그림 2 콘덴서의 방전

테스터 리드봉을 떼면 콘덴서 극판(알루미늄박) 위에 전하가 쌓여 있게 된다. 이때 어느 정도의 전하가 축적되는가는 알루미늄박의 표면적과 관계된다(이것은 [10]에서 배운다).

이 쌓인 전하는 테스터를 전류계로 하여 콘덴서 단자에 접촉하면 방전되는데, 이 상태를 미터로 확인할 수 있다(**그림 2**).

여기서도 지금까지의 지식을 정리하면 콘덴서의 한 쪽 극은 부로 대전하고 다른 쪽은 정으로 대전, 그 사이에는 전계가 생겨 양극간은 절연되는 것을 알 수 있다.

콘덴서의 양, 불량 판정법

콘덴서는 많은 회로에서 사용되고 있다. 그 콘덴서의 양·불량은 회로의 동작을 결정한다. 그러면 양·불량은 어떻게 하면 알 수 있는가? 그리고 어떠한 고장이 있는가? 테스터를 사용한 검사법을 익혀 두자.

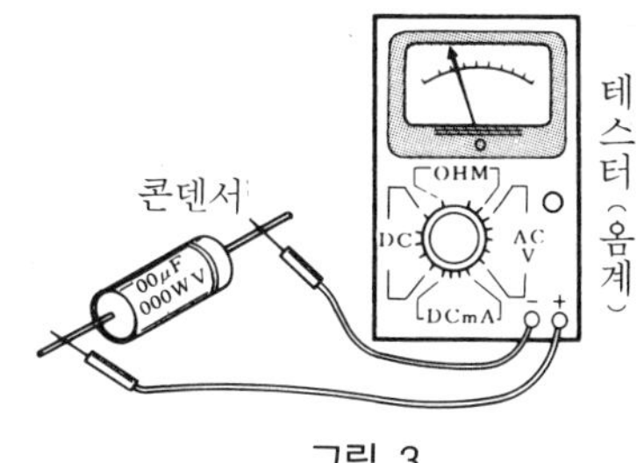

그림 3

우선 고장의 세 가지 형태는 ① 단락(쇼트), ② 접지(그라운드), ③ 개로(오픈)이다. 따라서 이러한 고장을 테스터로 조사하려면 우선 콘덴서가 양품이면 어떻게 되는가를 알아두는 것이 중요하다. 앞에서 설명했듯이 테스터를 옴계로 하여 콘덴서 단자에 대면(**그림 3**) 먼저 충전 때문에 전류가 유입되고 이어서 전압이 높아지면 전류가 정지한다. 따라서 테스터 지침은 처음에 약간 흔들리고 곧 원래대로 돌아온다(무한대의 저항을 표시한다). 여기서 테스터를 떼고 1분 후에 콘덴서에 접촉하면 양품의 콘덴서로는 더 이상 바늘이 흔들리지 않는다(콘덴서는 테스터의 전지 전압까지 충전되어 있으므로).

단락한 콘덴서는 내부에서 절연지 일부가 파손되어 극판이 흔들리기도 하며, 테스터를 옴계로 하여 리드에 접촉하면 바늘이 전부 가서 0옴을 지시한다. 다음에 개로(오픈)한 콘덴서는 테스터 체크로 바늘이 가지 않아 충전되지 않는다는 것을 나타내며 무한대의 저항을 지시한다.

동일한 콘덴서라도 직류와 교류는 이렇게 다르다

콘덴서에는 수십 피코 패럿[pF]의 소용량인 것부터 수천 마이크로 패럿[μF]의 대용량인 것까지 다양하다. 여기서 사용하는 콘덴서는 0.1[μF]로 교류를 가해도 파괴되지 않는 무극성이며 내압이 200[WV](WV는 ⑫에서 배울 것이다)인 것을 선택하였다. 최초에 **그림 a**와 같이 직류 전원을 콘덴서에 가하고 전류를 조사하였다. 스위치를 넣은 순간 바늘이 약간 움직이고 그 다음은 0 A 그대로이다. 이것은 콘덴서가 직류를 흐르게 하지 않는다는 결과를 나타내고 있다. 다음에 **그림 b**의 교류 전원을 콘덴서에 가하여 전류를 조사해 보았다. 약 3 mA에 바늘이 갔다. 이것은 콘덴서가 교류를 흐르게 할 수 있다는 증명인데, 왜 흐르는가, 왜 3 mA인가의 해답은 p.147에 나와 있다.

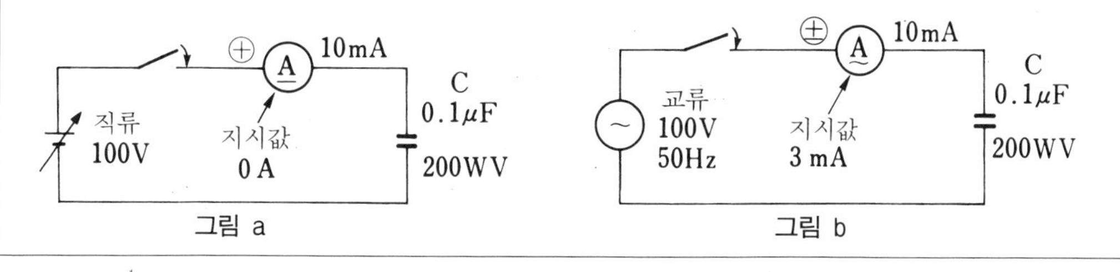

그림 a　　그림 b

10 재산 평가는 무엇으로 하는가 (정전 용량의 대소)

정전 용량을 컨트롤 하고 있는 요소는

그림 1에서 스위치 S를 넣으면 콘덴서에 전하가 축적된다.

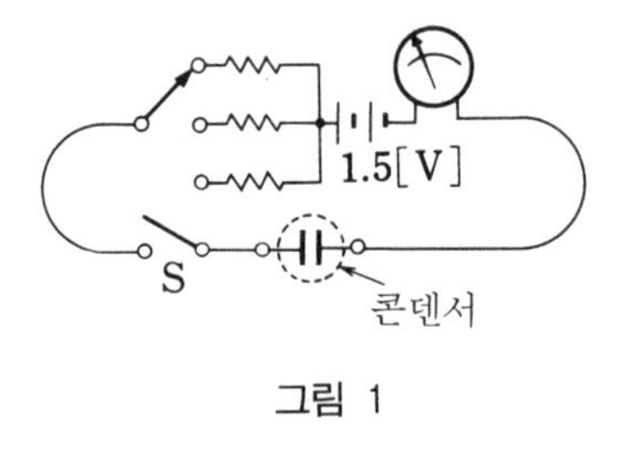

그림 1

이것을 다른 표현으로 하면 전극의 「**판상에 전하가 확산되어 나간다**」라고도 생각할 수 있다. 전하가 모이는 양은 전극 **표면적**의 대소에 따라 달라진다. 판이 넓으면 전하가 확산되어 나갈 수 있는 장소가 많기 때문에 많이 축적된다고 할 수 있다.

정전 용량은 [μF]로 측정되는데, 작은 콘덴서는 4[μF]일지도 모르고 큰 콘덴서는 150[μF]일지도 모른다. 이것은 큰 [μF]의 콘덴서를 만들고 싶으면 큰 면적의 판(또는 박)으로 만들 필요가 있다.

그래서 콘덴서의 용량은 다음 세 가지에 의해 결정된다(**그림** 2).

① 유전체로서 사용된 재료

② 전극의 면적

③ 전극간의 거리

라디오, 텔레비전이나 기타 전기 기기에 사용되고 있는 콘덴서는 전원이 분리되어도 전하가 남아 있다. 따라서 만지기 전에 이들 전하를 절연된 드라이버를 사용, 단자를 섀시에 단락하여 나가게 하는 것이 중요하다.

만일 이를 태만히 하면 이들 전압이 시험 기기를 파손시킬지도 모르고 작업하는 기술자에게도 큰 쇼크를 주게 된다.

콘덴서는 접속법으로 용량이 달라지는가

콘덴서를 직렬로 연결했을 때와 병렬로 연결했을 때 용량이 어떻게 달라지는가를 학습해 보자.

직렬 접속 → 정전 용량 "C" 감소

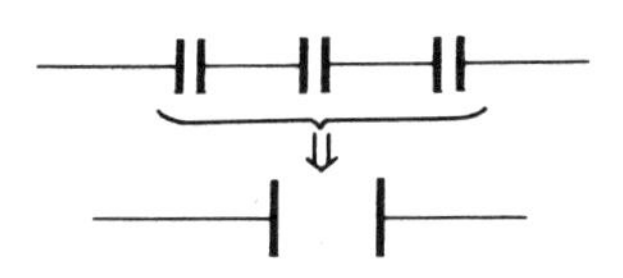

극판의 크기가 동일하고 극판 간격이 3배로 되어 있다(극판 간격이 증가하면 C가 감소한다).

병렬 접속 → 정전 용량 "C" 감소

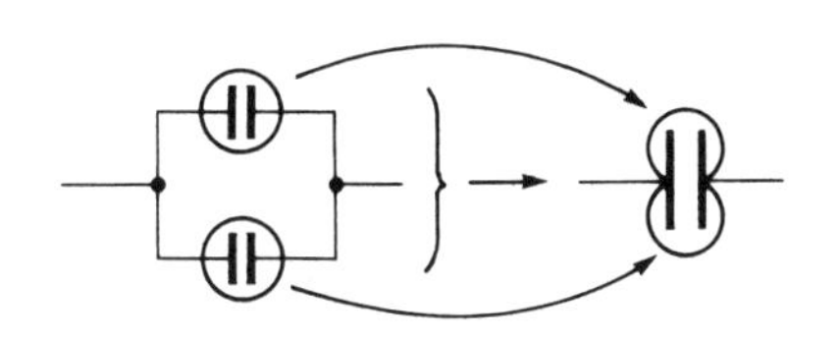

극판의 크기가 2배가 되고 극판 간격은 그대로 된다.
(크기가 증가하면 C는 증가한다)

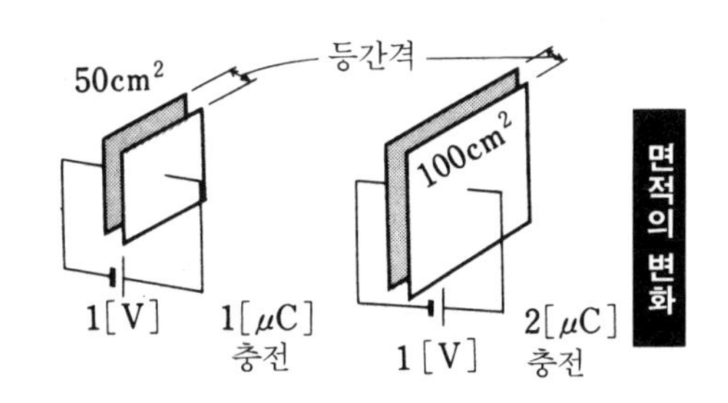

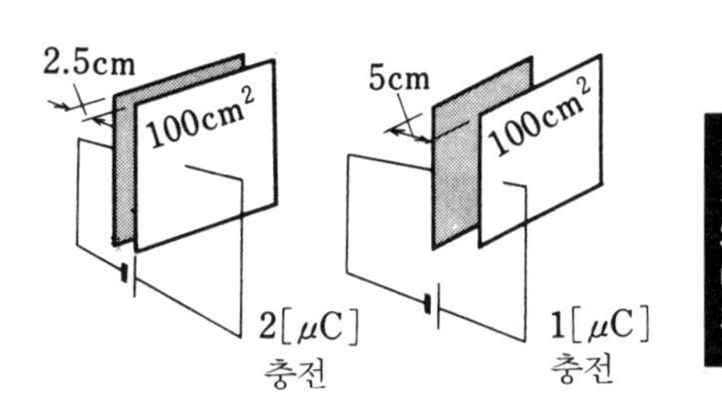

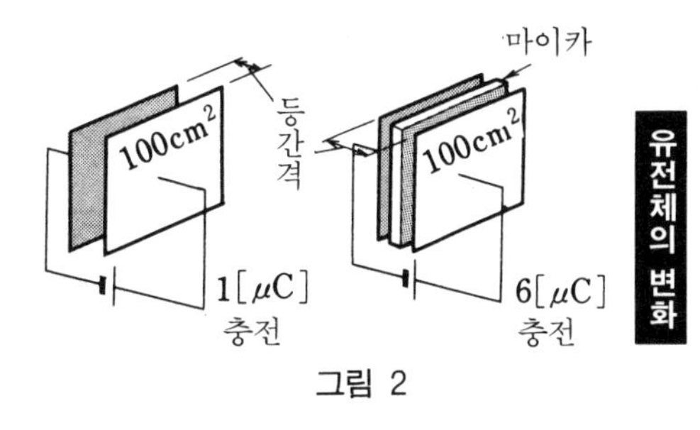

그림 2

학력 진단(어느 정도 정확한가)

콘덴서 학습에 대한 정리이다.
다음 물음에 답하라.

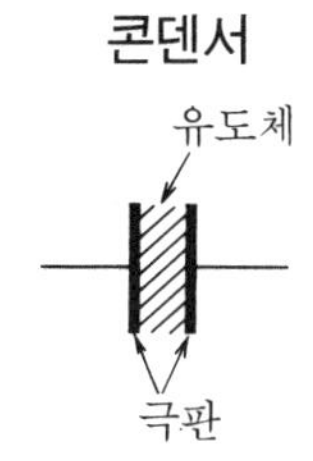

① 정전 용량의 기호는? ➡ C

② 정전 용량을 증가시키려면? (세 가지) ➡
1. 큰 극판으로 한다
2. 극판간을 근접시킨다
3. 유전체의 종류를 바꾼다

③ 정전 용량을 계측하는 단위는? ➡ 패럿[F]이나 마이크로 패럿[μF] $\left(\frac{1}{1,000,000}\text{F}\right)$

11 우리 엄마는 살림꾼

콘덴서의 직병렬 접속

콘덴서는 병렬일 때 "합을 구한다"

10에서 배웠듯이 콘덴서는 접속 방법에 따라 전체의 정전 용량이 달라진다. 기술자는 수시로 콘덴서를 직렬 혹은 병렬로 접속하여 사용할 것을 요구받는다. 그런 경우의 영향에 대해서 확실히 배워 두는 것이 중요하다.

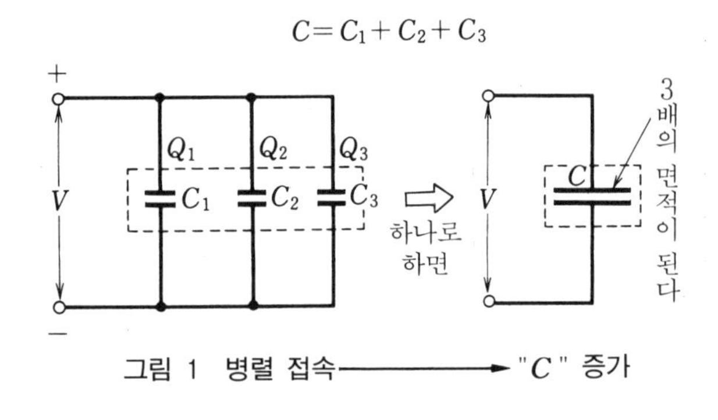

그림 1 병렬 접속 ——→ "C" 증가

여기서는 왜 합성 용량 C[F]가 증가하는가를 수식을 사용하여 조사해 본다. 단자간에 V[V]를 가하면 각 콘덴서에는 전하 Q_1, Q_2, Q_3[C]가 축적된다.

$$Q_1=C_1V,\ Q_2=C_2V,\ Q_3=C_3V$$

그러므로 단자에서 본 모든 전하 Q[C]는

$$Q=Q_1+Q_2+Q_3=C_1V+C_2V+C_3V=(C_1+C_2+C_3)V$$

따라서, 합성 용량 C[F]는

$$C=\frac{Q}{V}=C_1+C_2+C_3$$ 가 된다.

이 공식을 잊지 않기 위해서는 **그림 1**을 염두에 두면 좋다(저항 계산시와 반대로 되어 있다 — 저항은 직렬일 때 "합"을 구한다 — 고 암기해도 된다).

콘덴서의 단자 전압 V[V], 정전 용량 C[F], 그때의 전하 Q[C]의 관계를 암기하자.

$$Q=CV$$

직렬로 하면 용량이 감소한다

직렬로 접속한 콘덴서의 단자 X, Y간에 V[V]를 가했을 때 전체적으로 Q[C]의 전하가 충전됐다고 하면 각 콘덴서 전극에는 정전 유도에 의해 전부 동일한 전하 Q[C]가 생긴다.

따라서 다음과 같은 관계식이 성립된다.

$$C=\frac{1}{\dfrac{1}{C_1}+\dfrac{1}{C_2}+\dfrac{1}{C_3}}$$

하나로 합치면

그림 2 직렬 접속 → "C" 감소

$$V_1=\frac{Q}{C_1} \qquad V_2=\frac{Q}{C_2} \qquad V_B=\frac{Q}{C_3}$$

또한 $V=V_1+V_2+V_3$가 되므로 합성 용량 C[F]는(**그림 2**),

$$C=\frac{Q}{V}=\frac{Q}{\dfrac{Q}{C_1}+\dfrac{Q}{C_2}+\dfrac{Q}{C_3}}=\frac{1}{\dfrac{1}{C_1}+\dfrac{1}{C_2}+\dfrac{1}{C_3}}$$

[예제] 정전 용량이 12[μF]인 콘덴서를 3개 직렬로 했을 때의 용량은?

$$C=\frac{1}{\dfrac{1}{C_1}+\dfrac{1}{C_2}+\dfrac{1}{C_3}}=\frac{1}{\dfrac{1}{12}+\dfrac{1}{12}+\dfrac{1}{12}}=\frac{1}{\dfrac{3}{12}}=\frac{12}{3}=\underline{4\,[\mu\text{F}]}$$ … 답

Let's try 콘덴서의 합성 용량(간편한 방법)

콘덴서가 여러 개 직렬로 되어 있을 때는 2개씩 합쳐서 계산해 나가도 마찬가지이다.

여기서 2개일 때의 합성 용량을 구할 때 외우기 쉬운 공식을 나타낸다(이것은 p.15에서 든 저항의 병렬 접속시에도 사용할 수 있다).

$$C=\frac{1}{\dfrac{1}{C_1}+\dfrac{1}{C_2}}=\frac{1}{\dfrac{C_2}{C_1C_2}+\dfrac{C_1}{C_1C_2}}$$

$$=\frac{1}{\dfrac{C_1+C_2}{C_1C_2}}=\frac{C_1C_2}{C_1+C_2}$$

더하기분의 곱하기

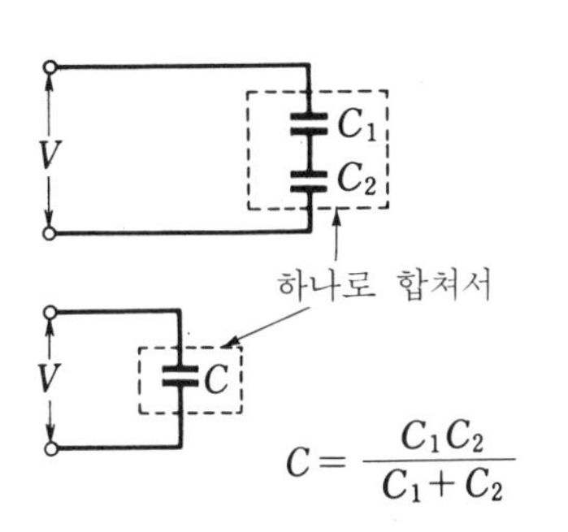

12 어느 편이 이기는가

콘덴서의 내압

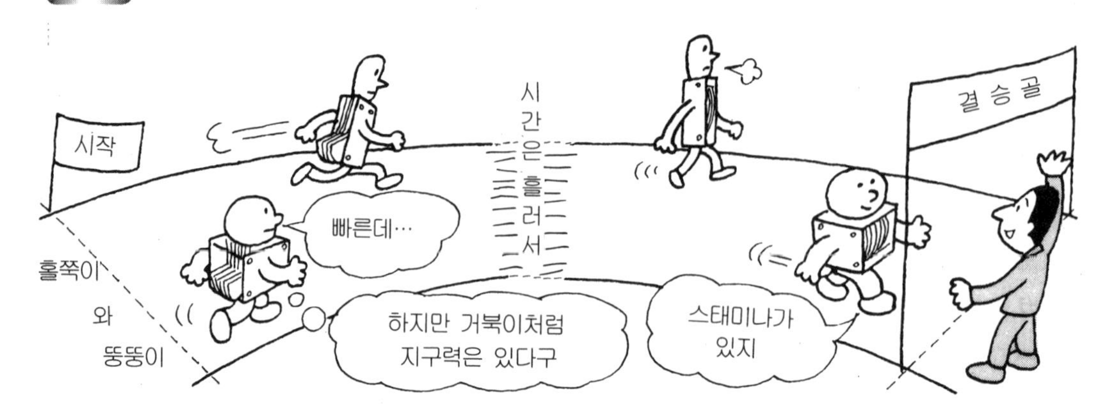

사용할 수 있는 전압의 한도란

콘덴서는 그 구조에 따라 어느 정도의 전압으로 사용할 수 있는가가 정해진다. 이는 안에 있는 절연물이 어느 정도의 전압에 견딜 수 있는가로 정해진다고도 할 수 있는데, 만일 이 전압을 초과하여 사용하면 절연물(유전체)이 파괴되어 단락을 일으킨다. 즉, 펑크됐다고 하는 상태가 된다.

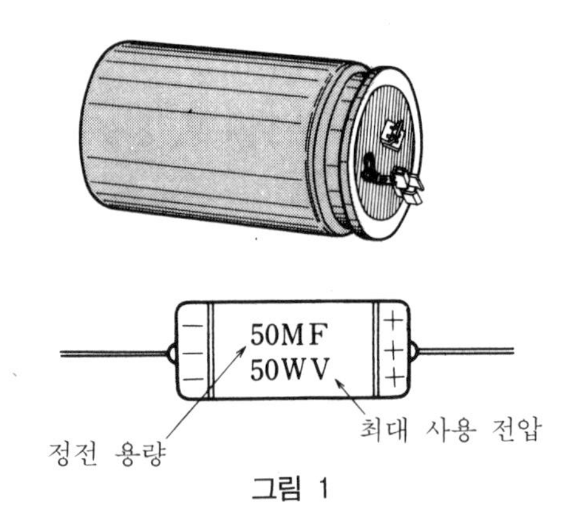

그림 1

이것은 회로에서 사용되고 있는 경우에는 회로의 다른 부분에도 영향을 미치게 된다. 따라서 콘덴서를 사용할 때는 그 크기(용량)만이 아니라 **내압**(어느 정도의 전압으로 사용할 수 있는가의 값)에 주의하는 것이 중요하다.

이 콘덴서의 내압은 콘덴서에 써 있는 경우는 최대 사용 전압(D.C. Working Voltage)이라는 것을 단순히 "WV"라고 기입하고 있으므로 이 의미를 이해하여 두자(**그림** 1).

또한 콘덴서가 교류 회로에 사용될 때는 이 "WV"(내압)는 뒤에서 배우는 교류의 최대값을 초과할 필요가 있다.

예를 들어 교류에서 100V라고 하여도 최대값은 100×1.41=141[V]가 되듯이 100[V] 회로에서도 141[V] 이상의 것이 필요하다.

즉, 전압이 높은 곳에서 사용되는 콘덴서는 당연히 그것에 견딜 수 있는 것이 요구되는데, 이것을 콘덴서측에서 생각해 보면 극판간에는 삽입된 절연물의 재질을 바꾸거나 두꺼운 것을 사용하게 된다.

작은 것에 고전압이 걸린다

「작은 것」이란 콘덴서의 용량이 작다는 것이지만 콘덴서의 직렬 접속에서는 [11]에서 배웠듯이 어떤 콘덴서에도 동일한 양의 전하가 축적된다. 이 조건에서 전압이 어떻게 되는가를 생각하면 **그림 2**와 같이 용기가 작은 쪽이 높은 전압이 가해지게 된다. 이것을 수식으로 유도하면 다음과 같다.

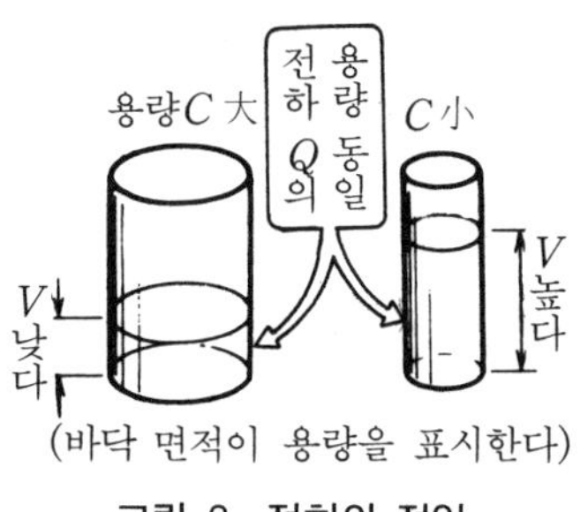

그림 2 전하와 전압

그림 3에서 어느 쪽 콘덴서에서나 동일한 전하 Q가 있으므로

$Q=C_1\times V_1$ 및 $Q=C_2\times V_2$ 에서

$C_1\times V_1=C_2\times V_2$

전압의 관계는 그림에서 알 수 있듯이 $V_2=V-V_1$

따라서

$C_1\times V_1=C_2\times(V-V_1)$이 된다.

이것을 변형해서

$$V_1=\frac{VC_2}{C_1+C_2} \quad \text{마찬가지로} \quad V_2=\frac{VC_1}{C_1+C_2}$$

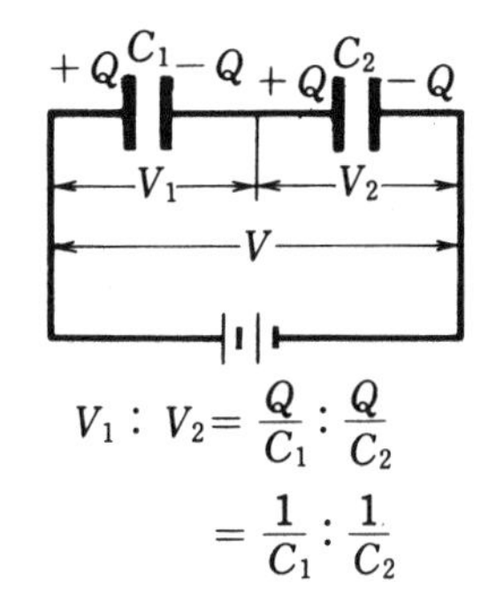

$$V_1:V_2=\frac{Q}{C_1}:\frac{Q}{C_2}=\frac{1}{C_1}:\frac{1}{C_2}$$

그림 3 전압이 가해지는 방식

(지금 가령 C_2의 용량 쪽이 작다고 하면 V_1은 용량이 큰 C_1에 걸리는 전압이므로 작은 값이 된다)

여기서 알 수 있는 것은 콘덴서의 직렬 접속에서는 **각각의 전압은 용량에 반비례한다**는 것이다. 그러므로 콘덴서를 사용할 때는 전압이 가해지는 방법을 잘 이해하고 사용하는 것이 중요하다. 구체적으로 Let's try를 풀어 보자.

용량과 내압

내압 500V의 콘덴서 2개가 있다. 용량이 0.2μF, 0.3μF일 때 이것을 직렬로 하면 양단에 가해지는 최대의 전압은 얼마인가?

$C_1=0.2$ $C_2=0.3$ V

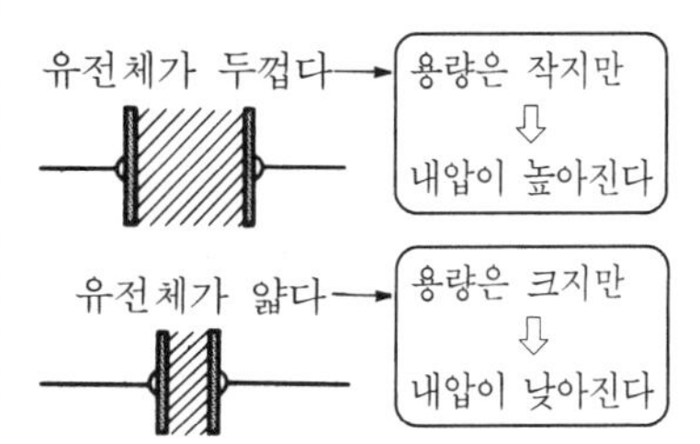

[해답] 전압은 용량에 반비례하여 가해지므로 작은 용량의 콘덴서($C_1=0.2\mu F$)에 500V가 가해져도 되므로 양단의 최대 전압(V)을 낸다.

$$V_1=V\times\frac{C_2}{C_1+C_2} \text{에 의해 } 500=V\times\frac{0.3}{0.2+0.3}$$

$$\therefore\ V=500\times\frac{0.5}{0.3}=500\times\frac{5}{3}\fallingdotseq\underline{833\,[V]}\ \cdots \text{답}$$

13 사람의 몸은 회로의 일부

터치 스위치

전기 인간 등장

자동 엘리베이터의 홀 쪽 벽에 달려 있는 스위치를 본 일이 있을 것이다. 그리고 최신 것은 스위치에 닿은 순간 손가락으로 누르지 않았는데도 녹색 네온 램프가 켜지는 것을 경험해 보았을 것이다.

또한 자신의 몸이 때로 전기 회로의 일부가 되어 그 회로의 기능을 작동시킨 적은 없는지? 이 엘리베이터의 단추와 같이 잠깐 접촉했는데 작용했다는 사실은 사람의 몸이 접지되어 있어 부의 전하를 가질 수 있다는 이론이 적용된 것이라 할 수 있다.

이것을 터치 스위치라고 한다. 콘덴서는 충전되면 한 쪽 전극에 +의 전하를 취할 경우 다른 쪽 전극은 동량의 −전하를 얻는다. 사람(−전하를 가진)이 콘덴서의 한 쪽 전극이 되면 반대쪽 극은 +의 전하를 얻게 된다. 회로에 콘덴서가 2개 연결되어 한 쪽 전하가 바뀌면 다른 쪽도 바뀐다는 것은 알고 있다.

그래서 **그림** 1과 같이 엘리베이터의 호출 단추(사실은 터치 스위치)에 접촉하면 사람이 콘덴서의 한 쪽 전극의 역할을 하여 C_S와 C_1을 충전함으로써 C_1에 전압이 나타나게 된다.

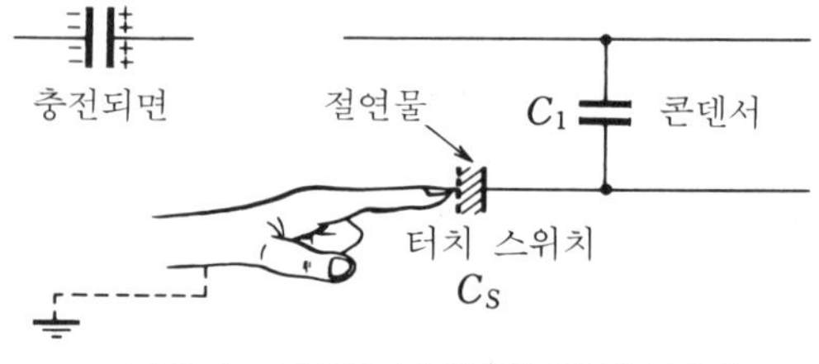

그림 1 사람이 콘덴서의 전극이 된다

C-MOS라고 하는 IC를 사용한 터치 스위치도 있는데, 이 원리는 사람이 터치 플레이트에 접촉하면 인체를 안테나로 유도하는 50 Hz (또는 60 Hz)의 전원 햄을 하이 임피던스 입력의 C-MOS로 증폭하여 콘덴서를 충전하는 것도 있다.

램프 점등의 원리

사람의 몸이 전기 회로의 일부가 된다는 것을 알았으므로 엘리베이터의 램프가 켜지는 이유를 **그림 2**로 알아보기로 하자. 이 램프는 네온 램프인데, 네온 램프는 일정 전압 이상이 되면 점등하지 않는다. 스위치에 손을 대면 먼저 C_1이 충전되어 전압이 생긴다. 그리고 그 전압이 어느 값 이상이 되면 네온 램프가 점등하게 된다.

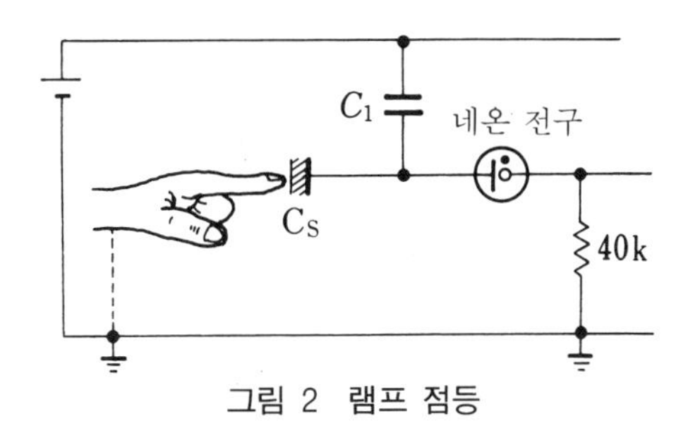

그림 2 램프 점등

그림 3은 그림 2까지의 조작으로 사람이 어느 층에서 엘리베이터를 부른 것을 램프로 그 사람에게 알리고, 다음에 그것을 엘리베이터에 알리기 위해 그림 3과 같이 또 하나의 요소(SCR……사이리스터의 일종)를 부가시킨다.

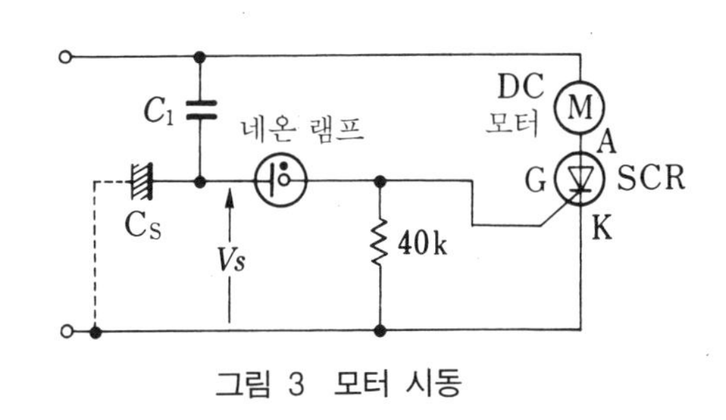

그림 3 모터 시동

SCR는 G(게이트)에 전류가 흐르면 A, K간에 전류가 흐르게 되는 것이다. 따라서 G에 C_1으로부터의 전류가 흘러 SCR이 ON(도통)이 되면 DC 모터가 회전하여 엘리베이터에 신호가 가게 된다.

SCR의 동작 원리

애노드 A, 캐소드 K, 게이트 G의 3단자 사이리스터로 역방향으로는 흐르지 않는 것을 SCR이라고 한다.

여기서는 SCR의 동작 원리를 실험을 통해 조사해 본다.

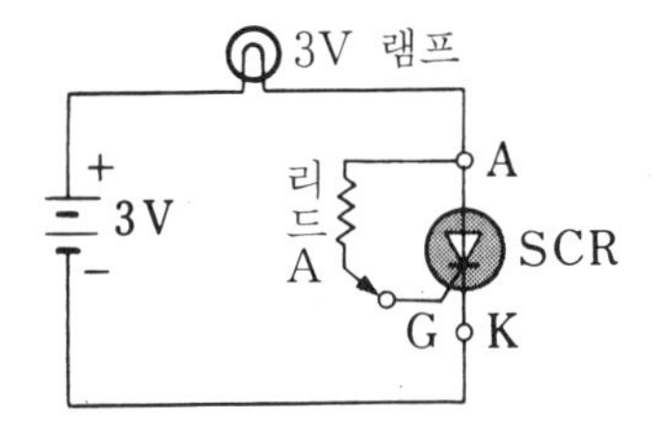

이 회로에서 리드 A를 G에 대면?
(SCR은 ON이 되어 램프가 켜진다.)

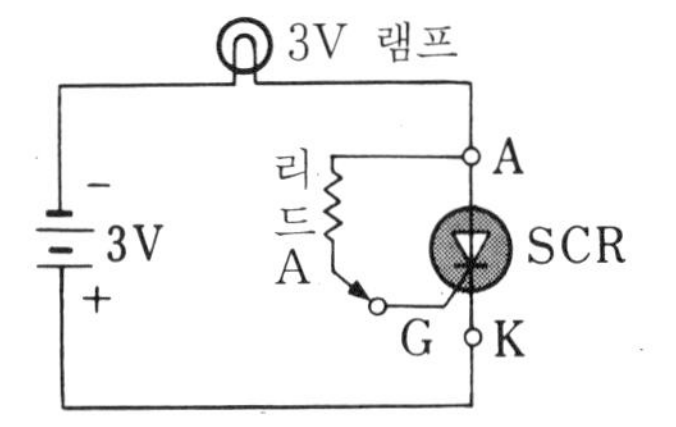

이 회로에서 리드 A를 G에 대면?
(아무 일도 일어나지 않는다. SCR이 역방향으로 바이패스되었기 때문에)

SCR은 사이리스터의 일종이다.

14 C와 R로 시간을 제어

C의 충방전

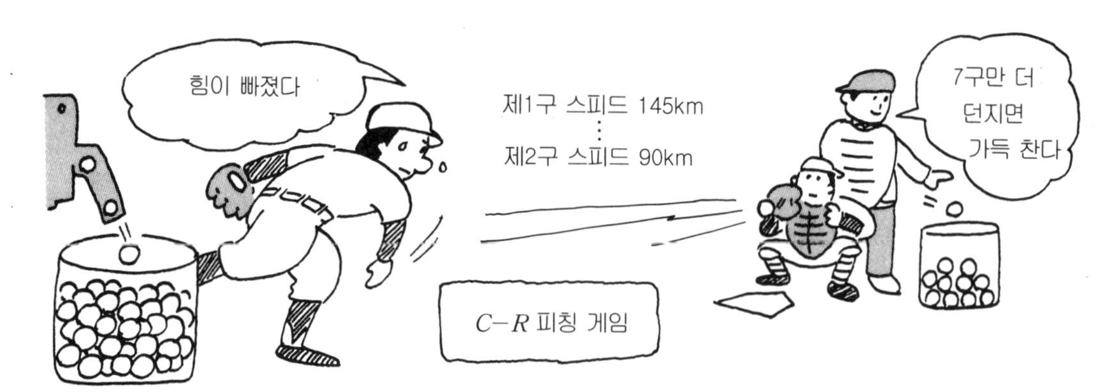

전하를 받으면 대항력이 붙는다

그림 1과 같이 전하를 축적할 수 있는 콘덴서는 전원에 연결되면 그 능력에 따라 전하를 받고 그곳에 축적된 정전하는 전압을 만들어 전원과 대항한다. 그래서 전압이 같아지면 전하의 이동은 없어진다. 그 일시적인 전하의 이동을 **과도 현상**이라고 한다. 처음에는 상대에 전하가 축적되어 있지 않으므로 많은 전하가 이동하며 서서히 그 양이 감소해 나간다. 이것과는 반대로 콘덴서 내에 만들어지는(빌드 업) 전압은 처음에는 0이었던 것이 서서히 높아져 전원 전압과 동일해지면 정지한다.

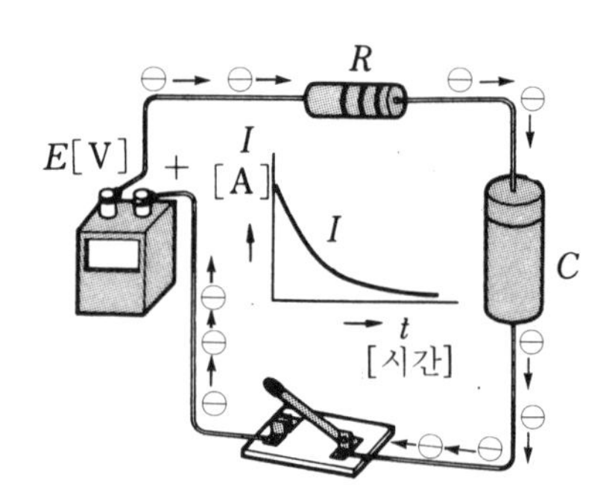

그림 1 전하가 이동하여 C를 충전

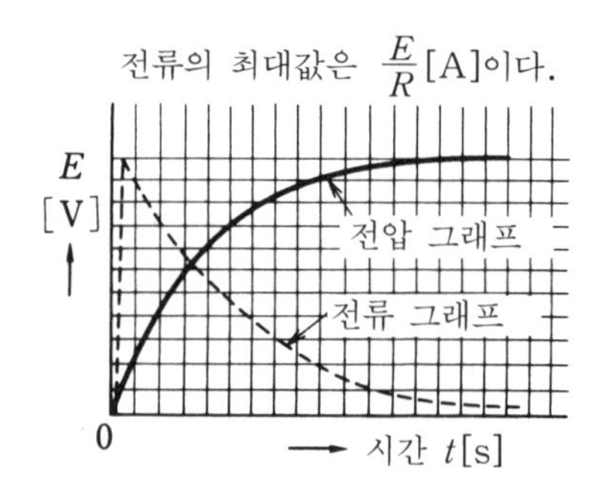

그림 2 C의 충전 시간과 전압의 변화

이와 같은 상태를 그래프로 나타낸 것이 **그림 2**이다. 전압 V가 서서히 높아지고 있는 것을 알 수 있다. 콘덴서의 전압이 높아진 상태에서 그림 1의 스위치를 끊으면 콘덴서에는 전하가 축적된 상태가 된다. 이것은 전지와 같이 전하를 사용하려고 해도 일시적으로는 전류를 흐르게 하지만 곧 없어져 버린다.

63.2%와 5배라는 것은 어떤 수인가

그림 2의 충전 그래프에서 일정한 값으로 안정될 때까지의 시간은 회로의 C[F]와 R[Ω] 크기에 관계가 있다. 이 값을 곱한 것에 단위[초]를 붙인 CR[초] 시간으로 커브의 63.2%

높이에 달한다.

따라서 이 CR의 값은 변화의 기준이 된다.

또한 이 CR[초]의 5배의 시간이 흐르면, 즉 $5CR$[초]로 그래프 변화가 최종값인 99%에 달한다는 것을 알 수 있다.

콘덴서의 실험

저항 R과 콘덴서 C를 접속한 회로의 충전 시간과 전압의 변화 및 방전 시간과 전압의 변화 상태를 측정해 보자.

① 스위치 SW를 ⓑ측으로 한다.

② SW를 ⓐ측으로 한 순간에 스톱 워치를 작동시켜 디지털 전압계 Ⓥ.Ⓥ가 2[V]에 도달하기까지의 시간을 측정하여 아래 표에 기입한다.

③ SW를 ⓑ측으로 하여 콘덴서 전압을 0으로 한다.

④ SW를 ⓐ측으로 하여 Ⓥ.Ⓥ가 4.5로 될 때까지의 시간을 스톱 워치로 측정한다.

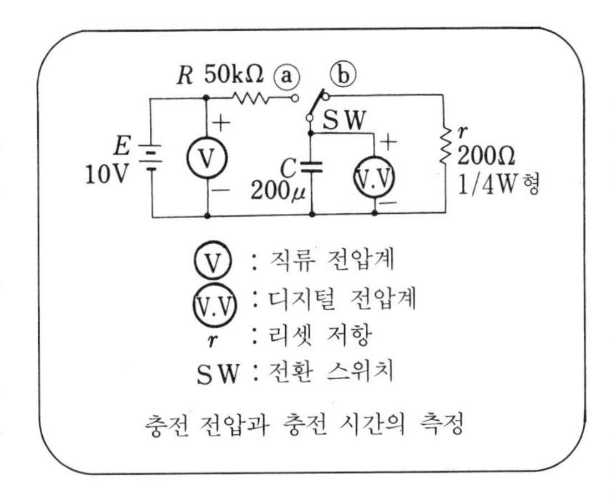

충전 전압과 충전 시간의 측정

⑤ 동일하게 하여 SW를 ⓑ측으로 하여 콘덴서 전압을 0으로 했다면 ⓐ측으로 전환하여 목적하는 전압에 도달할 때까지의 시간을 스톱 워치로 측정한다. 이것을 반복하여 아래 표에 기입한다.

콘덴서의 전압[V]	0.	2.0	4.5	6.0	7.0	8.0	9.0	9.5	10.0
스톱 워치의 지시[초]	0.								

다음에 위 그림의 R과 r을 바꾸어 방전 전압의 변화와 시간을 측정한다.

⑥ 우선 ⓐ측에서 콘덴서 전압 Ⓥ.Ⓥ가 10[V]가 될 때까지 충전한다.

⑦ SW를 ⓑ측으로 했을 때부터 원하는 전압으로 안정될 때까지의 시간을 스톱 워치로 측정한다. ⑥, ⑦을 반복하고 아래 표에 기입한다.

콘덴서의 전압[V]	10.0	7.0	5.0	4.0	3.0	2.0	1.0	0.5	0
스톱 워치의 지시[초]	0								

위의 2개 표에 의해 그래프를 그릴 것. 그리는 방법은 다음 페이지의 정리를 참조

[14]의 Let's try로 C와 R값의 조합을 바꾸어 실험해 보자. 가능하면 콘덴서 전압 ⓋⓋ은 1 [V] 간격으로 측정해 보기 바란다.

C와 R의 조합 예

저항값 R[kΩ]	50	50	50	100	100	100
콘덴서 용량 C[μF]	200 μ	400	1,000	100	200	500
$R \times C$를 계산해 둔다	㉠10.0					

1. 위의 표의 $R \times C$를 계산해 두자.
2. R과 C의 각 조합에 대해 실험하고 그래프를 그려보자.
3. 각각의 그래프에 있어서 $R \times C$ [초]만큼 시간이 경과했을 때 콘덴서 전압 ⓋⓋ은 몇 [V]로 되어 있는가? 이 그래프는 ㉠의 경우이다. 10 [초]시에 충전의 그래프는 최종값의 63.2%에 달하고 있다.

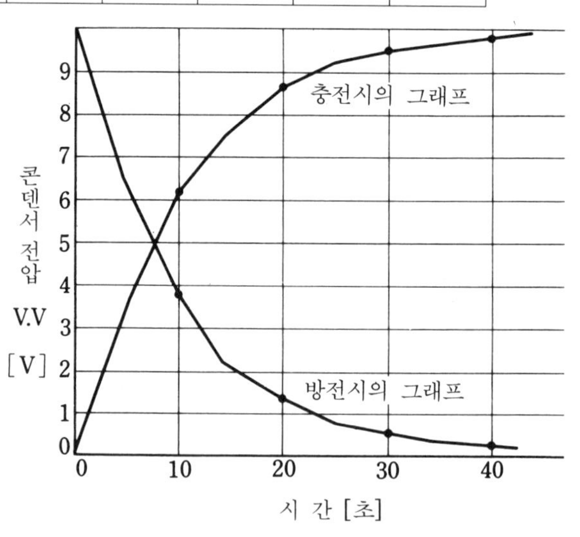

4. 전기 회로에서 보통 사용되는 콘덴서의 정전 용량은
   마이크로 패럿 [μF] $(1 [\mu F] = 10^{-6} [F])$
   피코 패럿 [pF] $(1 [pF] = 10^{-12} [F])$
   를 단위로 해서 표시하는 정도의 크기이다.

[문] 정전 용량 30 [μF]의 콘덴서에 20 [V]의 전압을 가하였다. 이 콘덴서에 축적되어 있는 전하 Q[μC]를 구하기 위해 다음 ( )에 적당한 수를 기입하라.

[풀이] $C = (\quad)[\mu F] = (\quad) \times 10^{(\quad)} [F]$

$Q = CV = (\quad) \times 10^{(\quad)} \times (\quad) = (\quad) \times 10^{(\quad)} [C] = (\quad) [\mu C]$

(답)은 위에서부터 순서대로 30, 30, $^{-6}$, 30, $^{-6}$, 20, 600, $^{-6}$, 600

5

교류의 기초

교류의 기초를 배우는 방법

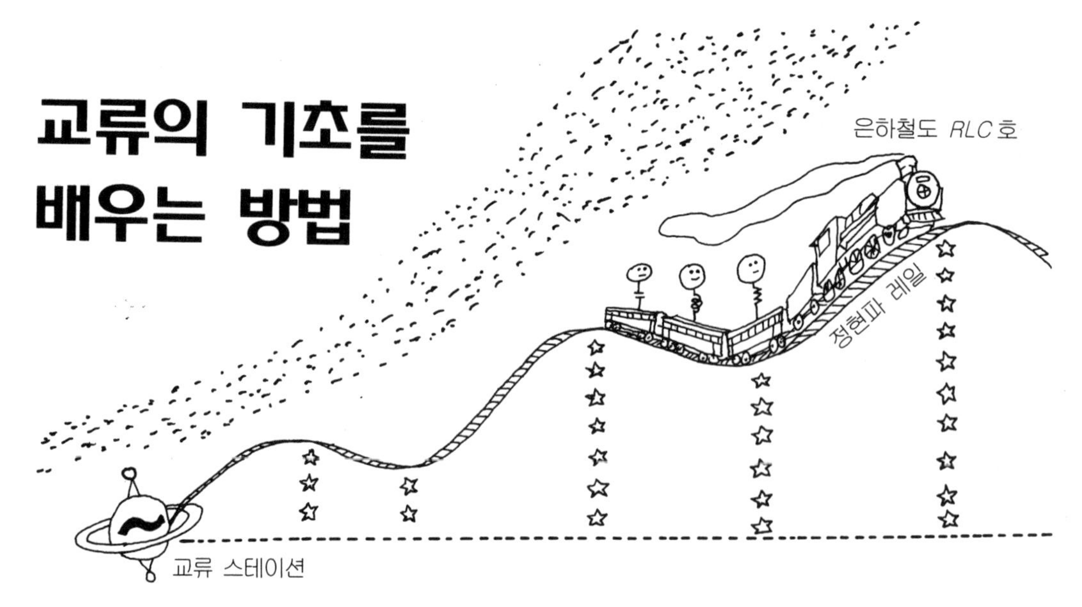

전기는 크게 세 가지로 나눠어진다.

전지와 같은 **직류***, 전등선에서 송전되는 **교류*** 와 또 하나는 전화를 예로 들면 다이얼을 돌려서 생기는 **펄스**(디지털 신호)이다.

여기서는 교류의 기본적인 사항들에 대해서 배우기로 하자. 교류는 오실로스코프에 파형이 나와 있듯이 시간축에 대해서 주기적으로 플러스, 마이너스로 바뀌는 전기이다.

그러면 이와 같은 교류는 어떻게 생기는 것일까? 공중 곤돌라의 몸체 A, B에 주목하기 바란다. 좌로부터의 빛으로 본체의 그림자가 생긴다. 곤돌라 회전에 맞추어 그림자는 A, B의 파형을 그린다.

공중 곤돌라는 1회전하여 360° 회전한다. 이때 파형 A, B도 1주기를 지나게 되므로 파형의 횡축은 각도로 표시할 수 있으며, 또 곤돌라의 회전 속도를 빠르게 하면 파형의 1주기 시간이 짧아지고 파형의 횡축을 시간으로도 표시할 수 있다.

이와 같은 파형을 **정현파 교류**라고 하며, 전기에서는 교류 발전기나 발진기에서 교류 전압이 발생한다.

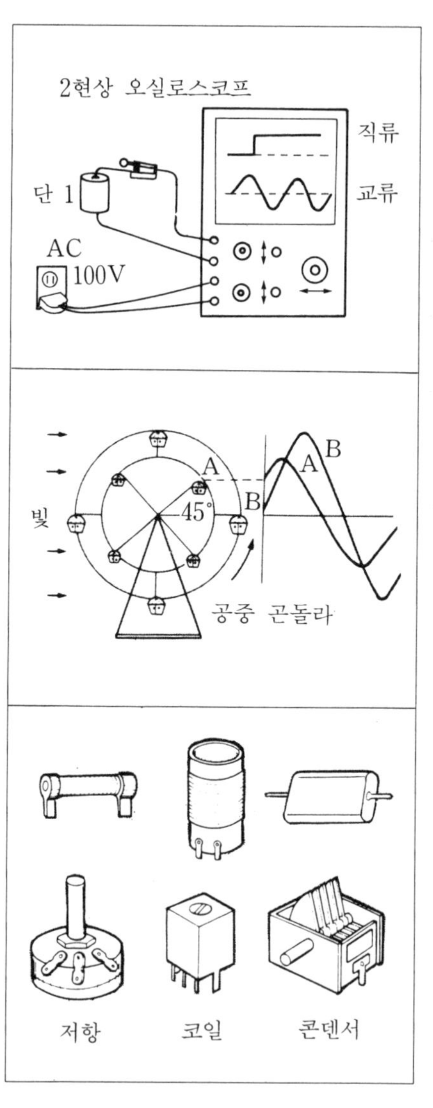

* 직류(DC : direct current), 교류(AC : alternating current)

교류의 전기로 움직이는 부하는 모터나 전열기 등 그 수를 다 헤아릴 수 없을 정도로 많지만 그것을 기호로 분류하면 R, L, C가 된다(진공관이나 트랜지스터는 제외).

교류 회로에서 저항 R, 코일 L, 콘덴서 C는 어떤 작용을 하는가(직류의 경우와는 또 다른 작용을 한다)?

실제의 교류 회로는 각각이 단독으로 사용되기보다 여러 가지로 조합된 회로로 되어 있다.

교류 회로의 계산은 벡터로 하게 되는데, 그 계산에 숙달되고 친근해질 수 있도록 지금부터 배워 나가기로 하자.

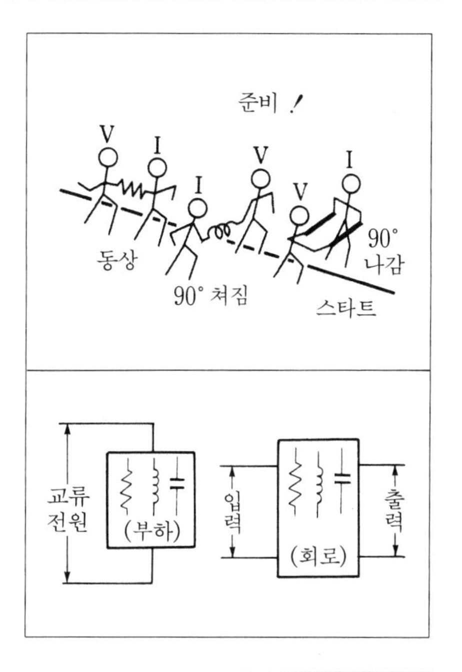

어느 항목을 읽으면 되는가

정현파는 어떠한 파형이 되고 또 그 순시값을 기호로 표시하면 어떻게 되는가? 다음에 정현파 교류의 실효값과 평균값에 대해서도 배운다.

순시값의 각주파수, 주파수, 주기, 파장 등은 각각 어떠한 관계가 되는가를 조사한다.

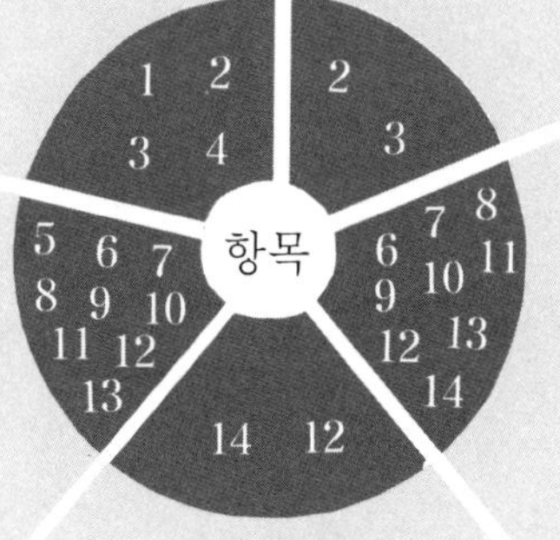

순시값은 식이나 계산이 복잡하다. 더 간단하게 계산할 수 있는 방법은? 여기서는 교류 계산의 에이스, 교류의 벡터에 대해서 설명한다.

교류 회로 계산을 한다. 임피던스·전압·전류는 벡터량이므로 크기만을 구하는 경우에도 벡터도를 그려서 계산하도록 하자.

코일과 콘덴서를 조합하면 LC의 공진 현상이 일어난다. 이것은 전기에 있어서 흥미 있는 현상이다. 잘 조사해 보자.

1 그네를 타고 교류를 만든다

교류의 발생

유도 기전력이 생긴다

그림 1에서 자계 내에 있는 도체를 재빨리 앞으로 움직이면 도체 내에 **유도 기전력**이 발생한다. 자계와 도체의 힘의 방향과 기전력의 방향의 관계는 **프레밍의 오른손 법칙**에 따른다.

(a) 자계 내에서 도체를 움직인다

(b) 프레밍의 오른손 법칙

그림 1 유도 기전력의 발생

교류 전압 발생의 비밀

위의 그림에서 그네가 흔들리는 방향과 검류계 바늘의 흔들림의 관계는 **그림 2**와 같다. 즉, 그네가 좌우로 제일 높은 곳에 왔을 때는 자계가 없기 때문에 유도 기전력은 발생하지 않는다. 그네가 제일 아래로 왔을 때 최대의 자속을 끊으므로 최대의 전압이 발생하며 그 전압으로 검류계를 가게 하는 것이다.

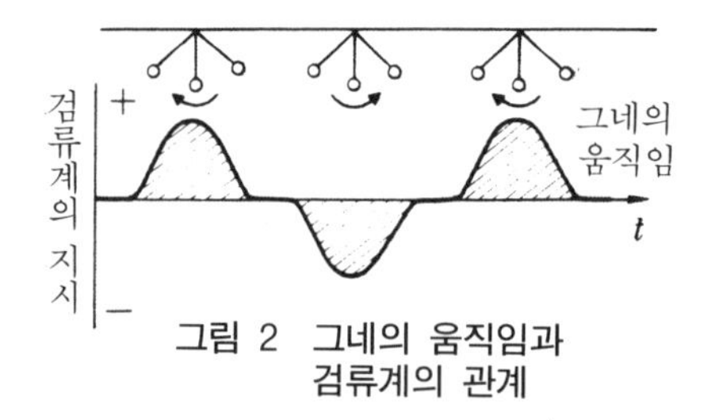

그림 2 그네의 움직임과 검류계의 관계

그림 2에서 알 수 있듯이 깨끗한 교류 파형은 아니다. 정확한 **정현파 교류 전압**을 발생시키려면 **그림 3**과 같이 자석 내에서 코일을 회전시킨다. A점을 0°로 하여 출발한다.

90° 회전한 B점에서 최대 자속을 끊으므로 기전력은 최대값 E_m이 된다. 180°에서는 자속을 끊지 않으므로 전압은 0이며 270°의 D점에서는 부의 최대값 $-E_m$이 발생하고

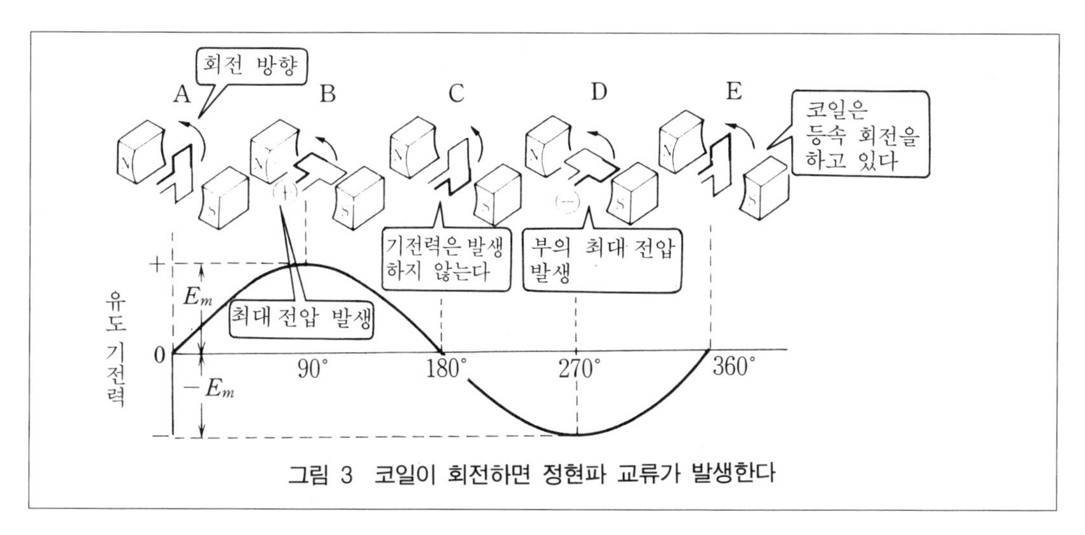

그림 3 코일이 회전하면 정현파 교류가 발생한다

E점, 즉 A점으로 되돌아간다. 코일은 등속도로 회전하고 있기 때문에 순시에 전압이 바뀌어 나가는 이 정현파형의 **순시값**이라고도 한다. 즉, 그림 3의 파형은 시간축으로도 나타낼 수 있다. 하나의 반복 시간을 **주기** T[초]로 표시하고 또 1초간의 반복수를 **주파수** f [Hz](헤르츠)로 하면 이들의 관계는 $\boldsymbol{T=1/f}$ [초]가 된다.

주기와 주파수는 역수의 관계가 있다. 다음과 같은 값에 대해서 변환해 보자.

$$f=400\ [\text{Hz}] \rightarrow T=\frac{1}{f}=\frac{1}{400}=0.0025\ [\text{s}]=2.5\ [\text{ms}]$$

$$T=0.02\ [\text{s}] \rightarrow f=\frac{1}{T}=\frac{1}{0.02}=50\ [\text{Hz}]$$

주파수 단위는 이전에는 [c/s](사이클/초)가 사용되었으나, 현재에는 [Hz](헤르츠)가 사용된다.

자전거용 교류 발전기

우리들 주변에는 교류 발전기로 자전거 발전기가 있다.

우측 그림과 같이 자석이 회전하면 코일 ab와 cd가 자석을 멈추는 유도 기전력이 발생한다.

여러분의 집에 있는 자전거 발전기 출력은 몇 와트인가, 그리고 전구는 몇 볼트이며, 몇 암페어용인지 알아보자.

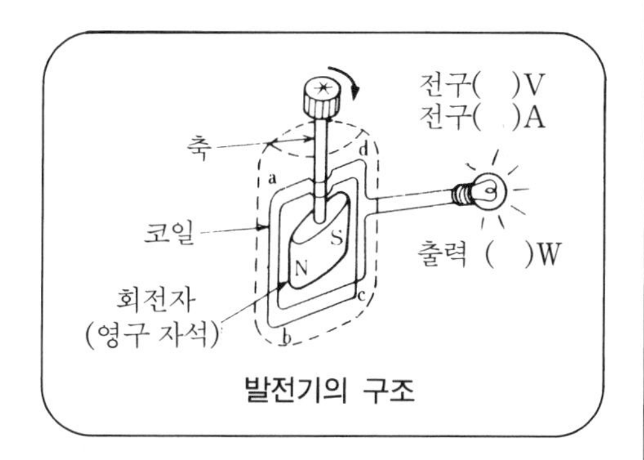

발전기의 구조

2 공중회전 청룡열차를 타보자

각주파수와 순시값

각주파수와 선속도

그림 1은 반경 r[m]인 길이의 실에 볼을 달고 1초간 f회전시키고 있다.

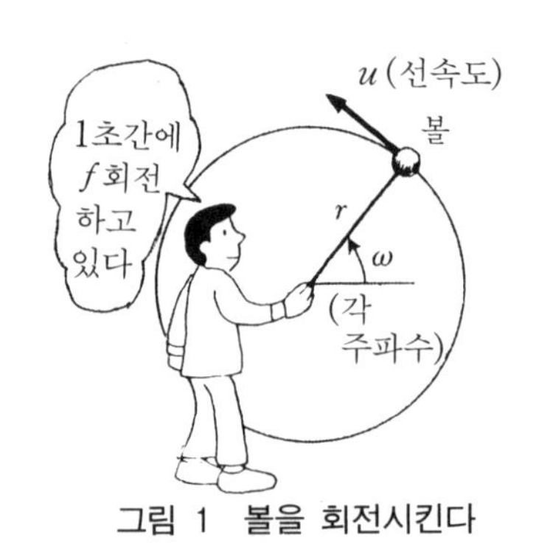

그림 1 볼을 회전시킨다

원운동을 하고 있는 볼에 대해서 그 속도를 아는 데 **각주파수**와 **선속도**(周速度)가 있다. 전기에서 필요한 것은 각주파수 ω(오메가)이며, 이것을 각속도라고도 한다.

$\omega = 360°$(원의 각도)$\times$1초간의 회전수 f[도/초]

전기에서는 360°(**60분법**)와 같은 정도로 **호도법**(弧度法) 2π[rad](라디안)을 사용하는 경우가 있다. 또 1초간의 회전수 f는 주파수 f를 나타내므로 각주파수 ω는 다음과 같이 표시한다.

$\boldsymbol{\omega} = 2\pi f$[rad/s]

또 하나의 선속도 u는 물체의 원속도를 나타내는 것으로서, 공중회전 청룡열차에 비유하면 그 좌석의 원주 속도를 나타낸다.

선속도 $\boldsymbol{u}$ = **각속도** $\boldsymbol{\omega}$ × **반경** $\boldsymbol{r} = 2\pi f r$[m/s]

라디안과 도수의 변환은 비례 관계이므로 다음 식에 넣어 구한다.

25[도] → x[rad] $\dfrac{25}{360} = \dfrac{x}{2\pi}$ → $x = 0.436$ [rad]

0.2π[rad] → x[도] $\dfrac{x}{360} = \dfrac{0.2\pi}{2\pi}$ → $x = 36$ [도]

정현파의 순시값

그림 2의 발전기에 대해서 도체 $\overline{ab}$를 0° 위치에 두고 등속도 u로 회전시킨다. 도체 $\overline{ab}$가 N극의 자속을 최대로 끊는 것은 $\theta=90°$이다. 여기서 $\overline{ab}$에 발생하는 기전력 v는 3장 11에서 배웠듯이

$$v=B\ \overline{ab}\ u\ \sin\theta\,[\mathrm{V}]$$

여기서 각도 θ에 대해서 생각해 보자.

각도 θ = 각주파수 ω × 시간 t이므로

$$\theta=\omega t=2\pi ft\,[\mathrm{rad}]$$

브러시 Ⓐ, Ⓑ간 전압의 순시값 v는

순시값	=	최대 진폭	×	사인 (각속도×시간)
v	=	V_m	×	$\sin(\omega t)\,[\mathrm{V}]$

가 된다.

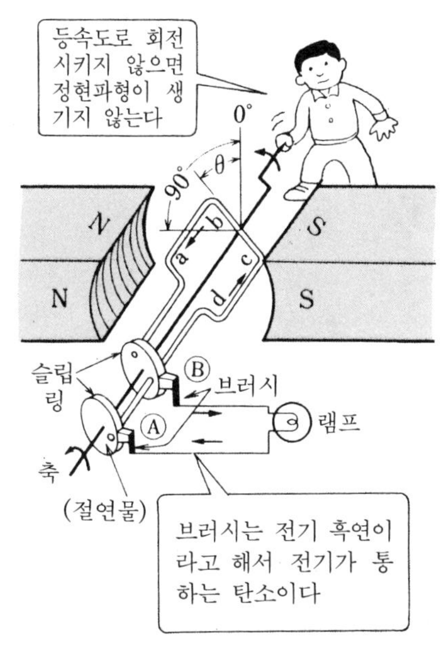

그림 2 정현파 교류의 발생

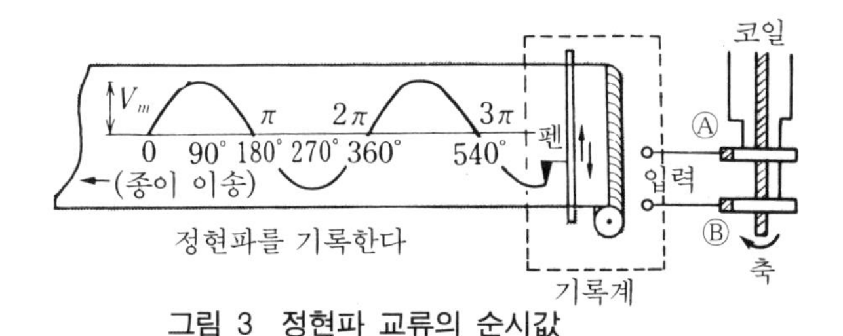

그림 3 정현파 교류의 순시값

제트 코스터의 속도

여기서는 제트 코스터를 탔을 때 지구가 거꾸로 도는 것 같은 무서움에 대해서는 언급하지 않고, 제트 코스트의 속도를 계산해 보기로 하자. 코스터의 지름 16 m, 1회전하는 데 2.5초라고 하면 (1) 주파수 f, (2) 각속도 ω, (3) 선속도 u를 구해 보기로 하자.

[풀이] (1) $f=\dfrac{1}{T}=\dfrac{1}{2.5}=0.4\,[\mathrm{Hz}]$

(2) $\omega=2\pi f=2\times3.14\times0.4=2.51\,[\mathrm{rad/s}]$

(3) $u=\omega r=2.51\times\dfrac{16}{2}=20\,[\mathrm{m/s}]\fallingdotseq72\,[\mathrm{km/h}]$ (시속 72 km는 평균 속도이다. 실제 코스터는 완전한 원이 아닌 타원형을 이루고 있다. 당연히 원의 제일 위에서는 스피드가 가장 늦어지고 원의 바닥에서는 최대 스피드가 된다.)

3 TV 안테나의 길이 측정

주파수와 파장의 관계

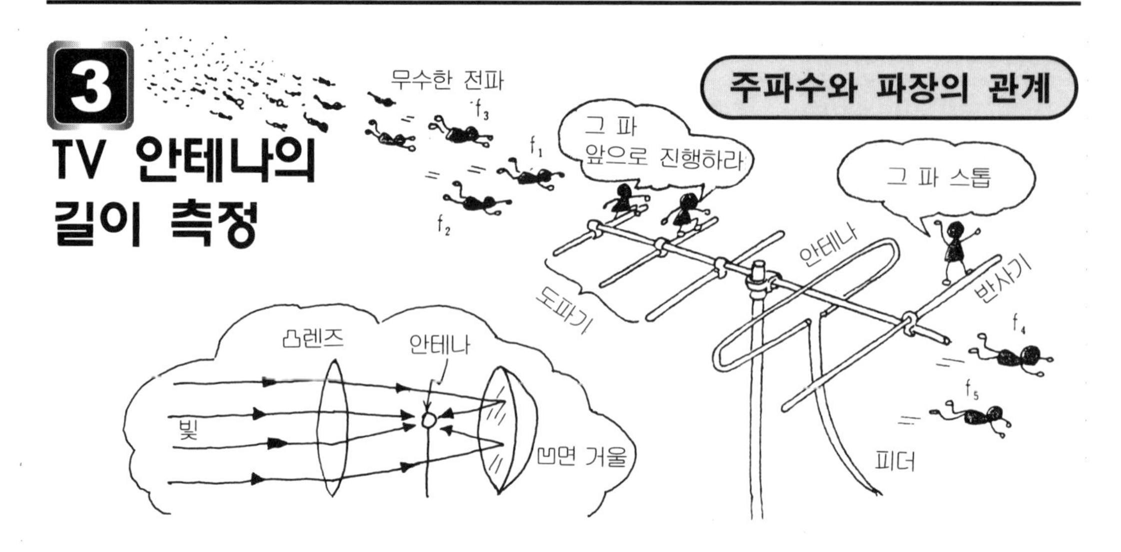

전파를 모으는 TV 안테나

앞쪽이 짧고 뒤로 갈수록 긴 알루미늄봉이 달린 TV 안테나 내에서 전파를 모으는 안테나는 피더선이 달려 있는 원봉(圓棒)이다. 안테나보다 앞에 달려 있는 원봉을 **도파기**(導波器)라고 하며 뒤에 있는 것을 **반사기**(反射器)라고 한다. 원리는 위의 그림에서 광학 렌즈 구조와 마찬가지로 볼록 렌즈(도파기)로 빛(전파)을 모으고 지나친 빛은 오목 거울(반사기)로 반사시켜 빛(전파)을 모으는 원리이다. 그러면 무수히 날라 오는 전파 중에서 TV 전파만을 잡아내는 안테나의 길이는 어떻게 해서 결정되는가?

세계에서 가장 빠른 것

이 우주에서 가장 빠른 속도로 움직이는 것이 빛이라는 사실은 모두 알고 있다. 전기(전파나 전선 내의 전류)도 빛과 동일한 속도로 움직인다. 즉, 1초간에 지구를 일곱 번 반 회전하는 속도를 **광속** c라고 한다. 지구의 1주를 4만km라고 계산하면 7.5×4만[km]$=30$만[km]가 된다(**그림 1**).

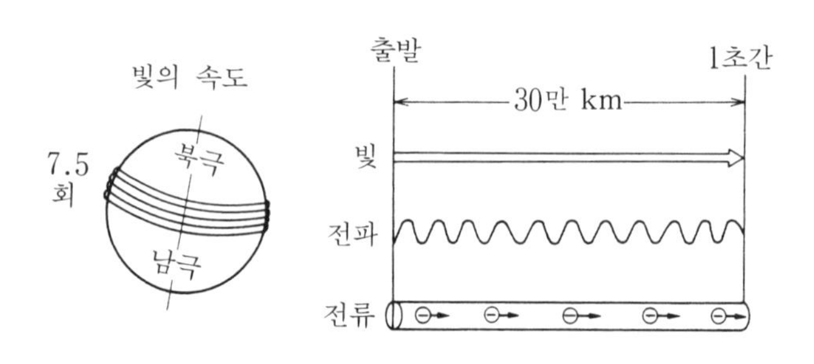

그림 1 빛의 속도, 전기의 속도

큰 수를 나타내는 데는 지수 표시가 편리하다.

1만$=10,000=10^4$

$1\,\text{k}=1,000=10^3$

30만[km]$=30\times10^4\times10^3$ [m]

$=3\times10^1\times10^4\times10^3$ [m]$=3\times10^{1+4+3}=3\times10^8$ [m]

(1광년이란 빛이 1년 동안 진행하는 거리를 말한다. 계산해 보자.)

주기와 파장을 구한다

정현파 교류의 주기(周期) T와 주파수 f와의 관계는 $T=1/f$이었다. **그림** 2의 (a), (b), (c)의 주기를 구해 본다.

$f=1$ [Hz]일 때 $T=1$ [초], $f=2$ [Hz]일 때 $T=0.5$ [초], $f=50$ [Hz]일 때 $T=0.02$ [초]가 된다.

다음은 파장이다. 1주기간에 전달되는 거리를 **파장** λ(람다)라고 하며, 식은 다음과 같다.

$$(\text{파장})\ \lambda = \frac{(\text{광속})\ c}{(\text{주파수})\ f}\ [\text{m}]$$

(a) $f=1$ [Hz]의 경우

$$\lambda = \frac{3\times10^8}{1} = 3\times10^8\ [\text{m}]$$

즉, 광속과 동일한 30만 km

(b) $f=2$ [Hz]의 경우

$$\lambda = \frac{3\times10^8}{2} = 1.5\times10^8\ [\text{m}]$$

(c) $f=50$ [Hz]의 경우

$$\lambda = \frac{3\times10^8}{50} = 6\times10^6 = 6,000\ [\text{km}]$$

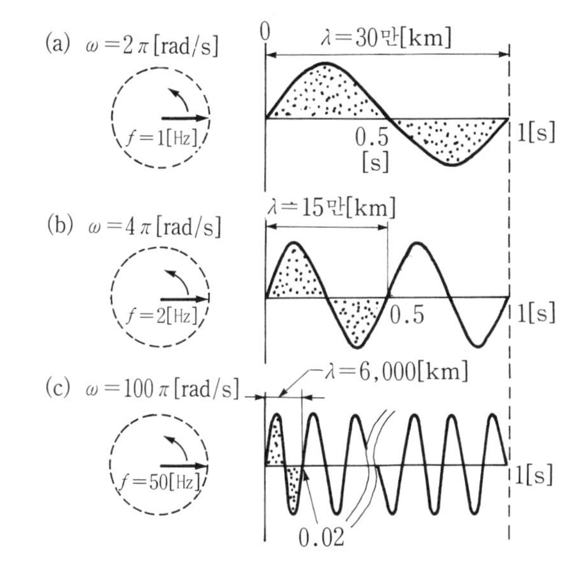

그림 2 주파수와 파장의 관계

Let's try 반파장 안테나의 설계

TV 안테나의 길이를 구하려면 수신 전파의 주파수 f의 파장 λ를 구하고 그 길이의 반(반파장)을 구하여 그림과 같은 형태의 안테나를 만들면 된다.

$f=150$ [MHz](메가 헤르츠, 10^6)
(3채널과 4채널 사이의 주파수)

$$\lambda = \frac{C}{f} = \frac{3\times10^8}{150\times10^6} = \frac{3\times10^8}{1.5\times10^8} = 2\ [\text{m}]$$

안테나 길이는 반파장이므로 1 [m]면 된다.

이와 같은 형태의 안테나를 다이폴 안테나라고 한다. 안테나라고 하면 레이더의 근원이 된 야기 안테나가 유명하다. 조사해 보기 바란다.

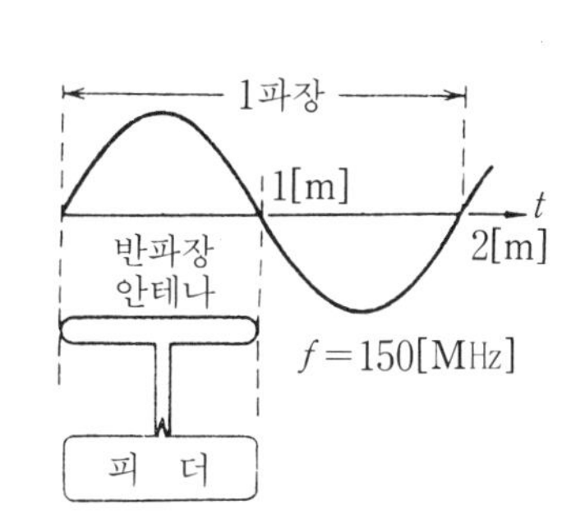

4 큰산 넘기와 산골짜기 건너기 경주 (평균값과 실효값)

일을 표시하는 값 -실효값-

이론적으로 산을 넘는 일과 골짜기를 오르내리는 일의 양은 이론적으로 에너지 보존법칙에 의해 동일하다. 교류 파형의 정의 반주기와 부의 반주기 모두 동일한 일을 할 능력이 있다. 여기서는 직류와 교류의 전기가 하는 일에 대해 알아보기로 하자. **그림** 1은 저항 $R[\Omega]$의 램프에 직류를 흐르게 하고 어느 정도 밝게 하는 것이다. 이때 직류 전류계의 바늘은 1A를 지시한다.

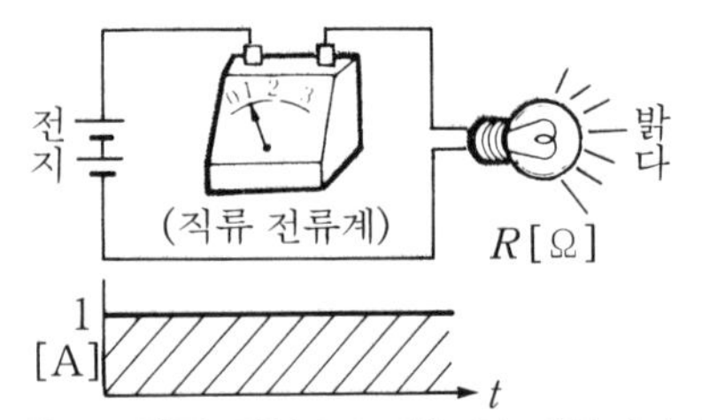

그림 1 직류 전압으로 램프를 점등시킨다

그림 2는 동일한 램프를 교류로 점등시켜 보는 것이다. 슬라이닥으로 전압을 올려 나가면 램프가 직류인 경우와 **동일한 밝기**가 된다. 이때의 **교류 전류계**의 값은 1A를 지시하고 있을 것이다. 교류와 같이 변화하는 파가 일을 할 때 직류와 동일해지는 값을 **실효값**이라고 한다. 그러면 그림 2 (b)와 같은 순시값의 실효값을 구하는 방법을 설명하겠다.

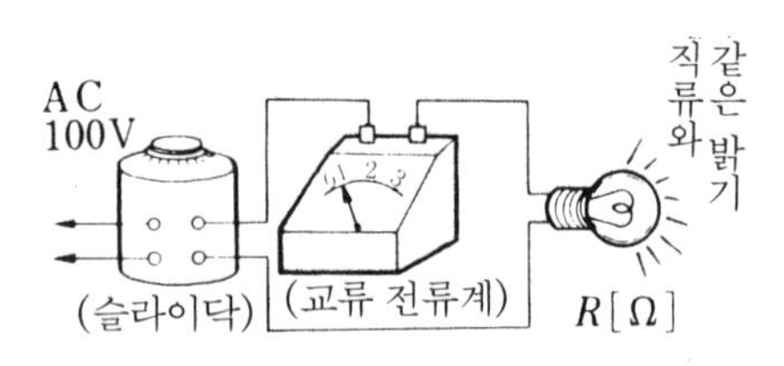

(a) 교류로 램프를 점등시킨다

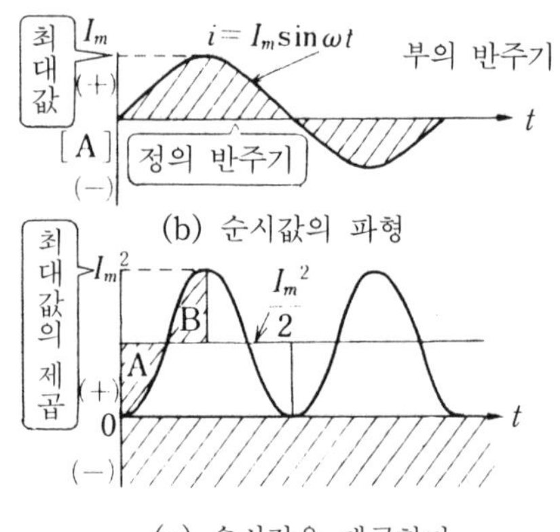

(b) 순시값의 파형

(c) 순시값을 제곱한다

그림 2

우선 순시값을 제곱하면 부의 반주기도 플러스가 되며 그림 2 (c)와 같이 최대값은 I_m^2이 된다. 다음에 면적 A와 B가 동일해지는 선의

높이는 최대값 I_m^2의 반, 즉 $I_m^2/2$의 위치이다. 교류의 실효값은 이 값의 제곱근이므로

$$\text{전류의 실효값}\quad I=\frac{1}{\sqrt{2}}\cdot(\text{최대값 } I_m)=0.707I_m\,[\mathrm{A}]$$

가 된다. 즉, 실효값은 최대값의 $1/\sqrt{2}$ 이다.

교류 파형의 평균값

그림 3과 같은 정현파 교류의 평균값은 정의 반주기 면적으로 구한다(1주기의 면적을 구하면 플러스, 마이너스로 면적이 영이 되어 버리므로). 그림 3의 면적 A와 면적 B_1+B_2가 동등해지는 선의 높이가 정현파의 평균값을 나타낸다.

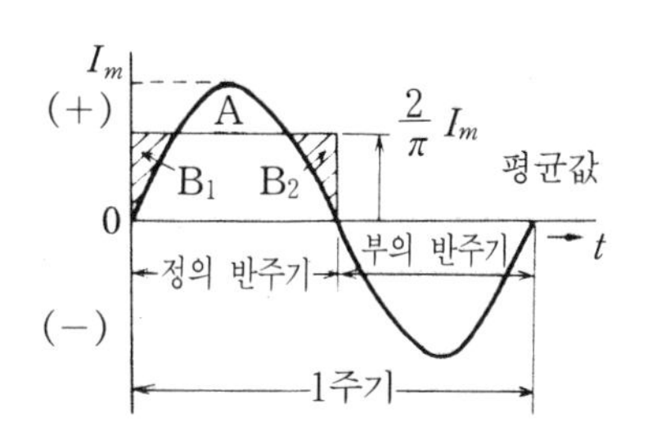

그림 3 교류의 평균값을 구하는 방법

$$\text{평균값}\quad I_a=\frac{2}{\pi}(\text{최대값 } I_m)=0.637I_m\,[\mathrm{A}]$$

전압의 최대값 $V_m=141.4\,[\mathrm{V}]$일 때 전압의 실효값과 평균값을 구하라.

$$\text{실효값}\quad V=\frac{1}{\sqrt{2}}V_m=0.707\times141.4=99.97=100\,[\mathrm{V}]$$

$$\text{평균값}\quad V_a=\frac{2}{\pi}V_m=0.637\times141.4=90.07=90.1\,[\mathrm{V}]$$

Let's try 교류의 실효값 측정

그림 (a)와 같이 끝이 뾰족한 동선에 철편을 붙이고 U자형 자석에 자유롭게 회전할 수 있게 부착한다.

다음에, 손에 든 철편을 천천히 자석 안쪽에 넣으면 가동 철편은 밖을 향해서 움직인다. 이것은 양쪽의 철편이 자기 유도로 동극으로 자화되어 반발력이 생기기 때문이다.

이 원리를 응용해서 교류의 실효값을 측정하는 측정기가 그림 (b)의 **가동 철편형 계기**이다. 이것은 영구 자석 대신 코일 형상의 전자석을 사용하고 가동 철편 축에는 지침과 제어 스프링이 부착되어 있다.

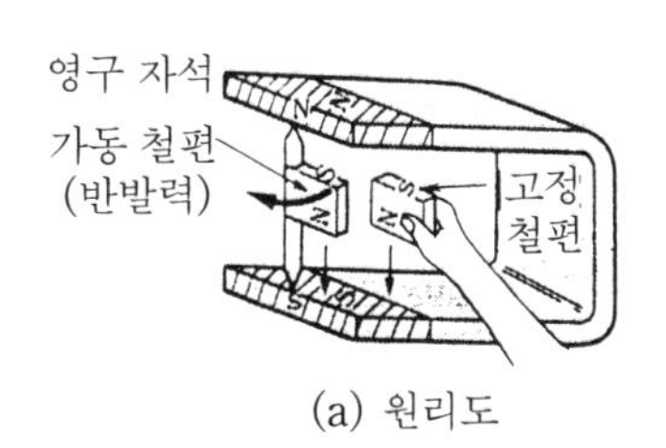

(a) 원리도

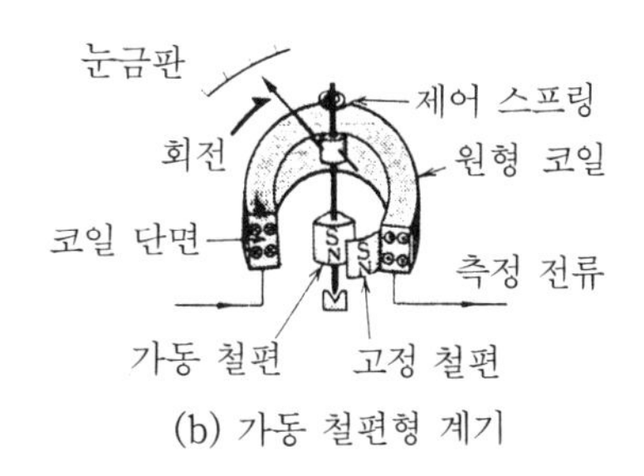

(b) 가동 철편형 계기

5 풍향기와 풍속계

정현파의 벡터 표시

방향과 크기로 표시되는 것

일기도의 바람을 나타내기 위해서는 풍향(방향)과 풍력(크기), 두 가지 양으로 표시된다. 이와 같이 크기와 방향을 가지는 양을 **벡터량**이라고 한다. 벡터량을 표시할 때는 **그림** 1과 같이 화살표의 길이와 각도로 표시한다. 또한 기호로 표시할 때는 $\dot{V}$ (브이 도트라고 읽는다)와 같이 V자 위에 ·(도트)를 붙여서 벡터량인 것을 명시한다.

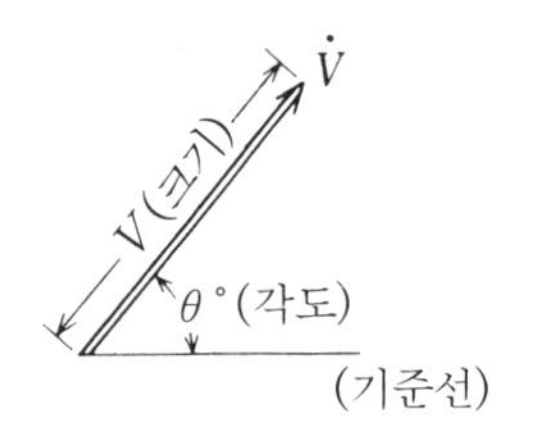

그림 1 벡터 표시 방법

빙글빙글 도는 벡터

시시각각 크기가 바뀌는 정현파 교류인 경우 이것을 벡터로 표시하려면 어떻게 해야 하는가?

그림 2와 같이 화살이 빙글빙글 도는 표시로 한다. 바로 옆에서 빛이 왔다고 하면 화살에 그늘이 생긴다. 화살이 45°, 90°로 회전해 가면 그 그림자의 형적(트레이스)은 정현파가 된다.

반대로 말하면 정현파형은 그 파의 최대값의 화살이 원운동하고 있는 것과 같다. 벡터가 방향과 크기로 표시되면 정현파형도 화살이 돌고 있는 매 시점에 주목할 경우 벡터 표시를 할 수 있을 것이다.

정현파는 벡터로 표시할 수 있다는 것을 알았지만 빙글빙글 도는 벡터에는 이용할 수 없다. 어떻게 하면 정지할 것인가?

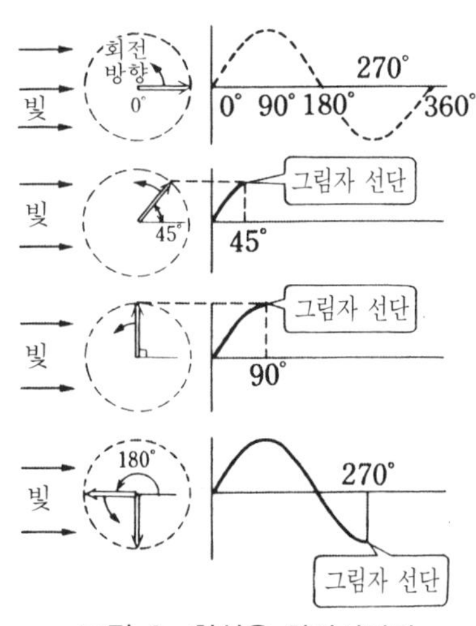

그림 2 화살을 회전시킨다

1초에 1회전하는 화살일 경우, 1초마다 순간 눈을

반짝 뜨고 2초 후 또 반짝 눈을 뜨면 벡터는 언제나 같은 곳에 정지하고 있는 것처럼 보이는 것이다.

2개의 벡터 표시 방법

A양과 B군은 그네 놀이를 하고 있다. 2개의 그네 주기는 동일(주파수도 동일)하지만 B는 A보다 90° 뒤진 위상차가 있고 진폭도 A보다 크다. 진상에 태양이 있는 경우 그네의 그림자는 어떻게 되는가? 종축에 그림자의 길이, 횡축에 주기(시간)를 잡고 표시한 것이 **그림 3**이다(1주기를 360°로 표시하였다).

그림 4는 이 2개의 정현파를 벡터로 표시한 것이다(주파수가 다른 정현파의 경우에는 이같은 벡터도가 그려지지 않는다).

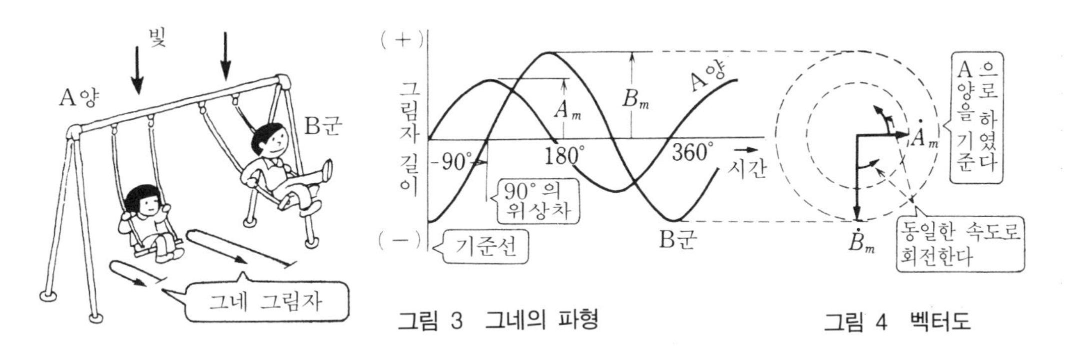

그림 3 그네의 파형　　그림 4 벡터도

이 횡축은 각도로 표시되고 있지만 만일 이 그네의 1주기를 2초라고 가정하면 횡축은 시간으로 표시할 수도 있다. 즉, 90°일 때는 0.5초이고 180°일 때는 1초가 되며 360°일 때는 2초로 표시할 수 있는 것이다.

Let's try 벡터 합의 계산

교류 전압 또는 전류를 표시하는 데는 (1) 순시값으로 표시하는 방법과 (2) 벡터 표시법의 두 가지가 있다.

교류 회로 계산에는 어느 쪽이 많이 사용되고 있을까? 물론 벡터법이다.

우측 그림과 같은 2개의 전압 벡터 $\dot{V}_1$, $\dot{V}_2$를 가하는 벡터 $\dot{V}$를 실제로 구해 보자.

$\dot{V}=\dot{V}_1+\dot{V}_2$, V($\dot{V}$의 크기)

$=\sqrt{V_1^{\ 2}+V_2^{\ 2}}=\sqrt{40^2+30^2}$

$=50$ [V]

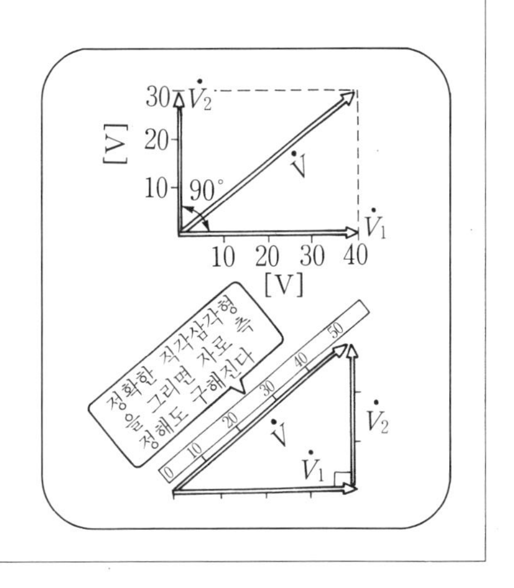

6 스위치를 사용하지 않고 모두 꺼지는 램프

저항만의 회로

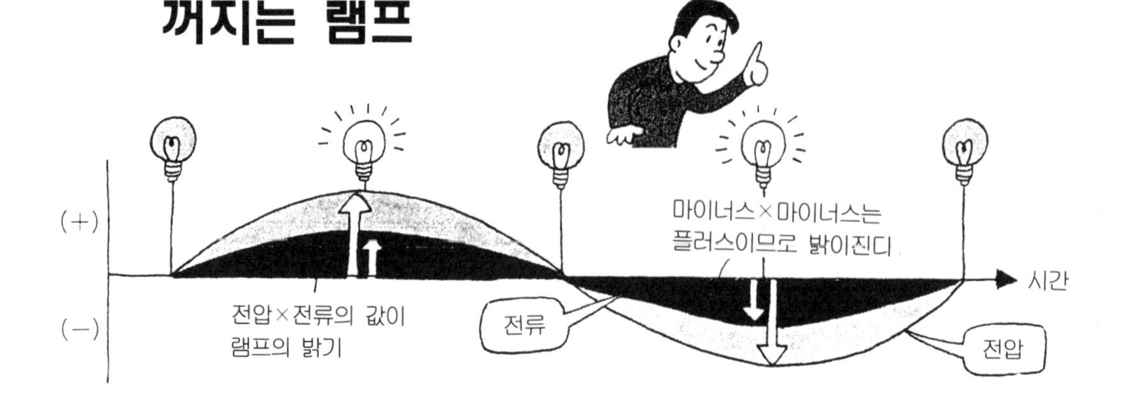

교류는 넘실거리는 것

교류를 발생시키는 몇 가지가 있다. 이것은 전부 동일한 기호 −㊀−로 교류 전원을 나타낸다(**그림 1**). 그러면 교류 전압에서 흐르는 전류는 도체 내에서 어떻게 움직이고 있는가? 교류라고 해서 파도가 치는 것을 말하는 것은 아니다. **그림 2**와 같이 흐르고 있는 것을 이해하여 보자.

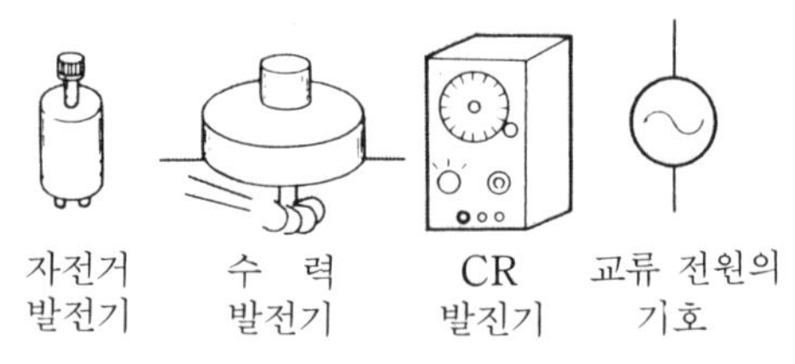

그림 1 교류를 발생한다

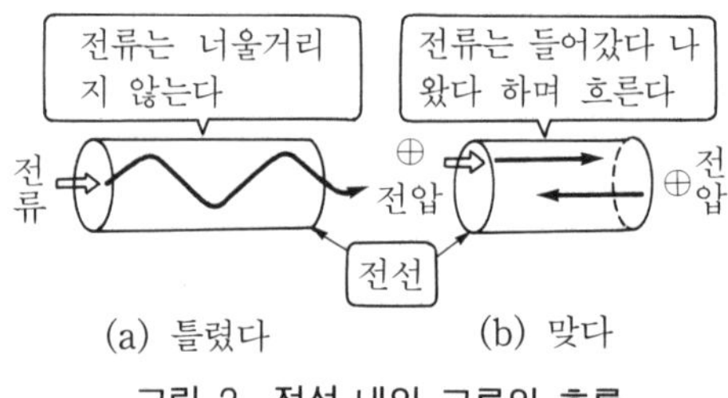

그림 2 전선 내의 교류의 흐름

슬롯머신대의 못의 역할

여기서는 슬롯머신을 연구하는 목적이 아니라 **전기 저항**이란 어떠한 것인가에 대해서 슬롯머신대를 예로 들어 본다. **그림 3**을 보면 슬롯머신과는 다소 거리가 있긴 하지만 큰 상관은 없다. 슬롯머신 구슬을 전류를 흐르게 하는 전하라고 한다면 못은 구슬을 굴러가기 어렵게 하는 저항이다. 그림 3의 상태는 저항에 경사를 주지 않으므로 구슬은 움직이지 않는다. 슬롯머신대의 한 쪽 끝을 올리거나 내리거나 하여 교류 전압을 가했다고 친다. **그림 4** (a)는 슬롯머신대에 ⊕의 교류 전압을 가하고 있다. 구슬의 움직임이 전류의 흐름이므로 전류는 ⊕에서 ⊖로

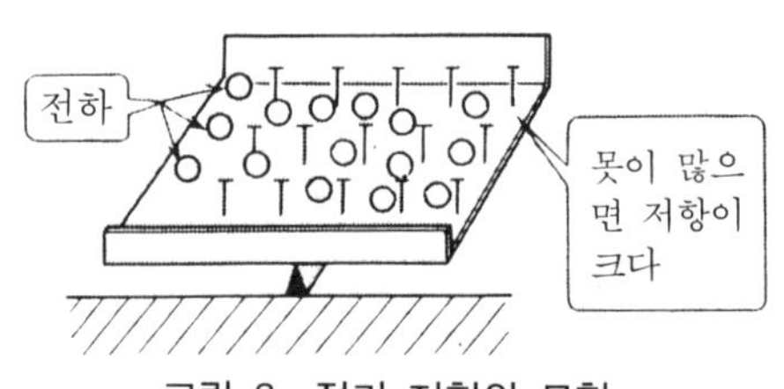

그림 3 전기 저항의 모형

흐른다. 그림 4 (b)는 ⊖의 전압을 가하고 있으며 전류는 ⊖에 유입되고 있다. 이처럼 저항에 교류 전압을 가하면 전압의 방향과 전류의 흐름은 항상 동일한 방향이 되는데, 이때 전압과 전류는 **동상**(同相)이라고 한다(동상이라고 하는 것은 2개 벡터의 **위상차**가 0이 된다는 것을 말한다). 교류에서는 위상이 떨어져도 상관없지만 학습에서는 위상이 떨어지면 곤란하므로 분발하기 바란다.

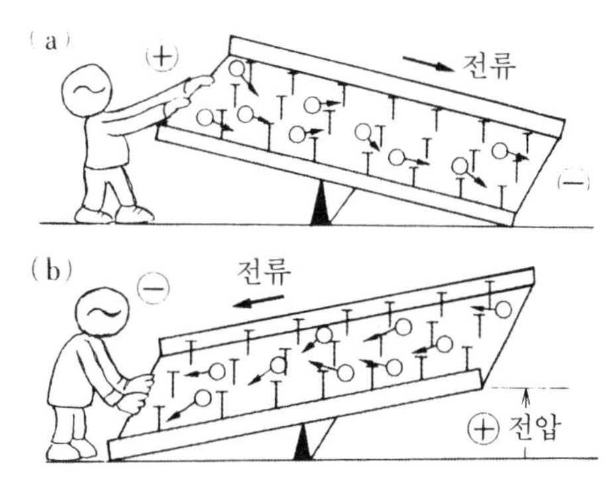

그림 4 저항에 교류 전압을 가한 경우

실효값의 벡터

순시값에서 벡터도를 그리면 지금까지 배워 온 경우 그것은 최대값의 벡터였다.

그러나 실용적인 값은 실효값이므로 앞으로는 특별한 말이 없는 경우는 **실효값 벡터**로 표시한다.

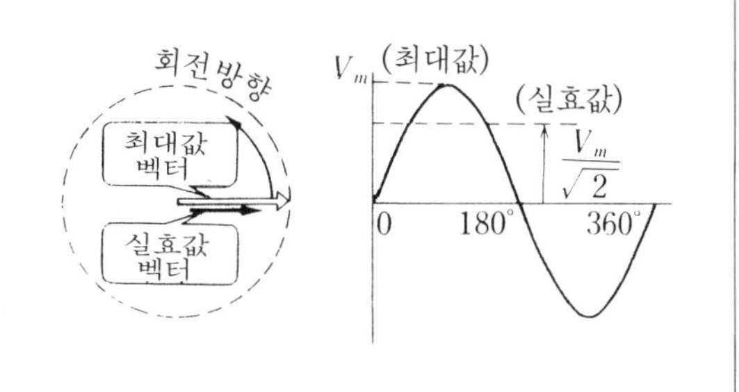

저항 회로의 정리

교류 전원에 저항을 접속하고 회로를 흐르는 전류 벡터(크기와 방향)를 구한다.

(1) **크기**는 옴의 법칙을 사용하여 구한다. 전압의 실효값 V를 저항 R로 나누면 전류의 실효값(크기)이 구해진다.

(2) **위상**은 순시값의 그래프에 의해 **동상**이다. 벡터 표시는 그림과 같다.

[문제] 20Ω의 저항에 전압의 실효값 50 V가 가해지고 있을 때 전류의 실효값은 얼마가 되는가?

(실효값) $I = \frac{V}{R} = \frac{50}{20} = 2.5$ [A]

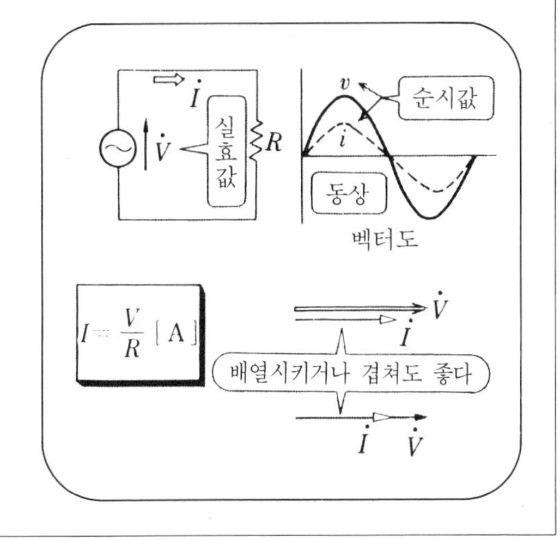

7 기를 흔들어 위상을 생각하자

인덕턴스만의 회로

인덕턴스에 직류를 가한다

〈준비 및 실험〉

- 지름 0.8 mm 정도의 에나멜선 3 m
- 매직펜(굵기 1.5~2 cm)
- 8~10 cm의 못 5개(셀로판 테이프로 묶어 철심으로 한다)
- 단1 건전지 2개
- 적당한 스위치 1개
- 1A 퓨즈 2개와 퓨즈 홀더 1개

그림 1 코일은 직류 전류를 제한할 수 없다

(a) 매직펜 위에 에나멜선(전선)을 둥글게 적당히 감고 풀어지지 않도록 셀로판 테이프를 감고서 매직펜을 빼내어 코일을 만든다.

(b) **그림 1**과 같이 배선하고 철심(못)을 넣지 않은 상태에서 스위치를 넣는다. 그 때 퓨즈가 끊어지는 것을 확인한다(끊어지지 않을 때는 새로운 전지와 교환한다).

(c) 코일에 철심을 넣은 상태(코일의 인덕턴스 L을 크게 할 것)에서도 스위치를 넣으면 퓨즈가 꺼진다.

코일의 자력을 유도하는 능력을 **인덕턴스** L(엘)이라고 하며, 단위 H(헨리)이고 그림 기호는 ─ᗰᗰ─로 표시된다.

리액턴스를 알자

〈준비 및 실험〉

- 처음 실험에서 만든 코일과 철심
- 저주파 발진기와 교류 전류계

(a) **그림** 2와 같이 배선하고 철심을 넣지 않은 상태에서 발진기 전압을 올려 전류계 값이 최대가 되도록 한다(발진기의 주파수는 적당하면 된다).

(b) 다음에 철심을 코일 내에 천천히 넣으면(인덕턴스 L을 크게 하는 것) 전류가 감소한다.

(c) 철심을 적당한 위치에 고정시키고 발진기 주파수를 크게 하면 전류가 감소하는 것을 알 수 있다.

(d) 실험중에 코일에 전류가 흘러도 뜨거워지지 않는다는 것을 확인한다.

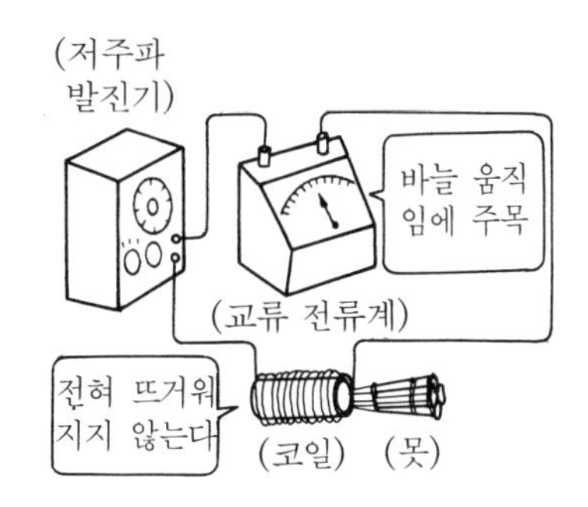

그림 2 코일은 교류 전류를 제한한다

<실험으로 알게 된 것>

① 인덕턴스 L에 직류 전압을 가하면 무제한으로 전류가 흐른다(코일이 탄다). 그러나 교류 전압 V를 가하면 제한된 전류 I가 흐른다.

② 이 전류 I를 구하는 식은 실험에서도 밝혀졌듯이 교류 전압 V에 비례하고 각속도 ω와 인덕턴스 L의 곱에 반비례한다. 분모의 $2\pi fL$은 전류를 제한하는 교류의 저항분[Ω]으로 **유도성 리액턴스**라고 한다.

$$I=\frac{(\text{교류 전압})}{(\text{각속도})\times(\text{인덕턴스})}$$

||

$$I=\frac{V}{2\pi fL}$$

$$X_L = \omega L = 2\pi fL \ [\Omega]$$

③ 직류인 경우에는 $f=0$ [Hz]이므로 유도성 리액턴스도 영이 되고 인덕턴스로는 전류를 제한할 수 없다는 사실을 알 수 있다.

리액턴스가 있는 회로

인덕턴스 L에 교류 전압을 가하면 전류를 제한하는 리액턴스가 생긴다는 것을 알았다.

이 리액턴스는 저항과 달리 흘리는 전류를 전압보다 90° 뒤지게 하는 작용이 있다.

인덕턴스만의 회로에서는 전압과 전류의 관계를 그림과 같은 순시값 또는 벡터도로 나타낸다.

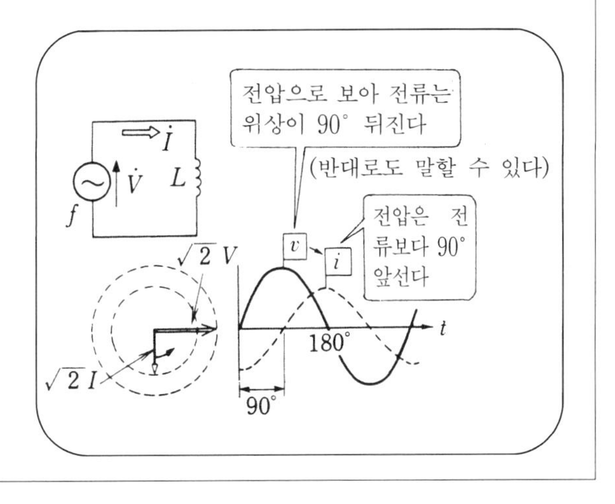

8 요요를 가지고 놀자

콘덴서만의 회로

콘덴서에 전하를 축적하자

<준비 및 실험>

- 1,000μF 정도의 전해 콘덴서
- 12V용 전구
- 스위치 SW
- 직류 전원 12V

(a) **그림 1** (a)와 같이 배선하고 스위치를 넣으면 그 순간만 램프는 엷게 밝아지다가 곧 원래대로 어두워진다.

(b) 충분히 시간이 지나고 나면 **그림 1** (b)와 같이 충전된 콘덴서의 양 리드를 접촉시켜 "지지직" 하는 소리가 나며 **불꽃이 튀는 것**을 확인할 수 있다.

<실험으로 안 것>

① 직류는 스위치를 넣는 순간만 흐르지만(램프가 밝아지지만) 곧 전류는 영이 되어 콘덴서가 직류를 흘리지 않는다는 것을 알 수 있다(콘덴서는 절연물을 샌드위치하고 있기 때문이다).

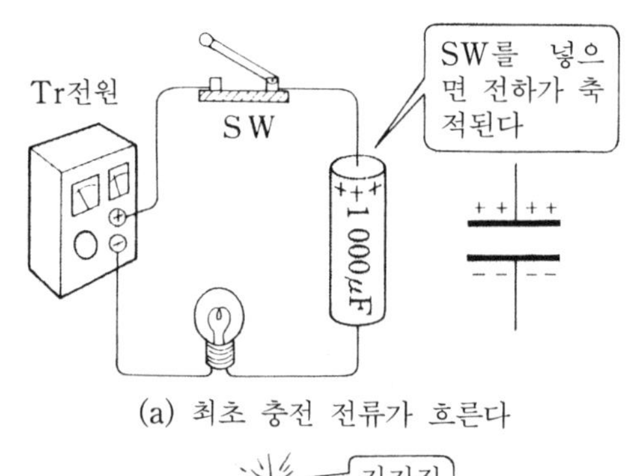

(a) 최초 충전 전류가 흐른다

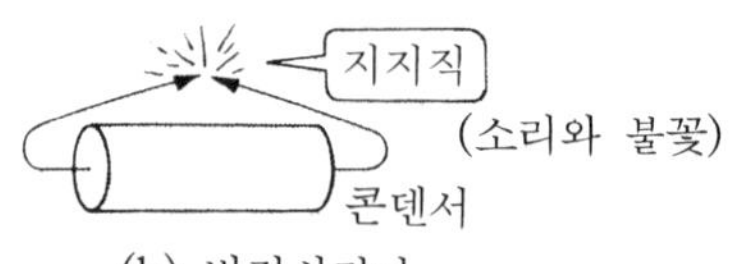

(b) 방전시킨다

그림 1 콘덴서는 직류를 흐르게 하지 않는다. 단, 최초에만 충전 전류가 흐른다

> **One point**
> 콘덴서는 정전 용량 C 또는 커패시턴스 C(용량의 의미)라고도 한다. 단위는 μF(마이크로 패럿)이나 pF(피코 패럿)이 사용되며, 그림 기호는 ─||─ 로 표시된다.

콘덴서를 흐르는 교류 전류

〈준비 및 실험〉

- 무극성 1[μF] 정도의 콘덴서 2개
- 저주파 발진기와 교류 전류계

(a) **그림 2** (a)와 같이 배선하여 교류 전압을 가하면 전류가 흐르는 것을 확인할 수 있다.

(b) 발진 주파수를 크게 하면 전류도 증가하는 것을 확인할 수 있다.

(c) 다음에 그림 2 (b)와 같이 콘덴서 2개가 병렬일 경우 1개일 때보다 전류가 2배로 증가하는 것을 확인할 수 있다.

〈실험으로 안 것〉

① 콘덴서의 정전 용량에 교류 전압을 가하면 전류가 흐른다.

② 이 전류 I를 구하는 식은 우측 식과 같이 교류 전압 V의 크기에 비례하며 주파수 f와 정전 용량 C가 클수록 전류는 증가(비례)한다.

③ 우측 식의 $1/\omega C$은 전류를 제한하는 정전 용량의 교류 저항분으로 **용량성 리액턴스** X_C라고 한다.

$$X_C = \frac{1}{\omega C} = \frac{1}{2\pi f C} \ [\Omega]$$

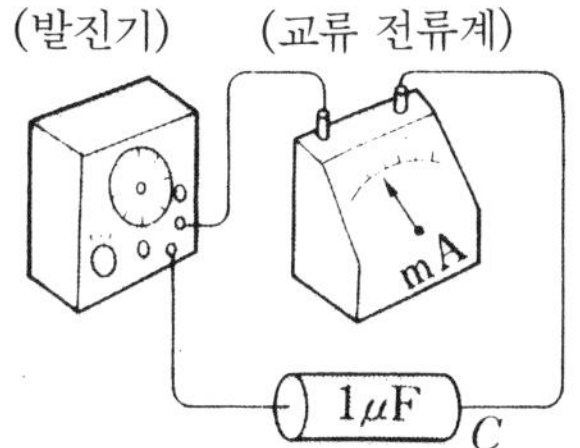

(a) 주파수가 커지면 전류가 증가한다

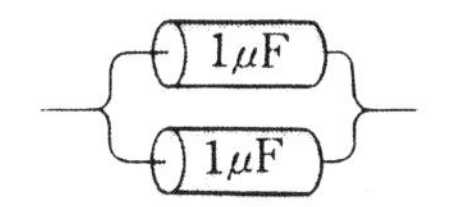

(b) 합성 정전 용량은 2μF

그림 2 콘덴서는 교류 회로에서는 전류를 제한하는 저항 작용을 한다

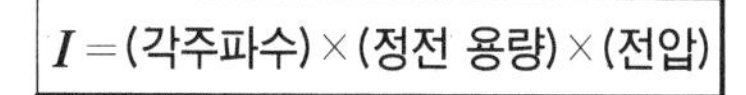

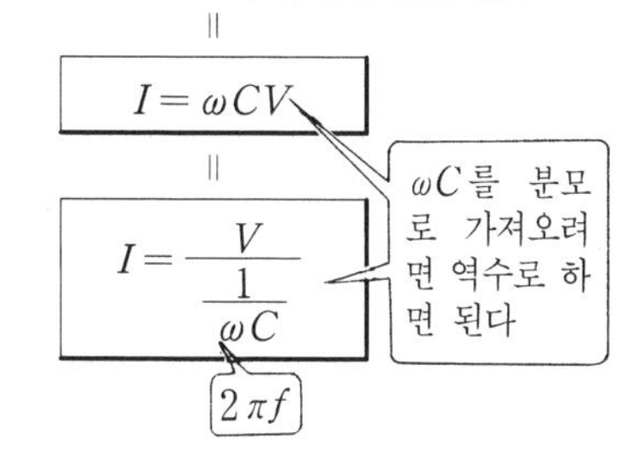

콘덴서는 왜 전류가 흐르는가?

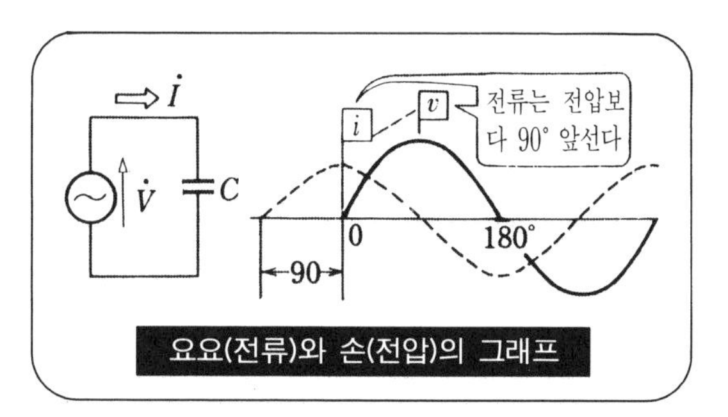

콘덴서는 전하를 축적하는 능력을 가진 것으로서, 서로 바뀌는 전압이 가해졌을 때 전하의 작용은 어떤가? $+V$에서 콘덴서에 충전 전류가 흐르고 $-V$일 때 방전 전류가 흐른다(전압과 전류의 위상차는 90°이다). 즉, 절연물 내를 전류가 흐른 것이 아니고 전하의 충방전 전류 작용에 의한 것이다. 또한 전하는 (전류×시간)으로 구해진다.

9 교류 모터를 자세히 보면

RL 직렬 회로

RL 직렬 회로를 조사해 보자

그림 1과 같이 저항 R을 전구(20~60 W), 인덕턴스 L을 전원용 트랜스로 RL 직렬 회로를 만든다. AC 100V를 가하면 전구는 그다지 밝지 않다. 실험 결과가 칠판에 기록된다.

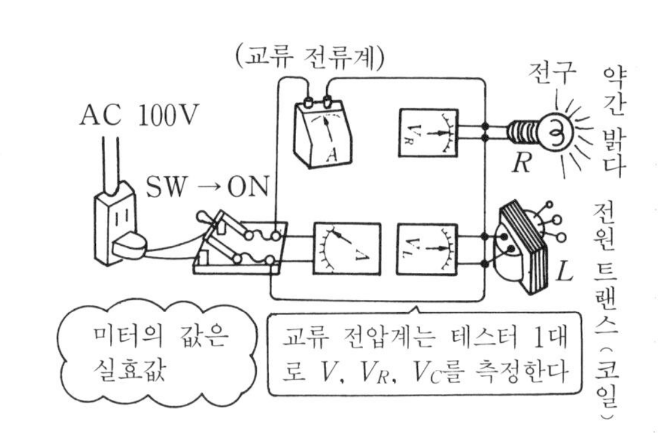

그림 1 저항과 인덕턴스의 직렬 회로

다음을 계산하여 보자.

(1) 전구의 저항 R을 구하라.

(2) 코일의 리액턴스 X_L을 구하라(힌트 : 트랜스에 가해지고 있는 전압과 전류로 계산한다).

(3) 임피던스 $Z[\Omega]$(저항과 리액턴스의 벡터 합)을 전원 전압과 전류에서 구하라.

실험 데이터

$V=100\,[\mathrm{V}]$ $V_R=60\,[\mathrm{V}]$

$V_L=80\,[\mathrm{V}]$ $I=0.2\,[\mathrm{A}]$

[답]

(1) $R=\dfrac{V_R}{I}$ ← 저항의 전압

$=\dfrac{60}{0.2}=300\,[\Omega]$

(2) $I=\dfrac{V_L}{X_L}$ 에서

$X_L=\dfrac{V_L}{I}$ ← 트랜스의 전압 / 전류계의 값

$=\dfrac{80}{0.2}=400\,[\Omega]$

(3) $Z=\dfrac{V}{I}$ ← 초기식이지만

$=\dfrac{100}{0.2}=500\,[\Omega]$

R과 X_L이 손을 잡으려면

저항의 직렬 접속의 합성 저항은 **대수합**이라고 해서 $R_1+R_2+R_3\cdots\cdots$와 같이 더하면 되지만 같은 직렬이라도 저항과 리액턴스는 사정이 다르다(전기를 소비하는 저항과 소비하지 않는 리액턴스는 같은 자리에는 오르지 않는다). 회로의 전류를 제한하는 요소를 **임피던스 Z**라고 한다. R과 X_L은 직각 관계에 있으므로 임피던스 Z의 크기를 구하려면 **세제곱의 정리에 의해**

$$Z=\sqrt{R^2+X_L{}^2}\ [\Omega]$$

으로 구한다.

그림 2 R과 X_L은 직각 관계

$$Z=\sqrt{R^2+X_L{}^2}=\sqrt{300^2+400^2}$$
$$=\sqrt{2,500}=500\,[\Omega]$$

실험 데이터에 의해 계산한 R, X_L의 값을 사용하여 Z를 구한다. 전압계, 전류계에 의해 구한 값과 계산한 Z와 동일한 값이 된다는 것이 확인되었다.

실험 데이터로 전압 벡터에 대해서 조사해 보자. V_R=60 [V], V_L=80 [V], 이것을 가하면 140 [V]가 되는데, 전원 전압은 100 [V]이므로 어딘가 이상하다. 이제 이해하겠지만 전압의 경우도 벡터 계산을 한다.

$$V=\sqrt{V_R{}^2+V_L{}^2}\ [\text{V}]$$

$$\therefore\ V=\sqrt{(60)^2+(80)^2}=\sqrt{10,000}=100\ [\text{V}]$$

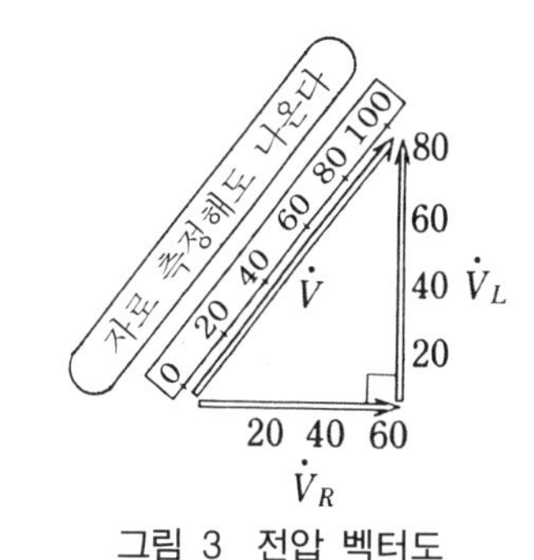

그림 3 전압 벡터도

Let's try 전압과 전류의 위상차를 구하자!

그림은 RL 직렬 회로의 전압·전류 벡터도이다. 전원 전압 $\dot{V}$와 전류 $\dot{I}$의 위상차를 구하려면 정확한 벡터도를 그리고 분도기로 측정하는 방법도 있다. 계산으로 구하려면 삼각 함수의 tan를 사용하면

$$\tan\theta=\frac{V_L}{V_R}=\frac{173}{100}=1.73$$

삼각 함수표에 의해 $\theta=\tan^{-1}1.73=60°$

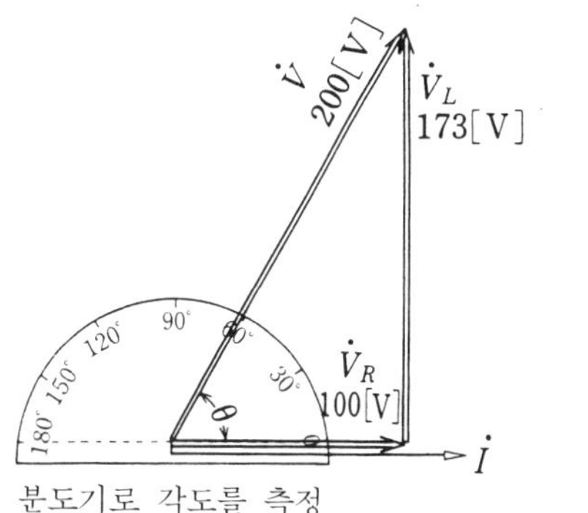

분도기로 각도를 측정

10 파도를 진정시키는 π형 회로 (RC 직렬 회로)

RC 직렬 회로의 실험

그림 1과 같이 저항에 전구(20~40 W)를, 정전 용량 C에 무극성 콘덴서(5~20 μF)를 사용하여 직렬로 접속한다. 교류 100V를 가하면 전구는 약간 밝게 켜진다. 실험 결과가 칠판에 기록되어 있다. 다음을 계산해 보자.

(1) 전구의 저항 R을 전류계와 전압계 값에서 계산해 보자.

(2) 정전 용량 C의 교류 저항, 즉 리액턴스 X_C를 계산해 보자.

(3) 인피던스 Z[Ω]를 전원 전압과 전류에 의해 계산해 보자.

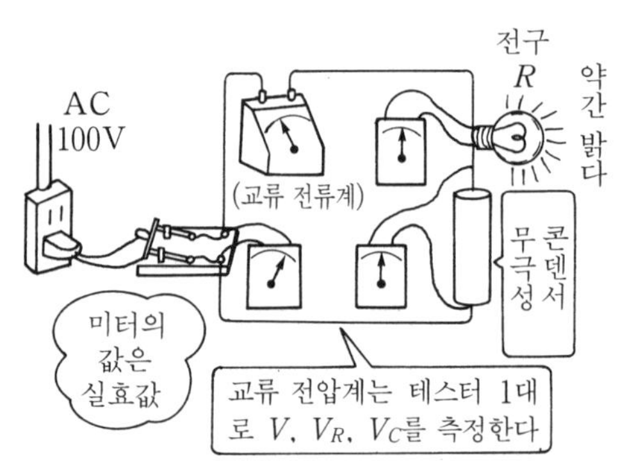

그림 1

실험 데이터

$V=100$ [V]　$V_R=80$ [V]

$V_C=60$ [V]　$I=0.4$ [A]

[답]

(1) $R=\dfrac{V_R}{I}$ (저항의 전압)

$=\dfrac{80}{0.4}=200$ [Ω]

(2) $X_C=\dfrac{V_C}{I}$ (콘덴서 양단의 전압)

$=\dfrac{60}{0.4}=150$ [Ω]

(3) $Z=\dfrac{V}{I}$ (임피던스는 R과 X_C의 벡터 합)

$=\dfrac{100}{0.4}=250$ [Ω]

정전 용량의 리액턴스를 용량성 리액턴스 X_C라고 하고 코일의 리액턴스를 유도성 리액턴스 X_L이라고 한다.

용량성 리액턴스(capactive reactance)
유도성 리액턴스(inductive reactance)

R과 X_C가 손을 잡으면

저항과 콘덴서의 리액턴스가 손을 잡은 길이를 임피던스라고 한다.

그림 2와 같이 X_C는 R에 비해 90° 뒤진 관계로 임피던스 Z의 크기는 세제곱의 정리에 의해

$$Z=\sqrt{R^2+X_C{}^2}\ [\Omega]$$

이 된다. 그림 1의 R과 X_C에 의해 임피던스를 계산하면 다음과 같이 되며, 전압계·전류계의 값에서 구한 값과 일치하는 것을 알 수 있다.

$$Z=\sqrt{R^2+X_C{}^2}=\sqrt{200^2+150^2}$$
$$=\sqrt{62,500}=250\,[\Omega]$$

그림 2 **R과 Xc를 합성하면**

그림 1의 실험 데이터에서 전압 벡터에 대해 조사해 보자.

V_R=80 [V], V_C=60 [V] 이것을 더하면 140V가 되어 전원 100V 보다 커져 버린다. 어떻게 하면 80과 60이 100이 되는가? 전압도 벡터 계산하면 된다.

$$V=\sqrt{V_R{}^2+V_C{}^2}\ [\text{V}]$$

그림 3과 같은 전압 벡터도가 그려진다.

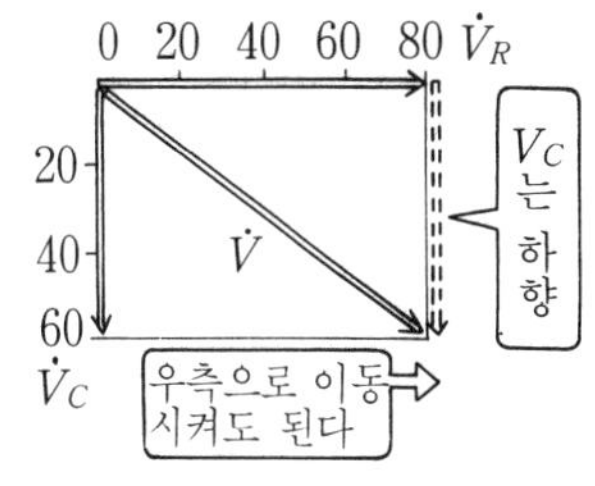

그림 3 전압 벡터도

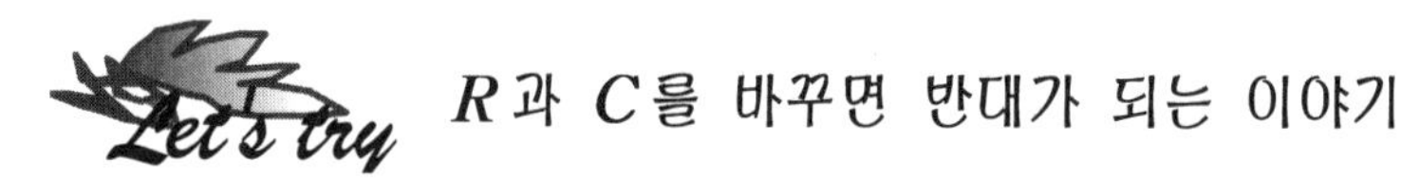

R과 C를 바꾸면 반대가 되는 이야기

그녀는 가수를 지망하며 연습하고 있다. 잠깐 실험을 하여 보자. 위의 스피커를 울리면 저음만 강해지고 아래 스피커는 반대로 고음뿐인데, 왜 그럴까? 위쪽 회로 C의 리액턴스 $X_C=1/2\pi fC$는 f가 높아지면 X_C가 작아져(쇼트와 동일) 고음이 스피커에 가지 않게 되기 때문이고, 아래 회로에서는 C가 직렬이기 때문에 저주파에서 X_C가 커져 저주파가 스피커로 가지 않기 때문이다.

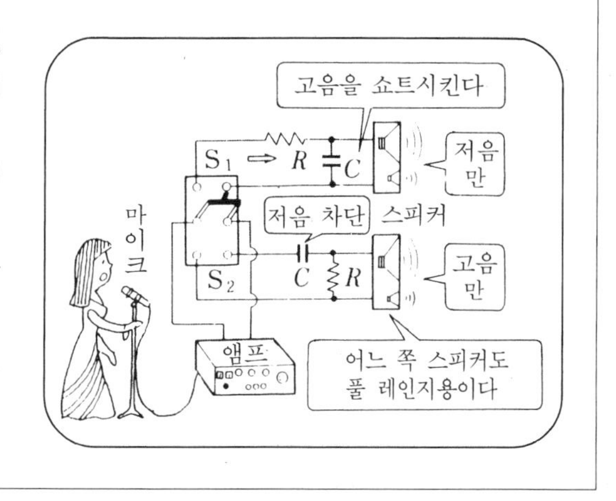

11 비행선 조종법

RLC 직렬 회로

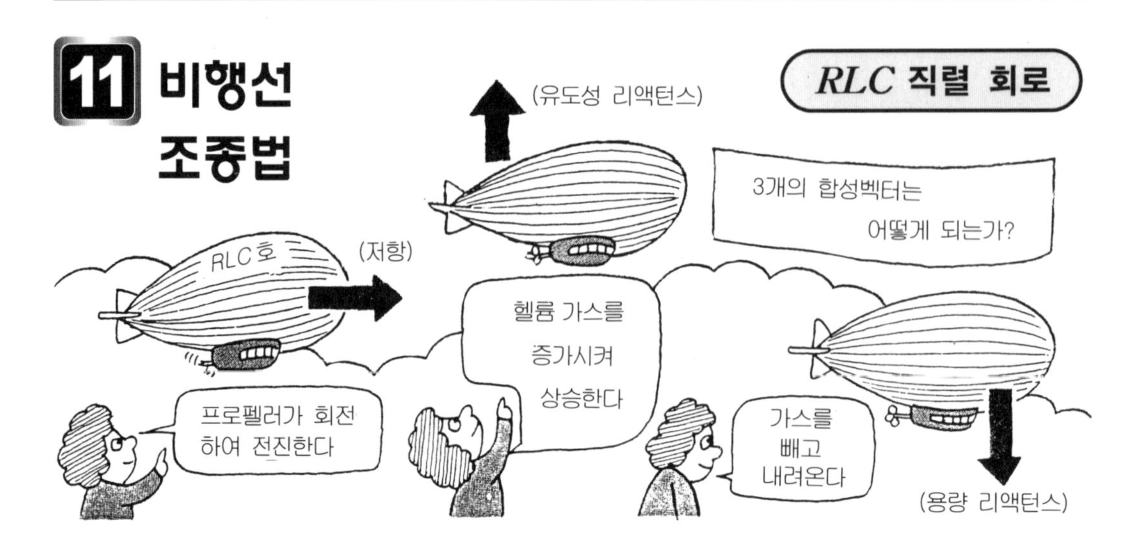

약간 이상한 실험

그림 1과 같이 전구 R, 코일 L, 콘덴서 C를 직렬로 연결한다. 스위치 S_2를 닫고 전원 스위치 S_1을 넣는다.

전구는 희미하게 들어 올 수 있는 정도이다. 여기서 S_2를 열면 전구가 밝아진다. 왜 그럴까? 이 이유를 생각하기 전에 다음 계산을 해 두자.

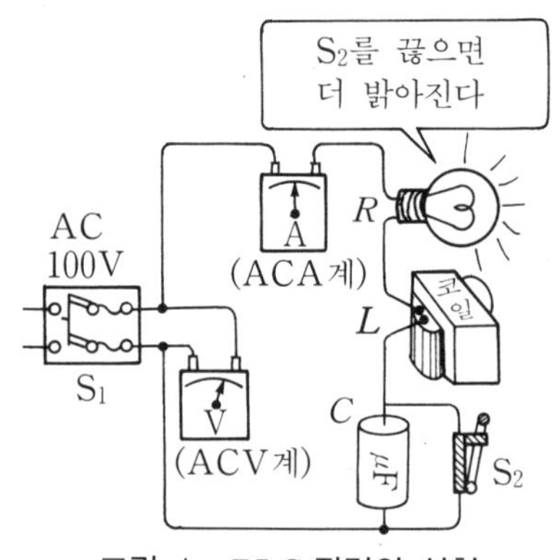

그림 1 *RLC* 직렬의 실험

칠판에 데이터가 기록되어 있는 것과 같이 회로의 저항 R, 코일 리액턴스 X_L, 콘덴서 리액턴스 X_C와 전원 전압 V 및 전류 I의 값을 알고 있다.

<스위치 S_2를 연 경우>

(1) 저항 R 양단의 전압 V_R을 구하라.

(2) 코일 L 양단의 전압 V_L을 구하라.

(3) 콘덴서 C 양단의 전압 V_L을 구하라.

가능한가 도전해 보자.

실험 데이터

전원 전압 $V = 100\,[\text{V}]$
S_2를 개방했을 때의 전류 $I = 0.4\,[\text{A}]$
전구의 저항 $R = 200\,[\Omega]$
코일의 리액턴스
$X_L = 400\,[\Omega]$
콘덴서의 리액턴스
$X_C = 250\,[\Omega]$

[답]

(1) $V_R = RI$
$= 200 \times 0.4 = 80\,[\text{V}]$

(2) $V_L = X_L I$ (전원보다 높은 전압이다)
$= 400 \times 0.4 = 160\,[\text{V}]$

(3) $V_C = X_C I$ (전원과 동일한 전압이다)
$= 250 \times 0.4 = 100\,[\text{V}]$

임피던스를 구하는 법

그림 1의 S_2를 닫은 RL 직렬 회로의 임피던스 벡터도는 **그림 2** (a)와 같이 된다. 이것은 저항을 x축에, $+y$축에 코일의 리액턴스 X_L을 잡고 그린 것이다. 임피던스의 크기 Z를 구하면

$$Z=\sqrt{R^2+{X_L}^2}=\sqrt{200^2+400^2}=447\ [\Omega]$$

다음에는 그림 1의 S_2를 개방한 RLC 직렬 회로에 대해서 그 합성 임피던스의 벡터도를 구한다. 그림 2 (b)와 같이 x축에 저항, $+y$축에 코일의 리액턴스 X_L, $-y$축(벡터는 평행 이동해도 된다)에 콘덴서의 리액턴스 X_C를 그리고 합성한 것이 임피던스 Z이다. 그 크기는

$$Z=\sqrt{R^2+(X_L-X_C)^2}$$
$$=\sqrt{200^2+(400-250)^2}=250\ [\Omega]$$

그림 2 (a)와 그림 2 (b)의 임피던스를 비교하면 그림 2 (a) 쪽이 크다.

그러므로 회로를 흐르는 전류는 작아져 전구가 어두워지는 것을 알 수 있다.

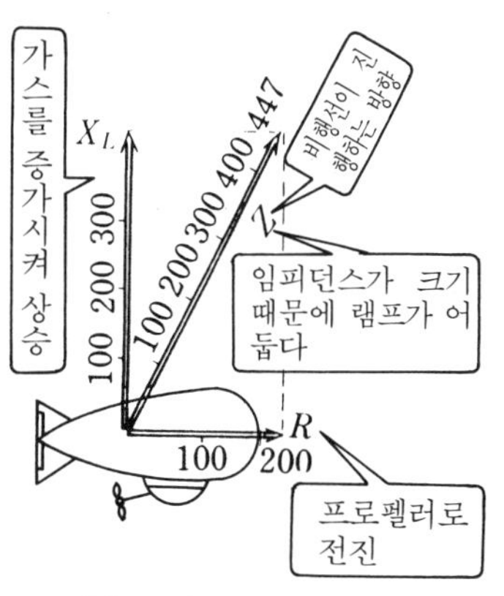

(a) S_2가 닫혀 있을 때

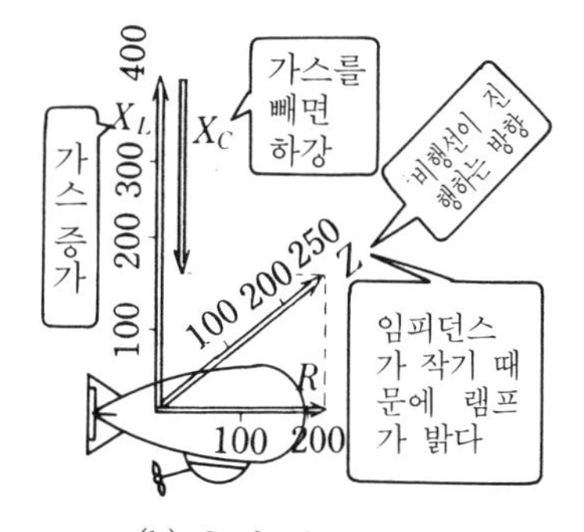

(b) S_2가 열려 있을 때

그림 2 RLC의 임피던스 벡터도

전압 벡터도를 그리는 방법

그림 1의 RLC 직렬 회로의 전압 벡터도를 그리려면 우선 저항, 리액턴스, 임피던스에 전류를 곱하고 전압을 구한다(계산 결과는 p.152 아래 그림에 있다).

전류 $\dot{I}$를 기준 벡터로 하여 이들 전압을 그림 2 (b)와 동일하게 그린 것이 우측 그림의 벡터도이다.

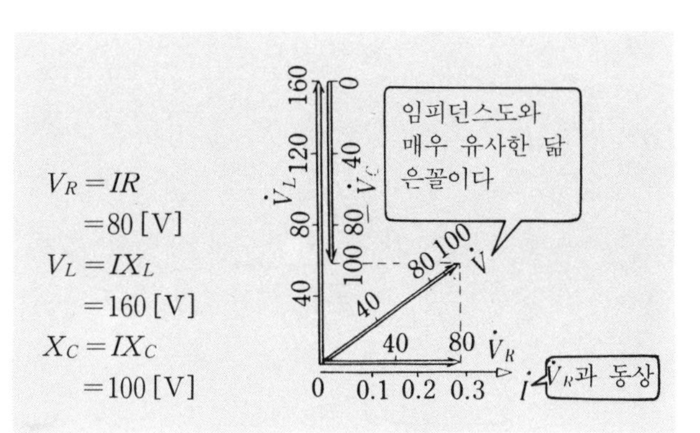

전압 · 전류의 벡터도

12 전압의 마술

LC 직렬 공진

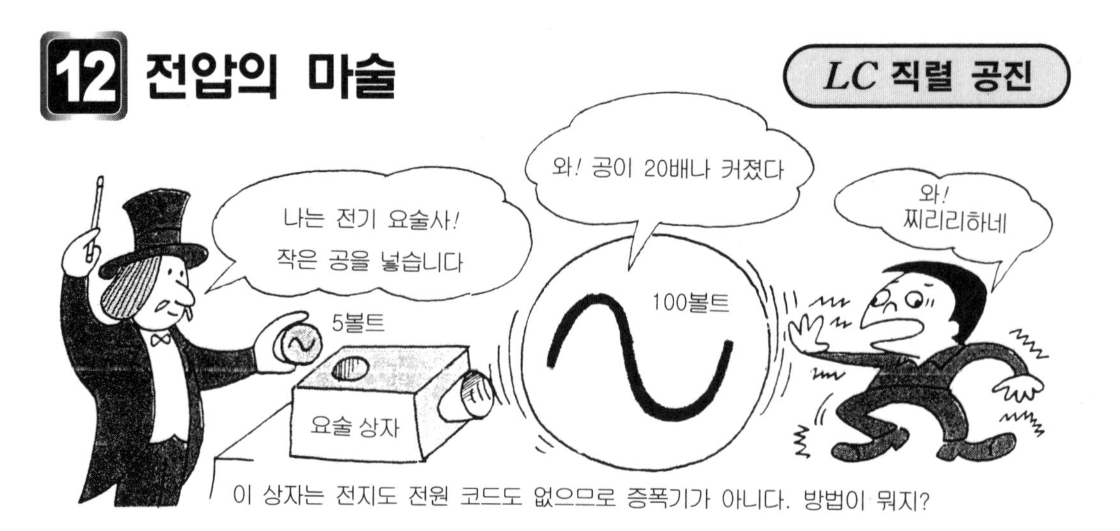

산(전류)은 높을수록 좋다

그림 1 (a)와 같이 LC를 직렬 접속하여 발진기 주파수를 5 [kHz] 정도부터 조금씩 크게 하면(발진기 전원 전압은 일정해진다) 전류계와 콘덴서 전압 V_C가 점차 커지며 대략 10 [kHz]에서 전류와 전압 V_C 모두 최대값을 나타내고 그 이상의 주파수에서는 점차 작아진다(그림 1 (c) 참조). 그림 1 (a)의 등가 회로는 코일의 실효 저항을 고려한 그림 1 (b)와 같다. 회로에 흐르는 전류는 다음 식으로 구해진다.

$$I = \frac{V}{\sqrt{r^2 + (X_L - X_C)^2}} \text{ [A]}$$

여기서 V는 일정하다고 하고 전류를 최대로 하는 조건은 무엇인가? 분모의 $X_L - X_C$를 0으로 하는 것이다. 이 리액턴스분을 0으로 하는 주파수를 특히 **공진 주파수** f_0이라고 한다. 공진시의 회로를 흐르는 전류는 대단히 크며, 이 **공진 전류**를 I_0라고 하면

$$I_0 = \frac{V}{r} \quad \begin{matrix} \leftarrow \text{입력 전압} \\ \leftarrow \sqrt{r^2+0^2} \end{matrix}$$

이 r(스몰 아르)란 무엇인가? 코일의 실효 저항으로 일반적으로 작은 값이다(7장 [4] 참조). r이 작으

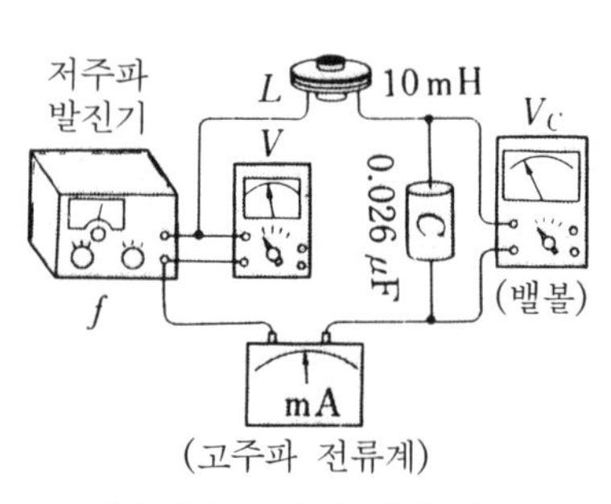

(a) LC 공진의 실험 회로

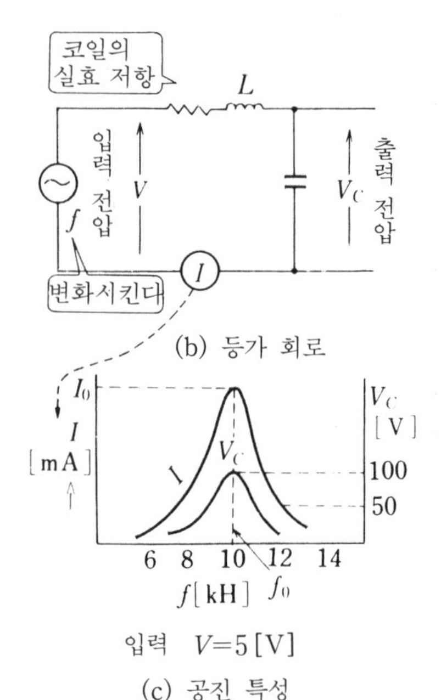

(c) 공진 특성

그림 1 LC 직렬 공진의 실험

면 작을수록 공진 전류 I_0는 커진다. 이때 콘덴서의 리액턴스 X_C에 I_0가 흐르므로 그 전압 V_C는 대단히 커진다(제목 그림에 그려진 출력의 공).

회로의 Q는 전압 확대율

여기서 라디오에 대해서 알아본다. 라디오의 동조 회로는 안테나 코일과 바리콘의 LC 직렬 공진 회로로 구성되어 있으며, 바리콘을 돌려 무수한 전파 중에서 희망하는 주파수를 선택하는 회로이다(**그림 2**). 이 선택의 양호성 Q(선택도)는 다음과 같이 정의된다.

그림 2 가장 간단한 라디오 원리

$$Q=\frac{\text{출력 전압}}{\text{공진시의 입력 전압}}$$

$$=\frac{V_C}{V}=\frac{\omega_0 L}{r}=\frac{1}{\omega_0 Cr}$$

그림 1의 경우의 Q를 구하면

$$Q=\frac{V_C}{V}=\frac{100}{5}=20$$

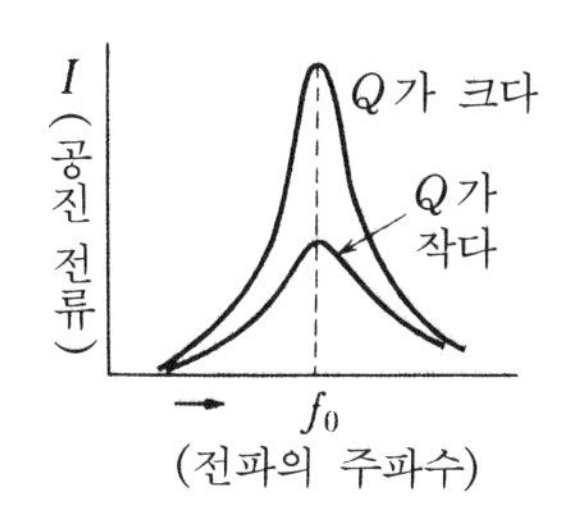

그림 3 공진 곡선

즉, 공진 회로는 증폭기는 아니지만 전압이 20배로 확대되고, 또한 **그림 3**에 공진 곡선(resonance curve)을 나타내었다.

Let's try 공진 주파수를 구하는 방법

공진 조건이란 RLC 회로의 LC 리액턴스 X_L, X_C의 차가 0이 될 때로서, 그 조건의 주파수가 공진 주파수 f_0였다. 이 f_0을 유도하는 식은 우측의 식 (1)부터 식 (5)와 같이 전개해서 구해진다. 그러면 다음과 같은 LC 값의 공진 주파수 f_0를 구해 보자. $L=10$ [mH], $C=0.026$ [μF]

$$\omega_0 L-\frac{1}{\omega C}=0 \quad (1)$$

$$\downarrow$$

$$2\pi f_0 L=\frac{1}{2\pi f_0 C} \quad (2)$$

$$\downarrow$$

$$2\pi L f_0^{\,2}=\frac{1}{2\pi C} \quad (3)$$

$$\downarrow$$

$$f_0^{\,2}=\frac{1}{(2\pi)^2 LC} \quad (4)$$

$$\downarrow$$

$$f_0=\frac{1}{2\pi\sqrt{LC}} \quad (5)$$

[풀이]

$$L=10\times10^{-3}\,[\text{H}],\ C=0.026\,[\mu\text{F}]=0.026\times10^{-6}\,[\text{F}]$$
$$=2.6\times10^{-8}\,[\text{F}]$$

$$\sqrt{LC}=\sqrt{10^{-2}\times2.6\times10^{-8}}=\sqrt{2.6\times10^{-10}}\fallingdotseq1.6\times10^{-5}$$

$$f_0=\frac{1}{2\pi\sqrt{LC}}=\frac{1}{6.28\times1.6\times10^{-5}}=\frac{10^5}{10}$$
$$=10^4=10\,[\text{kHz}]$$

13 모래와 공기가 혼합된 수도관 이야기

RLC 병렬 회로

공기류 → 콘덴서를 흐른다

사류 → 코일을 흐른다

수류 → 저항을 흐른다

가정의 전등선도 병렬 회로

가정에 송전되는 전기는 일반적으로 100V 교류이다.

전기 배선은 집을 지을 때 함께 하게 되므로 밖에서 보이지 않지만 어떤 전기 기구도 스위치를 넣으면 AC 100V가 가해진다는 점에서 **병렬 접속**이라는 것을 알 수 있다.

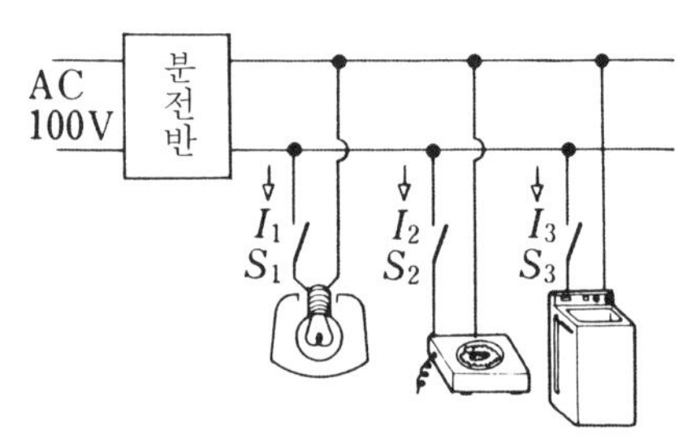

그림 1 전등선의 배선

그림 1에서 전구와 전열기의 전류 I_1과 I_2의 합성 전류는 분전반을 흐르는 양과 동일해지지만 세탁기의 전류 I_3을 가하면 분전반을 흐르는 전류는 $I_1+I_2+I_3$가 되지 않는다. 왜 그럴까?

즉, 전구나 전열기의 부하는 저항이므로 흐르는 전류는 전압과 동상이 된다. 그러나 세탁기의 인덕턴스와 저항의 부하이기 때문에 흐르는 전류는 전압에 대해서 뒤진 위상이 된다. 이와 같이 위상이 다른 전류의 합성에는 벡터 계산을 하지 않으면 안 된다.

R, *L*, *C*의 병렬 회로

교류 100V에 **그림 2**와 같은 회로를 접속했다.

스위치 S_1, S_2, S_3을 적당히 조합하면 전류계 I_0가 이상한(벡터 계산을 한다) 값을 지시한다.

몇 가지 조합을 실험해 보자.

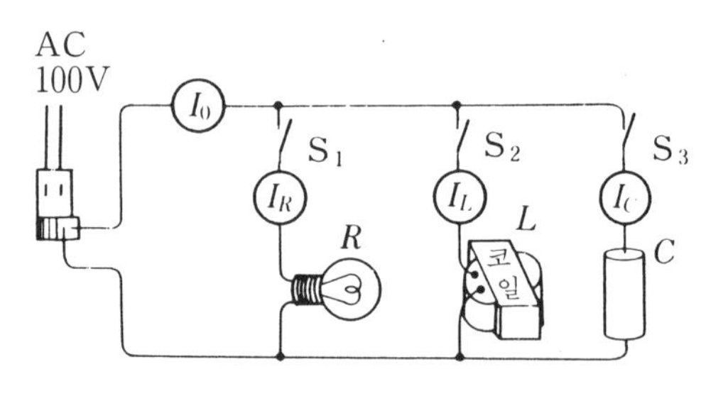

그림 2 *RLC* 병렬 회로의 전류를 측정

[실험] (a) S_1만 닫는다.
(b) S_1과 S_2를 닫는다.
(c) S_1, S_2, S_3를 닫는다.

실험 결과에서 다음 값을 구해 보자.

(1) 전기 저항은 몇 옴인가?

(2) 코일의 리액턴스 X_L은 몇 옴인가?

(3) 실험 (c)의 전 전류 I_0이 왜 1.25A가 되는가?

실험 데이터

(a) $I_R=1$ [A] .... $I_0=1$ [A]

(b) $I_R=1$ [A], $I_L=0.5$ [A] .... $I_0=1.1$ [A]

(c) $I_R=1$ [A], $I_L=0.5$ [A], $I_C=1.25$ [A] .... $I_0=1.25$ [A]

[답] (1) $R=\dfrac{V}{I_R}=\dfrac{100}{1}=100\,[\Omega]$

(2) $X_L=\dfrac{V}{I_L}=\dfrac{100}{0.5}=200\,[\Omega]$

(3) I_R, I_L, I_C의 대수합은

$I_0=I_R+I_L+I_c=2.75$ [A]

이들 전류는 벡터량이므로 모든 전류의 크기는

$I_0=\sqrt{I_R^{\,2}+(I_c-I_L)^2}$

$=\sqrt{I^2+0.75^2}=1.25$ [A]

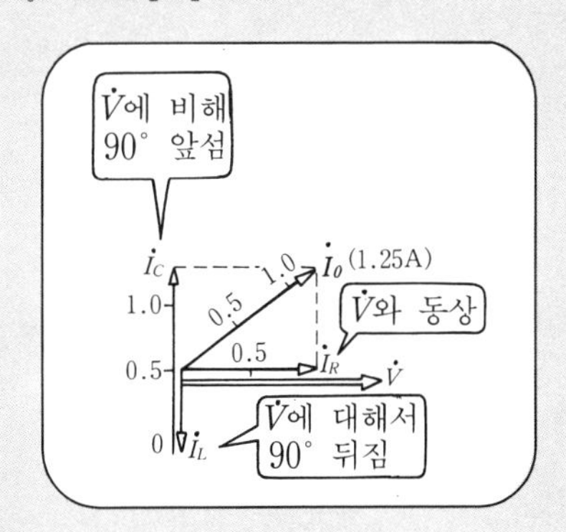

Let's try 유입되는 전류의 합을 구한다

그림과 같은 회로의 합성 전류를 구하려면 $\dot{I}_R$, $\dot{I}_C$, $\dot{I}_L$의 벡터도를 그리고 길이를 자로 재면 전류의 크기 $I=5$ [A]가 구해진다. 또 계산으로 구하려면

$$I_0=\sqrt{I_R^{\,2}+(I_L-I_C)^2}$$
$$=\sqrt{4^2+(5-2)^2}=5\,[\text{A}]$$

(어느 방법으로 구해도 무방하다)

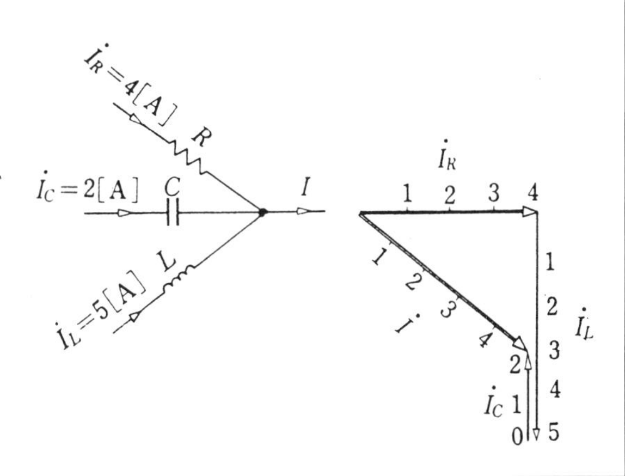

14 전류의 마술

LC 병렬 공진

병렬 공진은 V 사인

그림 1과 같이 L과 C를 병렬로 접속한다. 발진기의 입력 전압을 일정하게 유지하면서 주파수가 낮은 쪽부터 높은 쪽으로 바꾸어 나간다. 각 기로(岐路)에 흐르는 전류는 어떻게 변화하는가? 코일에 흐르는 전류 I_L은 주파수를 높게 하면 감소하는 것을 알 수 있다.

$$I_L = \frac{V}{X_x} = \frac{V}{2\pi f L}$$

분모의 f가 크게 되면 전류 I_L은 작게 된다

콘덴서의 전류 I_C 쪽은 반대로 증가한다.

$$I_C = \frac{V}{X_C} = 2\pi f C V$$

f가 크게 되면 I_C는 비례하여 크게 된다

그러면 I_L과 I_C의 합성 전류 I는 어떻게 되는가? 그림 1 (c)의 커브와 같이 어느 주파수에서 전류가 0(그것에 가까운 값)이 되는 점을 통과하고 또 증가하는 **V형 커브**가 된다.

최소 전류의 f를 **공진 주파수** f_0라고 한다.

또한 병렬 공진을 반공진(反共振)이라 하고, L과 C가 직렬인 회로의 발진 상태를 직렬 공진 또는 그냥 공진이라고 하기도 한다.

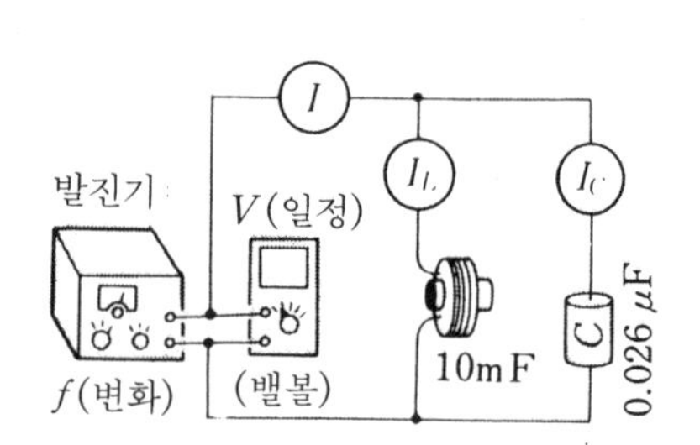

(a) 발진 주파수를 바꾼다

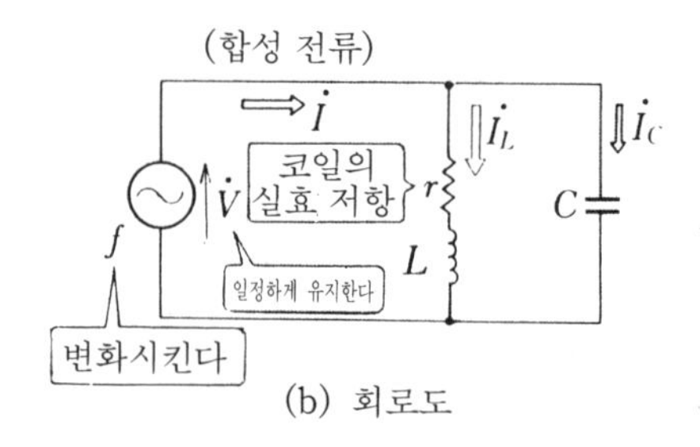

(b) 회로도

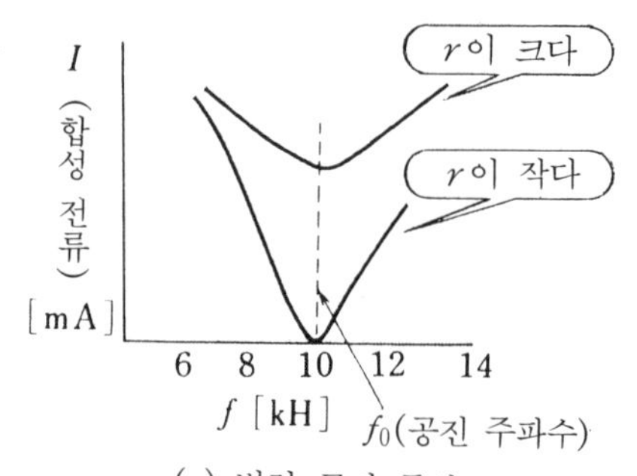

(c) 병렬 공진 특성

그림 1 LC 병렬 공진

마술의 내막

그림 2는 LC 병렬 공진하고 있을 때 각 기로를 흐르고 있는 전류의 순시값을 나타낸 것이다.

콘덴서를 흐르는 전류 i_C는 전압보다 90° 앞선 전류가 흐른다(크기는 앞 페이지의 I_C 참조). 다음으로 코일 전류는 약 90° 뒤진 전류가 흐른다(코일의 실효 저항 r이 있기 때문에 r이 크면 80°나 70°로 전압과의 위상차가 작아진다).

합성 전류 i는 i_C와 i_L을 더한 것이므로 높이가 같은 정현파를 합성하면 그 차는 0(실제로는 0이 아니고 미소 전류가 흐른다)이 된다.

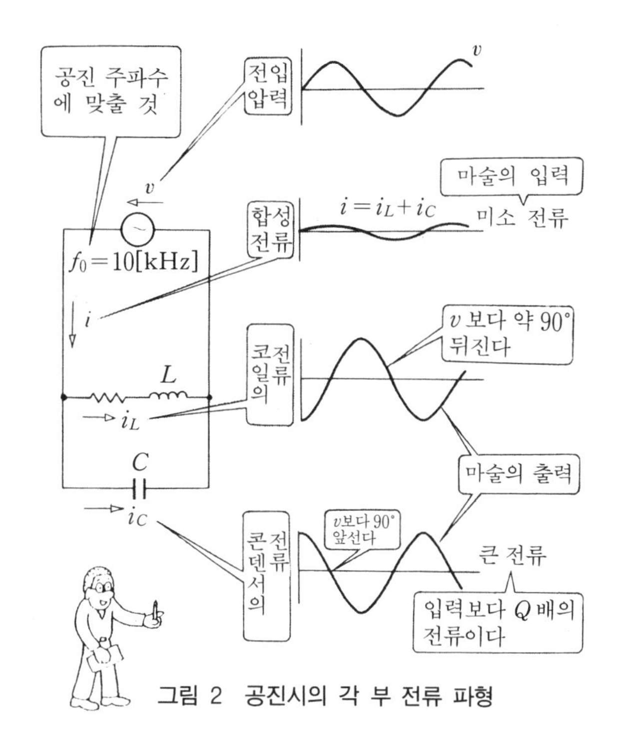

그림 2 공진시의 각 부 전류 파형

마술의 입력은 이 합성 전류로서, 출력은 코일을 흐르는 전류, 또는 콘덴서를 흐르는 전류를 지칭한다.

병렬 공진에서 알아 둘 것은 공진하면 임피던스가 상당히 큰 값이 된다는 것이다.

Let's try 실제로 사용되고 있는 공진 회로

라디오나 TV 회로에는 LC 공진 회로가 많이 사용되고 있다.

그림은 중간 주파용 트랜스라고 하는 것이다. 이 회로에 대해서 입력의 중간 주파수(라디오 f_i=455 [kHz])를 증폭하고 L_1, C_1는 f_i로 병렬 공진한다.

공진 전류가 L_1에 흘러 상호 유도 작용으로 L_2에 유도 기전력이 생긴다.

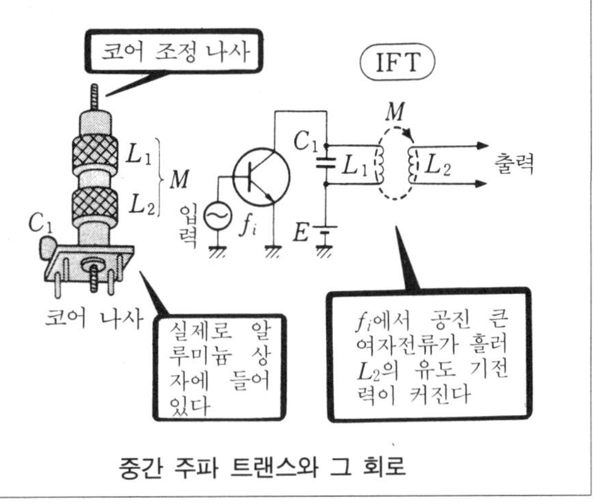

중간 주파 트랜스와 그 회로

교류 기초의 정리

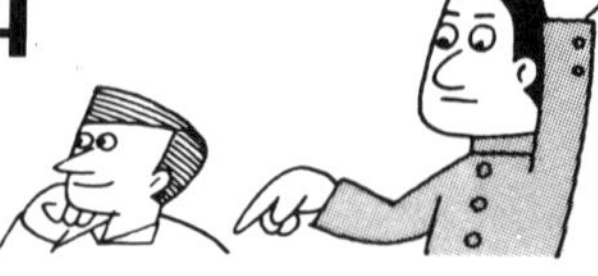

1. **그림** 1과 같은 파형에서 전압의 순시값 v 와 전류의 순시값 i를 표시해 보자.

[풀이] $v=(\text{최대값})\times\sin(\omega t+\theta°)$

$=(\quad)\sin(2\pi(\quad)t+0°)$ [V]

$i=(\quad)\sin\{100\pi t-(\quad)\}$ [A]

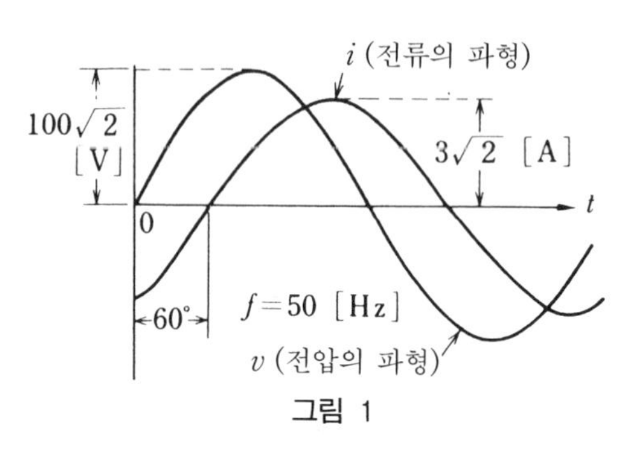

그림 1

2. 1의 전압, 전류의 실효값을 계산해 보자 (4 참조).

전압의 실효값 $V=(\qquad)$ [V],

전류의 실효값 $I=(\qquad)$ [A]

3. **그림** 2와 같이 RLC 회로를 AC 100V에 접속하면 전구는 밝게 점등하지만 L에 병렬 스위치를 넣으면 어두워진다. 왜 그럴까?

[풀이] 전구가 밝다, 어둡다는 흐르는 전류가 많은가, 적은가로 결정되므로 회로의 임피던스를 구해 본다.

X_L 50[Ω] L SW
X_C 70[Ω] C
AC 100 [V] f [Hz]
R 60[Ω] 전구

그림 2

SW가 OFF일 때 $\quad Z_1=\sqrt{(\quad)^2+(X_C-X_L)^2}=\sqrt{(\quad)^2+20^2}=63.2$ [Ω]

SW가 ON일 때 $\quad Z_2=\sqrt{R^2+(\quad)^2}=\sqrt{60^2+(\quad)^2}=92.2$ [Ω]

즉, $Z_2>Z_1$이 되어 임피던스가 크면 흐르는 전류도 적고 전구도 어두워지는 것이다.

[답] 1. $v=100\sqrt{2}\sin(2\pi 50t+0°)$, $i=3\sqrt{2}\sin(100\pi t-60°)$

2. $V=100$ [V], $I=3$ [A]

3. $Z_1=\sqrt{(R)^2+(X_C-X_L)^2}=\sqrt{60^2+20^2}$,

$Z_2=\sqrt{R^2+(X_C)^2}=\sqrt{60^2+70^2}$

6

교류 회로

교류 회로를 배우는 방법

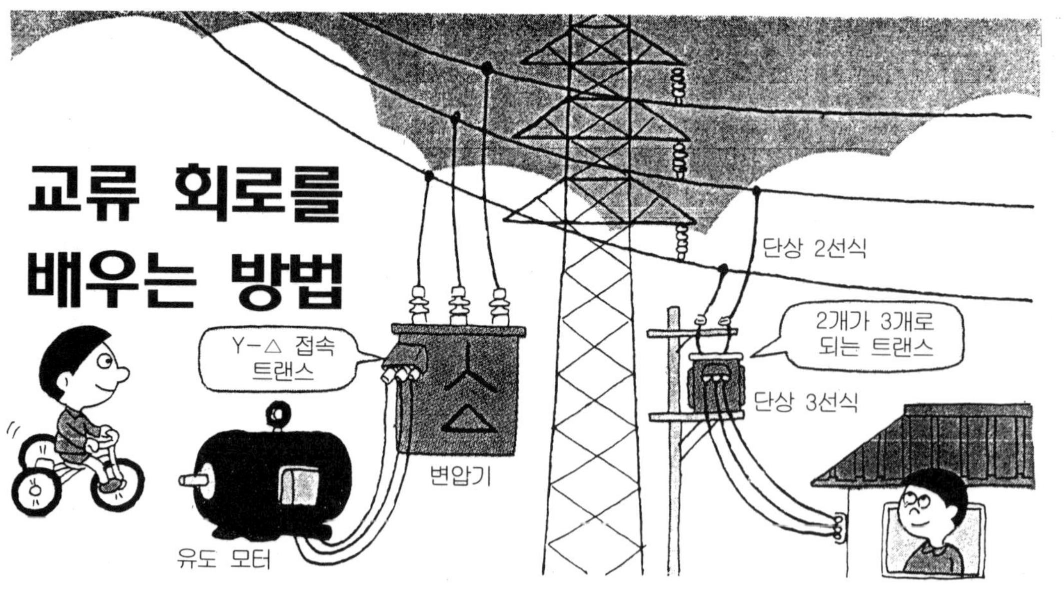

교류의 기초에 대해서는 5장에서 배웠듯이 주기적으로 변화하는 교류 파형을 정지한 도형을 나타내는 좋은 방법이 **벡터**였다. 이 장에서는 복잡한 교류 회로도 대수(代數) 계산으로 즉시 구해지는 방법, 즉 **복소수***를 사용하는 방법을 배운다.

복소수는 **실수**와 **허수**로 나타내며, 그 **허수 단위 j**가 어떠한 의미를 갖는가를 알지 않으면 안 된다.

임피던스를 복소수(**기호법**이라고도 한다)로 표시한 것이 **벡터 임피던스 $\dot{Z}$**로, 우측 그림과 같이 리액턴스에는 j를 붙여 합성 계산(복소수)한다.

3개의 단상 교류 전원이 있고 전압의 크기가 같으며 각각의 위상차가 120° 씩 떨어져 있는 것을 **대칭 3상 교류 전압**이라고 한다. 발전소에서 보내지는 전력은 현재 우리 나라의 경우 대부분 3상 교류로 송전되고 있다. 3개의 전원 전압을 3개의 전선으로 보내기 때문에 Y자형의 (성형) 결선과 삼각형의 △(델타) 결선 방식이 있다.

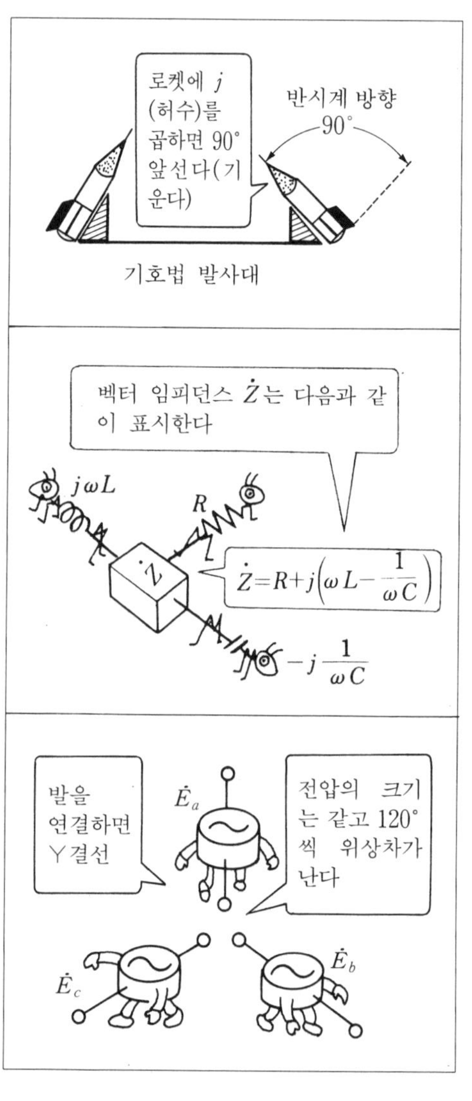

* 복소수(complex number)

교류 전력은 **피상 전력**(皮相電力)과 **역률**의 곱으로 구해진다. 여기서는 역률의 의미와 교류 전력을 측정하는 **전력계**가 어떠한 구조로 되어 있는가를 배우기로 하자.

그리고 전압 변환 장치인 변압기 원리에 대해서도 배울 것이다.

우리들 주변의 동력이라고 하면 자동차 엔진이나 가전 제품의 모터를 들 수 있다. 엔진은 큰 **토크**를 낼 수 있지만 소음이나 배기 가스를 배출하는 문제점이 있다. 이 점에서 교류 모터는 공해가 없는 동력원이다.

이 모터가 회전하는 원리에 대해 배워 보자.

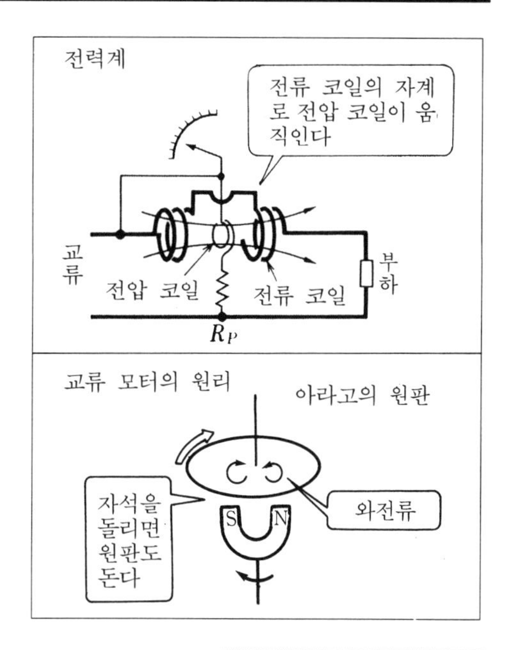

어느 항목을 읽으면 되는가

j의 의미를 이해하면서 벡터를 복소수로 표시하고 전기 회로의 계산을 기호법(복소수)을 사용하여 할 수 있게 한다(벡터 임피던스가 중요하다)

전력을 수송하는 데 있어 3상 교류는 대단히 우수하다. 3상 교류의 발전은 어떻게 하는가? 그리고 전원이나 부하의 3상 결선 방식에 대해서 배운다.

코일이나 콘덴서 소자의 값을 측정하는 교류 브리지에 대해서 알아본다. 다음에 벡터 궤적에 대해서 배운다.

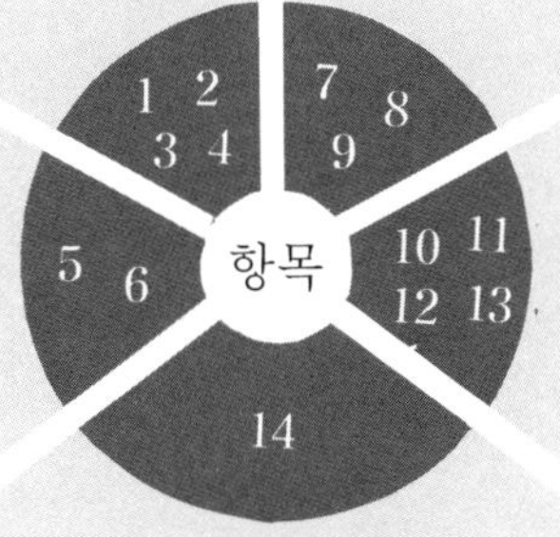

교류 전력에서는 부하의 역률이 중요한 역할을 한다. 역률의 의미를 이해하고 전력 측정법을 배운다. 다음에 전력 수송과 변압기의 기초적 사항에 대해 알아 본다.

3상 교류 전압은 120°의 위상차를 가지고 있으므로 간단히 회전 자계를 만들 수 있다. 유도 모터가 회전하는 원리에 대해서 배운다.

1 거울 속의 나

직각 좌표 표시

허(虛 ; 이미지)의 세계

침팬지에게 거울을 주면 즉시 거울 속의 모습이 자신이라는 것을 안다. 그러나 잉꼬는 거울 속의 모습이 다른 잉꼬라고 생각하여 계속해서 말을 건다. 따라서 대뇌가 발달되어 있을수록 거울 속의 자신은 **허상**(虛像)이라는 것을 재빨리 알게 되는 것 같다. 거울이나 렌즈를 통해서 본 모습을 허상(이미지)이라고 하고 실물을 실상(리얼)이라고 한다. 수학의 세계에서도 이러한 현상에 직면한다. 한 변의 길이가 x 미터인 정방형의 면적이 -4 평방 미터가 되는 x의 길이를 구하라(**그림** 1).

x 면적 $=-4$

그림 1 부의 면적?

$$x^2=-4 \qquad x=\pm\sqrt{-2^2}=\pm 2\sqrt{-1}$$

계산 자체는 가능하지만 문제는 좀 이상하다. 왜냐 하면 면적이 부의 값이라는 것은 상식적으로 있을 수 없기 때문이다. x가 부라도 면적은 정이 된다.

예를 들면 $x=-2$ 일 때의 면적은 $x\times x=(-2)\times(-2)=+4$

부 면적의 x의 길이는 상식의 세계(실수)에서는 구해지지 않지만 허수 i(이미지의 머리글자)를 생각하면 다음과 같다.

$i=\sqrt{-1}$ 이라고 하면 $x=\pm 2\,i$ (답은 $2i$ 미터 또는 $-2i$ 미터이다)

One point

실수와 허수의 조합을 **복소수**라고 한다. $5+3i$는 복소수로, 5는 실수, $3i$가 허수이다. 그래프는 우측 그림과 같이 x축이 실축이고 y축이 허축이 된다. 이 복소수가 벡터량이면 화살표로 표시한다.

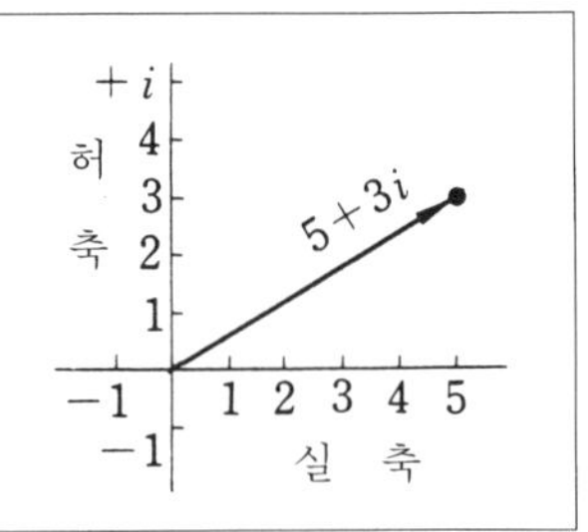

전기 속의 나

그림 2 (a)에서 RC 병렬 회로의 저항 R을 흐르는 전류 $\dot{I}_R$은 전압 $\dot{V}$와 동상이다(램프가 점등되어 전력이 소비된다).

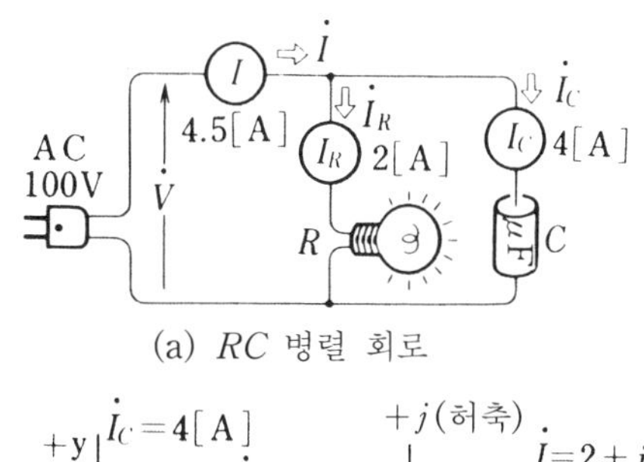

(a) RC 병렬 회로

콘덴서를 흐르는 전류 $\dot{I}_C$는 전압 $\dot{V}$에 대해서 90° 앞서고 있다(콘덴서의 리액턴스 X_C는 전류를 제어하는 능력은 있지만 전력 소비는 하지 않는다).

전압 $\dot{V}$를 기준 벡터(+x축)로 하고 두 전류 $\dot{I}_R$, $\dot{I}_C$의 벡터를 합성한 것이 그림 2 (b)이다.

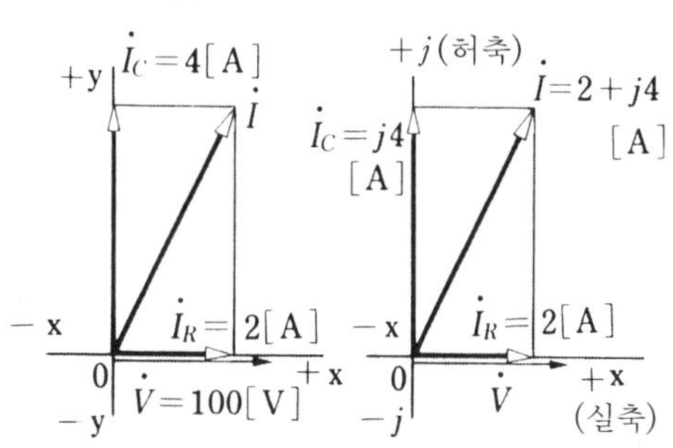

(b) j를 사용하는 벡터도 (c) 복소 평면의 벡터도

그림 2 RC 병렬 회로의 벡터도

교류 회로에서는 전압×전류=전력이라고 단순하게 계산할 수 없다. 실제로 전력 소비가 있는 것을 실축에, 그렇지 않은 것(리액턴스 요소)을 허축에 벡터를 합성한 것이 그림 2 (c)이다. 허수를 수학에서는 i를 사용하지만 전기에서는 전류 순시값의 기호로서 i가 사용되므로 알파벳순으로 i 다음의 j를 허수로 사용한다.

Let's try j의 의미

그림과 같이 전압 벡터 $\dot{V}=4+j2$에 허수 j를 곱하면 어떠한 벡터로 변신할까?

$$j \cdot \dot{V}=j(4+j2)=j4+j^2 2$$
$$=-2+j4$$

$j=\sqrt{-1}$ $j^2=-1$

j를 곱하면 원래의 벡터는 90° 반시계 방향으로 회전한다. 즉, 90° 앞선 벡터라고 한다.

$$j^2 \cdot \dot{V}=j^2(4+j2)=-1 \cdot (4+j2)=-4-j2$$

j^2을 곱하면 원래의 벡터는 180° 회전하는 것을 의미한다. 즉, j^2은 180° 앞선 벡터가 된다.

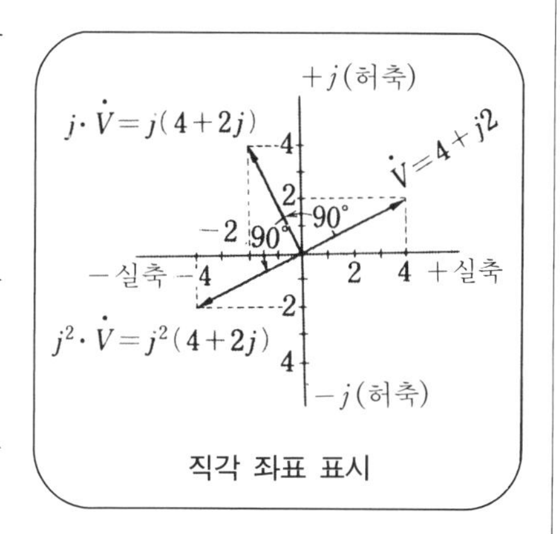

직각 좌표 표시

그리고 이것은 본래의 벡터에 마이너스(−)를 곱한 것을 의미한다. 즉, j^2은 본래의 벡터를 반대 방향으로 하는 것이다.

2 형태는 삼각, 힌트는 원이다

삼각 함수

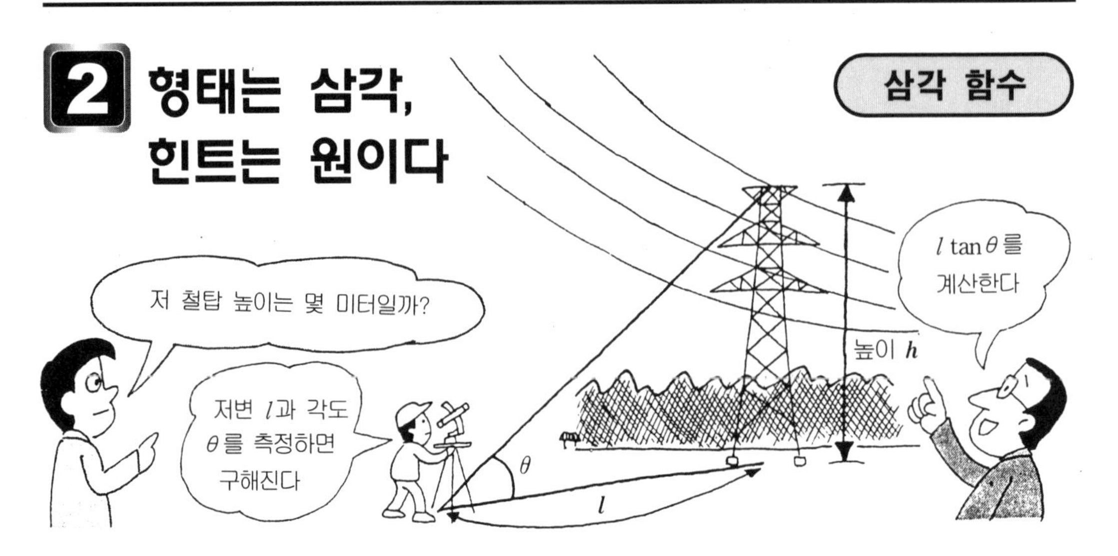

누구나 알고 있는 세제곱의 정리

그림 1과 같은 직각 삼각형의 변의 길이를 구하는 데는 세제곱의 정리(피타고라스의 정리)를 이용하면 된다.

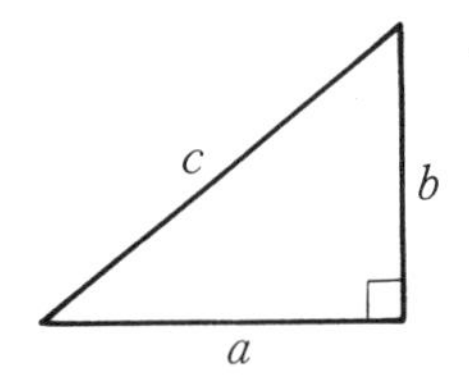

그림 1 일반적인 직각 삼각형

$$c^2 = a^2 + b^2$$

a, b의 변의 길이를 알고 있을 때 미지수 c는

$$c = \sqrt{a^2 + b^2} \quad \text{(부의 변은 생각하지 않는다)}$$

a를 구하려면 $a^2 = c^2 - b^2 \quad \therefore \; a = \sqrt{c^2 - b^2}$

b를 구하려면 $b^2 = c^2 - a^2 \quad \therefore \; b = \sqrt{c^2 - a^2}$

전기 중에서 특히 교류 회로에서 세제곱의 정리는 대단히 중요한 것이다. 벡터나 복소수의 크기를 구할 때 많이 사용된다.

이것으로 알게 된 삼각 함수

사인, 코사인, 탄젠트가 삼각 함수라는 정도는 알고 있겠지만 전기 계산에 그것을 사용한다면 망설이는 사람도 많은 것 같다. 전기에서 많이 사용되는 삼각 함수에 대해서 **그림 2**의 원의 반경 r이 벡터량이라면 $r^2 = x^2 + y^2$에 의해 r은 x축과 y축으로 표시할 수도 있다.

또한 사인(sin)을 정현(正弦), 코사인(cos)을 여현(余弦), 탄젠트(tan)를 정접(正接)이라고 한다.

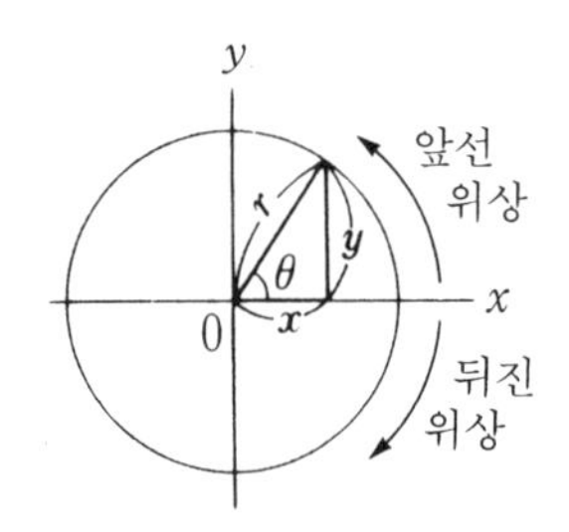

그림 2 삼각 함수는 원을 그리는 것부터 시작된다

[예제] x와 y의 값을 알고 있을 때 벡터의 크기 r과 위상각 θ를 구하라.

[풀이] r의 크기를 구하려면 세제곱의 정리를 이용하여 $r=\sqrt{x^2+y^2}$

위상각 θ를 구하려면 삼각 함수의 탄젠트를 사용한다.

$$\tan\theta=\frac{y}{x} \quad \therefore\ \theta=\tan^{-1}\frac{y}{x}$$

$\tan^{-1}$을 아크 탄젠트라고 하며 $\tan\theta$의 역함수를 말한다.

그림과 같이 그려 삼각 함수를 외우자.

$$\sin\theta=\frac{y}{r},\quad \cos\theta=\frac{x}{r},\quad \tan\theta=\frac{y}{x}$$

$$x=r\cos\theta,\quad y=r\sin\theta,\quad y=x\tan\theta$$

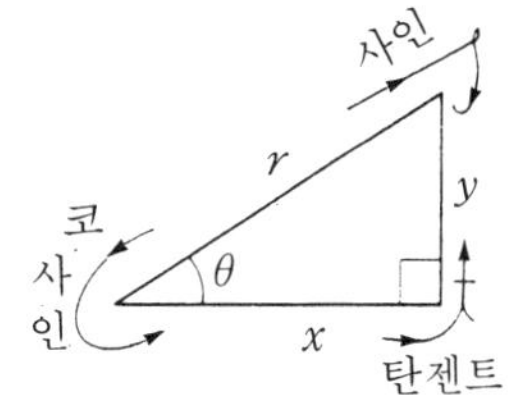

이렇게 그리면 외우기 쉽다.

삼각 함수 계산에 강해지자

RL 직렬 회로 각 소자의 전압과 전류를 알고 있을 때 전원 전압의 크기 V와 전류의 위상각 θ를 구하라.

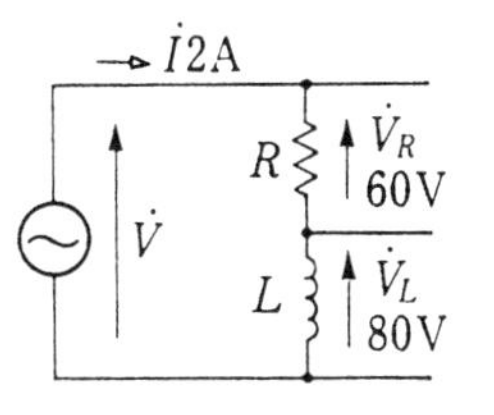

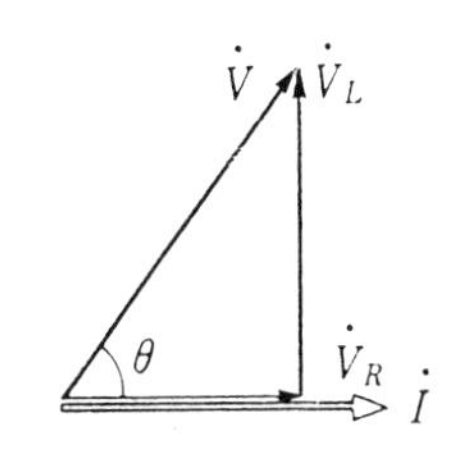

[풀이] $V=\sqrt{{V_R}^2+{V_L}^2}$ (세제곱의 정리)

$=\sqrt{60^2+80^2}=\sqrt{10,000}$

$=100$ [V]

위상각 θ를 tan로 구해 보자.

$$\tan\theta=\frac{V_L}{V_R}=\frac{80}{60}\fallingdotseq 1.33$$

수학 교과서 등에 삼각 함수표가 나와 있다. 우선 표의 tan를 본다.

각도 θ	52°	53°	54°
$\tan\theta$	1.280	1.327	1.376

우측 표에서 $\tan\theta$가 1.33에 가장 가까운 것은 53°이다.

전자계산기를 사용하면 키를 누르는 것만으로 표도 필요 없으며 답도 정확하다.

$$\theta=\tan^{-1}1.33\fallingdotseq 53°$$

전류 $\dot{I}$를 기준 벡터로 하면 전압 $\dot{V}$는 반시계 방향, 즉, **앞선** 53°이다.

반대로 전압 $\dot{V}$를 기준으로 하면 전류 $\dot{I}$는 뒤진 53°(또는 −53°)가 된다.

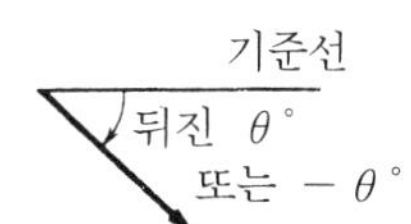

3 곱셈을 더하라고!?

극좌표 표시

컴퍼스와 분도기로 표시하는 극좌표

벡터 A는 $a+jb$의 복소수로 나타낼 수 있다(직각좌표법). A를 크기와 방향, 즉 크기를 나타내는 절대값 A와 일정한 기준선으로부터의 위상각 θ로 표시하는 방법이 있다.

$$\dot{A}=A\underline{/\ \theta}$$

이와 같은 표시 방법을 **극좌표** 표시라고 한다.

$\dot{A}=4\underline{/30°}$를 그림으로 표시하려면 컴퍼스로 4 cm의 원호를 그려 x축의 기준선으로부터 분도기로 30°에 맞추어 원호까지 선을 긋고 톱에 화살표를 그리면 벡터 $\dot{A}$가 완성된다(**그림** 1).

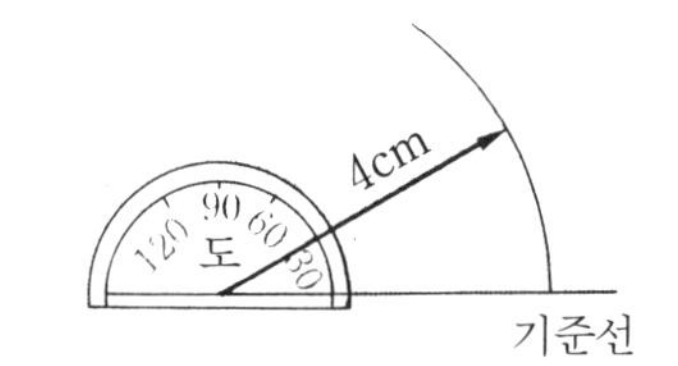

그림 1 극좌표 표시법

$\dot{A}=A\underline{/\ \theta}$를 직각좌표법으로 표시하려면 **그림** 2와 같이 실축과 허축의 크기를 구한다.

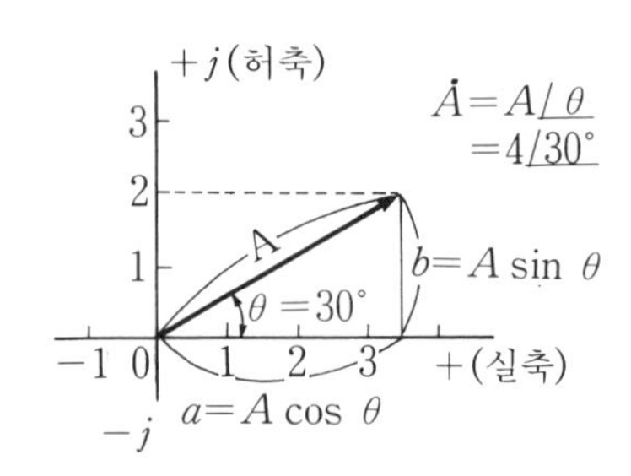

그림 2 직각 좌표 표시법

$$a=A\cos\theta=4\cos 30° \qquad b=A\sin\theta=4\sin 30°$$
$$=4\times0.866=3.46 \qquad =4\times0.5=2$$

$\dot{A}=a+jb=3.46+j2$ ······ 직각좌표표시

$=A\underline{/\ \theta}=4\underline{/30°}$ ······ 극좌표표시

(직각좌표표시, 극좌표표시 → 기호법)

직각좌표법이나 극좌표법 어느 것이나 사용할 수 있도록 배워 두자.

극좌표법은 벡터의 곱이나 상의 계산에 적합하여 이해하기 쉽다. 그러나 이것을 **가감산에 사용하면 오히려 계산이 복잡해진다.**

벡터의 곱을 구하는 방법

다음의 두 벡터를 곱셈하여 보자. 계산 방법은 대수 계산과 동일하게 하고 마지막에 실수와 허수로 정리한다.

+j 벡터 곱 $\dot{C}$ $\dot{B}$ $\dot{A}$ a_2 b_2 c_2 a_1 b_1 c_1 +(실축)

그림 3 직각 좌표에 의한 벡터 곱

+j 벡터 곱 $\dot{C}$ $C=A\cdot B$ 곱의 경우는 덧셈 $\dot{B}$ $\theta_3=\theta_1+\theta_2$ θ_2 $\dot{A}$ θ_1 0 +(실축)

그림 4 극좌표에 의한 벡터 곱

$$\dot{A}=a_1+ja_2$$

$$\dot{B}=b_1+jb_2$$

$$\dot{C}=\dot{A}\dot{B}=(a_1+ja_2)(b_1+jb_2)$$

$$=(a_1b_1-a_2b_2)+j(a_1b_2+a_2b_1)=c_1+jc_2$$ ……… 직각 좌표 표시

$\dot{A}\dot{B}$의 곱 $\dot{C}$는 **그림 3**과 같이 실수 $c_1=a_1b_1-a_2b_2$, 허수 $c_2=a\cdot b_2+a_2b_1$으로 벡터를 나타낼 수 있다.

다음에 극좌표법으로 구해 보자(**그림 4**).

$$\dot{A}=a_1+ja_2=A\angle\theta_1$$

$$\dot{B}=b_1+jb_2=B\angle\theta_2$$

크기 $A=\sqrt{a_1^{\ 2}+a_2^{\ 2}}$ (세제곱의 정리)

$\dot{C}=\dot{A}\dot{B}=AB\angle\theta_1+\theta_2=$ 크기($\dot{A}\cdot\dot{B}$의 절대값의 곱)$\angle\dot{A},\ \dot{B}$의 위상각의 합

Let's try 벡터 곱을 전기에 적용해 보자!

그림과 같은 RL 직렬 회로에서 전류 벡터 $\dot{I}$와 임피던스 벡터 $\dot{Z}$를 알고 있을 때 전원 전압 벡터 $\dot{V}$를 구해 보자.

$$\dot{Z}=8+j6=10\angle 37^\circ\ [\Omega]$$

$$\dot{I}=16-j12=20\angle -37^\circ\ [\Omega]$$

$$\dot{V}=\dot{Z}\dot{I}=ZI\angle\theta_1+\theta_2$$

$$=10\times 20\angle 37^\circ-37^\circ=200\angle 0^\circ\ [\text{V}]$$

즉, $\dot{V}$의 크기는 200V이고 위상각은 0°

직각좌표법으로는

$$\dot{V}=\dot{Z}\dot{I}=(8+j6)(16-j12)$$

$$=200+j0=200\ [\text{V}]$$

$\dot{I}=16-j12$[A] $\dot{V}$ (미지수) R R 8[Ω] L X_L 6[Ω] $\dot{Z}=R+jX_L$

(a) 회로도

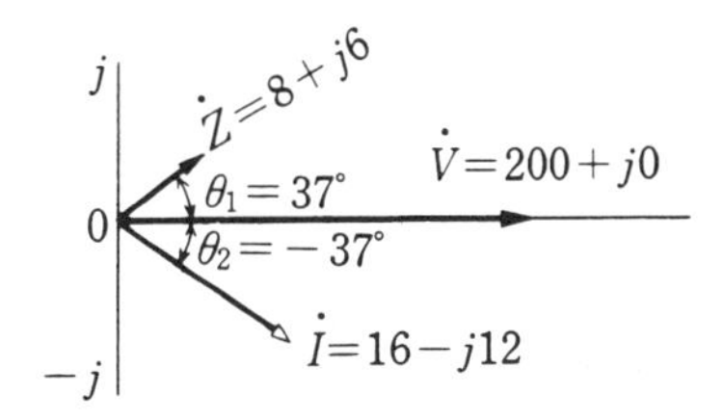

(b) 벡터도

4 이것은 편리하다 – 기호법

RLC 회로의 계산

정리함의 알맹이

교류 회로에서 R, L, C의 활동 등을 지금까지 배운 것들을 중심으로 정리해 보자.

자! 모두 이해할 수 있는지? 이해하지 못한 사람은 분발하자!

기호의 명칭	저 항 R	인덕턴스 L	정전 용량 C
대표적인 소자명	저항기 전 구	코 일 초크 코일	콘덴서 바리콘
교류 전압을 가한 회로	$\dot{I}$, $\dot{V}$, R [Ω], R [Ω]	$\dot{I}$, $\dot{V}$, L [H], jX_L [Ω]	$\dot{I}$, $\dot{V}$, C [F], $-jX_C$ [Ω]
교류 전압을 제어하는 것의 명칭	저항 R[Ω]	유도 리액턴스 X_L $X_L = \omega L = 2\pi fL$ [Ω]	용량 리액턴스 X_C $X_c = \frac{1}{\omega C} = \frac{1}{2\pi fC}$ [Ω]
기호법으로 표시한 임피던스 $\dot{Z}$	$\dot{Z} = R$ [Ω] (벡터 임피던스)	$\dot{Z} = jX_L = j\omega L$ [Ω]	$\dot{Z} = -jX_C = \frac{1}{j\omega C}$ [Ω]
벡터도	$\dot{I} = \frac{\dot{V}}{\dot{Z}} = \frac{\dot{V}}{R}$ $\dot{I}$는 $\dot{V}$와 동상 $\dot{I}$ $\dot{V}$	$\dot{I} = \frac{\dot{V}}{\dot{Z}} = \frac{\dot{V}}{jX_L} = -j\frac{\dot{V}}{X_L}$ $\dot{I}$는 $\dot{V}$보다 $-j$(90° 뒤짐) $\dot{V}$ $\dot{I}$	$\dot{I} = \frac{\dot{V}}{\dot{Z}} = \frac{\dot{V}}{-jX_C} = j\frac{\dot{V}}{X_C}$ $\dot{I}$는 $\dot{V}$보다 $+j$(90° 앞섬) $\dot{I}$ $\dot{V}$

벡터 임피던스 $\dot{Z}$란

임피던스는 교류 저항이라고도 하는데, 교류 전압에 대해서 전류를 방해하는 것을 총칭하고 있다.

저항 R, 유도성 리액턴스 X_L, 용량성 리액턴스 X_C가 조합된 임피던스는 R, X_L, X_C 각각의 크기와 위상차를 가진 조합이므로 벡터 임피던스 $\dot{Z}$라고도 한다.

그림 1 교류 전류를 방해하는 것이 임피던스

RLC 직렬 회로의 임피던스 $\dot{Z}$를 구하려면 저항과 리액턴스의 대수합 $\dot{Z}=R+X_L+X_C$로는 안 된다. 유도성 리액턴스는 저항에 대해서 90° 앞선 위상이고 용량성 리액턴스는 저항에 대해서 90° 뒤진 위상이므로 $\dot{Z}$는 다음과 같다.

$$\dot{Z}=R+j(X_L-X_C)[\Omega]=Z\angle\theta \text{ (극좌표 표시)}$$

$$Z=\sqrt{R^2+(X_L-X_C)^2}\,[\Omega] \qquad \theta=\tan^{-1}\frac{X_L-X_C}{R}$$

Let's try RLC 회로의 벡터 계산

그림의 RLC 직렬 회로에 대해서 벡터 임피던스 $\dot{Z}$와 전류 $\dot{I}$를 구하라.

[해답] $\dot{Z}=R+j(X_L-X_C)$

$=8+j(10-4)$

$=8+j6[\Omega]$

(크기) $Z=\sqrt{R^2+(X_L-X_C)^2}$

$=\sqrt{8^2+6^2}=\sqrt{100}$

$=10[\Omega]$

$$\tan\theta=\frac{X_L-X_C}{R}=\frac{6}{8}=0.75$$

$\therefore\ \theta=\tan^{-1}0.75=37°$

회로를 흐르는 전류 $\dot{I}$를 구한다.

(a) RLC 직렬 회로도 (b) 임피던스의 벡터도

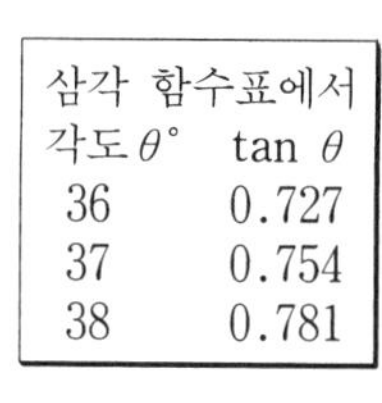

삼각 함수표에서 각도 $\theta°$	$\tan\theta$
36	0.727
37	0.754
38	0.781

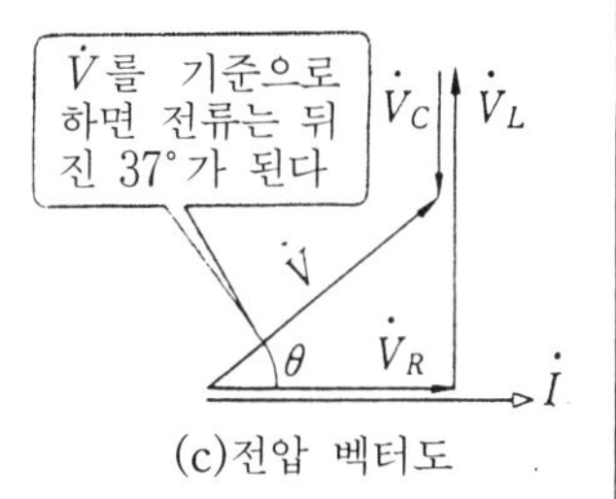

(c)전압 벡터도

$$\dot{I}=\frac{\dot{V}}{\dot{Z}}=\frac{V}{Z}\angle 0°-\theta°=\frac{100}{10}\angle 0-37°=10\angle -37° \quad \begin{cases}\text{크기 } 10[\text{A}]\\ \text{위상각 } -37°\end{cases}$$

5 건너기 힘든 전기 다리

교류 브리지

저항을 측정하는 여러 가지 방법

저항을 측정하는 방법에는 여러 가지가 있다. **전압계**와 **전류계**로 미지 저항을 구하는 방법과 테스터 **옴계**로 직독하는 방법, 저항의 정밀 측정에는 **휘트스톤 브리지**를 사용하는 방법이 있다. 이와 같은 방법으로 측정하는 저항은 **중위 저항**(中位抵抗; 수 옴부터 수백 킬로 옴)의 범위이다.

고저항(수 백 킬로 옴 이상)을 측정하는 데는 **메가**(절연 저항계)가 사용된다. **저저항**에는 **더블 브리지**가 사용되며, 굵은 전선의 저항을 측정할 수 있다.

휘트스톤 브리지는 이미 배운 바와 같이 미지 저항 X를 측정하는 데는 비례변 P, Q와 가변 저항 R을 조정하여 검류계 바늘이 흔들리지 않는 상태로 한다. 이것을 브리지가 평형되었다고 하며, 다음 관계식이 성립된다.

$$PR = QX$$

$$\therefore\ X = \frac{P}{Q} \cdot R[\Omega]$$

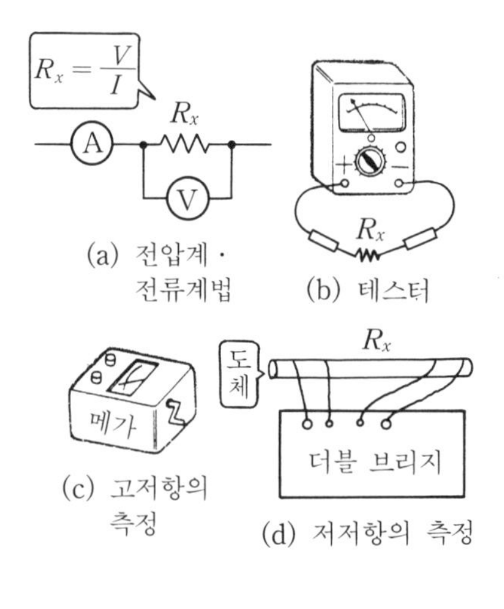

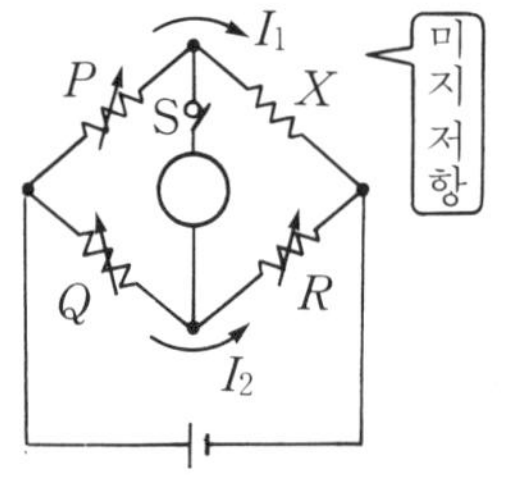

그림 1 여러 가지 저항 측정법

휘트스톤
Wheatstone, Sir Charles
1802~1875 (영국)

미지와의 조우 -교류 브리지-

여기서는 L과 C의 미지의 값을 측정하는 방법에 대해서 배우기로 하자. 일반적으로 L, C는 교류를 가한 임피던스로 하여 **그림 2**와 같은 교류 브리지로 측정한다.

그림 2 (a)의 $\dot{Z}_4$가 미지 요소의 임피던스이며 $\dot{Z}_1$, $\dot{Z}_2$, $\dot{Z}_3$의 값을 바꾸어 검전기 D에 전류가 흐르지 않을 때 **브리지의 평형 조건식**이 성립된다.

$$\dot{Z}_1\dot{Z}_3 = \dot{Z}_2\dot{Z}_4$$

그림 2 (b)의 P, Q는 가변 저항, C_s는 표준 콘덴서이다. 미지의 콘덴서 C_x를 구하려면

$$\dot{Z}_1 = P,\quad \dot{Z}_2 = Q,\quad \dot{Z}_3 = \frac{1}{j\omega C_s},\quad \dot{Z}_4 = \frac{1}{j\omega C_x}$$

평형 조건식에 의해

$$P\left(\frac{1}{j\omega C_s}\right) = Q\left(\frac{1}{j\omega C_x}\right) \text{에 의해 } C_x = \frac{Q}{P}C_s[\mathrm{F}]$$

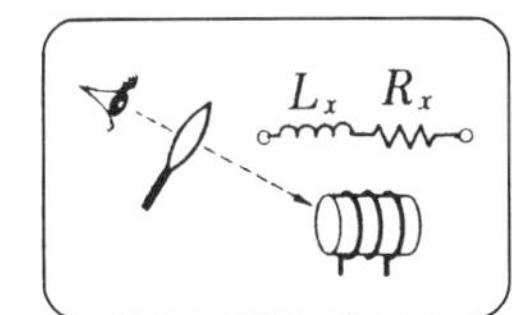

와 같이 구해진다.

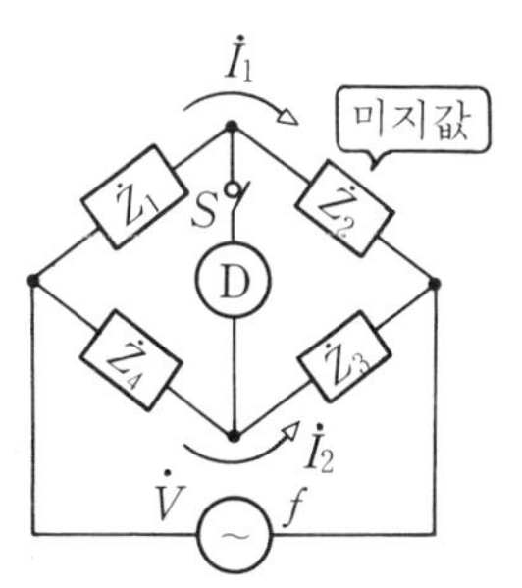

(a) 교류 브리지의 기본 회로

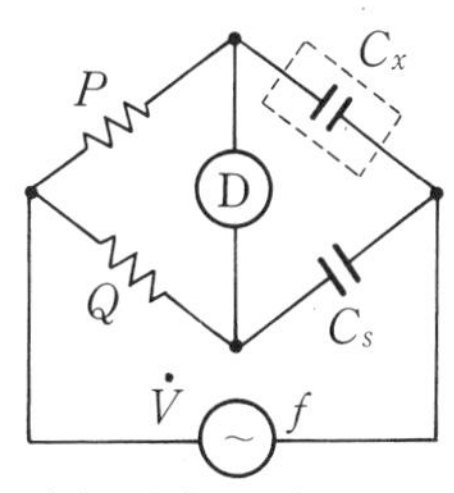

(b) 정전 용량 C_x를 측정

그림 2 교류 브리지

Let's try 미지의 코일을 조사해 보자!

코일은 자기 인덕턴스 L_x와 무시할 수 없는 크기의 실효 저항 R_x가 있다. 이 코일 측정에는 그림의 **맥스웰 브리지**로 L_x, R_x를 측정해 보자.

검전기가 0이 되도록 조정하면 평형 조건식에 의해

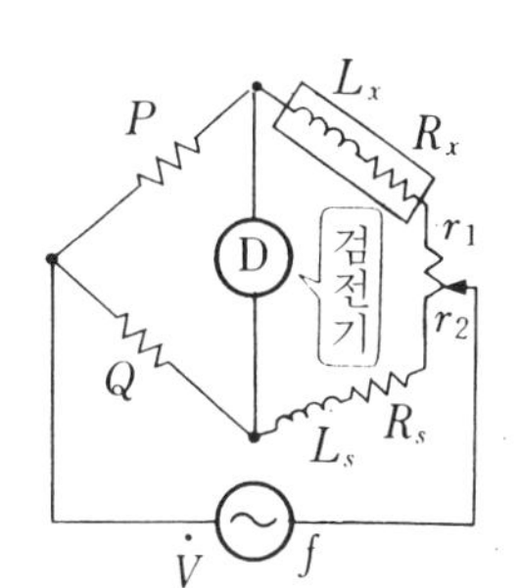

$$P(R_s + r_2 + j\omega L_s) = Q(R_x + r_1 + j\omega L_x)$$

실수부 $P(R_s + r_2) = Q(R_x + r_1)$에서 미지 저항은

$$R_x = \frac{P}{Q}(R + r_2) - r_1[\Omega]$$

허수부 $j\omega L_s P = j\omega L_x Q$에서 인덕턴스는 $L_x = \dfrac{P}{Q}L_s[\mathrm{H}]$

6 전기가 그리는 반원 궤적

벡터 궤적

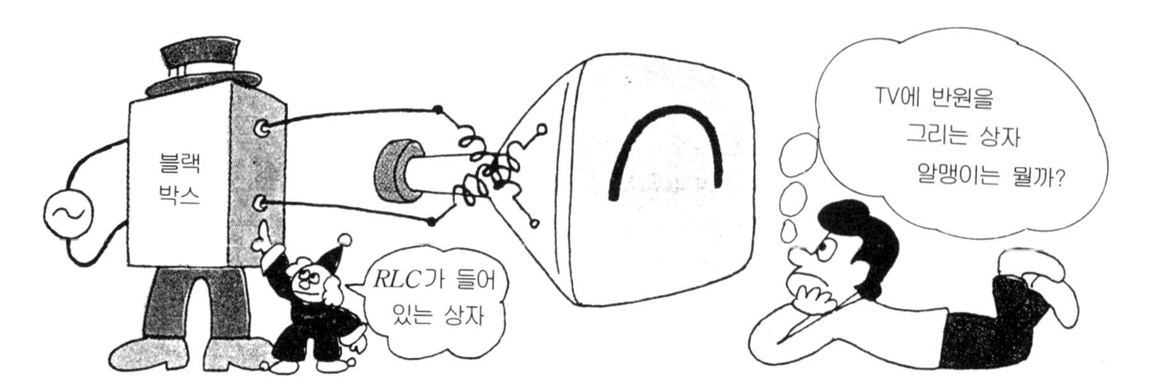

똑바로 뻗는 $\dot{Z}$ 궤적

RLC의 어느 소자의 값이나 전원의 주파수가 바뀌면 전압·전류·임피던스 등의 크기나 위상이 바뀐다. 이때 변화한 벡터의 화살표를 연결하면 직선이 되거나 원이 된다. 이 선을 **벡터 궤적**(軌跡)이라고 한다.

그림 1 (a)의 RLC 직렬 회로에서 전원의 주파수를 변화시킨 경우 임피던스 $\dot{Z}$는 어떠한 궤적이 되는가?

$$\dot{Z}=R+j\left(\omega L-\frac{1}{\omega C}\right)\text{에서}$$

① 주파수가 낮을 때 $\omega L-\dfrac{1}{\omega C}<0$ 즉,

$\dot{Z}=R-jX$ ◁ 용량 회로와 동일한 상태

② 공진 주파수일 때 $\omega_0 L-\dfrac{1}{\omega_0 C}=0$ 에서

$f_0=\dfrac{1}{2\pi\sqrt{LC}}$, $\dot{Z}=R$ ◁ 저항만의 회로와 동일한 상태

③ 주파수가 높을 때 $\omega L-\dfrac{1}{\omega C}>0$ 즉,

$\dot{Z}=R+jX$ ◁ 유도 회로와 동일한 상태

따라서, $\dot{Z}$는 직선 궤적이 된다.

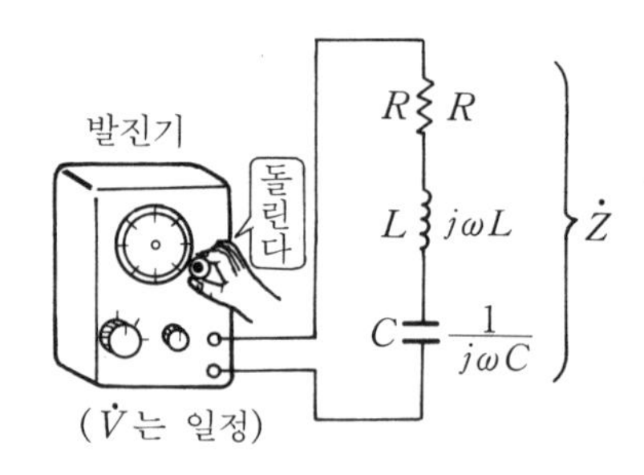

(a) 전압 일정으로 주파수를 변화시킨다

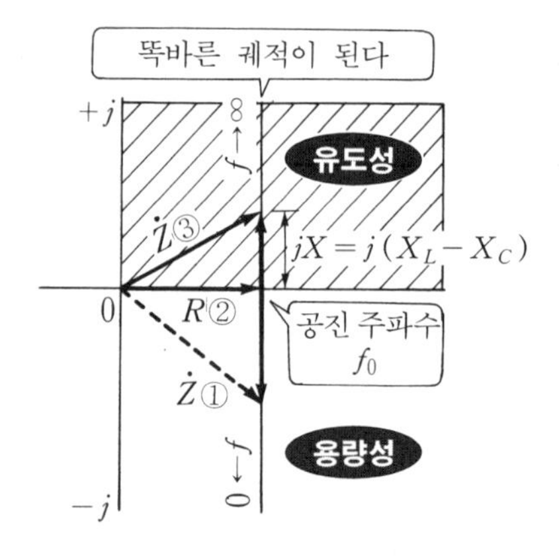

(b) 주파수 f가 변화했을 때의 임피던스는 직선 궤적이 된다

그림 1 RLC 직렬 회로

원주상을 움직이는 전압의 궤적

그림 2의 RC 직렬 회로에서 저항이 변화할 때 RC 각각의 전압 벡터를 조사해 보자.

① 병렬 램프의 스위치를 전부 넣고 저항을 최소값으로 한다(합성 저항 $R_0=R/3$).

전류 $\dot{I}$는 전원 전압 $\dot{V}$보다 앞선 전류이고 R과 C에는 동일한 전류가 흐르므로 $\dot{V}_R=\dot{I}R$, $\dot{V}_C=-j\dot{I}/\omega C$가 된다. $\dot{V}_R$은 $\dot{I}$와 동상으로 $\dot{V}_C$는 $\dot{I}$보다 90° 뒤진다. 전압 $\dot{V}$를 기준으로 벡터를 그리면 **그림 2** (b)의 ①이 된다. 이어서 램프를 2개로 한다. 저항은 ①보다 커진다($R_0=R/2$).

$\dot{V}_R$은 당연히 ①의 경우보다 커진다. 그리고 $\dot{V}_R$과 $\dot{V}_C$가 90°의 위상차가 되도록 그린 것이 ②이다.

다음은 램프 1개의 경우로 저항은 가장 커진다($R_0=R$). V_R은 ②보다 커지고 벡터도는 ③이다. 이상에 의해 저항을 0부터 ∞까지 가변시키면 V_R의 화살표는 반원주상을 움직이게 될 것이다.

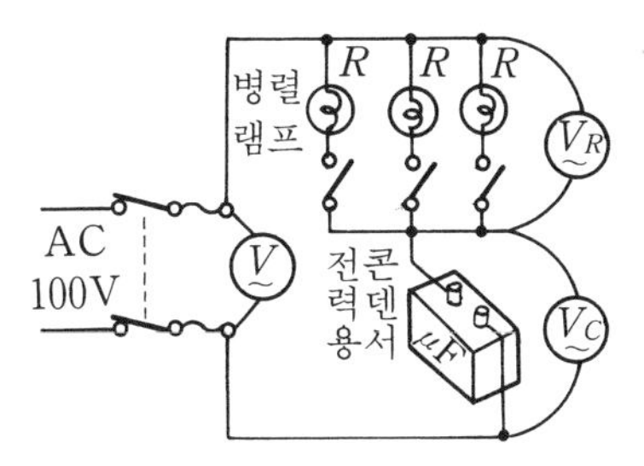

(a) 저항을 바꾸면 전압은 어떻게 변화하는가

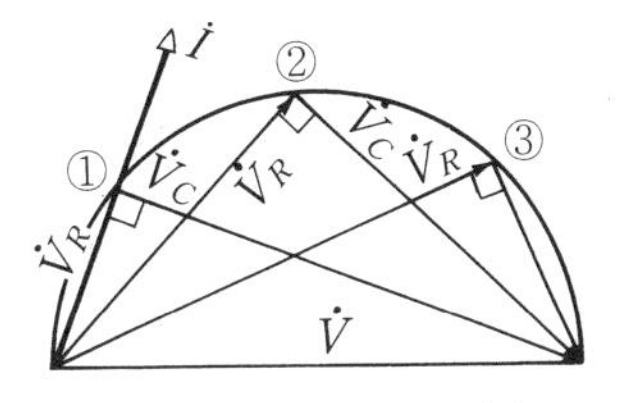

(b) 전압 벡터 궤적은 반원이 된다

그림 2 RC 직렬 회로

Let's try SCR로 조광하자!

램프를 밝게 하거나 어둡게 하려면 램프에 직렬의 SCR에 가해지는 전압을 변화(위상 제어한다)시키면 된다. 이 위상 제어 회로가 **투론 회로**이다.

그림 (a)의 전원 트랜스 T에는 중간 탭이 달려 있고 이 전원에 가변 저항 R과 콘덴서 C가 직렬로 되어 있다.

제어 전압 $\dot{V}_0$는 중간 탭과 RC의 접속점 간에 생기는 전압이다.

투론 회로의 저항을 가변해 가면 저항 전압 V_R이 반원 궤적을 그리게 되고 제어 전압 V_0는 반원의 반경이 되므로 전원 전압 $V/2$와의 각도 θ는 0~180° 변화시킬 수 있다. 이 위상각으로 SCR이 제어되고 조광되는 것이다.

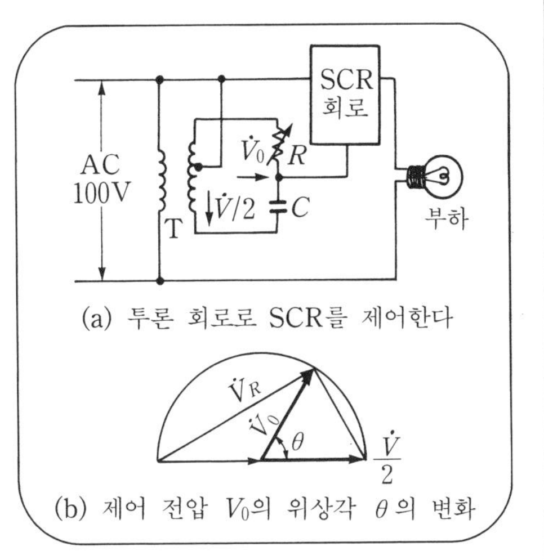

(a) 투론 회로로 SCR를 제어한다

(b) 제어 전압 V_0의 위상각 θ의 변화

7 3두 회전 목마

3상 교류의 발생

3상 교류가 송전되는 이유

단상 교류는 하나의 전원에서 2개의 전선으로 전기가 송전된다(단상으로 3선식도 있다). 이것에 대해서 **3상 교류**는 3개의 전원(전압은 같고 120°씩 위상차를 가지는 3개의 전원)이 있고 3개의 전선으로 전기가 송전된다.

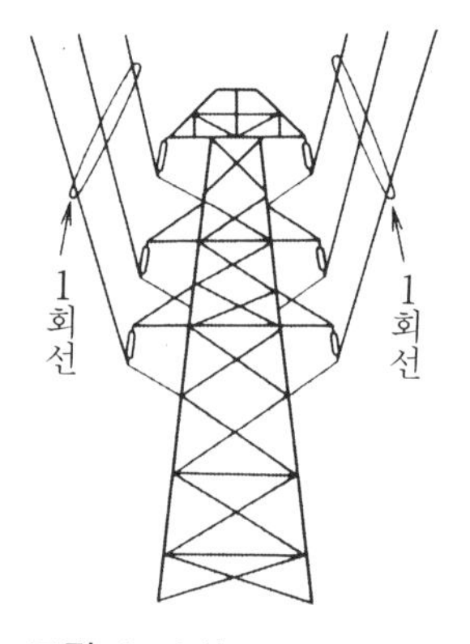

그림 1 3상 교류가 2회선

그림 1의 송전 선로는 철탑 좌측 팔의 3선이 3상 교류 회로의 1회선이므로 합계 2회선으로 송전되고 있다. 발전소에서 송전되는 전기는 대부분 3상 교류로 보내진다. 많은 전기를 사용하는 공장이나 빌딩의 동력 등에는 이 3상 교류가 송전되고 일반 가정에는 3상 중의 2개 선의 전선으로 전기를 보내는 단상 방식으로 전기가 보내지고 있다. 큰 전력을 수송하는 데 3상 교류가 사용되는 이유는 무엇일까? 송전 선로에서는 단상 교류에 비해서 **전선의 사용량**이 적고, 부하 쪽에서는 **회전 자계**가 얻어지기 때문이다.

3상 교류의 발생

자계 내에서 도체를 움직여 자속을 끊으면 도체에는 유도 기전력이 발생한다는 것은 이미 배운 바 있다. **그림 2**에서 자석을 시계 방향으로 회전시키면 코일 aa'에는 N극이 A에 왔을 때 정의 최대값, B에 왔을 때 영과 같이 정현파 전압이 발생한다. 다음에 aa'와 동일한 코일을 다시 2개 준비하여 3개의 코일을 **그림 3**과 같이 120°씩 각도를 떨어지게 하여 배치한다.

자석을 시계 방향으로 회전시키면 bb'에는 aa'보다 120° 뒤쳐져 동일한 유도 기전력이 생기고 cc'에는 bb'보다 120° 뒤처져 동일한 기전력이 생긴다. 그것을 자석의 회전각에 맞추어서 그린 것이 그림 3 (b)이다.

이와 같은 전압을 3상 교류 전압이라고 한다. 이것은 단상 교류 전원이 셋이 있고 전압은 동일하게 120°의 위상차가 있다고 생각해도 좋고 전선도 6개 선이다. 실제로 3상 교류는 3선으로 충분한데, 어떻게 결선하면 되는가? 이것은 다음 장에서 배운다.

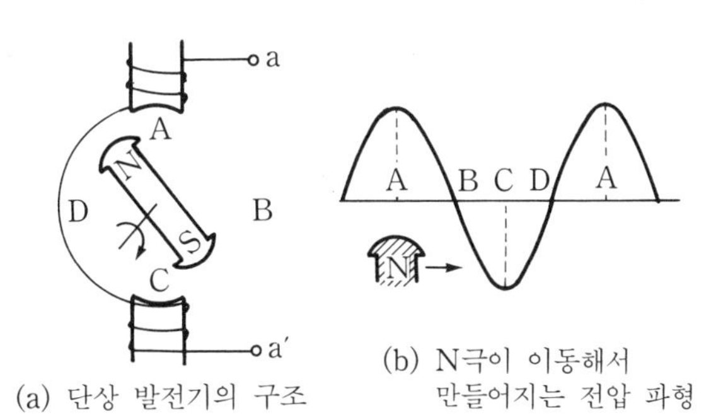

(a) 단상 발전기의 구조　(b) N극이 이동해서 만들어지는 전압 파형

그림 2　단상 교류 전압의 발생

3상 교류의 순시값을 식으로 나타낸다.

$v_{aa}' = E_m \sin wt$

$v_{bb}' = E_m \sin(wt - 120°)$

$v_{cc}' = E_m \sin(wt - 240°)$

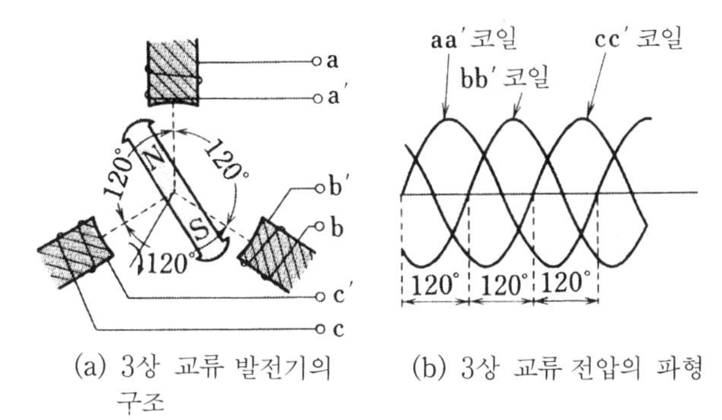

(a) 3상 교류 발전기의 구조　(b) 3상 교류 전압의 파형

그림 3　3상 교류의 발생

Let's try　동력용 배전반의 전압 측정

그림의 나이프 스위치에는 3상 교류 전압이 송전되고 있다.

3개의 나이프에 UVW의 기호를 붙이고 각각의 나이프간 전압(선간 전압)을 측정해 보았다.

$E_{UV} = 200$ [V]

$E_{VW} = 200$ [V]

$E_{WU} = 200$ [V]

즉, 3개의 선간은 모두 동일한 전압이 되는 것을 알 수 있다.

(전압계는 전압의 크기를 측정하는 것이고 위상차를 조사할 수는 없다)

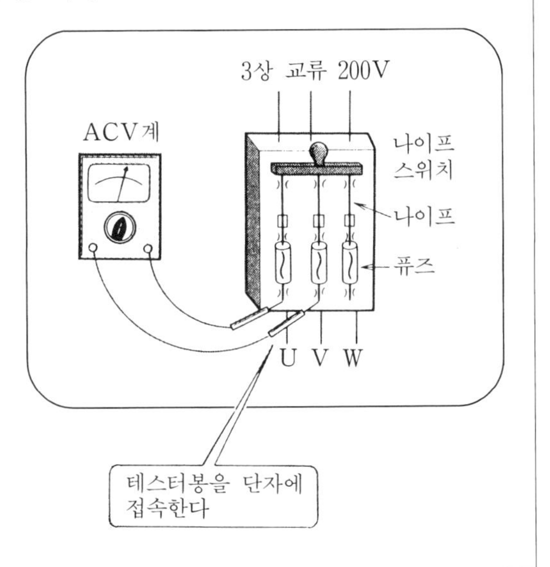

8 3두마의 삼륜차

Y-Y 결선

3개 전원을 3개의 전선으로 보내는 방법

그림 1 (a)와 같이 120°씩 위상이 떨어진 3개 전원에는 각각 부하가 접속되어 있다.

되돌아가는 전류가 흐르는 선을 하나로 합치면 (b)와 같이 되며, 3개 전류의 벡터 합은 제로가 된다(그림 (d) 참조).

즉, 00'의 중성선에는 전류가 흐르고 있지 않으므로 그것을 없앤 것이 그림 (c)이며, 일반적으로 전력은 **3상 3선식**으로 보내지고 있다.

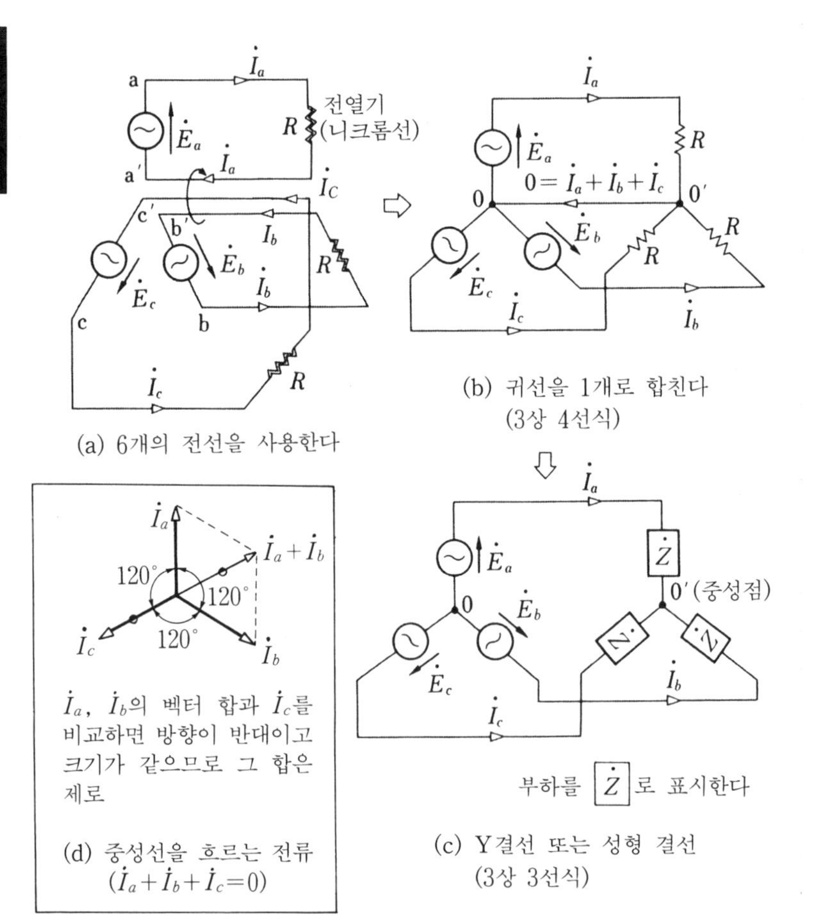

(a) 6개의 전선을 사용한다

(b) 귀선을 1개로 합친다 (3상 4선식)

(c) Y결선 또는 성형 결선 (3상 3선식)

(d) 중성선을 흐르는 전류 ($\dot{I}_a+\dot{I}_b+\dot{I}_c=0$)

그림 1 Y-Y 결선의 원리

Y 결선의 상전압과 선간 전압의 관계

그림 1 (c)의 3상 전원 또는 3상 부하의 접속은 마치 Y자를 거꾸로 한 것 같이 되어 있기 때문에 **Y 결선** 또는 **성형(스타) 결선**이라고 한다. 이 경우 전원・부하 모두 Y 결선이므로 **Y−Y 결선**이라고 한다.

그림 2 (a)의 $\dot{E}_a$, $\dot{E}_b$, $\dot{E}_c$는 **상전압**이라고 하며 그 크기를 측정하면

$$E_a=E_b=E_c=116\,[\mathrm{V}]$$

였다. $\dot{E}_a$와 $\dot{E}_b$ 양단 전압 $\dot{E}_l$을 **선간 전압**이라고 하며, 그 크기를 측정하면 $E_l=200\,[\mathrm{V}]$였다.

(이 선간 전압 $\dot{E}_l$은 $\dot{E}_a$와 $\dot{E}_b$의 양단 전압이기 때문에 $\dot{E}_{ab}$가 된다. 이것은 어느 것으로 표시하든 다 맞다. 그러나 E_l이라고 표시할 때는 ab간, bc간, ca간의 3개 선간 전압 어디에나 사용되는 일반적 표시법이 된다. 상전압 $\dot{E}_a$, $\dot{E}_b$, $\dot{E}_c$에 대해서 일반적인 표시는 $\dot{E}_p$이다)

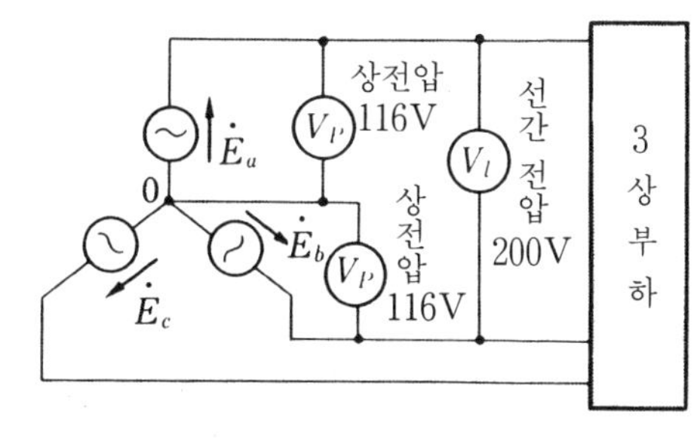

(a) Y결선의 상전압과 선간 전압 측정

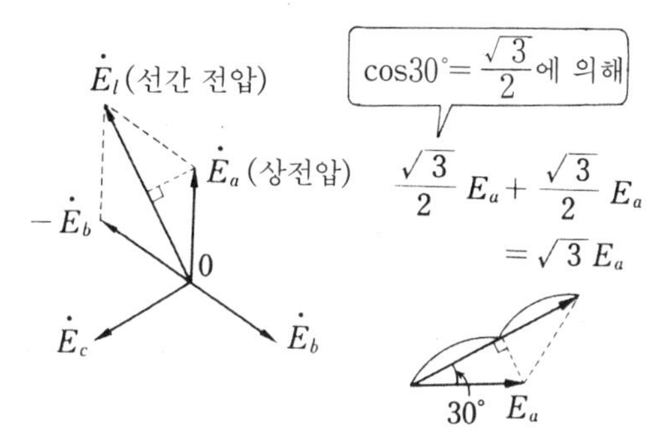

(선간 전압)$=\sqrt{3}\times$(상전압)

(b) Y결선의 벡터도

그림 2 Y 결선의 상전압과 선간 전압의 관계

상전압과 선간 전압의 관계는 **그림 2** (b)의 벡터도에 의해 $E_l=\sqrt{3}\,E_a$이므로 수치를 넣으면 $E_l=\sqrt{3}\times116=200\mathrm{V}$로서 측정값과 일치한다.

Let's try 상전압과 선간 전압의 관계

Y 결선에서 상전압 E_p와 선간 전압 E_l의 관계는 그림 2에서 알 수 있듯이 $E_l=\sqrt{3}\,E_p$가 된다. 이렇게 되는 이유를 벡터도로 설명해 보기로 하자.

그림 1 (a)의 전원의 선간 전압 $\dot{E}_{ab}$는 상전압의 $\dot{E}_a$와 $-\dot{E}_b$를 가한 것이므로 $\dot{E}_{ab}=\dot{E}_a-\dot{E}_b$가 되며, 이 식을 벡터도로 한 것이 그림 2 (b)의 좌측 그림이다($\dot{E}_{ab}=\dot{E}_l$로 한다).

$\dot{E}_{ab}$의 크기를 구하려면 $E_{ab}=E_l=2\times E_a\cos30°=\sqrt{3}\,E_a$

가 된다(전원 전압의 기호는 E를 사용하고 부하의 전압은 V를 사용한다).

9 말의 위치를 바꾸어 보면? (△–△ 결선)

델타 결선

3상 교류 전압을 만들려면 **그림 1**의 (a)와 같이 3개의 코일을 놓고 자석을 같은 속도로 회전시키면 각각의 코일에는 $\dot{E}_a$, $\dot{E}_b$, $\dot{E}_c$의 상전압이 발생한다. 상전압과 선간 전압이 같아지도록 하려면 어떻게 하면 되는가?

그림 1 (c)와 같이 a'와 b, b'와 c, c'와 a를 연결한다. △형이 됐는데 이것을 반시계 방향으로 30° 회전시키면 (d)가 된다. 일반적으로는 (d)와 같이 나타내며, 이것을 **△(델타) 결선** 또는 **삼각 결선**이라고 한다.

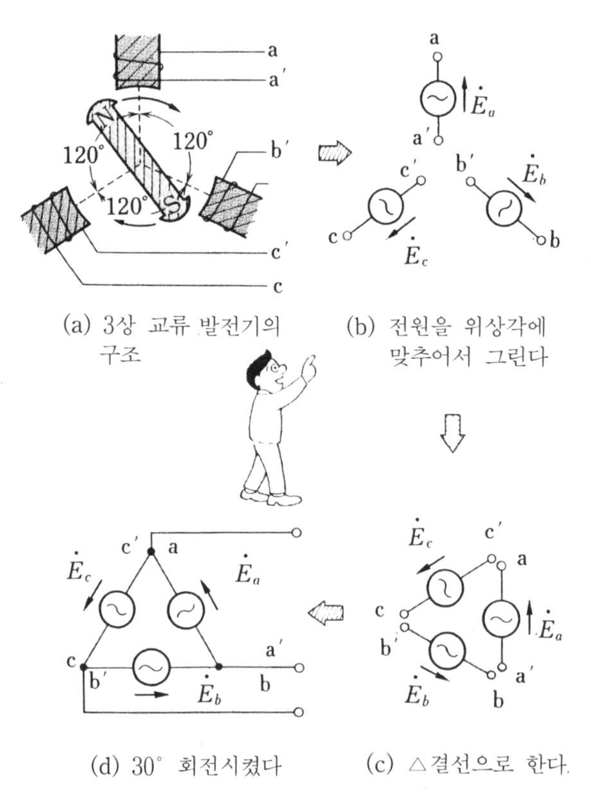

(a) 3상 교류 발전기의 구조 (b) 전원을 위상각에 맞추어서 그린다

(d) 30° 회전시켰다 (c) △결선으로 한다.

그림 1 3상 전원의 △결선

이와 같이 △ 결선을 하면 6개의 전선이 3개가 되어 효율적으로 송전할 수 있다. △ 결선의 경우 상전압과 선간 전압은 같아지지만 상전압을 흐르는 전류, 즉 상전류와 송전 선로를 흐르는 전류는 달라진다. 앞으로 상전류와 선전류의 관계를 알아보기로 하자.

△ 결선의 상전류와 선전류의 관계

전원과 부하가 모두 △ 결선일 때 △−△ **결선**이라고 한다.

△ 결선에서는 상전압이 선간 전압과 같지만 $\dot{I}_a$, $\dot{I}_b$, $\dot{I}_c$의 **상전류**와 **선전류** I_l은 다르다. 그 관계는 Y 결선의 벡터도에서 배운 것과 동일하며 선전류는 상전류의 $\sqrt{3}$ 배가 된다.

△ 결선의 상전류·선전류를 측정하려면 **그림** 2와 같이 2대의 전류계를 접속한다(각 상전류는 위상은 다르지만 크기는 같다).

△ 결선의 상전류를 구하는 데는 **그림** 3과 같이 1상분을 그리면 계산하기 쉽다.

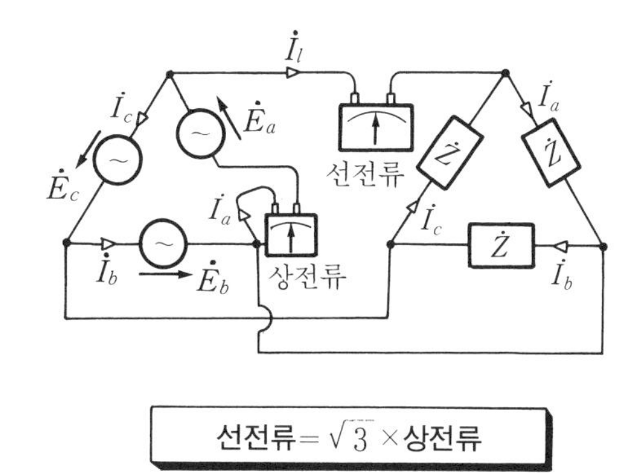

선전류$=\sqrt{3}\times$상전류

그림 2 △-△ 결선

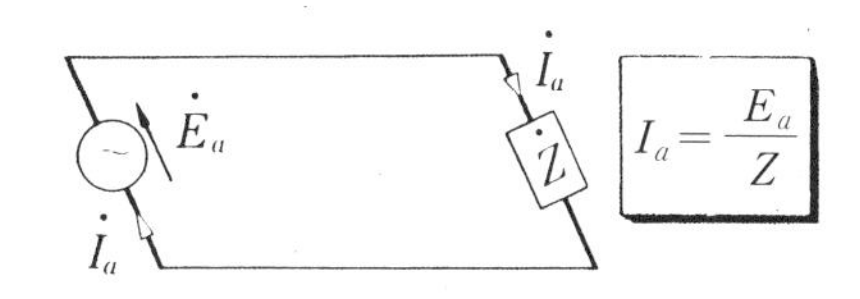

그림 3 상전류를 구하는 법

즉, 상전압 $\dot{E}_a$와 부하의 1상분 임피던스 $\dot{Z}$로 루프를 구성하고 루프를 흐르는 전류가 상전류 $\dot{I}_a$가 되므로 옴의 법칙으로 구한다. 다음에 선전류 $\dot{I}_l$은 그림 2와 같이 $\dot{I}_l=\sqrt{3}\, I_a$로 구해진다.

Let's try 3상 유도 모터의 상전류를 구해 보자!

그림과 같이 유도 모터 부하의 상전류와 선전류를 구해 보자.

[풀이] $\dot{I}_a$의 크기를 구하려면

$$I_a=\frac{E_a}{\sqrt{R^2+X_L{}^2}}=\frac{200}{\sqrt{64+36}}$$

$=20\,[\mathrm{A}]$

$\dot{I}_l$의 크기는

$I_l=\sqrt{3}\,I_a=1.73\times 20=34.6\,[\mathrm{A}]$

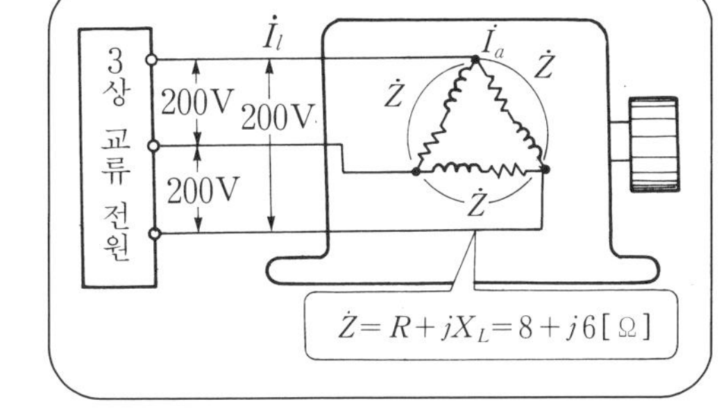

[해답] 상전류 20A, 선전류 34.6A

(주) 3상 회로에서는 부하의 임피던스 $\dot{Z}$는 어느 것이나 동일한 크기의 값인 것을 평형 3상 부하라 하며, 이러한 경우에는 어느 것이나 1상분을 빼고 계산하면 된다.

10 나무 오르기 시합

교류 전력의 역률

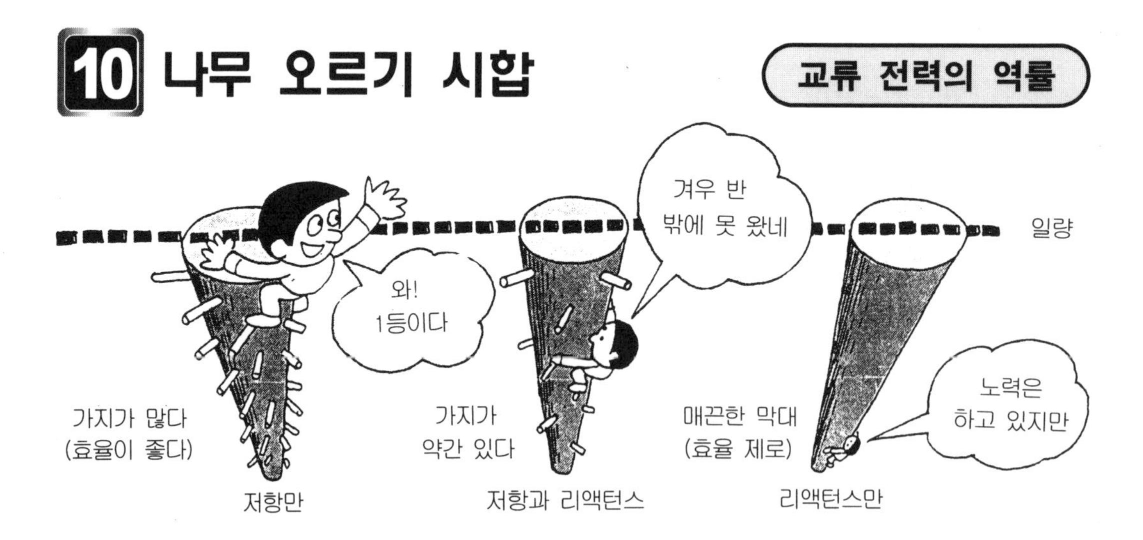

교류 전력의 의미

직류 회로의 전력을 구하는 데는 **전압**×**전류**로 계산할 수 있었다. 교류 회로의 전력도 순시값의 전압×전류로 구해지는데, 그 값은 **그림** 1 (b)와 같이 순시값 p가 된다. 이 p의 평균값이 **교류 전력** P를 나타내고 저항만인 회로에서는 전압과 전류의 **실효값** V, I의 곱으로 구해진다.

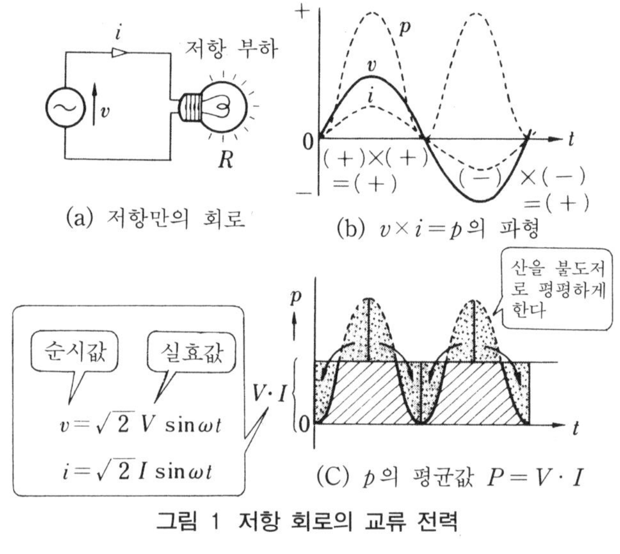

그림 1 저항 회로의 교류 전력

일반적인 교류 전력의 식은

$$P=VI\cos\theta\,[\mathrm{W}]$$

VI는 **피상 전력**이고 단위는 VA(볼트 암페어)이다. θ는 $\dot{V}$와 $\dot{I}$의 위상차이다.

인덕턴스만인 회로에서 전력을 구하면 그림 2와 같이 전압과 전류의 실효값에서 피상 전력은 VI이다. $\dot{V}$, $\dot{I}$의 위상차는 L의 경우 전류는 90° 뒤진 위상이 되므로 θ는 90°이다. 위의

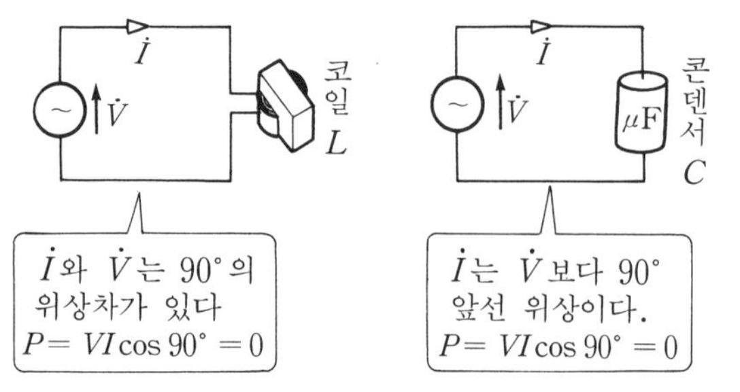

그림 2 인덕턴스만인 회로의 전력은 0

그림 3 정전 용량 C만인 회로의 전력은 0

식 cos 90°는 0이 되므로 전력 소비는 영이 된다.

역률의 알맹이는

역률 $\cos\theta$는 피상 전력에 대한 소비 전력의 비로 표시된다.

즉, 전압과 전류의 곱 VI 중 몇 퍼센트가 유효한 전력인가를 나타내는 것이 역률 $\cos\theta$이다.

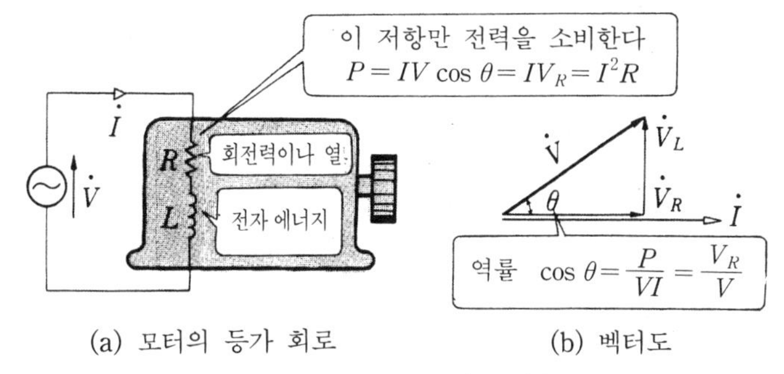

(a) 모터의 등가 회로 (b) 벡터도

그림 4 모터의 전력과 역률

역률은 0~100%(0~1)의 값을 가지며, 저항만인 회로에서는 $\theta = 0°$이므로 $\cos 0° = 1$, 즉 100%이다. **그림 2, 그림 3**의 L, C만인 회로에서는 $\cos 90° = 0$이다. **그림 4**는 모터의 등가 회로로서, 인덕턴스와 저항이 직렬로 접속되어 있다. 이 역률을 구하려면 **그림 4 (b)**의 벡터도에서 알 수 있듯이 $\cos\theta$는 전원 전압에 대한 저항의 전압 비율로 표시된다. 모터의 부하가 커지면 저항의 값이 커지며 역률 $\cos\theta$의 값이 1에 근접한다. **표 1**의 선풍기 역률이 80~90%로 되어 있는 것은 바람의 세기에 따라 역률이 바뀌는 것을 표시하고 있다. 형광등의 역률이 낮은 것은 형광등에 직렬로 안정기(코일)가 들어 있기 때문이다.

표 1 전기 기구의 역률(개수)

전기 기구	역률 %
선풍기	80~90
전구	100
토스터	100
전기 밥솥	100
형광등	70
라디오 · TV	90~100

역률 개선

전류가 흘러도 전력을 소비하지 않는 것은 대단히 득이 있는 것 같이 생각되지만 실제로 일을 한 것이 아니므로 득이 되지 않는다.

전력을 보내는 입장에서는 헛된 전류가 흘러 송전 설비를 크게 하지 않으면 안 된다. 그래서 역률이 나쁜(80% 이하) 부하에는 그 가까이에 유도성 리액턴스의 반대 작용을 하는 콘덴서를 병렬로 접속하여 역률 개선을 도모하고 있다.

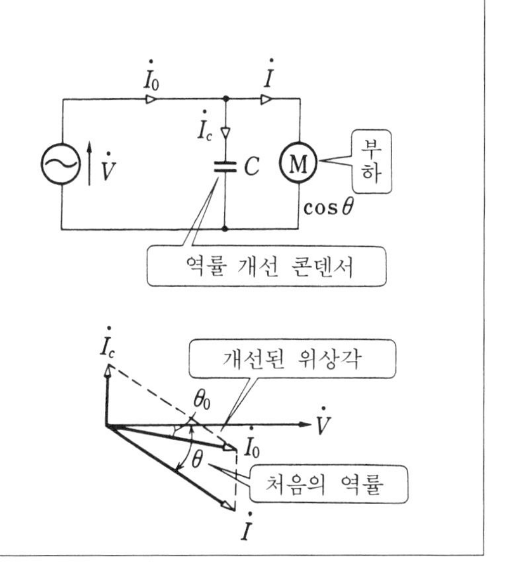

11 익스팬더로 힘을 비축

전력 측정

힘을 합치는 단위

전기가 일을 하는 능력을 **전력**이라고 하며, W(와트), kW(킬로 와트), MW(메가 와트; 10^6 와트로서 발전소 등의 대전력을 나타낼 때 사용하는 단위)로 표시한다.

$$1\,[\mathrm{kW}]=102\,[\mathrm{kgf\cdot m/s}]$$
$$=1.34\,[\mathrm{PS}]\ (\text{마력})$$

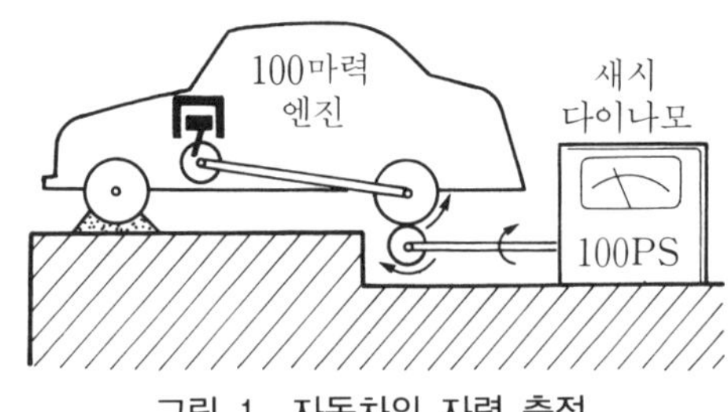

그림 1 자동차의 자력 측정

100마력의 엔진을 kW로 환산하면

$$100\,[\mathrm{PS}]=\frac{100}{1.34}=74.6\,[\mathrm{kW}]$$

교류 전력 측정

그림 2의 피상 전력 VI를 구하면

$$VI=100\times0.9=90\,[\mathrm{VA}]$$

소비 전력 P는 81 [W], TV의 역률 $\cos\theta$는

$$\cos\theta=\frac{P}{VI}=\frac{81}{90}=0.9$$

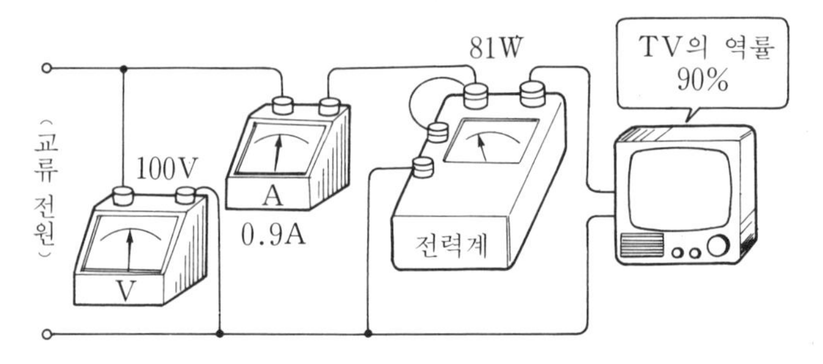

그림 2 전력계(와트계)를 사용하여 소비 전력을 측정

즉, 90%이다. 이와 같이 전압계와 전류계로 피상 전력을 구하고 전력계로 소비 전력을 구하면 역률은 계산에 의해 구해진다. 측정기로 역률을 측정하는 데는 전력계와 비슷한 형태의 **역률계**가 사용된다.

전력계 내부는 어떻게 되어 있는가

전력은 전압과 전류와 역률의 곱이므로 이 관계가 성립되도록 고안된 것이 **전력계**이다.

그림 3의 (b)에 있어서 부하 전류는 좌우의 전류 코일에 흐르고 전류에 비례한 자계가 생긴다. 이 자계 내에 가동할 수 있는 전압 코일이 놓아진다. 이 코일에는 부하에 가해지는 전압과 동일한 전압이 가해지고 배율기로 제한된 전류가 흐른다. 이 전류와 전류 코일의 자계로 프레밍의 왼손 법칙에 따른 힘이 전압근일 때 작용하여 바늘을 흔들리게 하여 스프링의 힘과 밸런스 된 곳에서 정지한다. 역률이 나쁜(위상차가 있는) 경우에는 전압 코일의 구동 토크가 약화되어 바늘이 그다지 흔들리지 않게 되는 것이다.

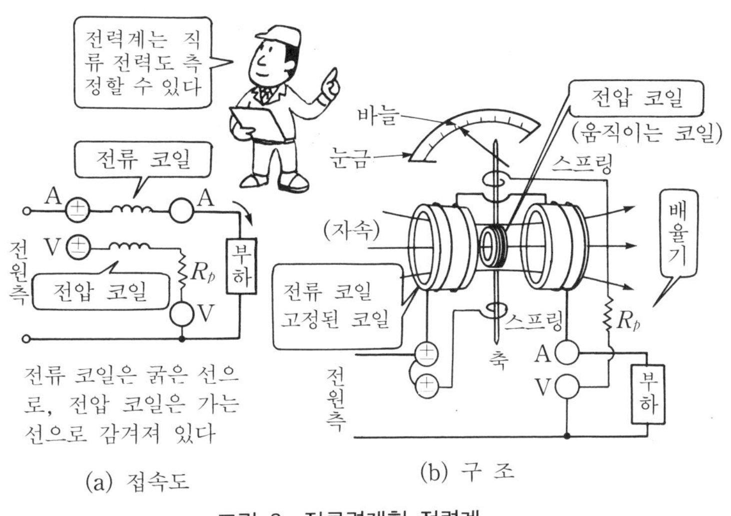

그림 3 전류력계형 전력계

(전류력계형 전력계의 전류 코일은 교류 전류계와 동일하게 ± 단자와 A단자가 있는데 전원측에 ± 단자를 접속, 부하에 직렬이 되도록 접속해야 한다. 전압 코일은 ± 단자와 V단자가 있는데 그림 3 (a)와 같이 접속하지 않으면 바늘이 반대로 흔들리는 일이 있으므로 주의해야 한다.)

에너지가 절감되는 컬러 TV

옛날 진공관식 컬러 TV는 열이 생겨 소비 전력이 많았다. 그 후 트랜지스트화 되어 전력이 반 이하가 되었고 현재는 IC화 되어 회로의 부품 수도 대폭 감소하여 소비 전력이 18형 TV의 경우 전구 1개분 정도가 되었다.

그리고 전기가 낭비되는 브라운관 예열 히터를 없앤 TV도 나와 있다. 최근의 소형 TV는 브라운관 대신 거의 전기를 소비하지 않는 액정 디스플레이가 사용되고 있다.

진공관식 컬러 TV

12 야간 전력을 활용하자

전력 수요와 수송

가정에 보내지는 에너지

가정에 보내지는 에너지에는 전기와 도시 가스 등이 있다. 가스는 전기보다 염가의 열원이지만 조명이나 동력과 같은 에너지로 변환되지는 못한다. 이 점에서 전기는 다른 에너지로의 변환을 스위치 하나로 할 수 있고 효율도 높으므로 편리한 에너지이다(**그림 1**).

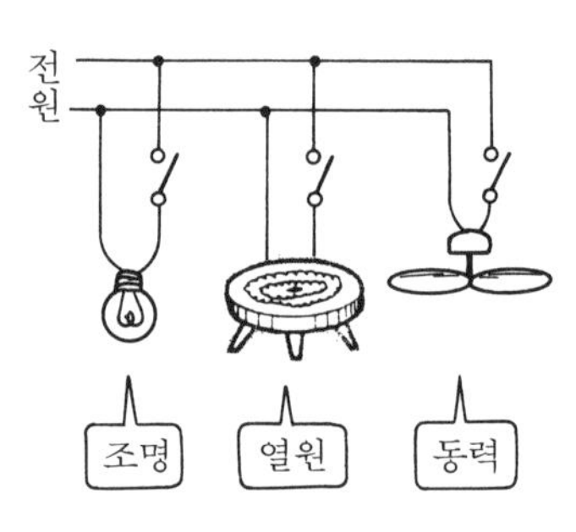

그림 1 변환 효율이 좋은 전기 에너지

일본의 경우 소비되는 전체 에너지량의 40%가 전기로 소비되고 있고 그 중의 20%가 가정 등에서 사용되고 있다.

곤란한 한낮 피크와 여름 피크

옛날에는 겨울이 1년 중 가장 전력을 많이 소비하는 계절이었지만 현재는 냉방 기기의 보급으로 여름에 전력을 가장 많이 소비한다(**그림 2** 참조).

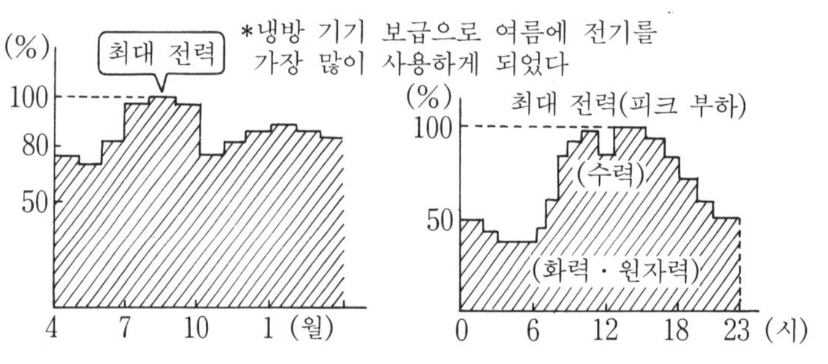

그림 2 월별 최대 전력의 추이 **그림 3 여름의 가장 더운 날의 소비 전력 추이(일부하 곡선)**

그림 3은 하루의 전력(부하) 변화를 그린 것으로서, 일부하 곡선이라고 한다. 아침에는 최대 전력의 반 이하 상태로, 사람들이 활동을 시작하면 **수요 전력**은 훨씬 증가하고

오후에 최대 전력이 된다. 이것을 **피크 부하**라고 하며 이 수요에 맞추어서 전력 회사는 **공급 전력** 설비를 증가시키지 않으면 안 된다.

피크 부하시는 발전기를 풀로 운전하지만 그 이외의 기간은 일부 발전기의 운전을 정지하여 수용 전력에 맞추게 된다. 화력 발전은 보일러의 불을 끌 수 없으므로 경부하 운전을 하면 발전기 효율이 내려가고 석유가 낭비되기도 한다. 그래서 전력 회사에서는 피크 부하가 갑자기 커지지 않도록 또한 수요 전력의 변동이 커지지 않도록 전력을 사용하기 바란다.

전기 수송

전기를 수송하는 길을 송전선이라고 하며, 거리가 길어지면 전선의 저항을 무시할 수 없게 된다. 전선의 저항을 R이라고 하면 I^2R의 줄열이 되며 송전 손실이 된다.

경제적인 송전은 2배로 영향을 끼쳐 전류를 작게 하는 것으로, **그림 4**의 아래 전선과 같이 고압으로 하여 송전하면 된다.

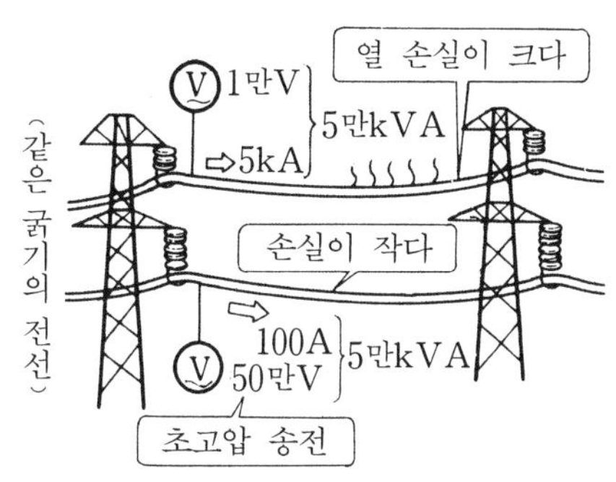

그림 4 송전 선로의 전압과 손실의 관계

그림 4의 송전 선로의 열 손실을 실제로 계산해 보자. 도선은 단면적 1.6 cm²의 동선으로 1 km로 하여 계산한다(동의 저항률 $\rho=1.6\times10^{-8}\Omega\text{m}$).

$$(\text{도체의 저항})\quad R=\rho\frac{l}{S}=1.6\times10^{-8}\times\frac{10^3}{1.6\times10^{-4}}=0.1\,[\Omega]$$

1만 V−5 kA의 경우 $P_1=I_1^2R=25\times10^6\times0.1=2{,}500\,[\text{kW}]$

50만 kV−100A의 경우 $P_2=I_2^2R=10^4\times0.1=1\,[\text{kW}]$

즉, 5 kA의 경우는 1 km마다 2,500 km의 전력이 소비된다.

재검토되는 직류 송전

전력 수송이라고 하면 교류 송전이 대부분이다. 그러나 현재 **직류 송전**이 재검토되고 있다. 이것은 반도체의 교직 변환 기술이 확실해졌기 때문으로, 그림은 일본 홋카이도와 혼슈가 해저 케이블로 연결되어 전력을 수송하고 있는 것을 나타낸다.

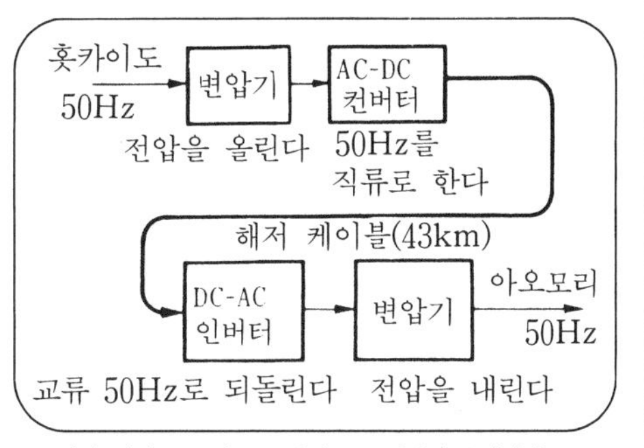

혼슈에서 전력 부족시는 →방향으로 전력이 송전된다.
혼슈에서 홋카이도로 보내는 경우는 이와 반대 방향이 된다.

13 트랜스는 마법의 상자가 아니다

변압기

트랜스의 원리

1차 코일에 흐르는 전류로 생긴 자속을 2차 코일이 끊으면 유도 기전력이 생긴다. 이 원리를 이용한 것이 **트랜스**(변압기)이다. **그림 1**과 같이 1차 코일에 교류 전류를 흘리면 교번 자속이 생겨 2차 코일에 유도 기전력이 생긴다.

그림 2와 같은 **이상 트랜스**는 1차 코일에 흐르는 전류로 생기는 자속 전부가 2차 코일을 끊는 것과 같은 **강자성체** 철심으로, 손실(철손이나 동선)이 없는 철심으로 되어 있는 것으로 생각한다.

이 같은 트랜스는 다음과 같은 관계가 성립된다(**그림 3** 참조).

$$\frac{V_1}{V_2} = \frac{N_1}{N_2}$$ (전압은 권수비에 비례한다)

$$\frac{I_1}{I_2} = \frac{N_2}{N_1}$$ (전류는 권수비에 반비례한다)

$$V_1 I_1 = V_2 I_2$$ ($V_1 I_1$, $V_2 I_2$는 트랜스 용량을 나타낸다)

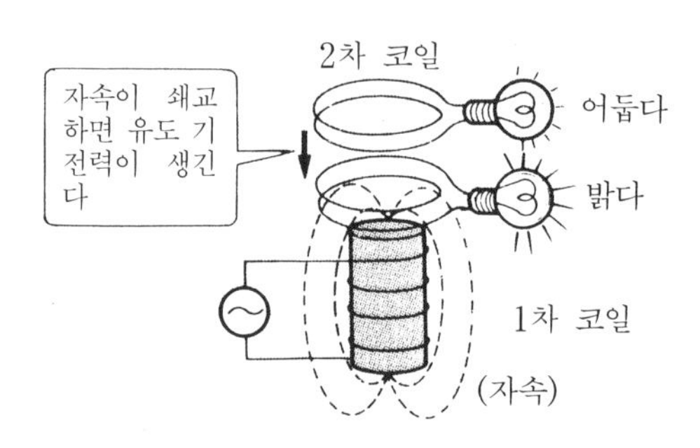

그림 1 전자 유도

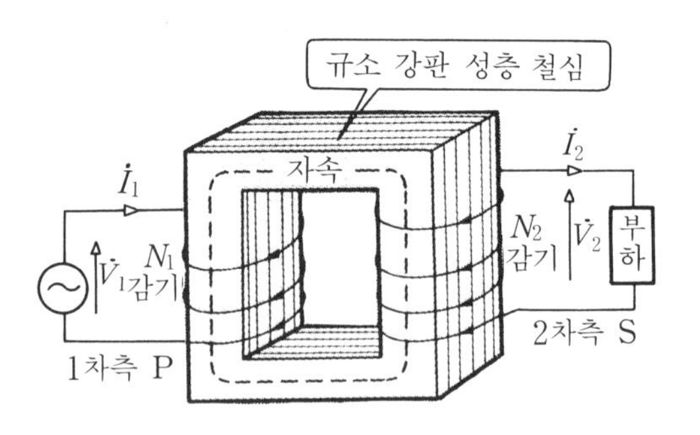

그림 2 이상 트랜스

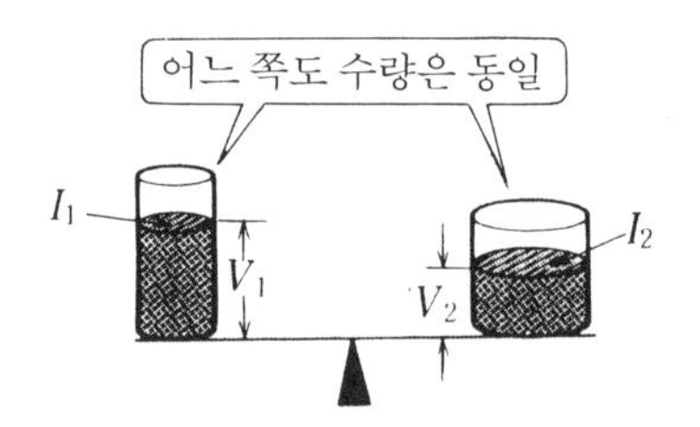

그림 3 $V_1 I_1$과 $V_2 I_2$는 같다

트랜스 손실을 찾으면

실제로 트랜스는 1차측에서 2차측으로 변압하여 전력이 전달되는 동안에 수 %의 손실이 생긴다. **손실**(변압기의 열)을 적게 하기 위해 철심은 **규소 강판**을 사용하며, **성층 철심**으로 한다.

권선 저항에 의한 손실은 부하 전류가 커지면 영향을 받는 손실로서 **동손**이라고도 하는데, 가능한 굵은 동선을 사용하여 저항을 감소시킨다(**그림** 4 참조).

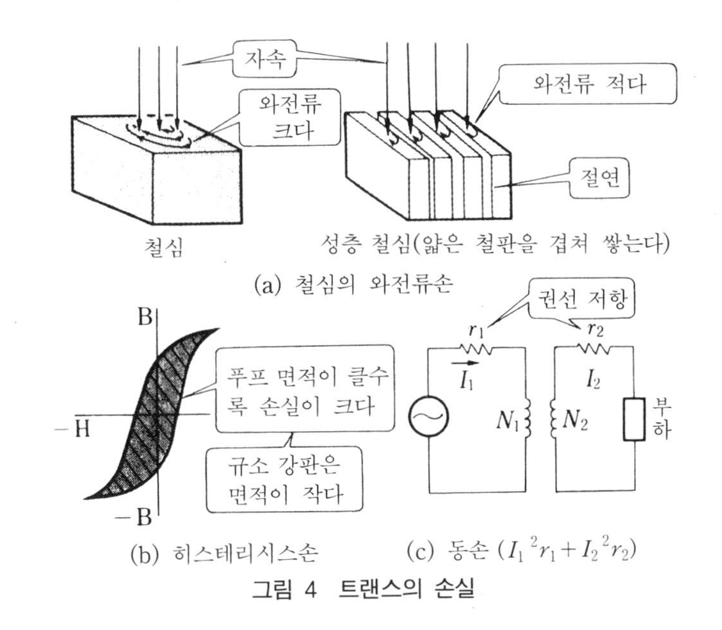

(a) 철심의 와전류손

(b) 히스테리시스손　　(c) 동손 $(I_1^2 r_1 + I_2^2 r_2)$

그림 4　트랜스의 손실

(동손)　(히스테리시스손)　(와전류손)　(철손)　손실은 4% 이하

1차 전력 100%　(전압 변환)　2차 전력 96% 이상

그림 5　트랜스 손실의 흐름도

그림 5와 같이 트랜스는 1차 코일에서 들어간 전력은 2차 코일에서 나가기까지 수 %의 전력 손실이 생긴다. 대형 트랜스가 되면 될수록 변환 효율이 좋아진다.

Let's try　다음 계산을 해보자!

1차 권선 $N_1=1,500$, 2차 권선 $N_2=50$의 트랜스에 1차 전압 $V_1=6,000$ [V]를 가하면 2차 전압은 몇 볼트인가? 또한 1차 전류 $I_1=5$ [A]를 흐르게 할 수 있다면 2차 전류는 몇 암페어인가?

정격 용량 30kVA 변압기

[해답]

$$\frac{V_1}{V_2}=\frac{N_1}{N_2} \text{에서} \quad V_2=\frac{N_2}{N_1}V_1=\frac{50}{1,500}\times 6,000=200 \text{ [V]}$$

$$\frac{I_1}{I_2}=\frac{N_2}{N_1} \text{에서} \quad I_2=\frac{N_1}{N_2}I_1=\frac{1,500}{50}\times 5=150 \text{ [A]}$$

(참고)

$$V_1 I_1 = 6,000\times 5 = 30,000 = 30 \text{ [kVA]}$$

14 동전이 회전한다

회전 자계

아라고의 원판

알루미늄이나 동으로 되어 있는 원판을 실로 매달고 그 아래에서 자석을 돌리면 원판도 함께 회전한다. **그림 1**의 (b)와 같이 자석을 움직이면 자속의 변화가 생기고 기전력이 발생한다. 원판은 도체이므로 (c)와 같이 기전력 좌우에 **와전류**가 생긴다. 와전류와 자석간에 프레밍의 왼손 법칙에 의한 힘, 즉 원판이 회전하는 힘이 그림 1 (d)와 같이 작용하여 자석의 움직임과 동일한 방향으로 원판이 움직인다.

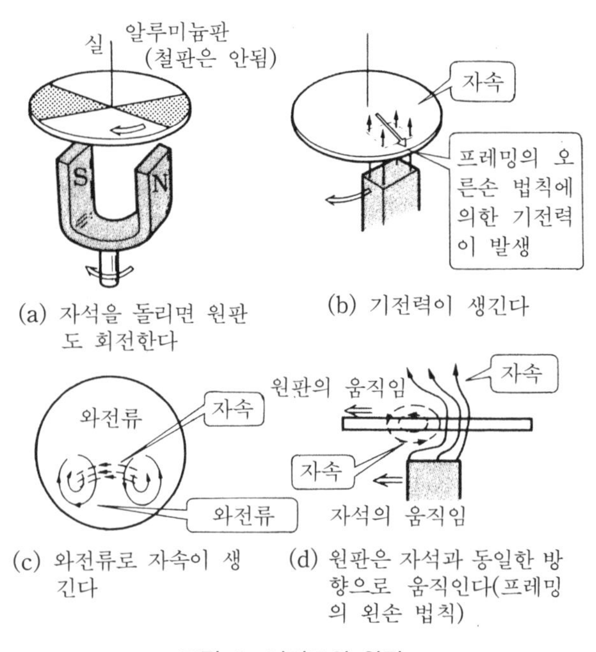

(a) 자석을 돌리면 원판도 회전한다
(b) 기전력이 생긴다
(c) 와전류로 자속이 생긴다
(d) 원판은 자석과 동일한 방향으로 움직인다(프레밍의 왼손 법칙)

그림 1 아라고의 원판

전자석으로 원판을 회전시키자

영구 자석을 움직이는 대신 전자석으로 원판이 회전하지 않을까? 3개의 코일을 120°씩 떨어뜨려 배치한다. 그 코일에 3상 교류 전압을 가하면 어떤 자계가 생기는가? **그림 2** (a)의 3상 교류 전류 ①의 순시 자계에 대해서 $i_a=0$이므로 h_a는 제로. i_b는 부이므로 (b)의 h_b 반대 방향, i_c는 정이므로 (b)의 h_c와 동일한 방향이 된다. h_b, h_c의 **합성 자계** h_o는 (c)의 ①이 된다. (a)의 ②의 순시의 합성 자계 h_o는 바로 밑이 되고 ③일 때는 왼쪽 방향이 된다.

이와 같이 시간과 더불어 합성된 자계가 회전하는 것을 **회전 자계**라고 한다. 이 원리를 이용하고 있는 것이 3상 유도 전동기이다.

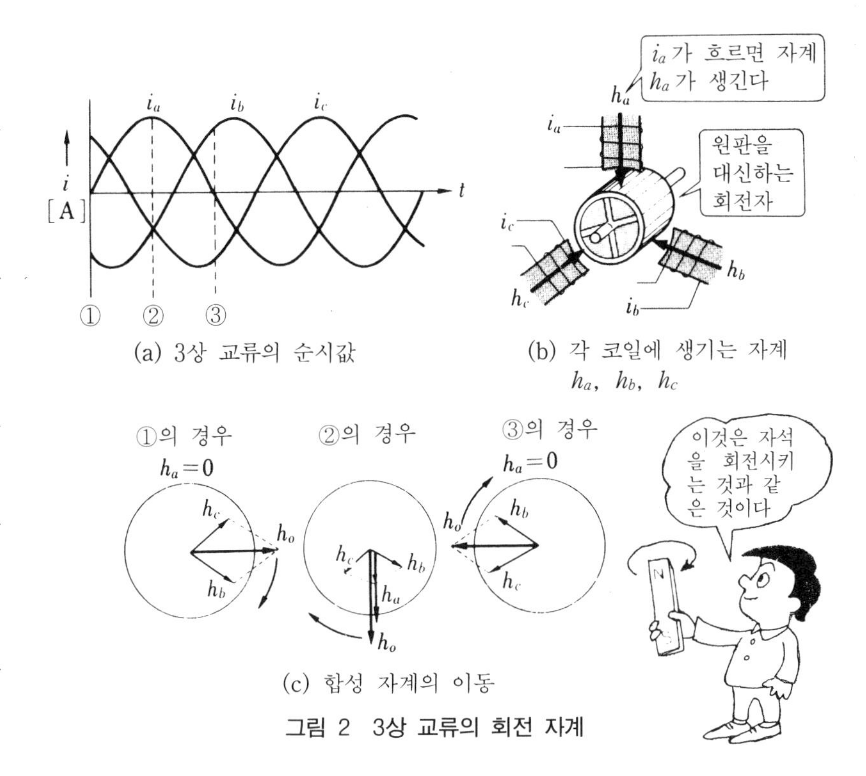

(a) 3상 교류의 순시값

(b) 각 코일에 생기는 자계 h_a, h_b, h_c

(c) 합성 자계의 이동

그림 2 3상 교류의 회전 자계

그림 2 (b)는 3상 유도 전동기의 원리로서, 회전자는 알루미늄 또는 동으로 되어 있다. 이 회전자에 3상 교류의 회전 자계가 가해지면 원판이 영구 자석으로 돈 것과 같이 회전한다. 이 유도 모터의 회전 속도 N은 회전 자계를 만드는 자극수 p와 3상 교류 전압의 주파수 f로 결정된다. 그림 2 (b)의 극수는 회전 자계를 만들기 위한 최소 단위이므로 1이다. 만일 $f=50$ [Hz]면 회전 속도는

$$N_s=\frac{60f}{p}=\frac{60\times 50}{1}=3,000\,[\text{rpm}]\quad [\text{매분의 회전수}]$$

즉, 모터는 주파수의 크기로 속도가 결정되므로 이것을 **동기 속도**라고 한다.

여러 가지 단상 교류 모터

가정에서 사용되고 있는 교류 모터는 용도에 따라 구조가 다르다. 믹서나 청소기와 같이 고속 회전을 하는 것은 **정류자 모터**가 사용된다.

염가의 플레이어 등에는 **셰이딩형 유도 모터**가, 그리고 선풍기, 전기 세탁기 등에는 그림과 같은 **콘덴서 모터**가 사용되고 있다.

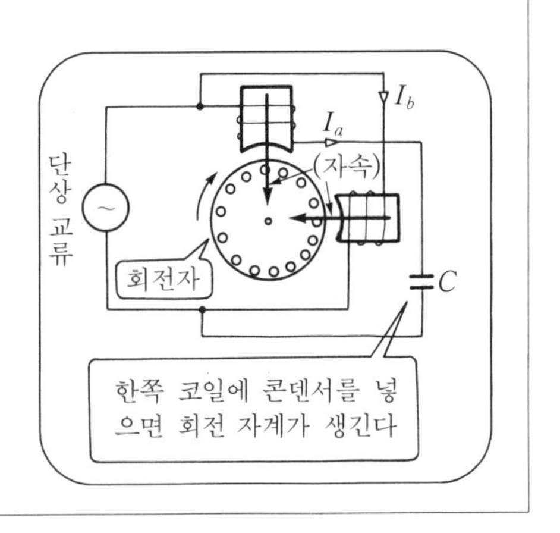

1. 복소수의 계산이 잘 되도록 다음 문제를 풀어 보자.

(a) $4-j3-7+j6$ =( )+j( )

(b) $(5+j2)(3+j)$ =( )+j( )

(c) $-(7+j9)j$ =( )−j( )

(d) $(6+j2)j^2$ =( )−j( )

2. 그림과 같은 RC 직렬 회로의 전류를 극좌표 표시로 계산해 보자.

[풀이]

$\dot{Z}=R-j(\quad)$

$=4-j(\quad)$

$=\sqrt{4^2+3^2}\ \angle\theta^\circ$
(크기) (방향)

$=5\ \angle-37^\circ$ (분도기로부터)

$\dot{I}=\dfrac{\dot{V}}{\dot{Z}}=\dfrac{100\ \angle0^\circ}{5\ \angle-37^\circ}$

$=(\quad)\ \angle+37^\circ$

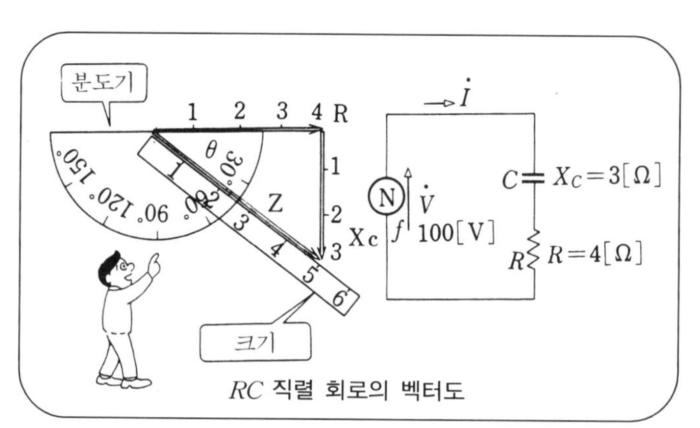

RC 직렬 회로의 벡터도

3. 역률 80%인 임피던스에 100V의 교류 전압을 가했을 때 흐르는 전류는 6A였다. 소비 전력을 계산해 보자.

$P=VI(\quad)$

$=100\times6\times(\quad)$

$=(\quad)$ [W]

[답]

1. (a) (−3)+j(3)
(b) (13)+j(11)
(c) (9)−j(7)
(d) (−6)−j(2)

2. $\dot{Z}=R-j(X_c)$
$=4-j(3)$
$\dot{I}=(20)\ \angle37^\circ$

3. $P=VI\cos\theta$
$=100\times6\times0.8$
$=480$ [W]

전기 계측

전기 계측을 배우는 방법

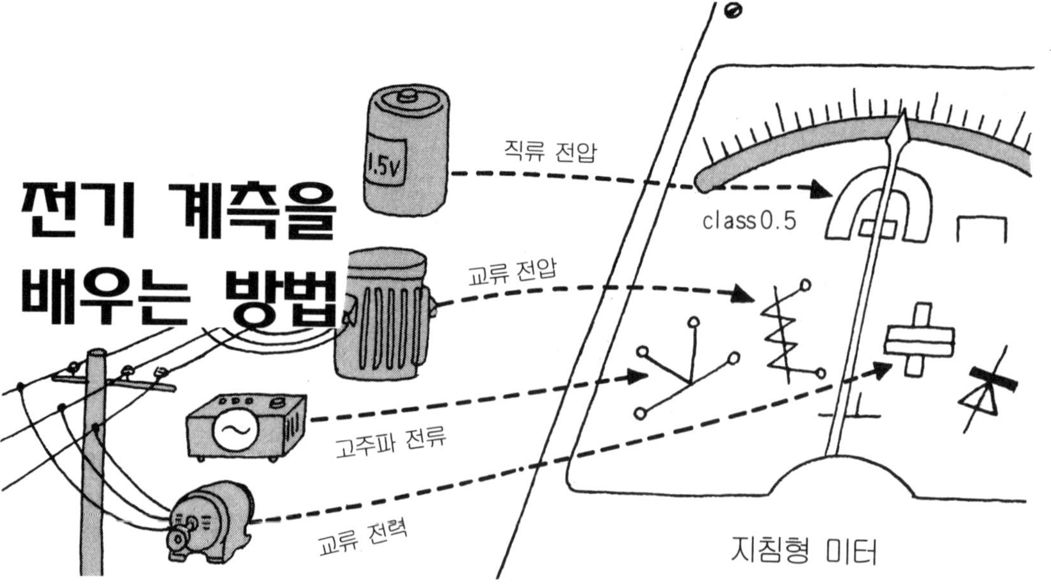

기계 등은 모양·형태에 따라 그것이 어떠한 것인가 감각적으로 파악할 수도 있지만 전기량은 직접 눈으로 볼 수 없기 때문에 계기를 사용하여 시각에 의존하는 형태로 변환한다. 전기량을 계기로 측정하는 것을 **전기 계측**이라고 하며, 온도·변위·압력 등을 측정하는 것을 **응용 계측**이라고 한다.

일반적인 사항이지만 물체를 계측하면 항상 오차가 나온다. 여기서는 전기 계측에서 일어나는 오차에 대해서 알아보기로 한다.

옛날부터 전기를 계측하는 물건으로 가장 오래되고 아직까지 널리 사용되는 **지시용 계기**는 **가동 코일형** 미터이다. 이것은 직류를 측정하는 것이지만 약간만 고안하면 교류나 고주파 등에도 사용할 수 있다. 동작 원리에 대해서도 이해해 두자. 다음은 테스터이다. 정밀 측정용은 아니지만 1개의 미터로 여러 가지 측정을 할 수 있다. 전기 회로의 고장 등을 발견하는 데 편리하므로 반드시 잘 사용할 수 있도록

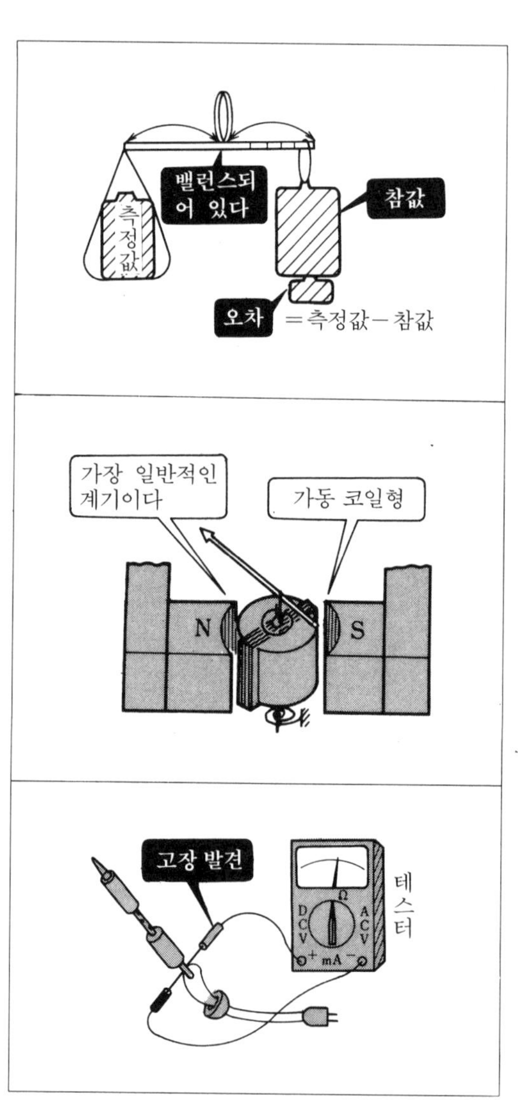

하자.

전기 계측의 응용으로서 여기서는 변형·속도·온도·방사선 등의 계측 방법을 배운다. 빛·열·변위·페하 등의 물리적인 양이나 화학적인 양을 전기량으로 변환하기 위해서는 **센서**가 필요하다. 센서를 이용한 측정이 응용 계측이다. 오토메이션화가 진행되고 있는 현대 사회에서는 센서를 포함한 계측 기술과 정보 기술이 융합되어 무인화·자동화가 진행되고 있다.

여기서는 전기 계측과 응용 계측의 기본적인 사항을 배우기로 한다.

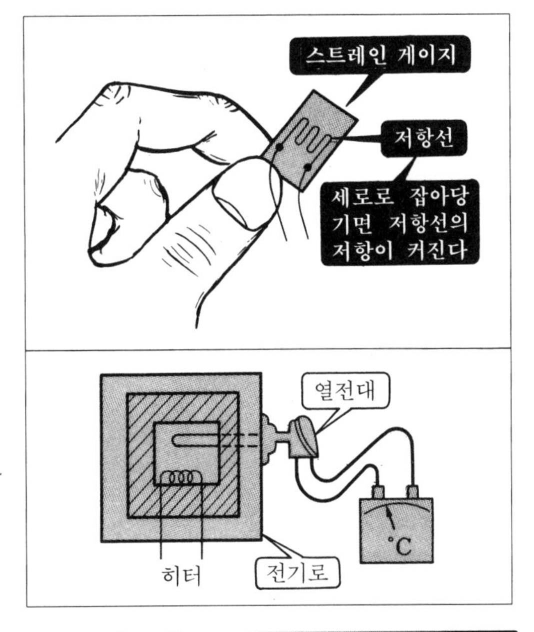

어느 항목을 읽으면 되는가

<직류 계기>

감도도 좋고 정밀도가 높은 가동 코일형 계기의 동작 원리를 배우고 검류계나 테스터에 어떻게 사용되고 있는가를 배운다.

<교류 계기>

상용 주파수나 고주파용 계기는 어떠한 특징이 있는가? 그리고 고전압·대전류는 직접 측정되지 않으므로 변성기가 필요한데 변압기와 어떻게 다른가?

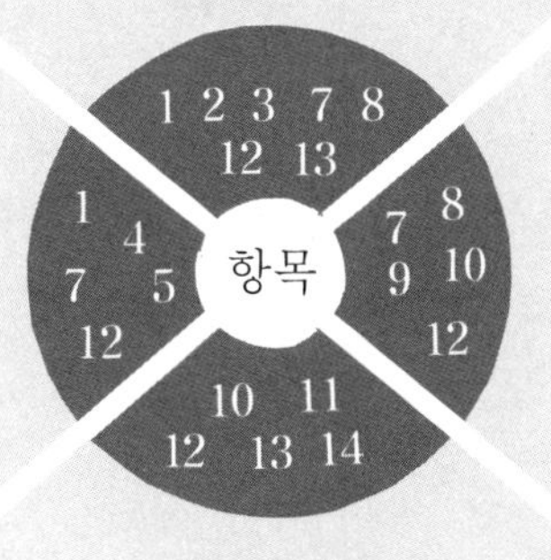

<저항 측정>

테스터 회로에는 직독식 저항계가 들어 있는데, 어떠한 회로인가? 접지판 저항 측정에는 교류 전원을 사용하는데, 어떤 측정기이고 어떻게 측정하는가?

<응용 계측>

물리적인 양인 변형·속도·온도·방사선 등을 검출하는 센서 및 그 측정법에 대해서 배운다. 또한 집중 관리를 하기 위한 원격 측정법에 대해서도 알아 본다.

1 정확하게 인베이터를 쏴라!

측정 오차

여러 가지 오차

전지의 전압을 측정하는 경우 직류 전압계를 사용하게 되는데, 이때 그 계기의 **정밀도**(CLASS)에 따라 오차의 크기가 달라진다.

계기의 오차 이외에 올바른 측정을 하지 않는 경우에도 오차가 생긴다. **그림 1**과 같이 ⊓형 계기를 수직으로 하여 측정했을 때나 영조정을 잘 하지 않고 측정한 경우이다. 이와 같은 오차를 **계통적 오차**라고 한다.

다음으로 미터의 판독 오차는 **그림 2** (a)와 같이 위·아래 눈금을 잘못 읽거나 자릿수를 잘못 잡은 경우이다. (b)는 눈을 바늘 바로 위에 두지 않고 읽지 않은 경우에 생긴다. 이와 같은 측정자의 주의력 등으로 오차가 생긴다.

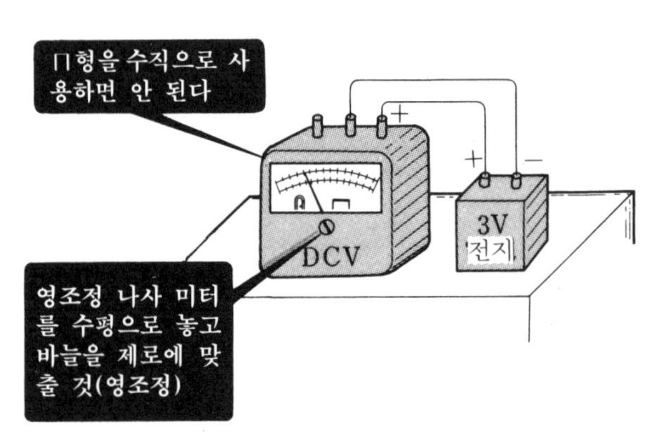

그림 1 계통적 오차를 포함하는 측정

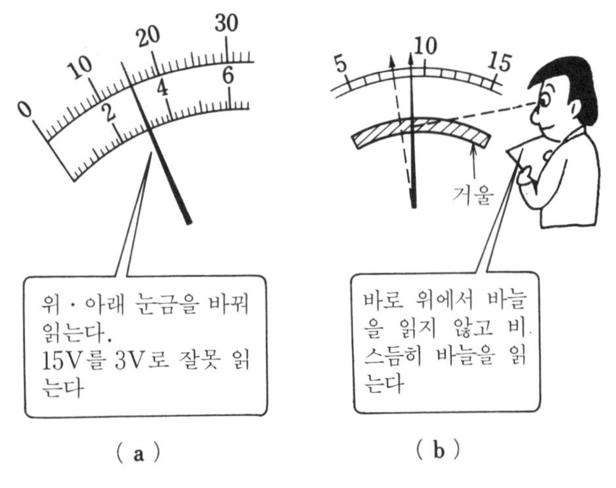

그림 2 잘못 읽는 오차

오차 표시 방법

계기로 측정한 값을 **측정값**이라고 하며, 그것의 바른 값이나 **정격값**을 **참값**이라고 한다.

측정값 M과 참값 T의 오차가 상대적으로 어느 정도인가를 구하려면 **상대 오차** 또는 **오차 백분율**로 구한다.

$$\text{오차 백분율} = \frac{\text{오차}}{\text{참값}} \times 100 = \frac{M-T}{T} 100\,[\%]$$

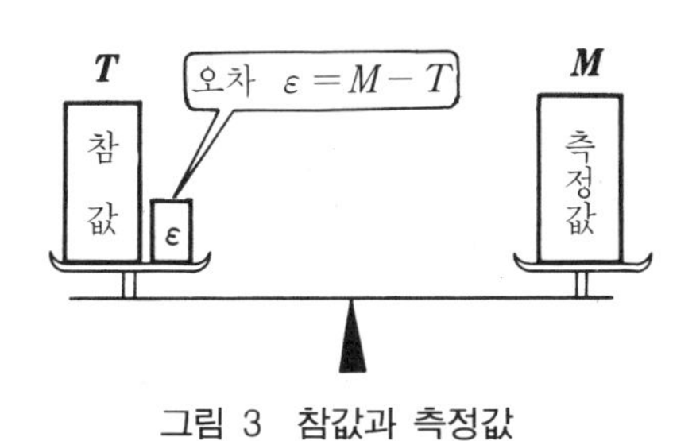

그림 3 참값과 측정값

계기는 오차의 크기에 따라 다음과 같은 단계로 분류된다. 0.2급, 0.5급, 1.5급, 2.5급 등으로, 그 오차는 예를 들면 0.5급의 계기는 최대 눈금의 ±0.5% 이내의 오차(허용차라고도 한다)를 포함한다.

계기 최대 눈금의 반 이하밖에 지시하지 않는 측정은 큰 오차를 포함하므로 최대 눈금에 가까울 수 있도록 레인지를 선택한다.

표 1 전기 계기의 종류

계급	허용차%	주요 용도
0.2급	±0.2	부 표 준 기 용
0.5급	±0.5	정 밀 측 정 용
1.0급	±1.0	대형 배전반용
2.5급	±2.5	일반 배전반용

One point

0.5급의 전류계로 6A를 지시하였다. 전류의 유효 측정 범위는?

$0.995 \times 6 = 5.97\,[\text{A}] \sim 1.005 \times 6 = 6.03\,[\text{A}]$

유효 숫자 취급법

오른쪽 그림과 같이 전압계와 전류계의 값에서 저항을 구하는 경우 계기의 유효 숫자와 저항의 계산 자릿수의 관계를 알아보자.

계기가 2.5급인 경우 $V=31\,[\text{V}]$, $I=0.82\,[\text{A}]$ (계기의 유효 숫자는 2자리)에서 저항을 계산하면 $R=37.8048$……

계기의 둘째 자리는 오차를 포함하므로 저항은 세째 자리를 반올림하여 $R=38\,[\Omega]$

0.5급의 미터로 측정한 경우 $V=31.0\,[\text{V}]$, $I=0.823\,[\text{A}]$에서 $R=37.667$……

계기의 세째 자리는 오차를 포함하므로 저항은 네째 자리를 반올림하여 $R=37.7\,[\Omega]$

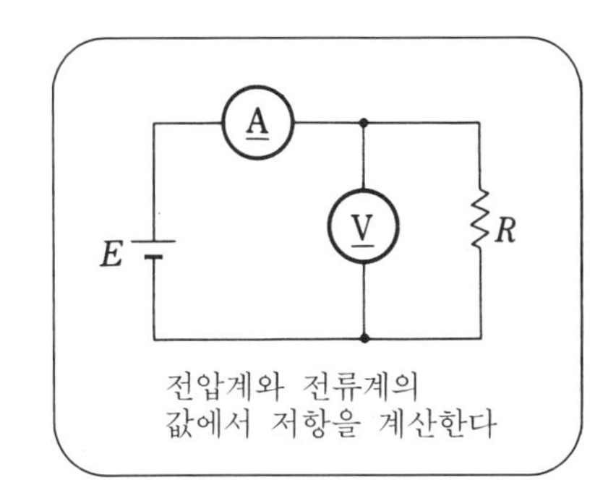

전압계와 전류계의 값에서 저항을 계산한다

2 심장은 하나. 다중 측정 미터

가동 코일형 계기

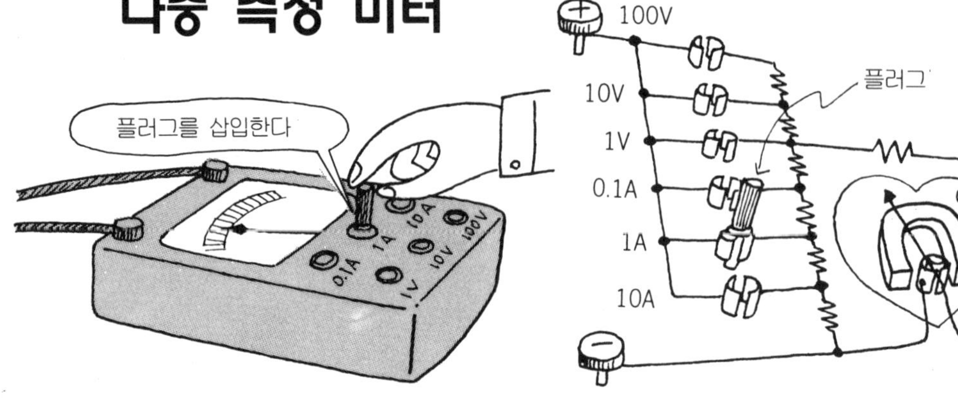

눈금판의 기호도 잘 살펴보자

미터 눈금판에 작게 써있는 기호에 주목하자.

mA : 직류 밀리암페어계

CLASS 0.5 : 최대 눈금으로 ±0.5%의 오차가 있다.

∩ : 가동 코일형 계기

⌐ : 수평으로 놓고 사용한다.

그림 1 (a)의 미터 단자는 30 mA로 되어 있으므로 눈금판에 주의하자.

수평으로 놓지 않으면 오차가 생긴다

R

30 10 +

mA

1.5V

(a) 저항을 흐르는 전류 측정

0 6 12 18 24 30

0 1 2 3 4 5 6 7 8 9 10

mA

CLASS 0.5 ∩ ⌐

r=10 Ω FS 1 mA

1979 TOKYO JAPAN

(b) 전류계의 기호

그림 1 가동 코일형 전류계

∩형 미터의 구조를 알아보자

지시 계기로서 가장 널리 사용되고 있는 것이 가동 코일형 계기이다(**그림** 2). 이 형태의 계기는 영구 자석 중심에 고정 철심을 놓고 그 철심 위에 가동 코일이 감겨 있다.

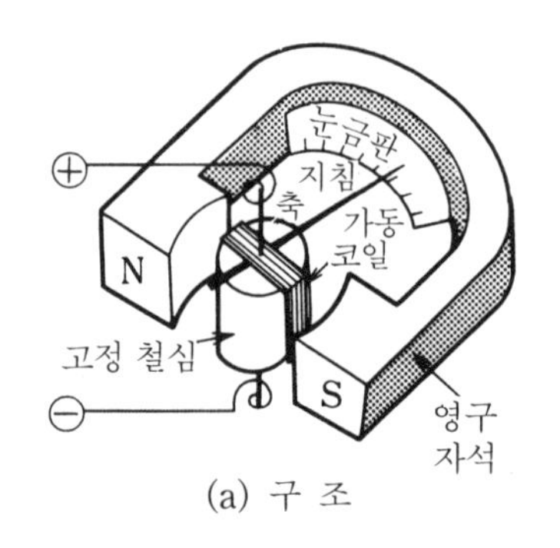

(a) 구 조

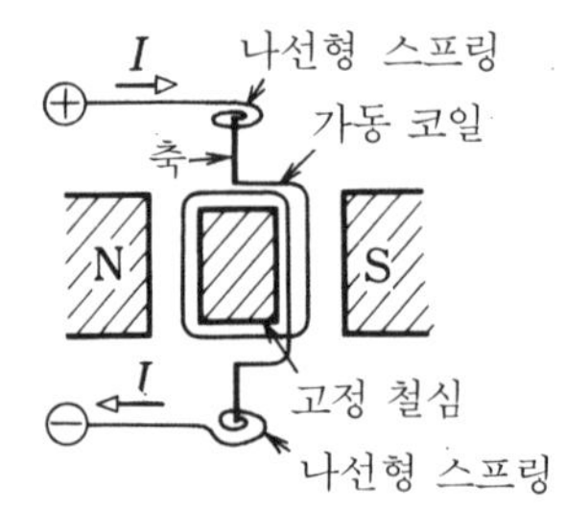

(b) 코일에 유입되는 전류로

그림 2 가동 코일형 계기

영구 자석과 철심간에는 평등 자계가 있으며 코일에 측정 전류 i가 흐르면 **구동 토크** τ_D가 생겨 바늘이 회전한다. 축에 붙어 있는 **나선형 스프링**의 제어 토크 τ_C는 회전각 θ에 비례한다. 스프링의 **제어 토크**와 코일의 구동 토크가 같아졌을 때 바늘은 정지한다.

(구동 토크) $\tau_D = k_1 i$(상수×측정 전류)

(제어 토크) $\tau_C = k_2 \theta$(상수×회전각)

여기서 $\tau_D = \tau_C$이므로 $\theta = (k_1/k_2)i = ki$

즉, 측정 전류가 증가할수록 회전각도 비례해서 커지며 이 계기는 평등하게 눈금이 표시된다.

멀티 타입의 전압계와 전류계

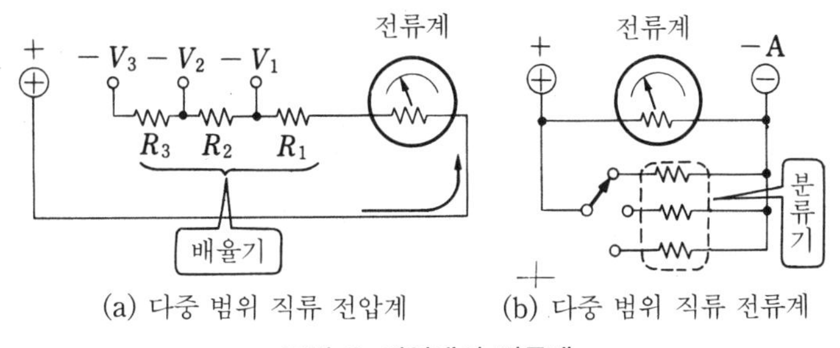

그림 3 전압계와 전류계

그림 2의 가동 코일형 전류계를 한 대 준비하여 이 계기에 그림 3 (a)와 같이 저항(배율기)을 직렬로 넣으면 모두 레인지의 직류 전압계가 만들어진다. 그림 3 (b)와 같이 작은 저항(분류기)을 병렬로 넣으면 모두 레인지의 직류 전류계가 된다.

Let's try 피폿 베어링과 장치 현수선 베어링

피폿 베어링을 사용하는 미터에 충격을 주면 축 선단이 부러지거나 베어링에서 떨어지기도 한다. **장치 현수선**(토트 밴드)식의 것은 인청동의 리본 형상 전선으로 가동 코일을 매달고 있어 충격에 강하여 잘 부서지지 않는 미터이다.

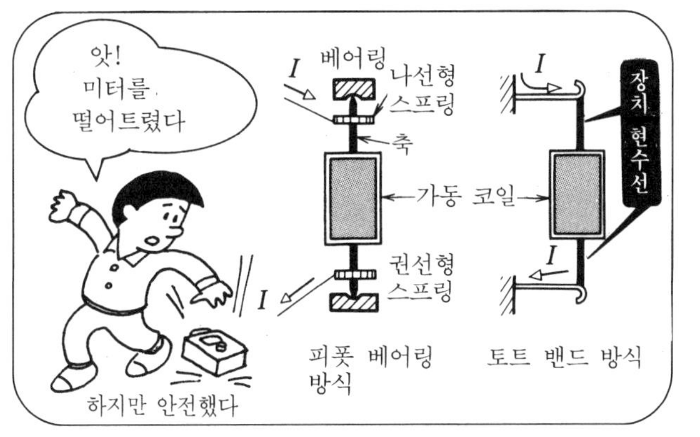

또한 피폿 베어링 방식과 같이 기계적으로 마찰되는 부분이 없으므로 오차가 적은 미터를 만들 수 있다. 장치 현수선 방식은 이와 같은 특성을 가지고 있기 때문에 고급스러운 가동 코일형 계기 대부분에 사용된다.

(주) 장치 현수선 베어링의 토트 밴드나 스판 밴드는 상품명이다.

3 개구리 다리도 검전기

검류계의 종류

미소한 전류의 감지

1780년 이탈리아 동물학자 갈바니는 개구리를 해부하다가 새로운 것을 발견하였다. 2종의 금속을 접촉하고 다른 단자를 개구리 다리에 접촉시키자 다리가 경련을 일으켰다. 이것이 후에 볼타 전지를 발명하는 계기가 되었으며, 중요한 발견이었다. 영어의 galvanize「……에 전기를 통한다」는 갈바니의 이름에서 유래하며, **검류계**를 **갈바노미터**(galvanometer)라고 하며 기호는 Ⓖ로 표시한다.

검류계는 미소한 전류를 감지할 수 있는 전류계로서, 구조는 **가동 코일형**의 원리를 이용하고 있다. **그림 1**의 (a)는 **반조 검류계**(反照檢流計)의 원리를 나타낸 것이다. 단자간에 미세한 전류를 흐르게 하면 현수선(리본 형상의 금속선)을 통과해 코일에 전류가 흘러 구동 토크가 생긴다. 현수선에 부착되어 있는 거울(얇고 작은 거울)도 코일과 동일한 작용을 한다. 램프로부터 나온 빛은 거울에 반사하여 불투명 유리면에 작은 스폿을 만든다.

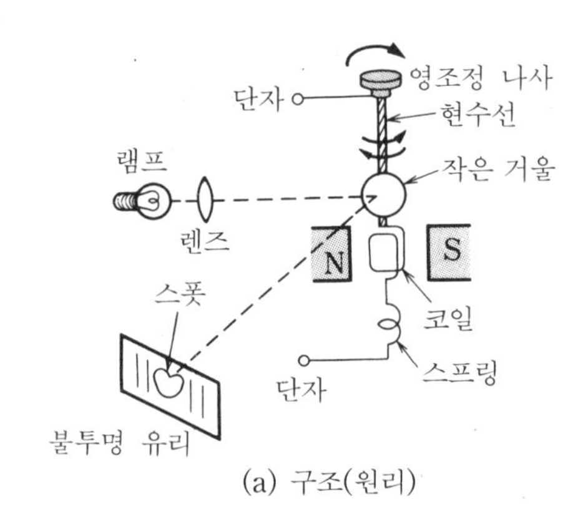

(a) 구조(원리)

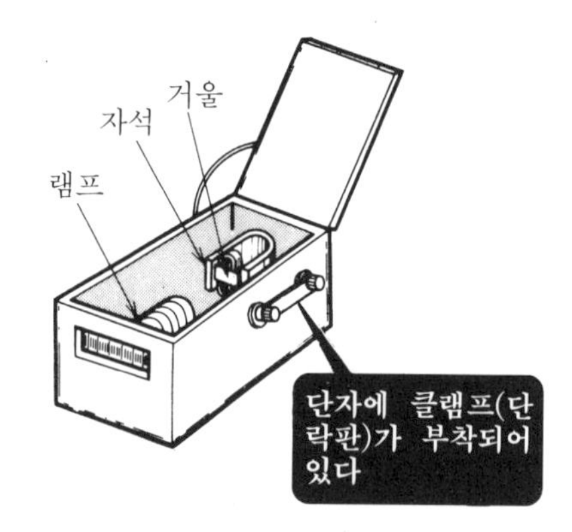

(b) 간이형 반조 검류계

그림 1 반조 검류계

전류를 흐르게 하면 좌우 어느 쪽인가에 스폿이 흔들리고 전류가 증가할수록 진동이 커진다. 검류계의 **전류 감도**는 1 mm 나아가는 데 필요한 전류로 표시되며, 일반 검류계는 10^{-7}~10^{-11}A/mm 정도가 사용된다. 그림 1 (b)의 전류 감도는 10^{-8}A/mm의 고감도로서, 가지고 다닐 때 파손되지 않도록 측정 단자에 단락용 **클램프**가 달려 있다. 자석 내에 있는 코일이 움직이면 발전을 하므로 단자간을 단락시키며 그 전류로 코일의 움직임과 역방향의 힘이 생겨 코일을 전기적으로 클램프(고정)시키고 있다. 전기적 클램프 이외에 가동 코일을 기계적으로 고정하는 방식도 있다.

취급이 편리한 검류계

검류계는 반조형 이외에 **그림 2**의 **지침형 검류계**가 있다. 이것은 반조형에 비해서 감도가 10분의 1 정도 나빠진다.

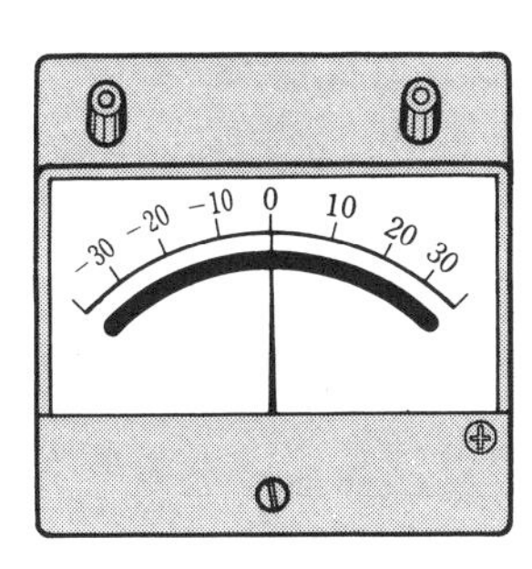

그림 2 지침형 검류계

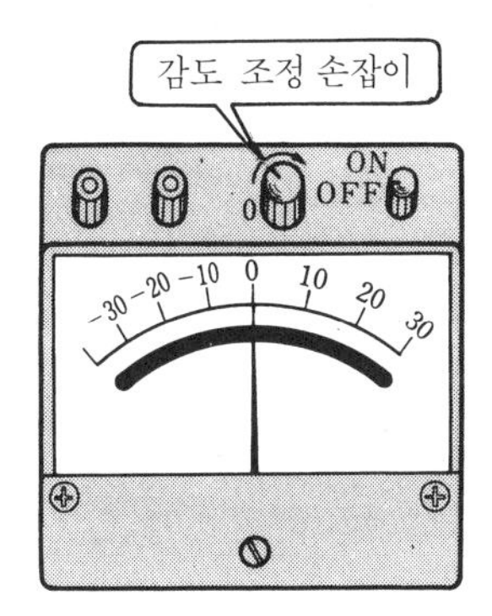

그림 3 전자식 검류계

그림 3은 **전자식 검류계**로 이것은 가동 코일형 계기에 직류 증폭기를 넣은 것으로서, 감도 조정 손잡이를 돌림으로써 증폭도가 바뀌기 때문에 다른 검류계에 비해 취급이 대단히 편리하다. 따라서 현재는 대부분 이 검류계가 사용되고 있다.

Let's try 검류계 측정법

그림 (a)는 휘트스톤 브리지로서 저항 측정 회로이다.

검류계의 바늘이 0을 가리키도록 조정하는 방법을 **영위법**(零位法)이라고 한다.

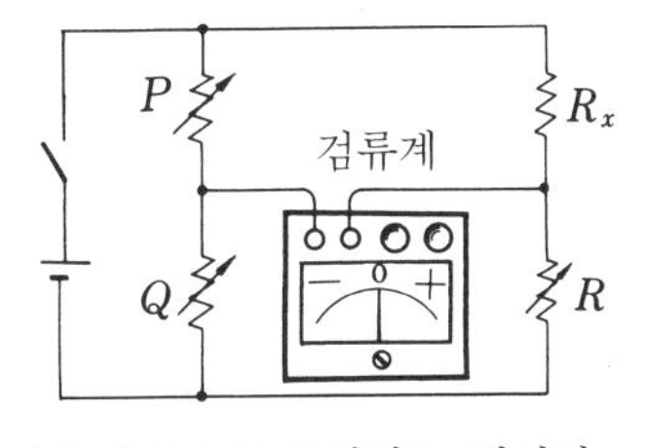

(a) 휘트스톤 브리지는 영위법

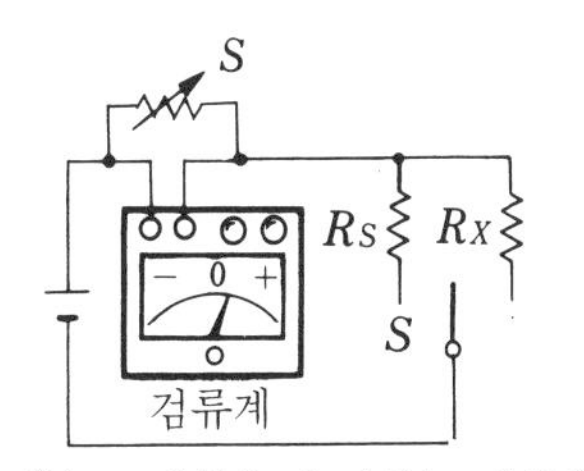

(b) 고저항을 측정하는 편위법

그림 (b)는 고저항을 측정하는 회로로서, 우선 기지 저항 R_S의 검류계 지시를 θ_1, 분류기 S의 배율을 m_1, 고저항 R_X의 지시를 θ_2, 배율을 m_2라고 하면 이들 값에서 R_X를 구할 수 있다. 이와 같이 검류계 바늘을 움직이게 하여 측정하는 방법을 **편위법**(偏位法)이라고 한다.

4 측정기를 사용할 수 없는 아마추어 무선가

고주파 측정시의 배려 사항

직류나 저주파에서는 그리 두드러지지 않지만 고주파에서는 큰 문제가 되는 것으로 **표피 효과**와 **분포 용량**이 있다.

그림 1의 도체에 흐르는 전류는 고주파가 될수록 도체 표면 가까이에만 흐르고 중심에는 거의 흐르지 않는다. 이와 같은 효과를 **표피 효과**(表皮效果)라고 하며, 고주파가 될수록 도체의 **실효 저항**이 커진다(손실이 증대한다).

그림 2와 같이 직선 도체도 고주파 전류를 흐르게 하면 주위에 자계가 생기며 작은 인덕턴스가 된다. 이것을 **잔류 인덕턴스**라고 하는데, 고주파에서는 유도성 리액턴스로서 큰 영향이 발생한다.

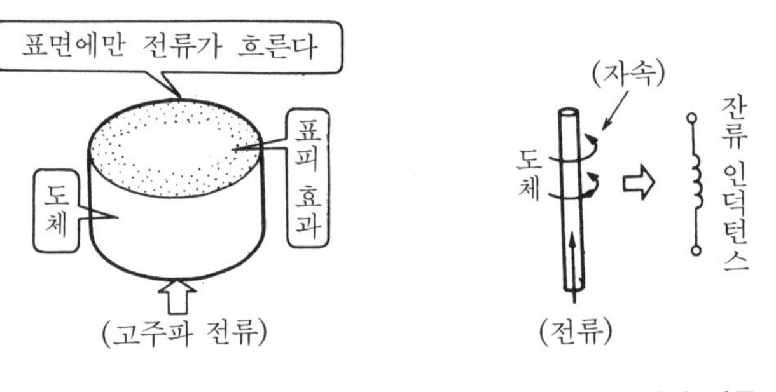

그림 1 도체의 표피 효과　　그림 2 도체의 잔류 L

다음에 **그림 3**과 같이 코일은 전선이 전극이 되고 전선간에 정전 용량이 생긴다. 이것을 **분포 용량**이라고 하며, 높은 주파수에서는 이 C_0의 영향이 커진다.

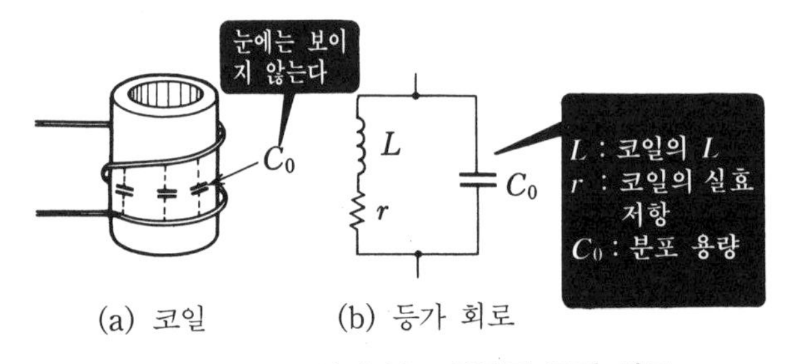

그림 3 코일의 분포 용량과 등가 회로

그림 3 (b)는 코일(권수가 적은 코일)의 등가 회로로서, 고주파에서는

L, C_0의 공진 회로를 형성한다.

열전대로 전류 측정

고주파 전류 측정시 **그림 4** (a)의 열전대 열선에 전류를 흐르게 하여 줄열로 열전대에 기전력을 발생시킨다. 그 전압을 직류 전류계에 가하여 미터를 움직이게 한다.

진공 열전대는 잔류 인덕턴스나 분포 용량을 무시할 수 있어 고주파 측정에 적합하다.

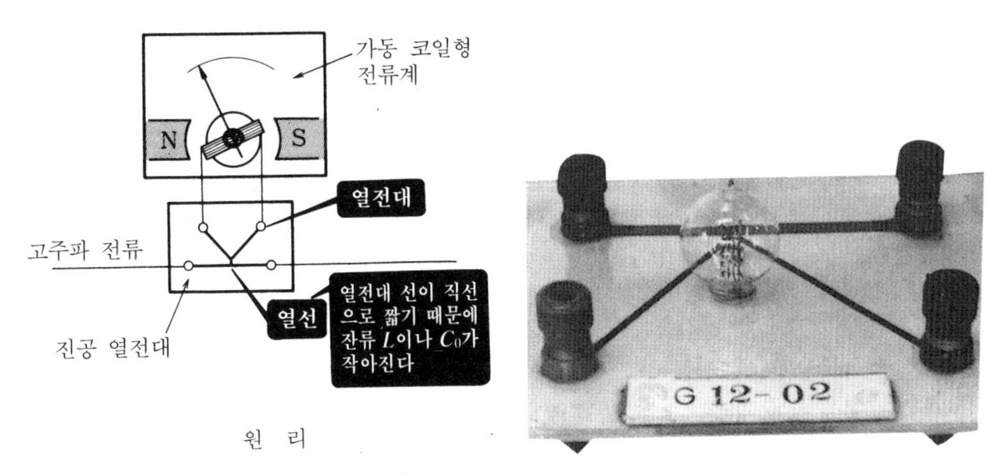

그림 4 열전형 전류계

여러 가지 고주파 전압 측정기

주파수 특성이 좋은 것으로 그림과 같은 전압계가 있다. (a) 열전형 전류계에 배율기를 부착한 것으로, 결점은 **입력 임피던스** Z_i가 작다는 것이다. Z_i가 낮으면 회로의 전압 강하로 바른 측정을 할 수 없다. 하지만 (b), (c)는 전자식으로 높은 입력 임피던스 증폭기가 사용되기 때문에 미세한 입력 전압으로도 오차 없이 측정할 수 있다.

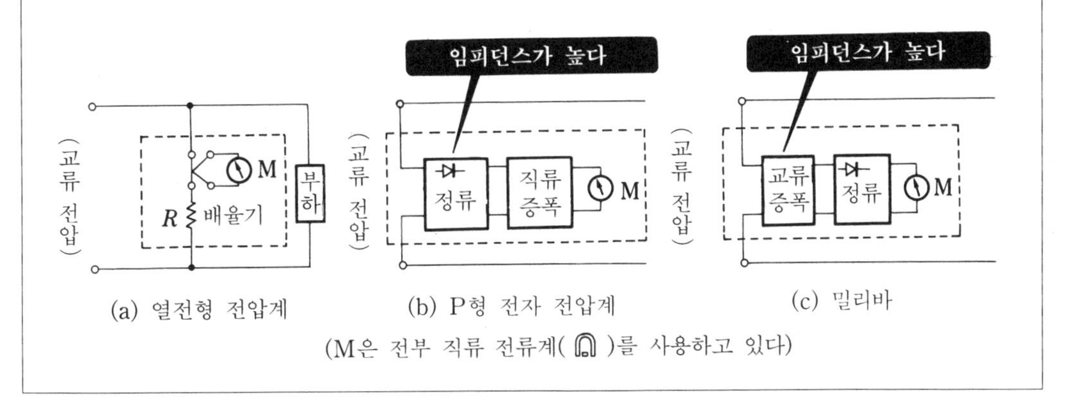

(a) 열전형 전압계 (b) P형 전자 전압계 (c) 밀리바

(M은 전부 직류 전류계( )를 사용하고 있다)

5 배전반에서 많이 볼 수 있는 계기

교류 미터

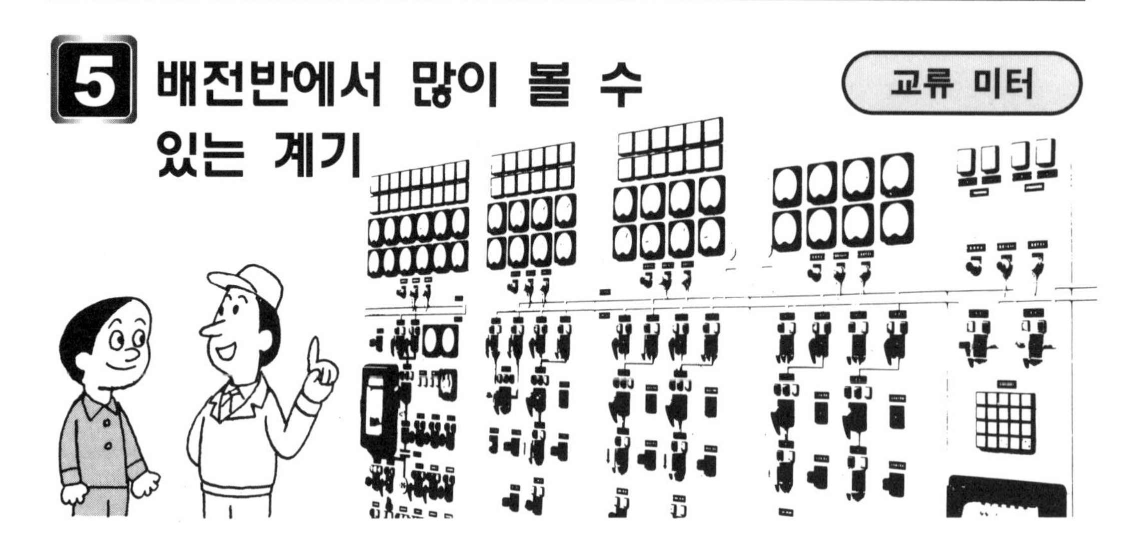

견고한 교류 계기 -가동 철편형

상용 전원의 교류 전압·전압 측정에는 **가동 철편형 계기**가 가장 많이 사용되고 있다. 이것은 구조가 간단하고 과전류에 잘 견딜 수 있는 구조이기 때문이다.

동작 원리는 **그림** 1에서 알 수 있듯이 자석 가까이에 있는 철편이 NS에 자화되고 NN, SS가 상호 반발하여 바늘을 움직이게 한다.

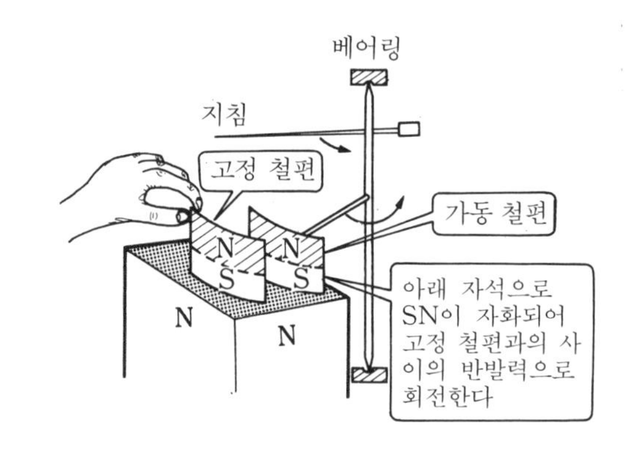

그림 1 가동 철편형 계기의 원리

그림 2는 자석 대신 원통형 코일에 측정 전류를 흘려 그 자속으로 고정 철편과 가동 철편은 동일한 방향이 동극끼리 자화되어 철편끼리는 반발력이 생긴다. 그 반발력과 스프링의 제어 토크가 밸런스된 곳에서 바늘이 정지한다.

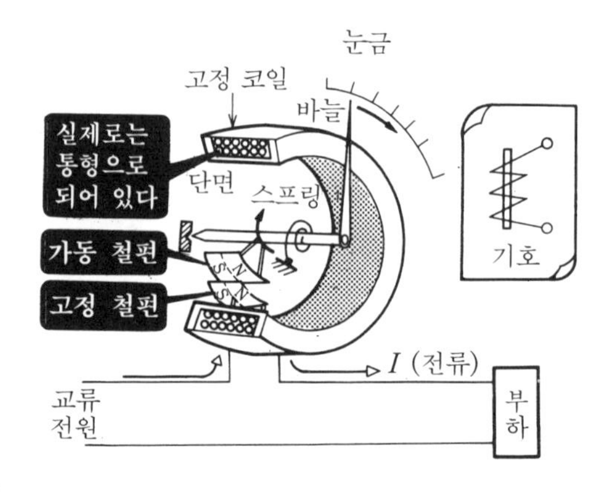

그림 2 반발형 가동 철편형 전류계

고정 코일에 흐르는 부하 전류의 대소가 철편의 자화력 크기로 바뀌기 때문에 부하에 비례해서 바늘이 움직인다. 그러나 완전히 똑바른 눈금이 아니고 미소한 전류가 흐르는 곳에서는 흔들림의 감도가 약해진다. 또한 그림 2에서는 생략되었지만 이 계기에는 공기 제동을 이용한 제동 장치가 달려 있다.

고감도 계기

직류에는 고감도 계기로 가동 코일형 계기가 있다. 교류도 조금만 고안하면 ⋒계기를 사용할 수 있다. **그림** 3과 같이 정류기 —▶|— 4개를 브리지 회로로 하고 전파 정류한 전류를 가동 코일형 전류계에 흐르게 한다. 정류형 계기의 눈금은 직류 눈금에 비해 약 1할 정도 낮고 0 부근을 제외하고는 눈금이 똑바르게 되어 있다.

직류 전류계에 흐르는 전류 방향은 **그림** 3 (a)와 같이 ±단자가 ⊕일 때는 점선과 같이, V단자가 ⊕일 때는 실선과 같이 흐르기 때문에 미터에는 항상 ⊕에서 ⊖로 흐르게 된다.

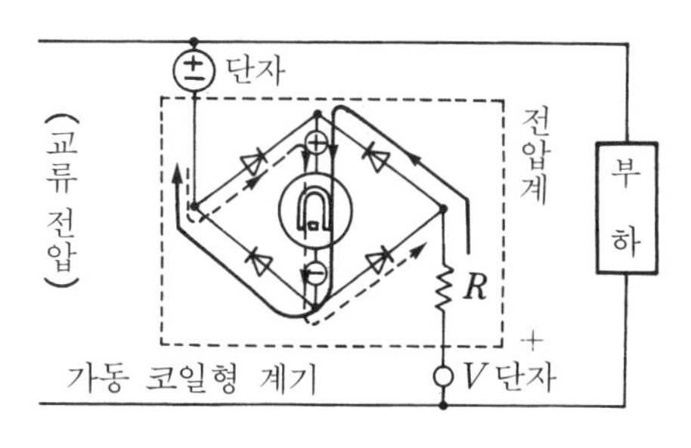

(a) 정류형 전압계

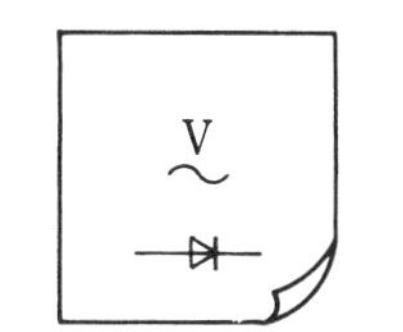

(정류형 교류 전압계)

(b) 기 호

그림 3 정류형 계기

전력량계의 내부를 살펴본다

전력량은 **전력**×**시간**으로 표시된다. 그림과 같이 전압 코일과 전류 코일로 전력에 비례한 회전 자계를 원판에 만들면 시간과 더불어 원판이 회전하기 때문에 전력량이 계량 장치에 표시된다.

부하의 스위치를 끊으면 전류는 제로가 되지만 원판은 관성력으로 즉시 정지하지 않는다. 그래서 제동용 자석을 원판에 끼어 전류가 끊기면 즉시 정지하도록 하고 있다. 좌측 사진은 일반 가정에 설치되어 있는 전력량계이다.

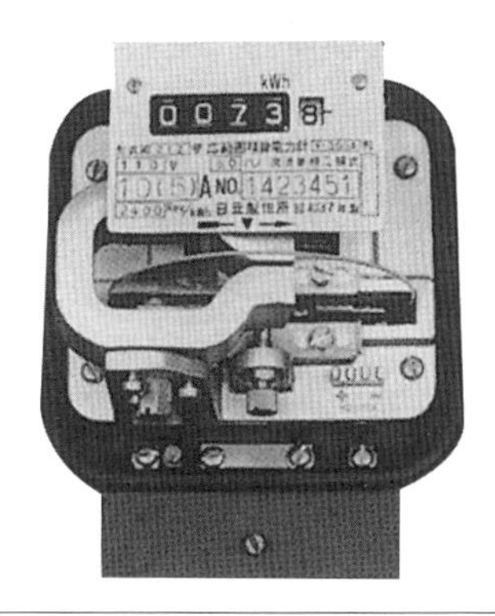

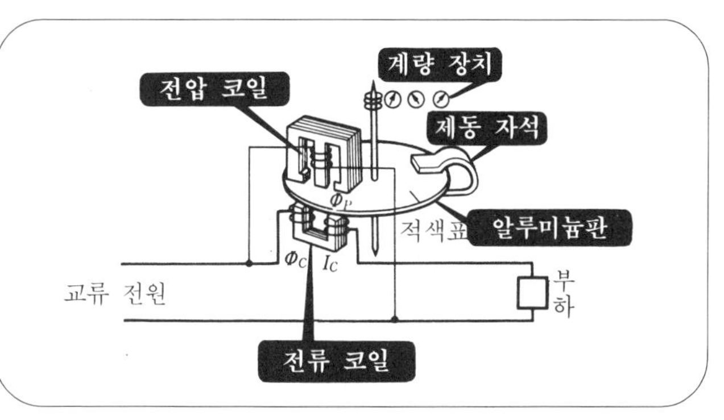

6 바이패스 방식과 다른 측정 방법

고전압 · 대전류 측정

송전선의 고전압 · 대전류를 측정할 때는 변성기(VT.CT)가 필요하다.
(실제는 3선)
송전선에 접촉되면 저승행
VT
CT
CT
전압계
전류계
전류계

변압기를 사용하는 전압계

송전선과 같은 교류 전력의 고전압 · 대전류를 측정하는 경우 직접 계기를 회로에 접속하는 것은 위험하다. 미터와 고압 회로를 절연시켜 안전하게 할 수 있는 것이 **계기용 변성기**이다. 이것에는 전압 측정을 위한 **계기용 변압기**(VT : Voltage Transformer)와 전류 측정을 위한 **변류기**(CT : Current Transformer)가 있다.

계기용 변압기는 **그림 1** (a)와 같이 보통의 트랜스와 같으므로 미지의 1차 전압 V_1은 2차 전압 V_2에 권수비 N_1/N_2을 곱함으로써 구해진다.

다음으로 취급상이긴 하나 1차측에 고전압이 가해지고 있을 때 2차측을 개방하여도 위험하진 않지만 단락시키면 대단히 위험하다. 즉, 2차 코일에 단락 전류가 흘러 그 2차 코일의 전력을 보충하기 위해 1차 코일에 대전류가 흘러서 계기용 변압기가 소손되어 버리기 때문이다.

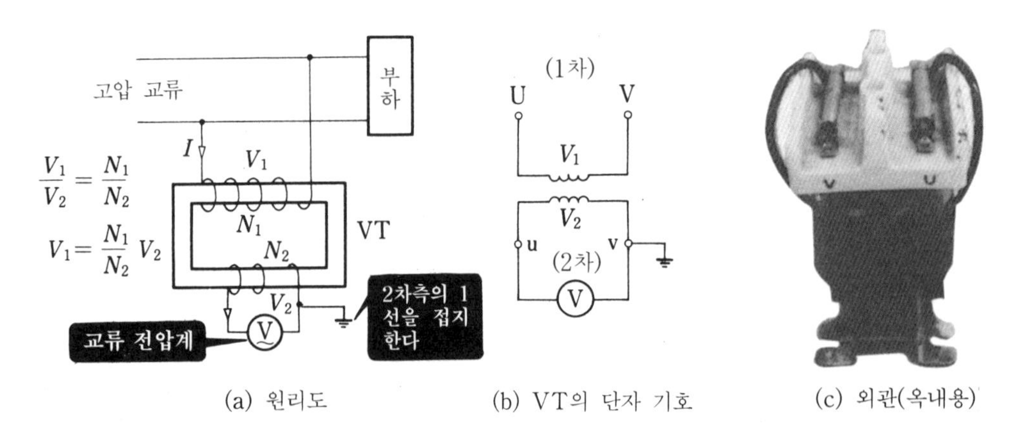

(a) 원리도　　(b) VT의 단자 기호　　(c) 외관(옥내용)

그림 1 계기용 변압기

변류기라고 불리는 일종의 변압기

부하에 흐르는 대전류를 측정하는 데 **변류기**라고 하는 일종의 변압기를 이용한다. **그림 2** (a)와 같이 1차 권선은 부하에 직렬로 접속되고 2차 권선에는 전류계가 접속된다. 변류기의 여자 전류를 무시하면 $I_1/I_2=N_2/N_1$가 되므로 2차 전류를 측정하여 즉시 1차 대전류를 알 수 있다[$I_1=I_2\times$(권수비의 역수)로 구해진다].

대전류용(1,000A 이상) 변류기는 **그림 2** (b)와 같이 1차 권선이 직선 형상의 도체로 되어 있는 것도 있다.

변류기 2차측은 전류계로 단락되어 있다. 1차 전류가 흐르고 있을 때 2차측을 개방하면 부하 전류가 모두 여자 전류로 작용하여 2차 권선에는 대단히 큰 전압이 발생하여 위험해진다. **2차측을 개방하는 것은 반드시 피해야 한다.**

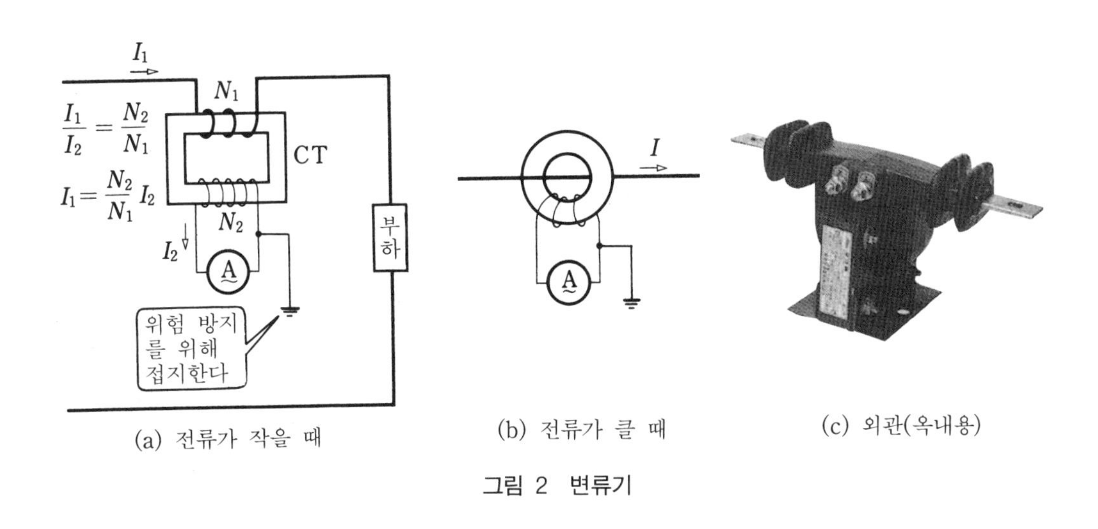

(a) 전류가 작을 때 (b) 전류가 클 때 (c) 외관(옥내용)

그림 2 변류기

송전선의 전력 측정

고전압·대전류의 전압·전류 측정에는 VT·CT를 사용하였듯이 전력 측정에도 그림과 같이 계기용 변압기와 변류기가 사용된다.

전력계는 일반적으로 전류력계형으로서, VT 2차측이 전압 코일에, CT 2차측이 전류 코일에 접속되어 있다.

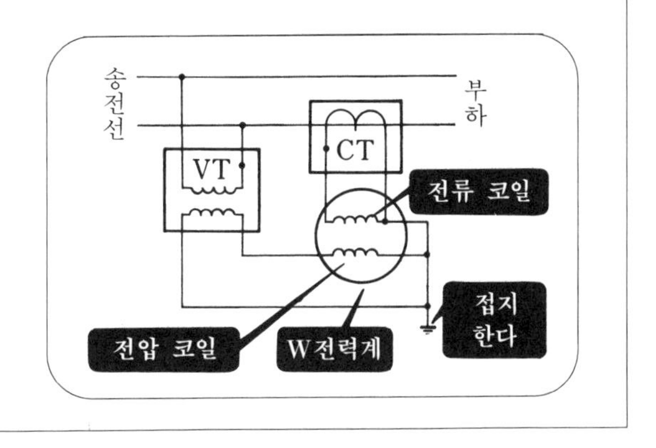

7 무사의 일곱 가지 도구

회로계(테스터)

안을 열어보면

테스터는 **그림** 1을 보면 알 수 있듯이 직류 전압계(DCV), 교류 전압계(ACV), 직류 전류계(DCA), 저항계(Ω) 등을 측정하는 기능을 가지고 있다.

이와 같은 측정 기능을 가진 회로를 이해하기 위해 테스터의 뚜껑을 열어보자.

그림 2와 같이 위로부터 건전지, 가동 코일형 전류계, 정류용 다이오드, 영조정 볼륨, 배율기, 분류기, 로터리 스위치, ⊕ ⊖단자 등이 보인다.

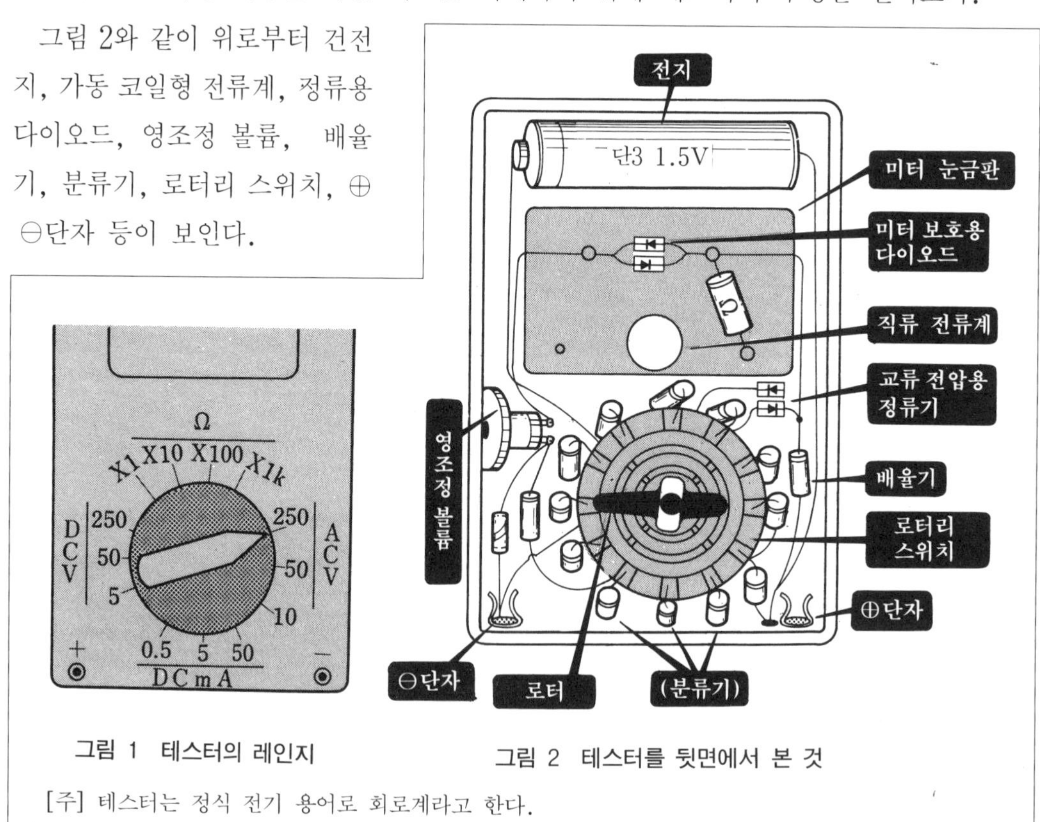

그림 1 테스터의 레인지

그림 2 테스터를 뒷면에서 본 것

[주] 테스터는 정식 전기 용어로 회로계라고 한다.

테스터 측정법

DCV로 측정할 때는 테스터봉 극성에 주의한다.

다음으로 레인지는 큰 쪽부터 내려가 바늘이 크게 움직이는 레인지를 선택한다.

가정에 있는 콘센트 전압을 측정할 때는 **그림 3** (b)와 같이 ACV 레인지로 전환하고 나서 테스터봉을 콘센트에 꽂는다(테스터봉의 극성은 관계없다).

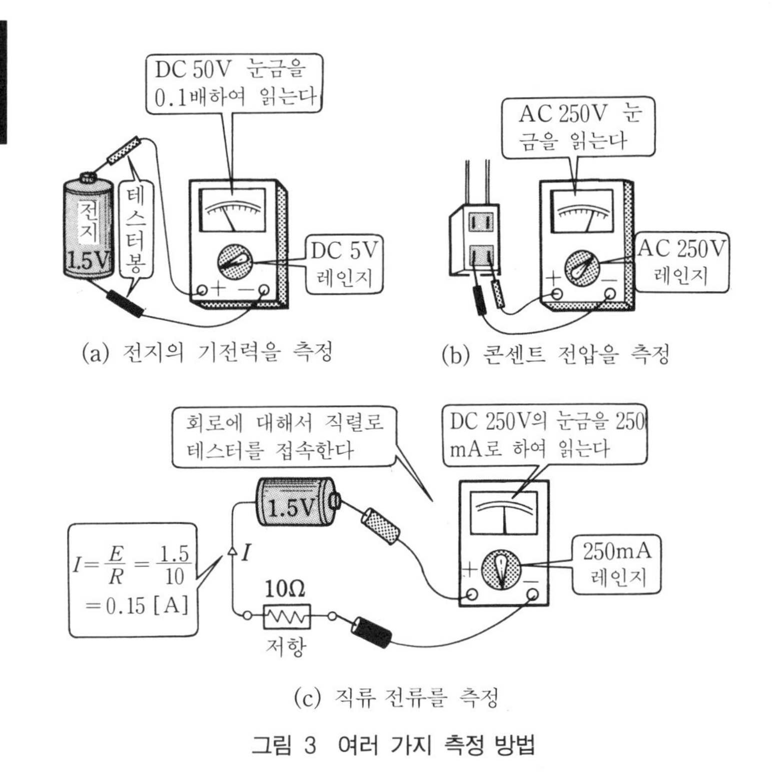

(a) 전지의 기전력을 측정 (b) 콘센트 전압을 측정

(c) 직류 전류를 측정

그림 3 여러 가지 측정 방법

교류 전압의 눈금을 읽을 때는 직류 레인지의 눈금과 다른 경우가 있으므로 주의하여야 한다. 전류 측정시에는 흐르는 전류를 계산하여 미터가 과전류되지 않는 것을 확인하고 나서 테스터봉을 접속하도록 하자(옴계는 다음 장에서 배운다).

디지털 테스터 대유행

최근에는 아날로그 계기 대신 디지털 계기가 주로 사용되고 있다. 디지털 계기의 이점은 아날로그식에 비해서 정밀도가 높고 간단히 사용할 수 있는 등 여러 가지이다. 디지털 계기가 모든 면에서 우수한 것이 아니고 변화량을 판독하기 어려운 결점도 있기 때문에 앞으로는 구분해서 사용되게 될 것이다.

그림은 디지털 테스터의 전압계로 전지의 전압을 측정하고 있는 그림이다. 염가의 디지털계이지만 4자리의 정밀도로 전압값을 측정할 수 있는 예이다.

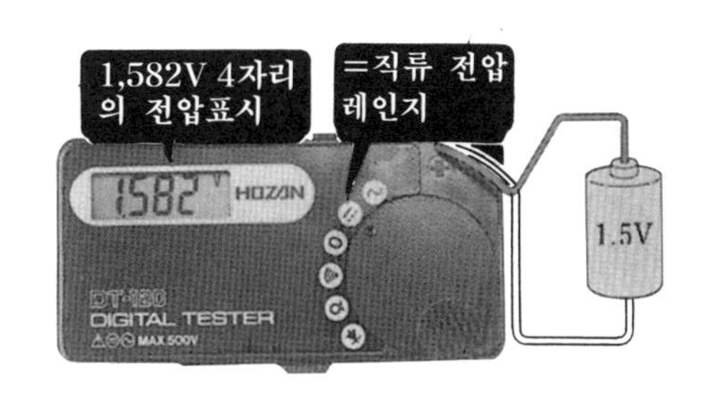

8 골이 스타트 라인을 측정하는 방법

테스터의 옴계

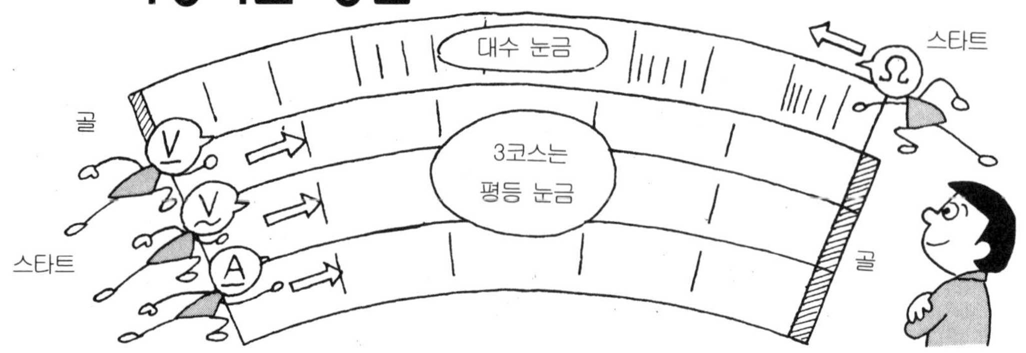

전류계를 저항계로 변신시킨다

직류 전류계로 저항을 측정할 수 있는 회로를 만들려면 **그림 1** (a)와 같이 전지(극성이 틀리지 않도록 한다)와 저항 R_0를 접속한다. ⊕ ⊖ 단자를 단락하면 $I=E/R_0$의 전류가 흐르고 바늘이 최대값(FS)을 가리키도록 한다. 다음으로 ⊕ ⊖ 단자에 저항 R_X를 접속하면 전류는 $I_X=E/(R_0+R_X)$, $R_0=R_X$일 때 $I_X=1/2$이 되며 바늘은 중앙으로 온다. 그 위치에 저항 R_X값이 기입되고 R_X의 값을 바꾸어 바늘의 지시에 따라 눈금을 표시하면 저항계가 만들어진다. 실제로는 전류계의 동작 전류 I'는 상당히 작기 때문에 분류기를 부착하고 또 전지 소모에 의한 보정을 위해 영조정 볼륨이 붙어 있다.

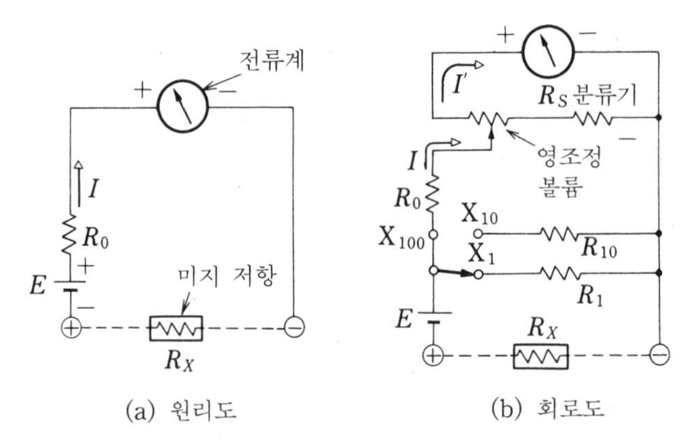

그림 1 테스터의 옴계

저항계 측정법

저항 R_X를 측정하는 경우에는 Ω 레인지에 로터리 스위치를 돌린다. R_X의 값에 따라서 ×1, ×10, ×100, ×1,000에 맞춘다. 즉, R_X가 작은 경우에는 ×1이나 ×10으로 하고 그림 2 (a)와 같이 테스터봉을 단락시켜 0 [Ω] 조정한다.

다음으로 저항을 측정하게 되는데, 저항 눈금에 배수를 곱한 것이 R_X의 값이다.

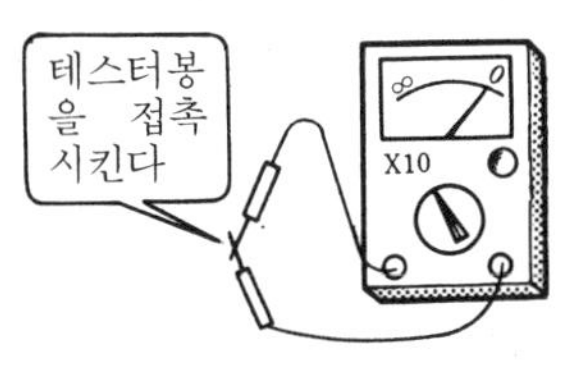

바늘이 0을 지시하도록 볼륨을 돌린다

(a) 영조정 방법

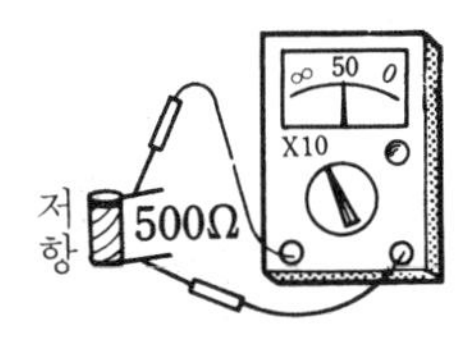

제일 위의 저항눈금을 10배하여 읽는다

(b) 저항 측정

그림 2 테스터에 의한 저항 측정

저항계 눈금을 읽는 방법

그림 3은 옴계의 눈금판으로, 바늘이 그림과 같이 가리키고 있다. 다음과 같은 레인지로 측정한다면 몇 옴이 되는가?

R의 ×1 레인지 → 80 [Ω]

R의 ×100 레인지 → 80×100=8 [kΩ]

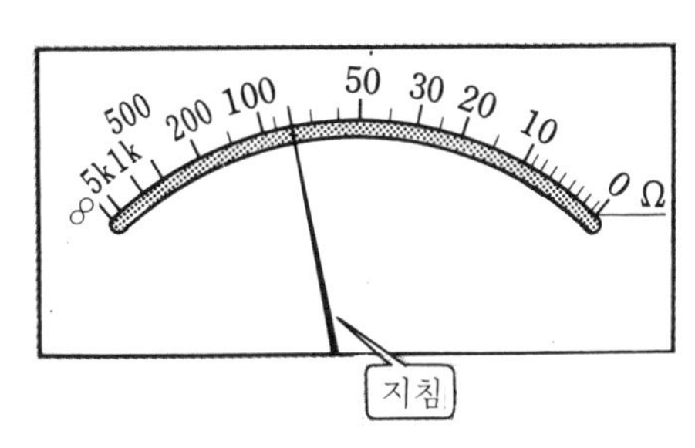

그림 3 옴계의 눈금판

테스터를 사용하여 고장을 조사한다

전기 인두를 전원에 연결했으나 가열되지 않을 때 원인이 어디에 있는가? 그 고장 개수를 찾아내는 데 테스터가 대단히 힘을 발휘한다. 우선 콘센트 전원을 조사하여 OK라면 다음에 인두 캡을 벗기고 저항선의 단선(∞를 지시) 여부를 조사한다. OK면 다음에 코드를 조사한다. 플러그 ① ② 어느 쪽이 ∞면 그 코드 어딘가에서 단선되고 있다는 것이다.

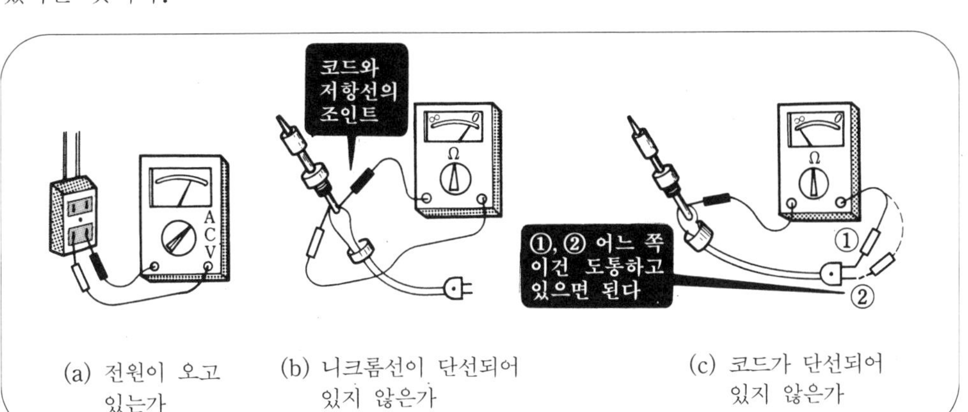

(a) 전원이 오고 있는가

(b) 니크롬선이 단선되어 있지 않은가

(c) 코드가 단선되어 있지 않은가

9 감전으로부터 목숨을 지켜주는 어스선 (접지 저항 측정)

직류로는 측정되지 않는 전해액의 저항

해수와 같이 전기가 통하는 액체를 **전해액**이라고 하며, 전기를 담당하는 것은 **이온**이므로 이 농도가 증가하면 전기 저항은 작아진다. 이와 같은 전해액의 저항 측정으로서 **그림** 1과 같이 테스터의 옴계를 사용하면 직류가 전해액에 흘러 분극 작용이나 전기 분해 등이 생겨 정확한 값을 측정할 수 있다.

그래서 **그림** 2와 같이 교류 전원을 사용한 **콜라우시 브리지**로 저항을 측정한다.

전해액의 저항을 R_X라고 하면

$$R_X = \frac{l_1}{l_2} R [\Omega]$$

으로 구해진다.

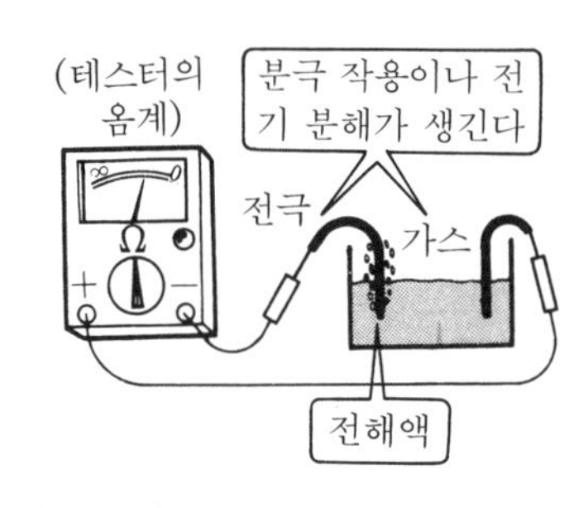

그림 1 전해액의 저항은 직류로는 측정할 수 없다

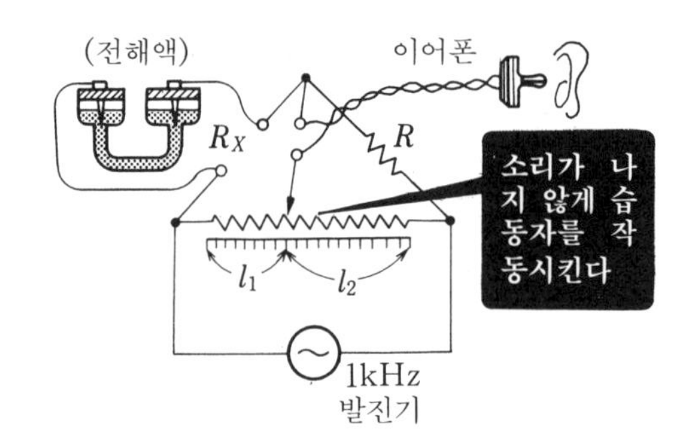

그림 2 콜라우시 브리지 측정

접지 저항 측정

가정에 있는 전화 제품에서 특히 물을 사용하는 세탁기, 믹서기 등은 물이 세면 **절연 불량**을 일으켜 **누전**된다. 따라서 이와 같은 세탁기를 사용하면 찌릿하고 **감전**되는 일이 생겨 위험하다. 근본적인 수리는 누수나 절연 불량을 없애는 것이지만 이러한 사고는 언제 일어날지 모르므로 우선 감전되지 않도록 세탁기를 금속제 수도관 등을 통해서 **접지**(1장의

④ 참조)시킨다. 이것으로 누전(전위 발생)되더라도 곧 지구의 전위, 즉 제로 볼트가 되므로 안전하다. 그러나 고전압을 취급하는 전기 설비 접지에는 법령으로 **접지 저항**이 정해져 있다. 지구, 즉 땅의 저항은 전해액과 동일하므로 콜라우시 브리지 또는 직독식 접지 저항계로 측정한다. **그림 3**은 접지 저항 측정의 원리를 나타내는 것으로, 보조 전극 P_2, P_3을 땅에 묻고 접지 저항 R_1의 전위 강하 IR_1[V]를 전압계 V_1로 측정하고 R_1을 계산해서 구한다. **그림 4**는 어스 테스터 외관도이다.

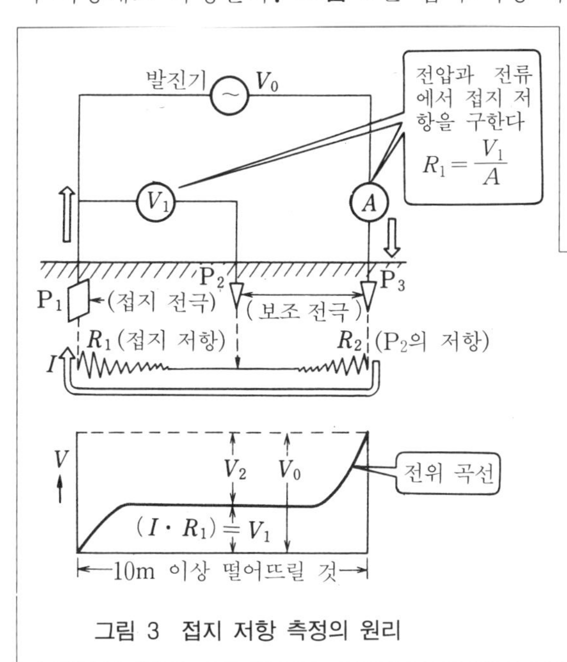

그림 3 접지 저항 측정의 원리

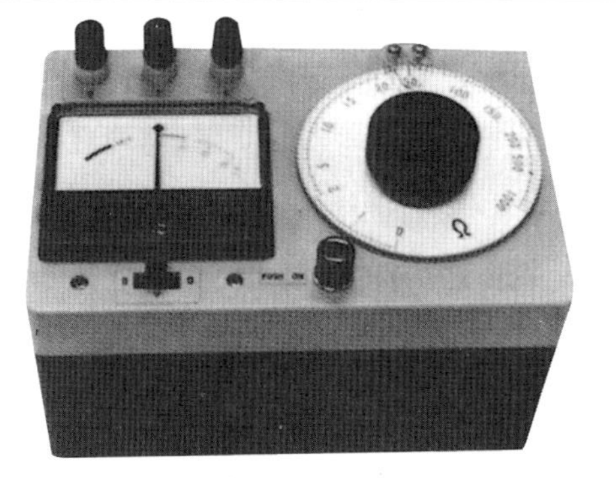

그림 4 어스 테스터

즉, 발진기의 전압 V_0에 의해 보조 전극 P_2의 저항 R_2와 접지 전극의 저항 R_1을 통해서 전류가 흐른다. 그림 3과 같이 전극간이 10 m 이상 떨어지는 중간에서는 전위 곡선이 평평해지며 P_1, P_3 사이에서는 접지 저항 R_1만의 전압 강하를 측정할 수 있다.

비전문가도 측정할 수 있는 *LCR* 미터

전기 회로에 사용되는 저항 R, 코일 L, 콘덴서 C는 중요한 요소·소자이다.

이들 소자는 직류 회로나 교류 회로에서 사용되며 전류를 제한하는 작용을 하므로 **임피던스 소자**라고 한다.

이들 소자를 측정하는 데는 교류 전원이 필요하며 만능 브리지라고 하는 계기가 사용되었다. 최근에는 소자를 접속하기만 하면 값을 읽을 수 있는 계기, ***LCR* 미터**가 널리 사용되고 있다.

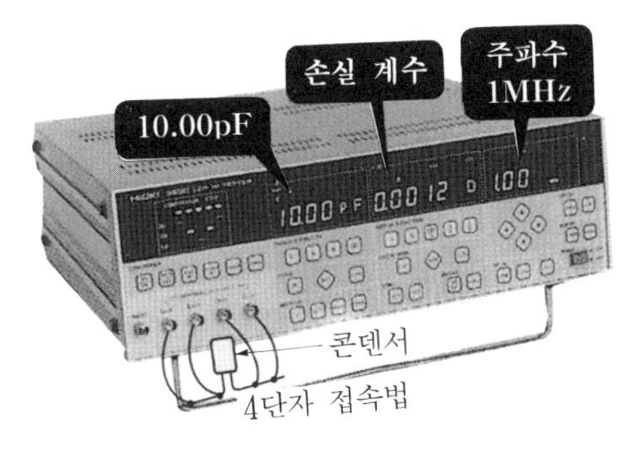

10 크레인은 중량 측정기

변형(변위) 측정

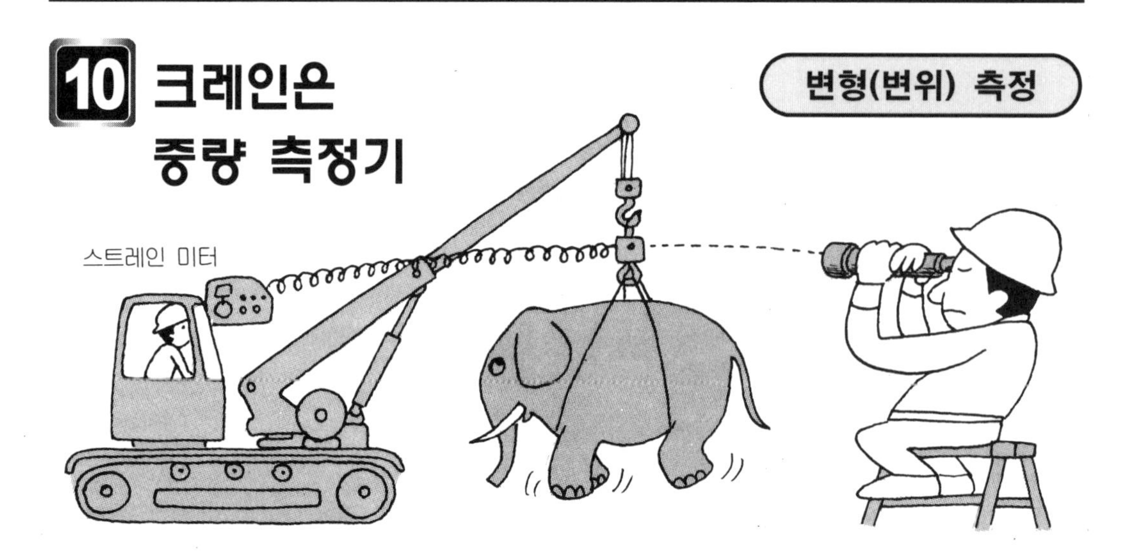

변형과 응력

우리들 주변에 있는 자동차, 항공기, 배, 건물 등 모든 구조물은 나름대로의 고유한 형태로 그에 적합한 재료로 만들어진다. 이 구조물을 구성하고 있는 재료들은 가볍고 튼튼하며 염가의 것을 목표로 진보되어 왔다.

현실적으로 재료를 절약하여 가볍게 만들면 강도가 부족하고 강도를 주면 중량이 무거워지는데, 이 상반되는 것을 조화시키는 것이 설계상 중요하다. 재료에 힘을 가하면 그에 비례해서 늘어난다(탄성 영역). 그러나 그 이상 힘을 가하면 모양이 변형되어(소성 영역) 파괴된다. 이 재료가 늘어나는 비율을 **변형**이라고 하며 재료에 가해지는 단위 면적당 힘을 **응력**이라고 한다. 재료의 절약과 안전한 강도를 조화시키기 위해 이 응력에 대한 왜곡량(변위)을 아는 것이 중요하다. 이 관계를 탄성 계수 또는 영 계수 E라고 하며, 다음 식으로 나타낸다.

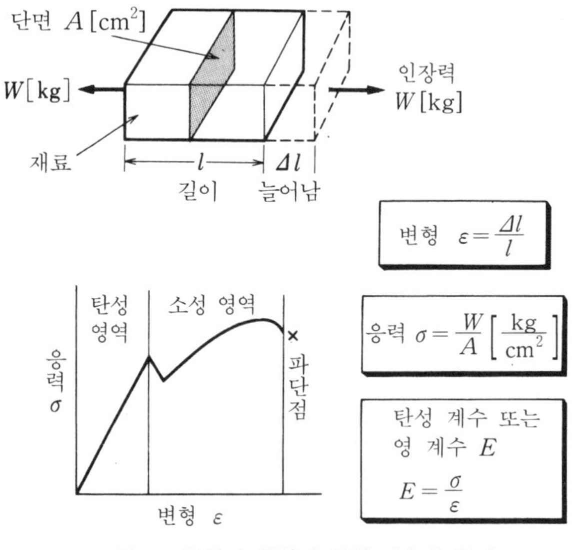

그림 1 변형과 응력과 탄성 계수의 관계

$$E = \frac{\text{응력 } \sigma}{\text{변형 } \varepsilon}$$

변형 측정

변위 또는 변형 측정에는 마이크로 미터나 노기스가 사용되지만 보다 미세한 변위는 이것으로 측정되지 않는다.

이 장에서는 철판이 늘어나는 것과 같은 미소한 변위 측정법을 배운다.

변형을 검출하는 것은 **그림 2**와 같은 스트레인 게이지이다. 그것을 **그림 3**과 같이 재료에 붙이고 응력을 가하면 재료가 늘어나고 게이지도 Δl 만큼 변위된다. 즉, 저항선이 가늘게 늘어나므로 저항값이 ΔR 만큼 증가한다.

변형 ε는 그림 3과 같이 저항의 변화율로 나타나는 것을 알 수 있다.

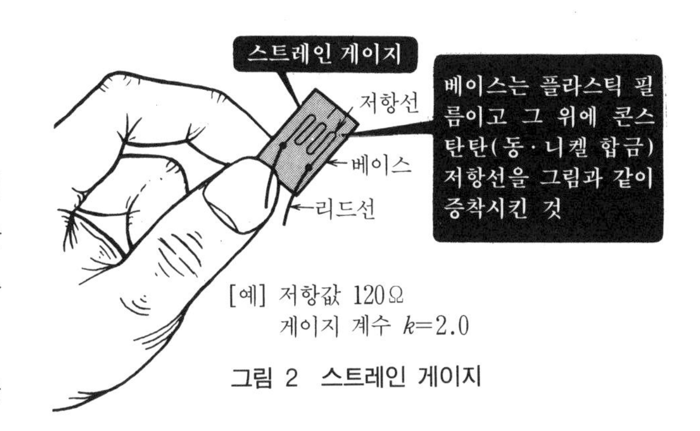

그림 2 스트레인 게이지

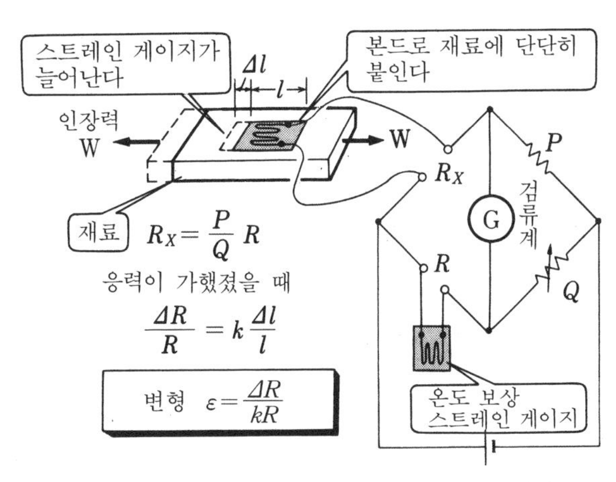

그림 3 스트레인 미터로 변형률을 측정한다

변형계로 중량을 측정한다

철봉에 게이지를 달아 하중을 가했을 때, 측정값은 변형 $\varepsilon=200\times10^{-6}$으로 철봉의 단면 $A=500\,[\mathrm{mm}^2]$, 철의 탄성 계수 $E=2.1\times10^4\,[\mathrm{kg/mm}^2]$이다. 이 경우의 하중 W를 구하라.

[해답] $W=\sigma\cdot A=\varepsilon\cdot E\cdot A$
$=200\times10^{-6}\times2.1\times10^4\times500$
$=2{,}100\,[\mathrm{kg}]=2.1\,[\mathrm{t}]$

E와 A가 결정된 것을 사용하면 스트레인 미터는 중량계가 된다.

11 자전거에 달려 있는 속도계

회전수 계측

도로를 달리는 자동차 스피드를 측정한다

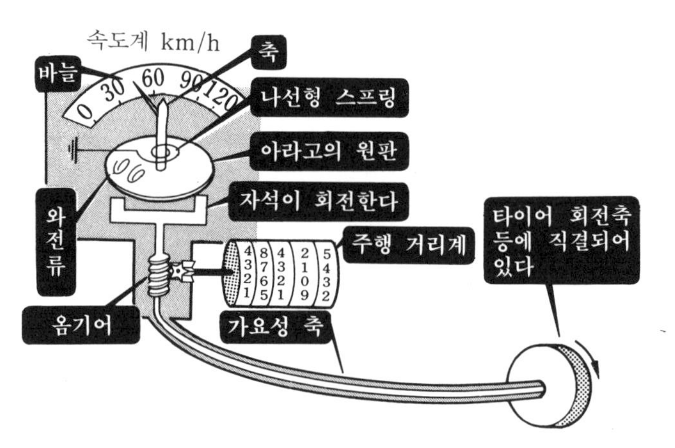

그림 1 속도계의 원리

자동차나 오토바이 등에 달려 있는 속도계는 **그림 1**과 같이 타이어 회전수에 비례한 회전이 가요성 축을 통하여 영구 자석을 돌린다. 아라고의 원판에 와전류가 흐르고 원판에 **구동 토크**(회전하는 힘)가 생겨나 그 힘과 나선형 스프링 **제어 토크**와 밸런스 된 곳에서 바늘은 정지한다. 스피드가 빨라지면 자석에 의한 와전류도 커지며 바늘은 그 속도에 비례해서 움직이게 된다.

모터 등의 회전수 측정

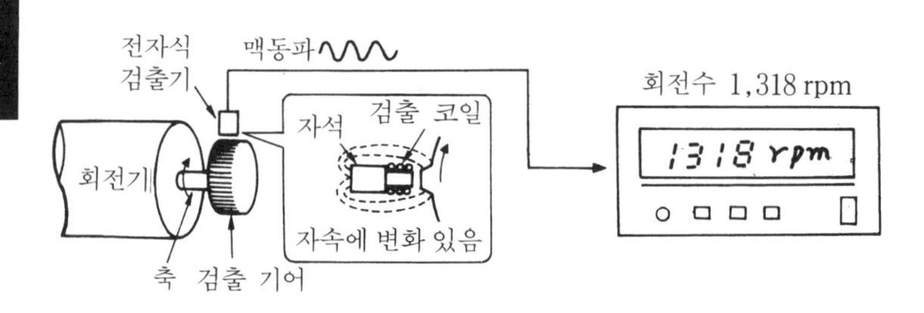

그림 2 전자식 회전계

회전기의 회전수를 측정하는 방법에는 여러 가지가 있는데, 축에 직결시키는 방법에 대해서 알아보자.

전기식에는 회전수를 발전 전압으로 변환하는 방식, 회전체의 자기를 검출하는 전자식, 회전물에 붙인 반사판의 빛을 검출하는 광전식 등 다양한 방법이 있다.

그림 2는 전자식 회전계의 구조를 설명한 그림이다.

검출 코일에는 맥동 전압이 생기므로 이것을 디지털 표시기에 가하여 연산 처리를 하여 1분당 회전수로 표시한다.

빛을 이용한 회전계

그림 3과 같이 반사 마크를 붙이고 그곳에 발광 다이오드로부터 펄스 광을 비춘다. 회전축이 1회전할 때마다 반사광이 호토 트랜지스터에 들어가도록 한다. 입력된 펄스 광은 검파·적분, 파형 정형되어 1분당 회전수로 디지털 표시되는 구조이다.

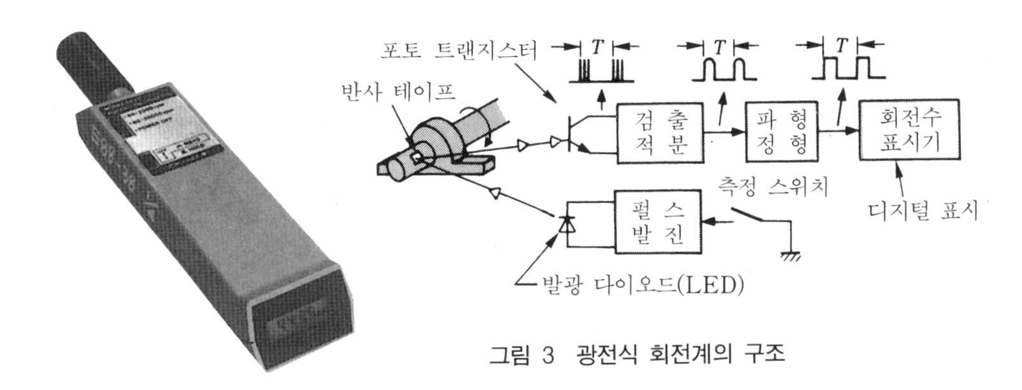

그림 3 광전식 회전계의 구조

로터리 인코더로 회전각 검출

컴퓨터로 제어된 공작 기계나 공업용 로봇에는 서보 모터가 사용된다.

서보 모터로 위치 제어를 할 때 **회전각 검출기**가 필요한데, 그것을 로터리 인코더라고 한다.

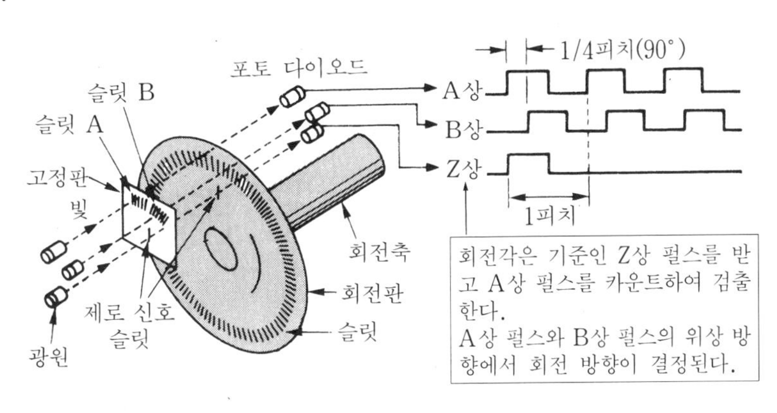

12 합금은 몇 도에서 녹는가?

온도 측정

친근한 온도계

그림 1은 가정에서 흔히 볼 수 있는 온도계로 기온 · 액온 · 체온 등을 측정할 수 있다. 알코올 온도계는 액체의 열팽창으로 온도를 측정한다. 바이메탈 온도계는 바이메탈 온도에 의한 신축으로 바늘을 움직이게 한다. 전자 체온계는 온도 센서에 서미스터를 사용한다.

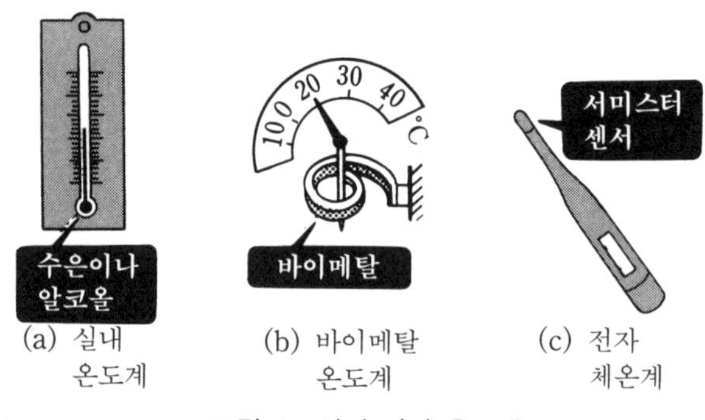

(a) 실내 온도계 (b) 바이메탈 온도계 (c) 전자 체온계

그림 1 여러 가지 온도계

정확한 온도 측정 -저항 온도계-

금속선은 온도에 비례해서 전기 저항이 증가한다.

이 저항 변화를 측정하여 온도로 변환한 것이 저항 온도계이다.

그 저항 변화는 대단히 작기 때문에 예전에는 직류 브리지 회로를 사용하여 측정하였지만 현재는 디지털식 저항이 널리 사용되고 있다.

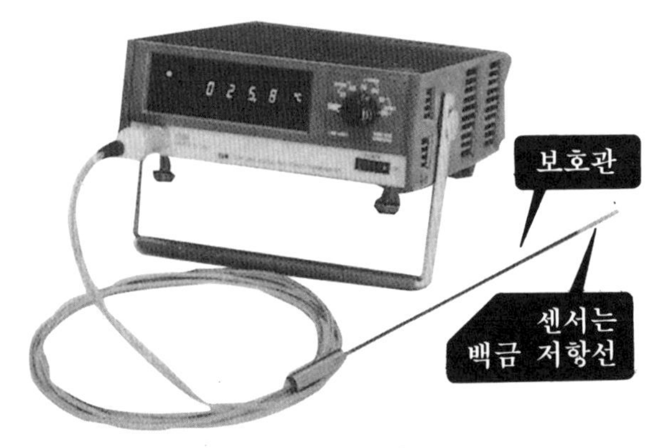

그림 2 디지털식 저항 온도계

그림 2는 디지털식 저항 온도계로, 온도 센서에 백금선이 사용된다. 백금선은 고온에 견딜 수 있는 특성 때문에 고온용 센서에 널리 사용된다.

그림 2의 온도 측정 원리는 백금 저항선에 미세한 전류를 흐르게 하여 전압 강하를 디지털 전압계로 측정하고 전압을 온도로 환산하는 측정법이다.

노의 온도를 측정 - 열전형 온도계 -

그림 3 (b)는 열전대에 의한 **열기전력**이 열접점과 냉접점의 온도차에 비례하여 전압이 생기는 것을 이용하여 온도를 측정한다. 열전대를 측정하려는 노 안에 넣고 다른 쪽 냉접점을 0°의 항온조 안에 넣으면 이때 열전대 양단에 생기는 기전력은 그 온도차에 비례(**그림** 3 (c))하므로 노의 온도를 측정할 수 있다.

400℃ 이하의 측정에는 동(−)−콘스탄탄(+) 등이 사용되고 1,000℃ 이상의 고온에는 백금(−)−백금 로듐(+)의 열전대가 사용된다.

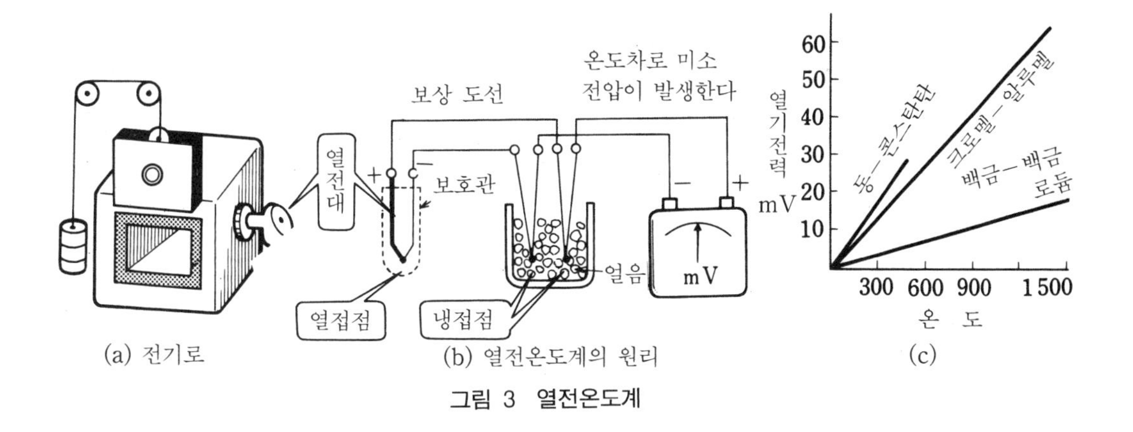

(a) 전기로 (b) 열전온도계의 원리 (c)

그림 3 열전온도계

Let's try 화염 온도 측정(광고온계)

우측 그림의 온도계는 화염과 같은 고온의 것에서 나오는 방사 에너지를 측정하여 온도를 측정하는 것이다. 필라멘트의 휘도가 화염과 같아지도록 전류를 조정한다.

이 전류계의 지시가 온도로 환산되고 있기 때문에 온도를 직독할 수 있다.

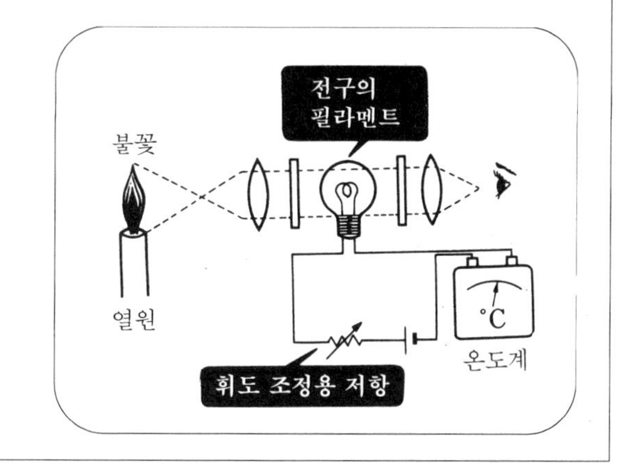

13 멀리서 일어난 일도 훤하게

원격 측정

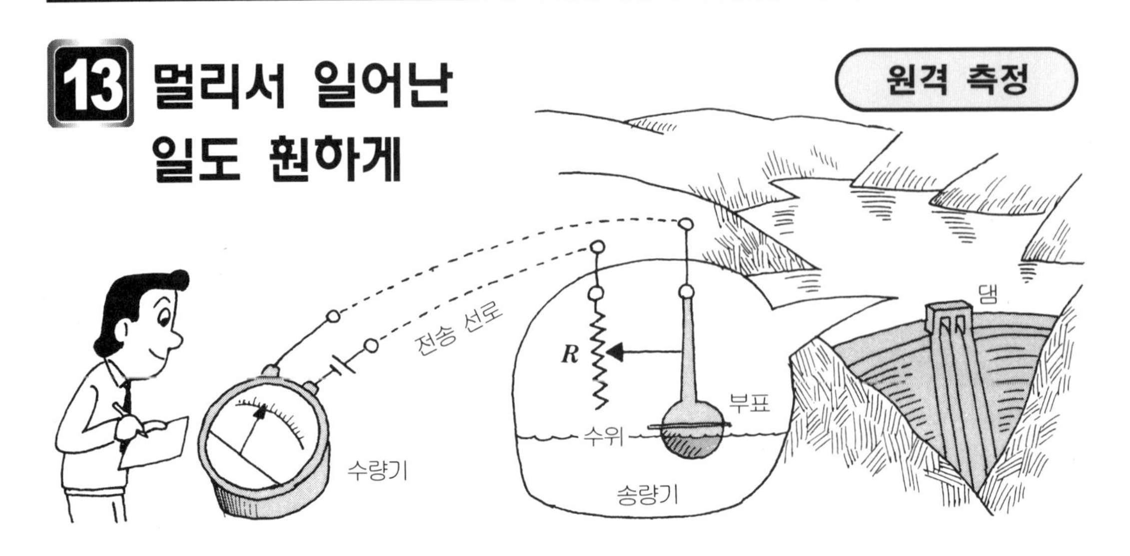

오차를 포함하는 직송법 -전류 측정-

먼 곳의 측정량을 전기 신호로 바꾸어 전송하면 순식간에 정확히 그 값을 알 수 있다. 이와 같이 **원격 측정**에는 직송법, 평형식, 부호식 등이 있지만 우선 **직류 직송법**에 대해서 알아보기로 하자.

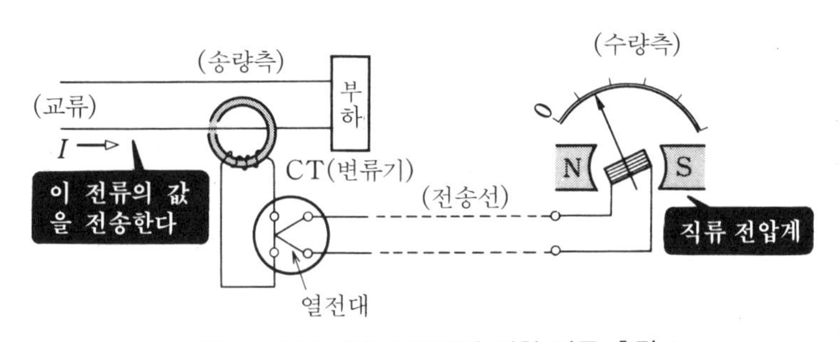

그림 1 서멀 컨버터 방식에 의한 전류 측정

그림 1은 부하의 전류값을 전송하는데, 그 값을 변류기로 작은 값으로 하여 열전대로 직류 전압을 만들어 전송선을 통해 전압계로 측정한다. 이와 같은 방식을 **서멀 컨버터 방식**이라고 한다. 이 직송법은 전송 회로의 저항이나 유도 장해 등으로 오차가 생기기 쉬운 방식이기도 한다.

오차가 적은 평형법

그림 2는 유량을 원격 측정하기 때문에, 유량에 비례해 플로트가 오르내린다. 송량측 인덕턴스와 수량측

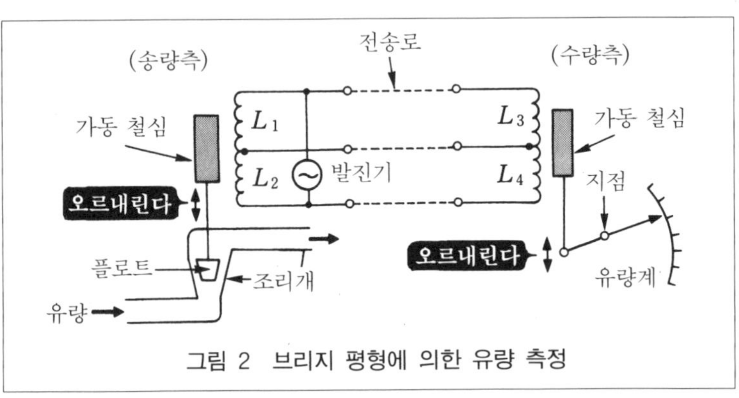

그림 2 브리지 평형에 의한 유량 측정

인덕턴스가 전송로를 통해 교류 브리지를 구성한다.

만일 유량이 증가하면 송량측 가동 철심이 올라가므로 L_1의 전압이 커진다. 그래서 수량측 L_3의 전압도 커져 수량측 가동 철심이 끌어올려진다. 즉, 이 교류 브리지는 송량측 가동 철심 위치에 수량측 가동 철심이 끌어당기는 자력이 작용하고 그곳에서 브리지가 평형 구조로 된다.

펄스 전송에 의한 전력 측정

그림 3은 원격용 전력량계이다. 전력 측정은 이 원판 회전수에 비례하므로 빛을 단속시켜 펄스를 만들고 1초당 펄스 수로 전력이 구해진다.

원격 측정에서 펄스법은 오차가 없는 효과적인 측정법이다. 원격용 전력량계는 아라고 원판의 회전 원리와 동일한 것으로, 알루미늄 원판 상하에 전압 코일, 전류 코일을 놓고 원판상에 와전류를 흐르게 하여 원판에 구동 토크를 발생시켜 회전시킨다.

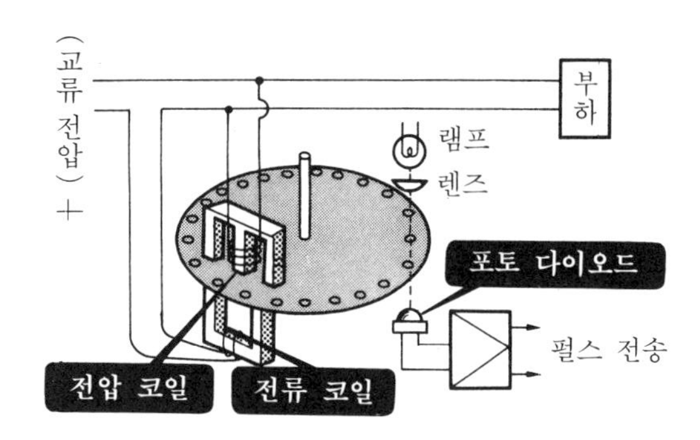

그림 3 펄스 전송에 의한 전력 측정

부하 전류가 커지면 그것에 비례해서 회전 속도도 빨라진다. 전력량은 회전수, 즉 펄스 수를 적분한 것인데, 전력은 1초당 펄스 수로 측정한다.

원격 전송은 디지털이 베스트

제목 그림은 산 속에 있는 수력 발전소이다. 이와 같은 발전소는 무인화 되어 있어 수위·압력·유량 등을 원격 측정하고 그 측정 결과에 의해 적합한 값이 되도록 원격 제어된다.

각 센서로 검출한 아날로그 양은 A－D 변환기에 의해 디지털 신호로 변환되어 전송된다. 디지털 전송은 노이즈에 강하며 측정 데이터의 컴퓨터 처리에 가장 적합하다.

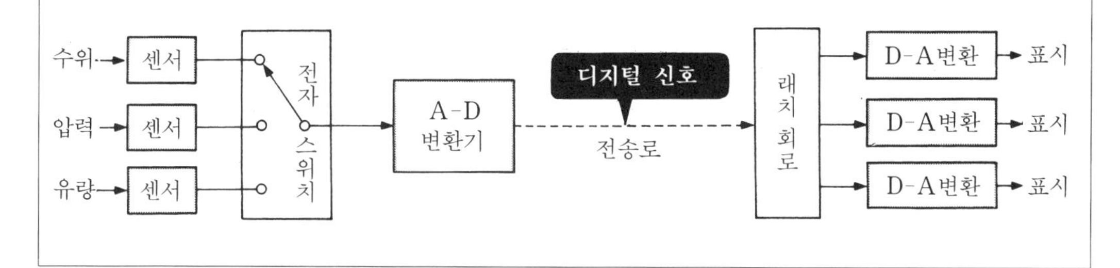

14 폭주하면 목숨이 끊어진다

방사선 측정

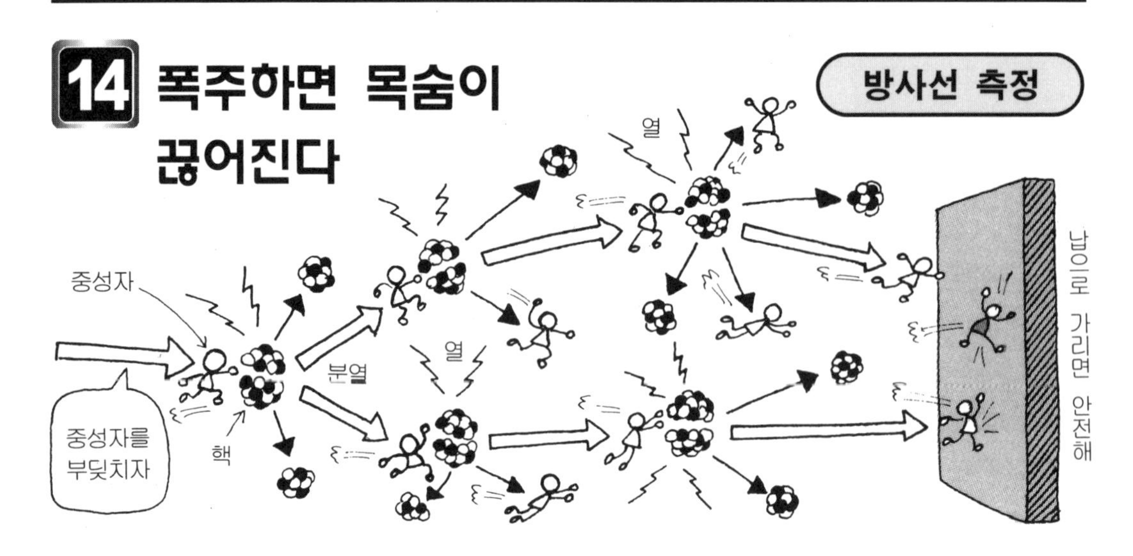

방사선의 정체

원자력의 핵 분열에 의해 생기는 핵 에너지는 인류에게 대단히 유익하지만 인체에 위험한 방사능을 방출하므로 취급하는 데 있어 올바른 지식이 필요하다. 이 장에서는 핵 에너지가 아니라 **방사성 동위체**에서 나오는 **방사선**을 공업 계측에 응용하는 분야에 대해서 알아보자.

그림 1은 **라디오 아이소토프**(방사성 동위체이며 원자로에서 만든다)에서 나오는 세 가지 방사선의 각각의 성질을 설명한 것으로, **α선**은 +전하를 갖고 가장 무거우며 종이 등도 통과하기 어렵다. **β선**은 −전하를 갖고 금속판을 통과하기 어렵다. **γ선**은 X선과 동일한 전자파로서, 금속 등을 통과하지만 연판은 통과하지 못한다.

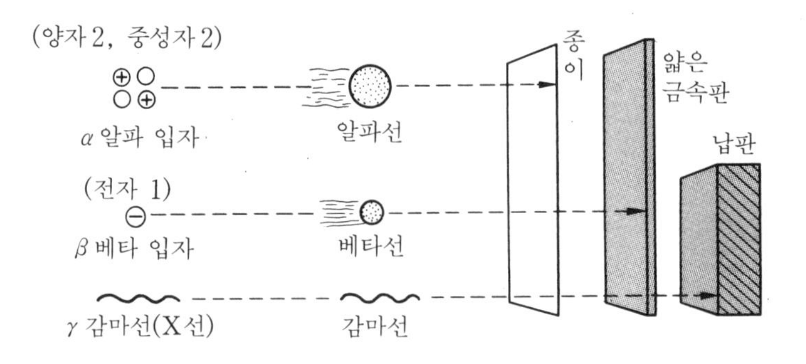

그림 1 방사선의 정체와 물체를 뚫는 힘을 나타낸다

방사선의 종류에 따라 투과율의 상위를 이용해서 두께 측정 등을 한다. 또한 방사선은 암 치료용 등 의학 분야에서도 사용된다.

방사선 검출기

방사선을 검출하는 데는 가스의 **전리 작용**, **발광 현상**, **필름 흑화** 등이 이용되고 있다. 여기서는 측정기로서 전리함, 가이거(GM) 계수관에 대해서 알아본다.

(1) 전리함

그림 2의 원통형 전극(−)과 심선(+)에 전압을 가해 둔다. 가스 분자에 방사선이 닿으

면 ⊕와 ⊖이온으로 전리되고 쿨롱력으로 각 이온이 전극에 끌어당겨져 저항 R에 전류가 흘러 방사선을 측정한다.

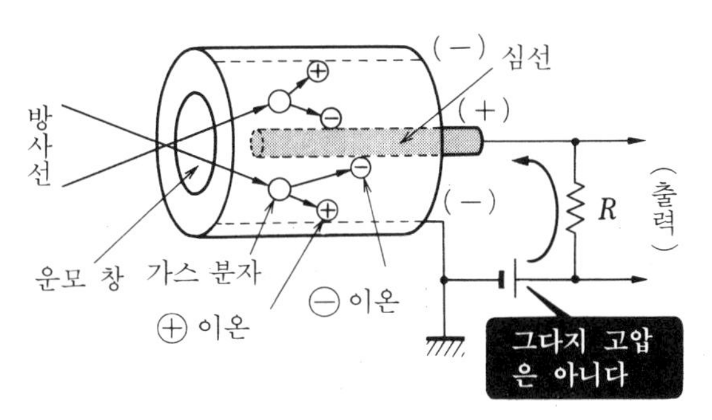

그림 2 전리함의 원리

(2) 가이거(GM) 계수관

구조는 전리함과 비슷하며, 관내에는 아르곤 가스 등이 봉입되어 있다. 이 계수관은 전극에 가해지는 전압이 대단히 크며 방사선이 조금이라도 입사되면 양극 전체에 걸쳐 방전이 일어나 ⊕이온이 양극을 둘러싸기 때문에 방사선 강도에 관계없이 일정한 크기의 방전 전류가 흐른다. 이 방전 전류가 펄스가 되며 이것을 카운터에 넣어 방사선 세기를 측정할 수 있다(그림 3).

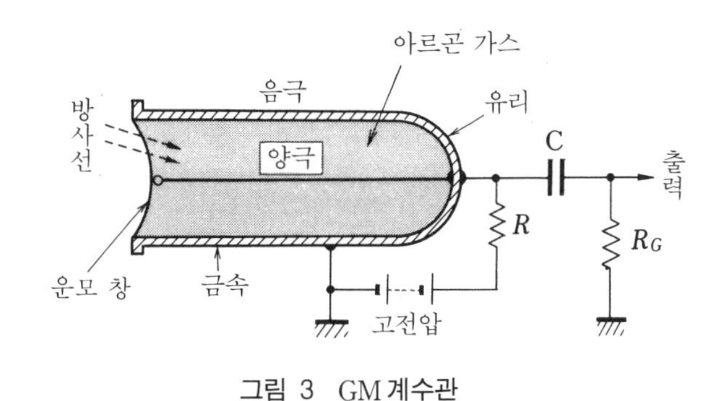

그림 3 GM 계수관

Let's try 공업 계측에 응용

압연중 새빨간 철판이나, 제조 공정중에 있는 비닐·고무 등의 두께는 직접 측정기를 대고 측정할 수 없다.

방사선의 두께 측량계는 측정물에 접촉하지 않고 두께에 의해 방사선 투과량이나 산란량이 변하므로 그것을 검출하여 측정한다. 그림은 투과형 두께 측정계로서, 압연중의 철판을 측정, 열간 압연기의 두께를 자동적으로 조정하는 기구이다.

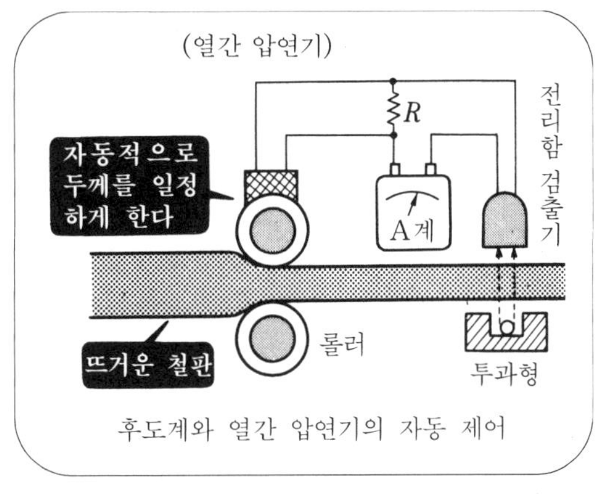

후도계와 열간 압연기의 자동 제어

산란형 두께 측정계는 금속 도금이나 페인트 두께, 그리고 금속 파이프 등의 내부 부식 등의 검사에도 사용되고 있다.

1. 유효 숫자의 이해를 돕기 위한 실험이다. 그림과 같이 저항의 양단 a, b를 2.5급과 0.5급의 전압계로 측정해 보았다. 전류계와 전압계의 값에서 저항 R을 계산해 보자.

[풀이] 2.5급의 전압게 값에서

$$R=\frac{V}{A}=\frac{83}{(\quad)_{①}}=624.06\cdots\cdots$$

여기서 전류계는 세 자리, 전압계는 ( )② 자리의 유효 숫자이다.

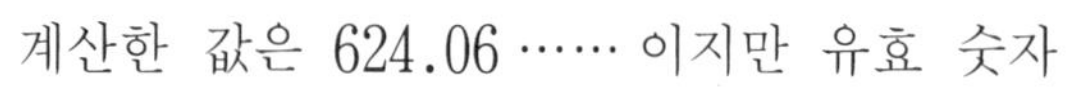

계산한 값은 624.06 …… 이지만 유효 숫자의 가장 작은 계기에 맞추므로

$R=(\quad)_{③}[\Omega]$ …… (세째 자리를 반올림한다)

0.5급의 전압계 값에서

$$R=\frac{V}{A}=\frac{(\quad)_{④}}{0.133}=621.80\cdots\cdots$$

여기서 전류계와 전압계는 ( )⑤ 자리의 유효수이므로

$R=(\quad)_{⑥}[\Omega]$ …… (네째 자리를 반올림한다)

83[V]의 둘째 자리의 3은 측정방법 때문에 오차를 포함한다. 이 값을 사용한 계산은 유효한 숫자 범위를 두 자리로 한다.

2. 다음의 물리적인 양을 전기량으로 바꾸는 변환기의 종류를 들어라.

(a) 온 도 → ( )①, ( )②

(b) 변 형 → ( )③

(c) 회전수 → ( )④ 방식, ( )⑤ 방식, ( )⑥ 방식

3. 방사선의 종류에 따라 투과율에 차이가 있다. 투과율이 센 것부터 순서대로 배열하면 ( )①, ( )②, ( )③이다.

[답] 1. (0.133)① (두)② (62×10)③ (82.7)④ (세)⑤ (622)⑥

2. (열전대)① (저항 온도계)② (스트레인 게이지)③ (교류 발전)④ (와전류)⑤ (스트로보)⑥

3. (감마선)① (베타선)② (알파선)③

파형과 계측

파형과 계측을 배우는 방법

이 장의 앞쪽에서는 교류 파형의 대표적인 것을, 뒤쪽에서는 측정의 일부에 대해서 다루고 있다.

파형이라고 하면 변형이 있으면 곤란한(순정현파) 것에서부터 고의로 변형시켜 특수한 파형을 만들어 사용하는 것까지 다양하다.

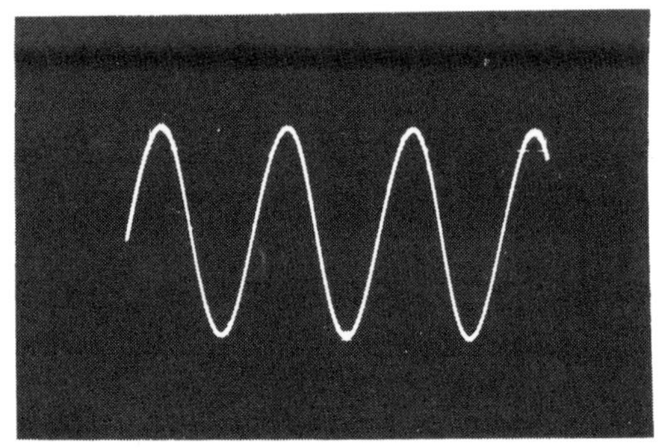

이들 파형은 계측뿐만 아니라 가정의 텔레비전, 자동 제어나 컴퓨터 등에 사용된다. 조금만 생각해 보아도 우리들 생활 주변에서 많이 볼 수 있다.

또한 계측에 있어서도 우리들 생활이 향상함에 따라 더욱 고정밀도로 측정하지 않으면 안 된다.

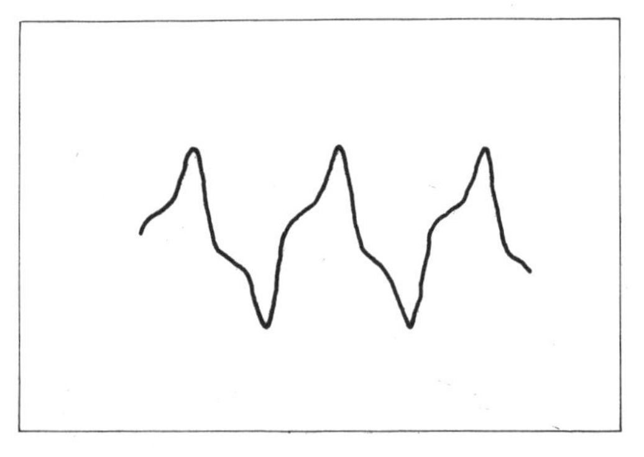

그러나 계측이라는 것은 무엇을 기준으로 측정되고 그 양이 무엇을 의미하고 있는지 한마디로 정의하기가 상당히 어렵다. 또, 측정량을 잘 처리하고 그 결과를 이용하는 단계가 되면 더욱 그러하다.

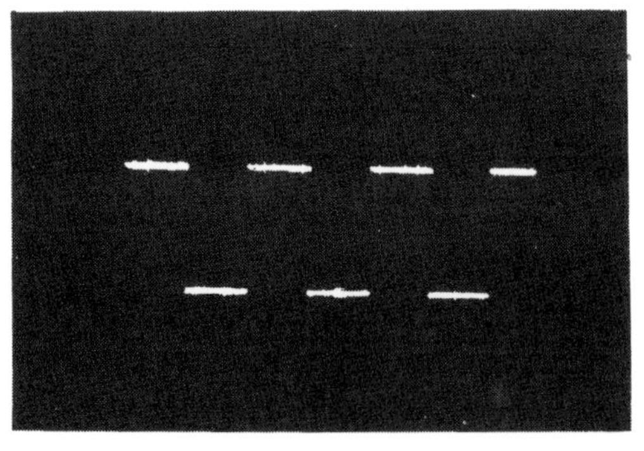

전기 계측은 전압이나 전류와 같은 전기량을 측정하는 것이 본래의 목적이지만 길이, 무게, 온도, 습도 등 물리량 등도

전기량으로 변환함으로써 측정할 수 있다. 또한 근래에는 계측 방면에서도 마이크로 프로세서가 사용되기 시작하였다.

이로 인해 인적 오차가 적어지고 보다 측정이 정밀해짐과 동시에 기록이나 결과 처리가 빨라지고 있다.

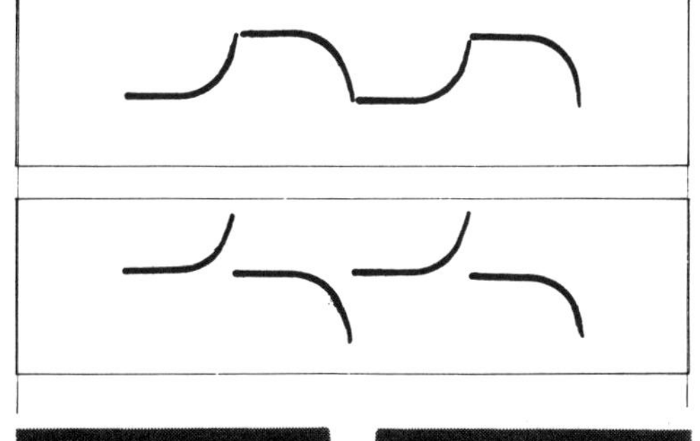

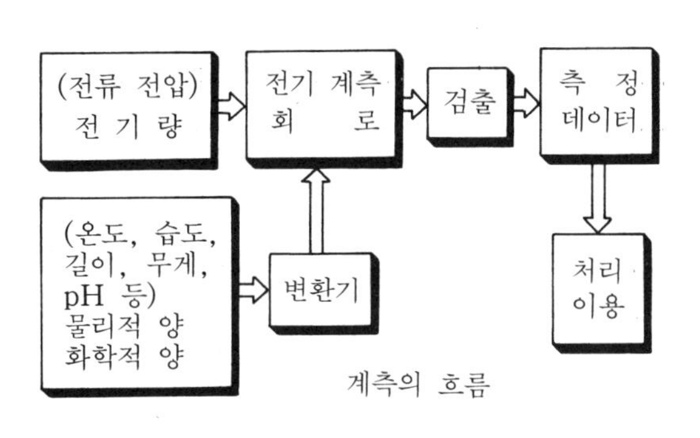

계측의 흐름

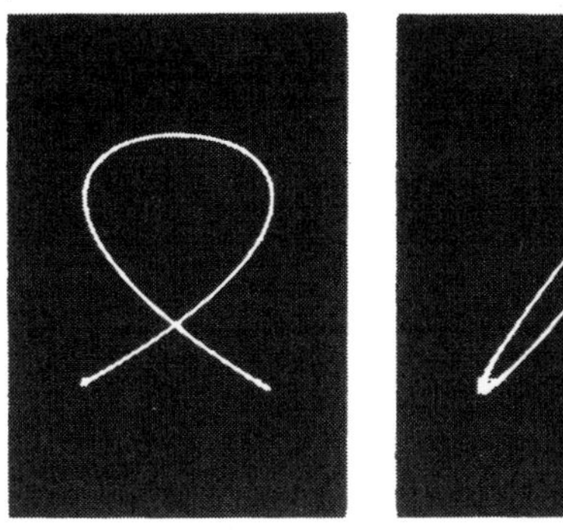

어느 항목을 읽으면 되는가

정현파란 어떤 파를 말하는가? 그리고 왜형파란 어떤 파인가? 이에 대해서 알아 본다.

펄스란 어떠한 것인가? 어떻게 만드는가? 이것을 *CR*, *LR* 회로에 가하면 어떻게 되는가?

파형을 보고 싶은 경우의 "문명의 힘"은 어떠한 것인가?

전자계측기란 어떠한 것인가? *C*, *L*, *f*, *V* 등의 측정에는 어떠한 것이 있는가? 이것에 대해서 배운다.

주기와 시간, 형과 아우와 같은 것. 시간 측정은 주기 측정과 동일한 것. 스톱워치 외에 어떠한 것이 있는가?

1 매끄러운 원운동

정현파

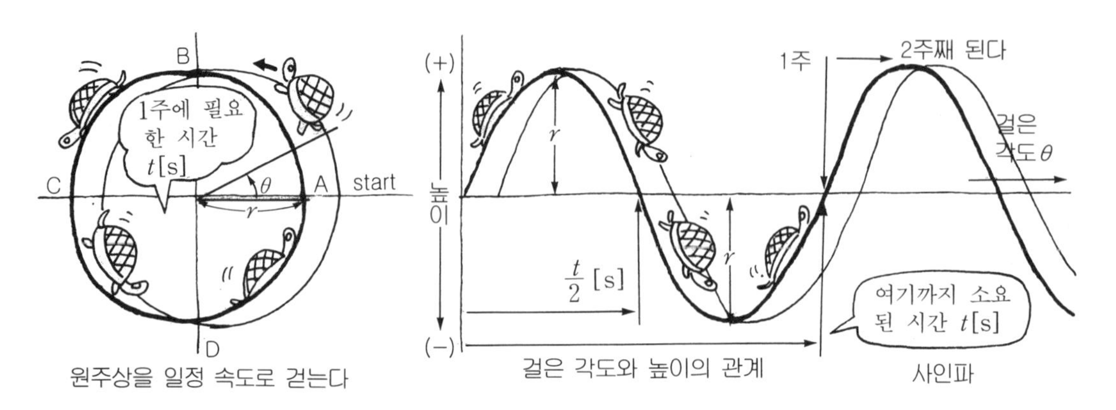

정현파란 무엇인가

위의 그림과 같은 원을 생각하고 그 원주상의 A점을 출발점으로 하여 반시계 방향으로 같은 속도로 걸어 본다. 이때 중심의 각도 $\theta°$와 높이(AC축을 기준으로 한다)의 관계는 그림의 우측과 같다. 이것을 **정현파**라고 하며 원주상을 1주하는 데 필요한 시간을 t초라고 하면 가로축은 **시간축**으로 하여도 아무 변화도 없다.

사인파와 코사인파

그림 1의 반경을 r[m]라고 하면 높이는 $r \cdot \sin\theta$가 된다. 따라서 그림과 같은 파형을 **사인파**라고 한다. 또한 출발점을 바꾸어 **그림** 2와 같이 B점부터 출발했다고 하면 파형은 **그림** 3과 같다. 따라서 높이는 $r \cdot \cos\theta$이며, 이와 같은 파형을 **코사인파**라고 한다. 이것은 사인파의 출발점보다 90° 먼저 출발하고 있기 때문에 사인파보다 90° 앞서 있다고 한다. 결과적으로 사인파, 코사인파는 출발점이 다를 뿐이다.

또한 출발점을 C로 하거나 D로 하거나 파형의 기본은 달라지지 않는다. 이들 전부를 **정현파**라고 한다. 우리들 가정에서 사용하고 있는 전기는 정현파에 가까운 것이다.

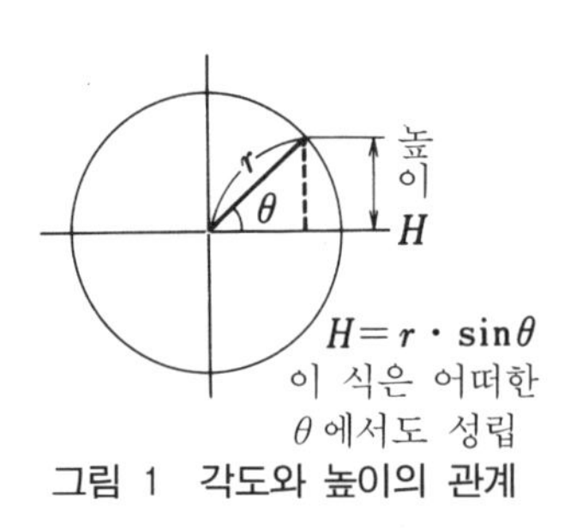

그림 1 각도와 높이의 관계

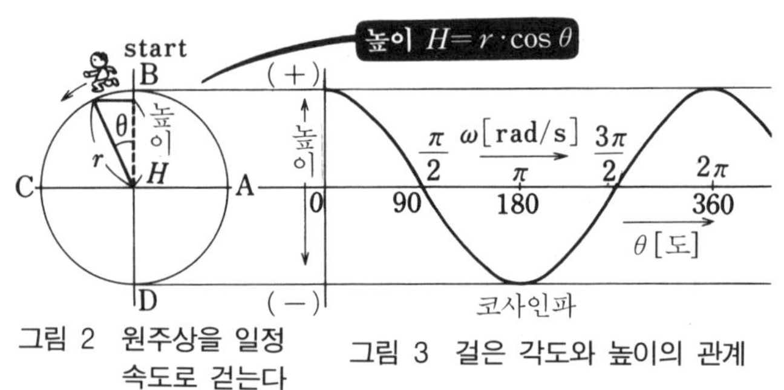

그림 2 원주상을 일정 속도로 걷는다

그림 3 걸은 각도와 높이의 관계

회전과 주기

그림 4에 있어서 출발점 A부터 B, C, D를 통해서 A점으로 되돌아가는 것을 1회전이라고 한다. 그 파형은 0부터 360° 사이를 움직인다. 이것을 **1주기** 또는 **1사이클**이라고 한다. 1주기에 필요한 시간을 T[s]라고 하면 $1/T$를 **주파수**(1초간 반복되는 횟수)라고 하며, f[Hz]로 표시한다. 기계적 1회전과 1주기(전기적 1회전)가 반드시 일치하는 것은 아니다.

이에 대해서 생각해 보자.

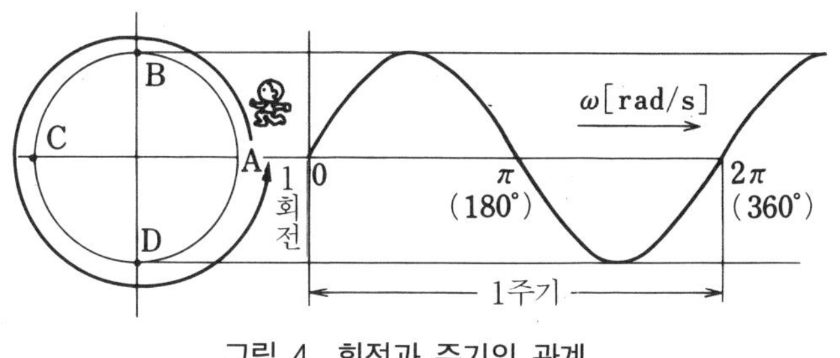

그림 4 회전과 주기의 관계

전기에서는 **그림 5** (a)와 같이 N부터 출발하여 S를 통해서 N으로 되돌아가는 것을 1주기라고 한다. 이것은 기계적 1회전과 일치한다. 그림 5 (b)는 어떠한가? N_1에서 출발하여 S_1, N_2, S_2를 통해서 N_1으로 되돌아간다. 기계적으로는 1회전이지만 전기적으로는 2회전, 즉, 2주기인 것이다. 이 관계는 극대수(極對數)에 비례한다.

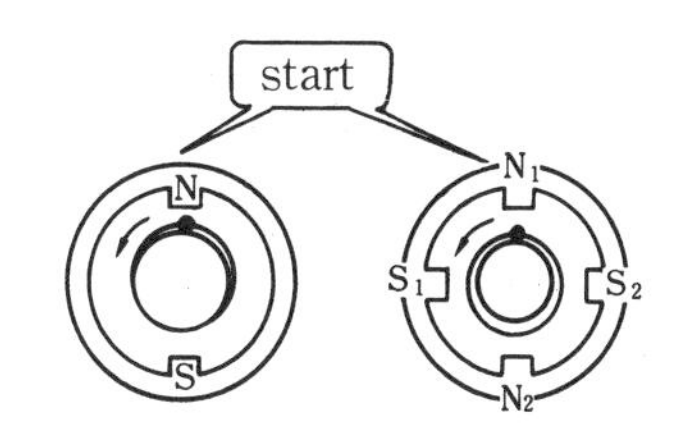

(a) 극대수 1 (b) 극대수 2

그림 5 기계적 회전과 주기의 관계

Let's try 여러 가지 정현파를 생각해 보자!

사인파
30°($\frac{\pi}{6}$) 앞섬
ω[rad/s]
코사인파 90°($\frac{\pi}{2}$) 앞섬
180°(π) 앞섬 또는 180°(π) 뒤짐
모두 정현파

1. 전기 관계에서는 원주상을 반시계 방향으로 이동하는 것을 정으로 한다.
2. 여러 가지 출발점의 정현파를 그려보자.
3. 호도법(弧度法), 순시값에 대해서는 p.134를 볼 것
4. 최대값, 실효값, 평균값에 대해서는 p.138을 볼 것

2 매끄럽지 않은 원운동

왜형파

잠깐 쉼
B
스피드 up
C
θ
A
start
잠깐 쉼
D
원주상을 걷는다
1회전에 필요한 시간 t[s]
(+)
높이
(−)
휴식
스피드 up
왜형파
사인파
$\frac{t}{2}$
t
$\frac{3t}{2}$
시간 t[s]
휴식
스피드 up
경과 시간과 높이의 관계

왜형파란 무엇인가

진원의 원주상을 일정한 속도로 이동했을 때, 중심각과 높이 관계를 그림으로 그려 보았더니 정현파가 되었다. 이번에는 **그림**과 같이 1회전 하는 데 t초 걸린다고 하고 도중 2군데에서 잠깐 쉬고 그때의 지연된 시간만큼 스피드를 올려 힘을 낸다면 우측 그림과 같아지는데 이것은 정현파라고 할 수 없다. 이와 같이 일정한 주기로 변화하고 있지만 정현파가 아닌 교류를 **비정현파** 또는 **왜형파**라고 한다. **그림** 1은 비정현파의 예를 나타낸 것이다. 특히 (a), (b)는 왜형파, (c), (d), (e)는 **펄스**와 같은 종류이다. 또한 (a)와 같이 가로축에 대해서 대칭인 파형을 **대칭파**, (b)와 같이 대칭이 아닌 파형을 **비대칭파**라고 한다. 우리들 주위의 교류는 대부분 왜형파이다.

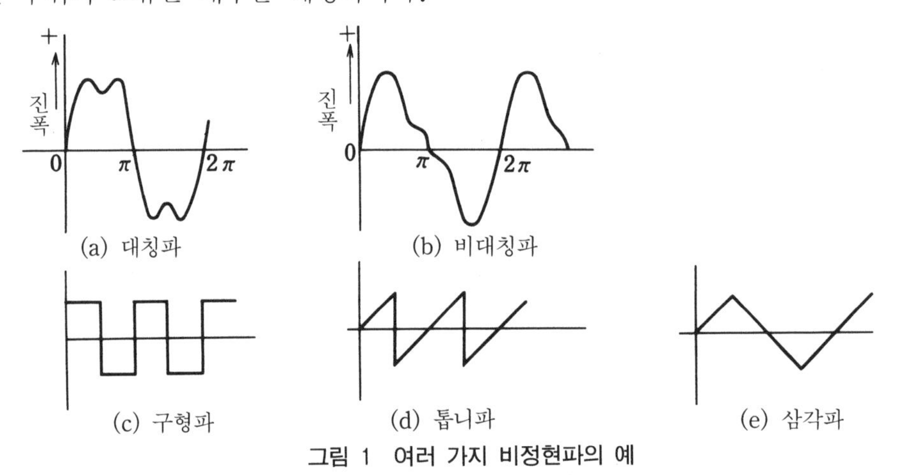

그림 1 여러 가지 비정현파의 예

왜형파를 분해해 보자

왜형파를 분해하는 데는 푸리에 급수로 생각하는 것이 가장 좋은 방법이지만 어려우므로 하지 않기로 한다. 여기서는 분해가 아니고 여러 가지 정현파를 합성하여 왜형파를 만들어 보았다. 그것이 **그림 2**이다.

때로는 직류분도 이것에 추가된다. 왜형파의 주기와 동일한 주기의 정현파를 **기본파**, 기본파의 2배인 주파수의 것을 **제2고조파**, 그리고 3배인 것을 **제3고조파**라고 한다.

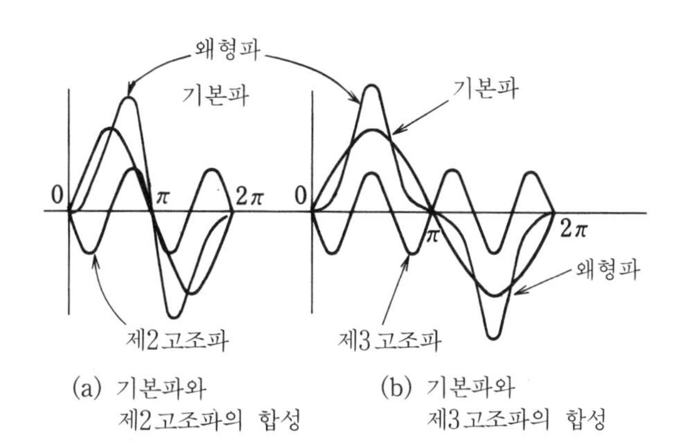

그림 2 기본파와 고조파의 합성

그림 2에서도 알 수 있듯이 왜형파는 직류분과 여러 가지 주기의 정현파 성분으로 분해할 수 있다.

일반적인 취급

왜곡이 적은 것이나 왜곡되어도 영향이 작은 것은 정현파와 동일하게 취급하는 것이 일반적이다. 왜곡이 크게 영향을 주는 것에 대해서는 직류분에서 고조파분까지를 계산에 넣지 않으면 안 된다. 우리들 주변에는 왜곡되면 곤란한 경우가 많으므로 가능한 한 파형이 왜곡되지 않게 취급하고 있다. 따라서 정현파보다 어느 정도 왜곡되어 있는가를 나타내는 데 다음과 같이 **왜형률**을 정의하고 있다.

$$\text{왜형률} = \frac{\text{고조파 전체의 실효값}}{\text{기본파의 실효값}} \times 100[\%]$$

일반적으로는 정현파가 아닌 매끄러운 파형을 왜형파라고 한다. 각이 있는 파형은 왜형파라고 하지 않는다.

Let's try 왜형파를 정리해 보자!

기본파 이외를 **고조파**라고 한다. 고조파에는 제2, 제3 ……∞까지 있다. 홀수차 고조파만을 포함하는 왜형파는 **대칭파**, 짝수차 고조파나 직류분을 포함하는 왜형파는 **비대칭파**, +측, −측의 면적이 같으면 직류분을 포함하지 않는다.

(1) 기계적 회전이 고르지 않은 것은 전기에서는 변형의 원인이 된다.

(2) 여러 가지 정현파를 합성하여 왜형파를 만들어 보자.

(3) 푸리에(Fourier ; 1768~1830)는 프랑스의 수리학자로서, 어떤 함수라도 어느 구간에서는 삼각함수를 사용한 급수로 표시할 수 있다고 생각하였다.

3 사람의 맥은?

펄스파

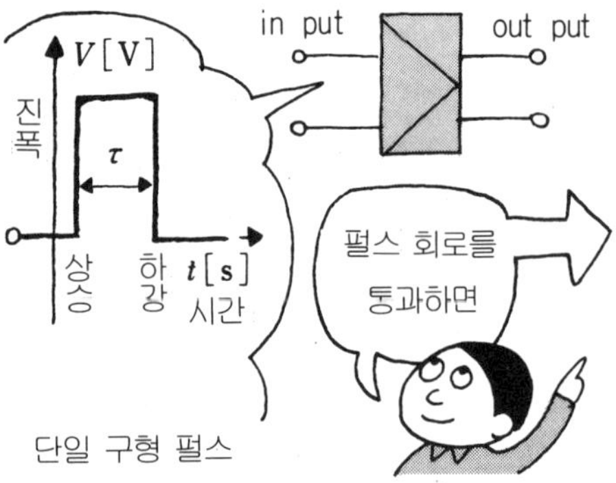

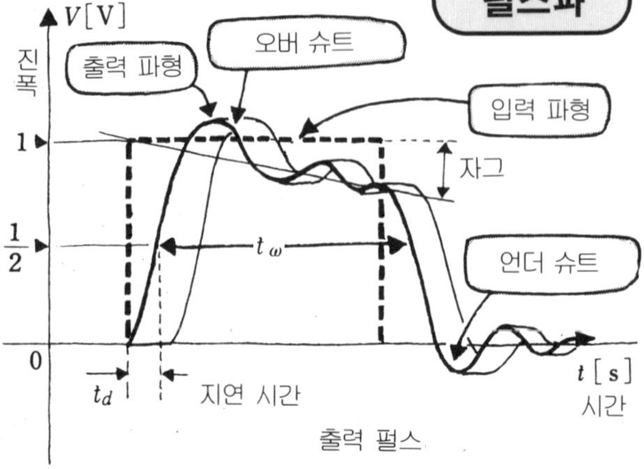

단일 구형 펄스

출력 펄스

펄스파란

펄스파는 비정현파의 일종으로 계속 시간이 짧고 초기값과 종말값이 똑같은 파형을 일컫는다. 광의로 말할 때 특수한 파형 전반을 일컫는 경우도 있다.

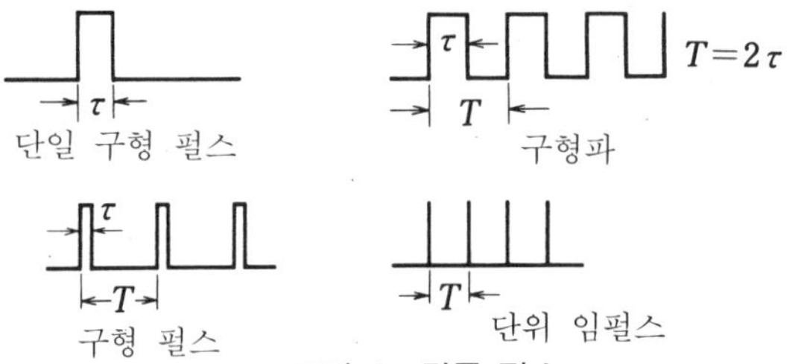

단일 구형 펄스 구형파 $T=2\tau$ 구형 펄스 단위 임펄스

그림 1 각종 펄스

그 대표적인 파형을 **그림 1**에 나타냈다. 우리들의 맥이나 심전도도 펄스의 일종이다.

특히 그림 1의 $T=2\tau$ 와 같은 파형을 **구형파**라고 한다. 이 T[s]를 **반복 주기**, $1/T$[Hz]를 **반복 주파수**라고 한다. 펄스파를 살펴보면 실제로 그림 1과 같은 파형을 만들 수는 없고 **그림 2**와 같다. 진폭의 최대값을 "1"이라고 하면 진폭 "0.5"의 두 시점 사이를 **펄스 폭**이라고 하며, t_w[s]로 나타낸다. 또한 상승 시간은 진폭 "0.1"에서 "0.9"가 될 때까지의 시간 t_r[s], 하강 시간 t_f[s]도 동일하게 정의하고 있다. 이 $1/t_w$[Hz]를 **특성 주파수**, t_w/T를 **충격 계수**라고 한다. 펄스파가 회로를 통과했을 때의 파형은 때에 따라 제목 그림과 같다. 이때의 t_d[s]를 **펄스 지연 시간**이라고 한다.

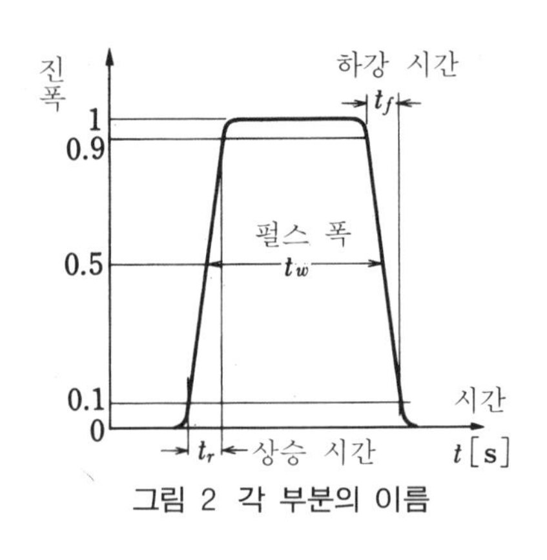

그림 2 각 부분의 이름

One point 펄스파란 일반적으로는 파형의 변화가 급격한 것으로서 단시간 동안만 존재하는 것을 말한다.

펄스파를 만들어 보자

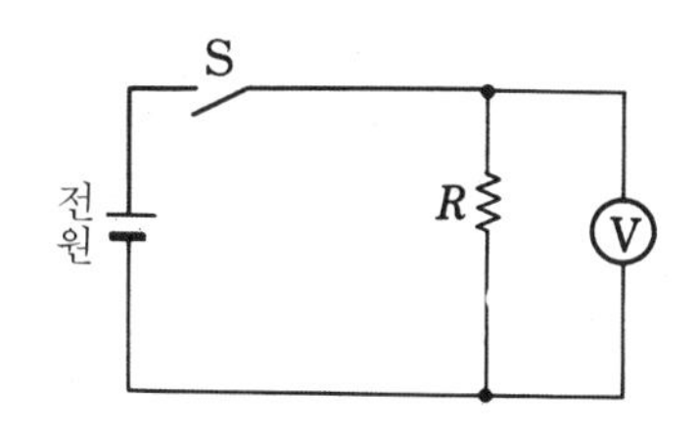

그림 3 펄스 발생 회로

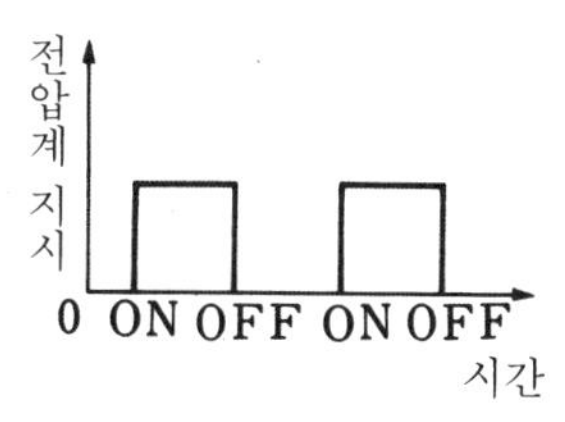

그림 4 전압계 지시

그림 3과 같은 회로로, 스위치 S를 일정한 속도로 ON, OFF시켰을 때 전압계의 지시와 시간의 관계는 **그림 4**와 같으며 펄스가 생긴다. 실제로는 스위치를 반도체 등으로 바꾸어 만든다. 펄스파를 취급하는 회로를 펄스 회로라고 한다.

펄스파의 용도는

용도를 크게 나누면 **표 1**과 같다. 열거하면 더 많이 있다. 디지털 시계는 가장 손쉽게 볼 수 있는 예이다. 펄스파는 각 방면에 응용되고 있다.

펄스파에도 꽤 많은 고조파가 포함되어 있다. 이것이 반대로 장해를 주는 일이 있다. 그 일례가 전파 장해이다. 벼락이 그 예로 라디오에 "찌지직"하고 들어온다.

표 1. 펄스 응용 분야

분야	내용
계측 분야	오실로스코프 디지털식 계측기 어군 탐지기 NOx 측정 표시 등
제어 분야	전자계산기, 전자수첩, 위성 제어, 전차, 발전소 등
통신 분야	텔레비전 방송, 레이더, 전신 등
그 외 의료 방면 등	

펄스파를 만들어 보자!

싱크로스코프를 관찰하여 보자. 어떠한 파형이 되는가?

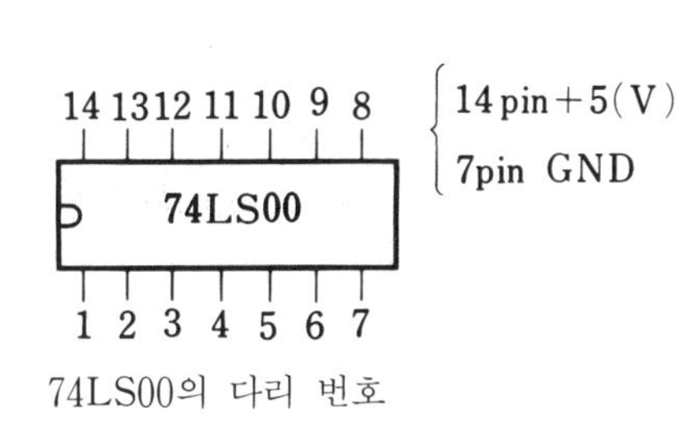

74LS00의 다리 번호

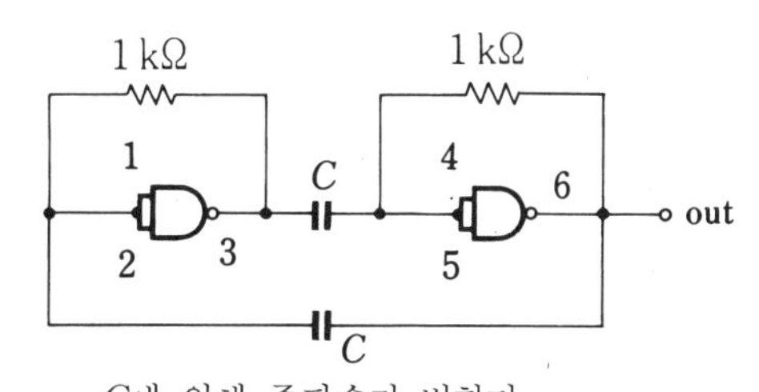

C에 의해 주파수가 변한다

TTL에 의한 무안정 멀티 바이브레이터

이 발진기를 동작시켜 라디오에 근접시켜 보자. 어떻게 되는가? 전자계산기도 동일하게 라디오에 근접시켜 보자. 잡음이 들어온다.

4 각을 없애면 둥글게 된다 (구형파와 정현파)

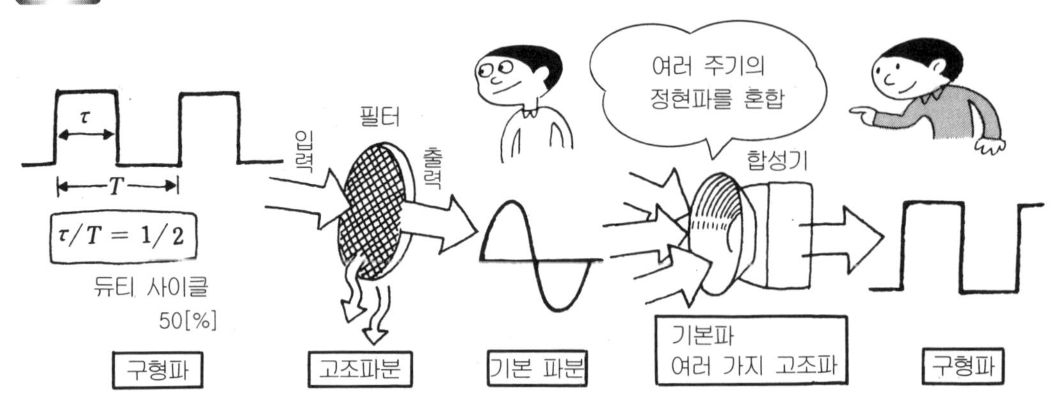

구형파란

펄스파 설명에서 기술했지만 펄스의 특수한 면으로 **그림 1**과 같이 반복 주기가 펄스 폭의 2배가 되고 구형 형태를 한 파형에 대해서 논하면, **그림 2**와 같은 파형은 펄스파의 한 종류이지만 구형파라고는 하지 않는다. **미분 펄스**, **적분 펄스**라고 한다. $\tau / T = 1/2$을 **듀티 사이클** 50 % 또는 1 : 1이라고 한다.

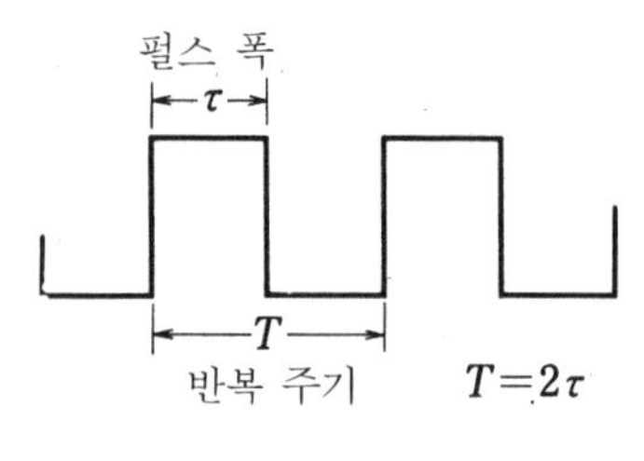

그림 1 구형파

정현파로 구형파를 만든다

구형파와 정현파의 관계는 직류분과 주기가 다른 여러 정현파(기본파와 홀수 고조파)의 집합이라고 할 수 있다.

그림 3은 기본파와 고조파를 합성한 것이며, 고차의 정현파를 가하면 구형파에 근접하는 것을 알 수 있다. 또한 구형파의 고조파 성분을 구하려면 미분 방정식을 풀거나 푸리에 전개를 하면 구할 수 있다.

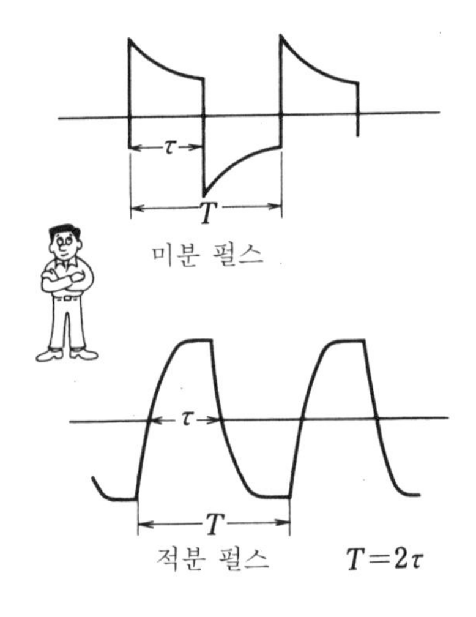

그림 2 미분 펄스, 적분 펄스

구형파 취급

구형파를 취급하는 회로도 역시 펄스 회로라 한다. 구형파도 펄스파와 마찬가지로 **그림 4** (b)와 같은 여러 파형이 되지만 일반적으로는 파형이 약간 변형되는 것은 문제가 되지 않는 경우가 많다.

구형파에도 고차의 고조파 성분이 포함되어 있으며 펄스 회로에서 전자파가 튀어 나와 다른 통신 기기 등에 장해를 주는 일이 많다. 이것을 **전파 장해**라고 하며 펄스파나 다른 변형파를 취급할 때 주의해야 한다. 또한 이 파형은 여러 펄스파를 만드는 기본으로 많이 사용되고 있으며, 우리들이 사용하고 있는 전자계산기에도 사용되고 있다. 구형파에서 각을 제거하면 정현파가 되지만 일반적으로 고조파 성분이 적은 **삼각파**가 사용되고 있다. 또한 주기가 펄스 폭의 2배인 것으로 구형 형태를 한 펄스파를 구형파라고 한다.

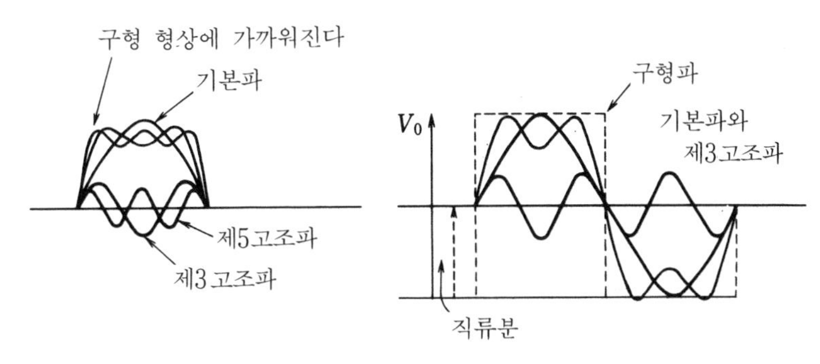

그림 3 기본파와 고조파의 합성

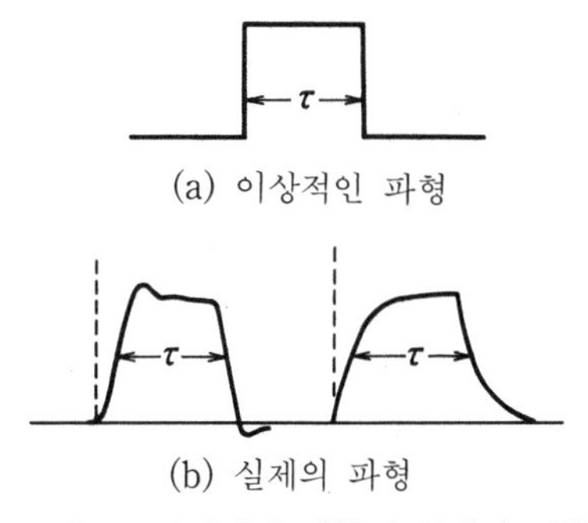

그림 4 이상적인 파형과 실제의 파형

* 듀티 사이클 ⇒(펄스 폭)÷(주기)

구형파를 증폭할 때의 대역 폭을 구해 보자!

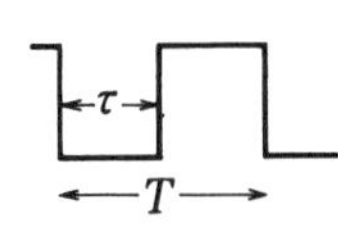

$T=1\,[\mu s]$의 구형파를 증폭하는 데 필요한 대역 폭을 구하라(제 10 고조파까지 생각하자). 기본파의 주파수는 1 [MHz]가 된다. 따라서 대역 폭은 DC～10 [MHz]가 된다. 일반적으로는 차수 10～20 정도까지의 대역이 있으면 실용상 지장이 없다.

전파 장해가 발생하지 않도록 **실드**하는 경우가 있다.

그러면 구형파와 같은 것을 만들어 보자.

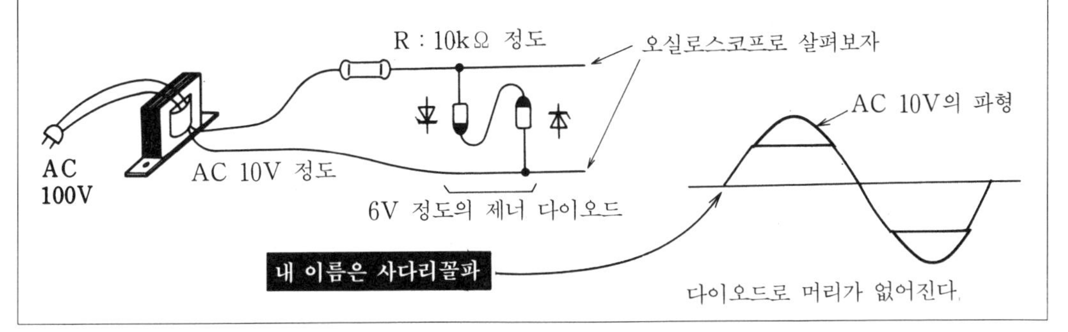

5 과도 현상

'쾅'하고 충격을 받으면 눈에서 불꽃이

과도 현상은 왜 일어나는가

엘리베이터를 타고 버튼을 누르면 문이 닫히고 움직이기 시작한다. 원하는 층에 도착하면 정지하는데, 움직이기 시작할 때와 정지할 때 일종의 충격과 같은 것을 느끼게 된다. 이와 같이 정지하고 있는 엘리베이터가 일정한 속도가 될 때까지 또는 일정한 속도로 움직이고 있는 엘리베이터가 정지할 때까지의 상태 이행중의 현상을 **과도 현상**이라고 한다. 승용차를 생각해 보면 이와 같은 현상이 많은 것을 알 수 있다.

그렇다면 왜 그런 현상이 일어나는 것인가? 그것은 물체에는 질량이 있기 때문이다. 질량이 있기 때문에 정지해 있는 엘리베이터는 일정한 속도가 될 때까지 시간이 걸린다(정지할 때도 동일하다). 따라서 과도 현상은 시간이 걸리기 때문에 발생하는 것이다.

전기 회로는 어떠한가? 생각해 보자. 전기 회로에서는 **회로 상수**(R, L, C)가 변화하거나 입력이 변화하면 이에 대응해서 회로 내에서는 전류나 전압이 변화하고 그 결과 상태가 일정한 값으로 안정되려고 한다. 회로가 저항분(소비계)만이라면 문제가 없지만 C나 L이 있는 회로에서는 에너지($\frac{1}{2}CV^2$, $\frac{1}{2}LI^2$[J])가 축적되기 때문에 상태 이행에 시간이 걸린다. 즉, 변화 전부터 변화 후까지의 시간이 늦어지기 때문에 역시 과도 현상이 발생한다. 여기서 상태가 일정한 값으로 안정된 것을 **정상 상태**라고 한다.

어디선가 본 일이 있는 곡선같다. 그렇다. 검류계의 제동 상태를 나타낸 것이다. ①의 상태를 부족 제동, ②의 상태를 임계 제동, ③의 상태를 과제동이라고 한다. 이것도 일종의 과도 현상이다.

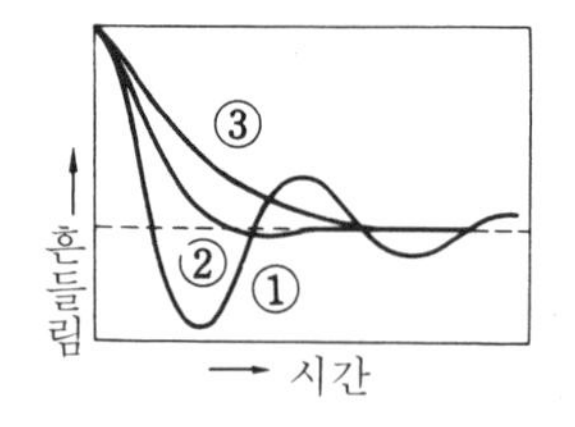

CR 회로에서는

CR 회로에 전압을 가한 경우를 생각해 보자. 그 회로는 **그림 1**과 같다. 스위치 S를 "a"측으로 했을 때의 전류 변화를 보면 **그림 2**와 같이 된다는 것을 알 수 있다. 즉, 콘덴서는 전하가 축적되면 전류를 흐르게 하지 않는 성질이 있기 때문이다. 또한 V_C 나 V_R 은 **그림 3**과 같이 변화해 가는 것을 알 수 있다. 그리고 콘덴서에 모여 있는 전하를 방전하면 어떻게 되는가를 생각해 보자.

그 회로를 **그림 4**에 나타냈다. 전류의 변화는 **그림 5**와 같이 될 것이다. "−"가 되는 것은 전압을 가했을 때의 방향을 "+"로 했기 때문이다. 또, V_C, V_R 은 **그림 6**과 같이 된다는 것을 알 수 있다. 또한 *LR* 회로에서도 동일한 형상이 나타난다.

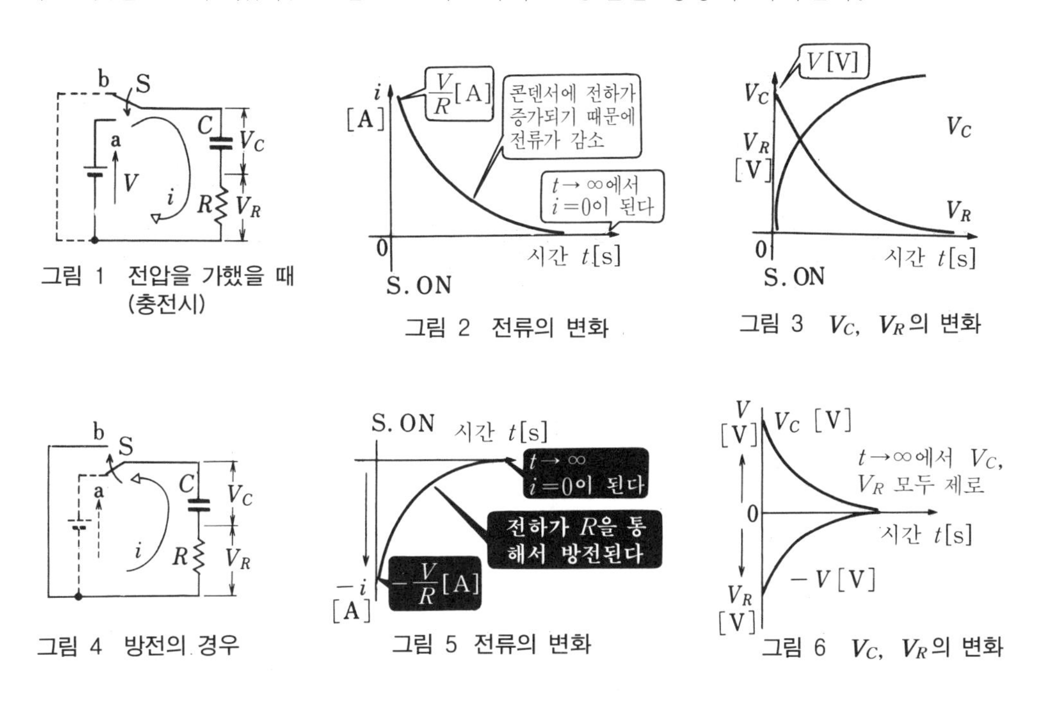

그림 1 전압을 가했을 때 (충전시)

그림 2 전류의 변화

그림 3 V_C, V_R 의 변화

그림 4 방전의 경우

그림 5 전류의 변화

그림 6 V_C, V_R 의 변화

콘덴서에 에너지를 축적해 보자!

콘덴서를 충전하여 리드선으로 쇼트시켜 본다. 불꽃이 나온다.
즉, ½CV^2의 에너지가 축적되어 있었던 것이다.

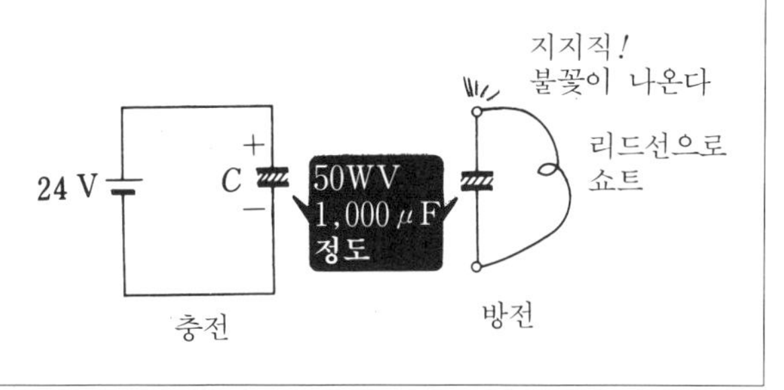

6 2인 3각, 무거운 팀일수록 늦다!? 시정수

CR 회로에서의 시정수란

CR 회로의 과도 현상 곡선을 **그림 1**에 나타냈다. 여기서 V_C(또는 V_R)의 변화 속도를 나타내는 기준으로서 t_1[s]의 시간을 정한다.

[충전의 경우]

$V_C = 0.632 \times V$[V]가 될 때까지의 시간

[방전의 경우]

$V_C = 0.368 \times V$[V]가 될 때까지의 시간이다.

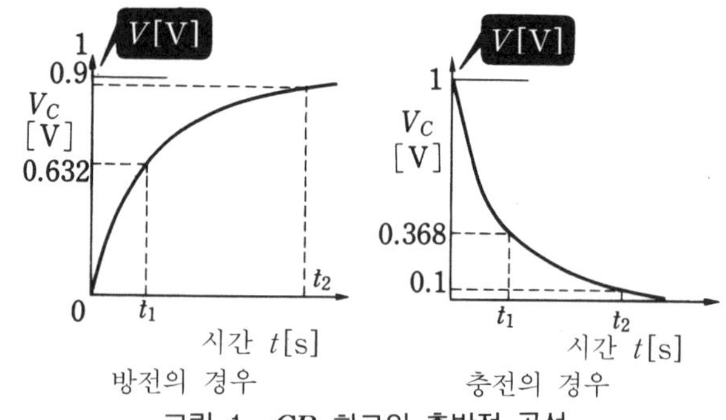

그림 1 *CR* 회로의 충방전 곡선

이 t_1[s]은 $C \cdot R$[s]와 같아진다. 이 $C \cdot R$[s]를 **시정수**라고 한다. V_C의 변화가 충전시 $0.9 \times V$[V], 방전시 $0.1 \times V$[V]가 될 때까지의 시간 t_2[s]는 $2.3 \times t_1 = 2.3 \times C \cdot R$[s]가 되며 과도 현상 완료의 기준으로 하고 있다. 펄스 회로를 생각하는 경우에는 t_1, t_2를 함께 고려하지 않으면 안 되는 숫자이다.

LR 회로에서의 시정수란

LR 회로에서도 역시 *CR* 회로와 마찬가지로 과도 현상이 나타나므로 역시 변화 속도의 기준으로서 시정수를 정하고 있다. *CR* 회로는 전압의 변화를 본 것에 비해 *LR* 회로에서는 전류의 변화로 생각하고 있다. 그 과도 현상의 곡선을 **그림 2**에 나타냈다. 이 두 개의 곡선은 $i/2$로 대칭이 된다. 시정수는 *CR* 회로와 동일하게 생각한다.

[충전의 경우]

$i = 0.632 \times$(정상시의 전류)가 될 때까지의 시간

[방전의 경우]

0.368배가 될 때까지의 시간이다. 이 t_1[s]는 L/R[s]와 같아진다. 이 L/R[s]를 LR 회로의 시정수라고 한다. LR 회로는 시정수를 크게 취할 수 없기(큰 L을 만들기에는 형태가 커져 실용적이지 못하다) 때문에 일반적으로 CR 회로가 사용되고 있다.

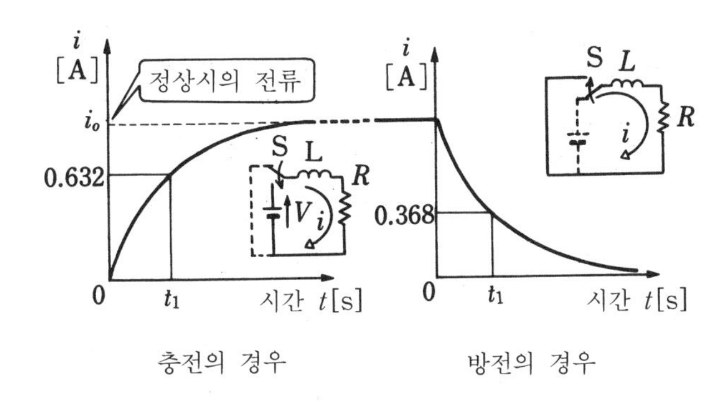

그림 2 LR회로의 충·방전 곡선

CR회로에 방형 펄스를 가한다

그림 3에서 V_C, V_R은 τ와 $C \cdot R$의 관계에 의해 여러 가지로 변한다. 이것은 펄스를 만들기 위해 사용된다.

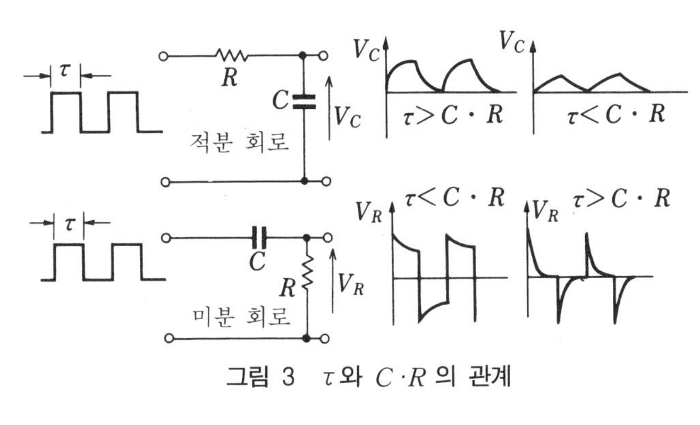

그림 3 τ와 $C \cdot R$의 관계

콘덴서와 저항의 회로에서의 시정수는 $C \cdot R$[s]가 된다. 코일과 저항의 회로에서의 시정수는 L/R[s]이 된다.

실험을 해보자. 코일에도 에너지가 축적된다.

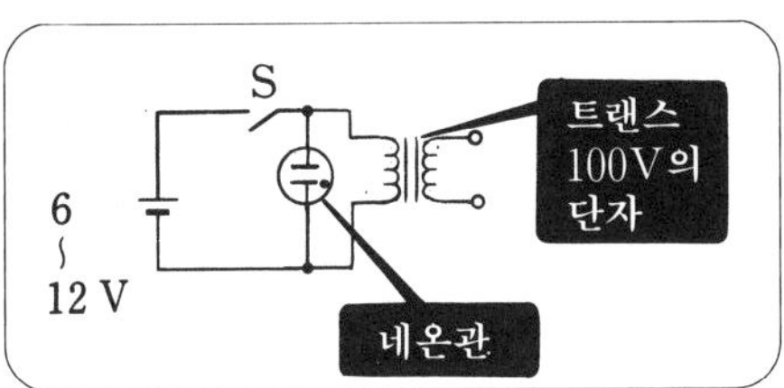

S를 ON, OFF시켜 보자. OFF시 네온관이 켜진다. L에 에너지가 축적됐기 때문이다.

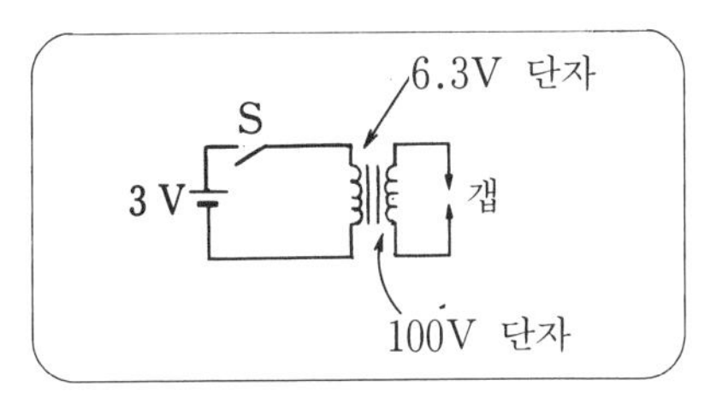

S를 ON으로 하고 OFF로 했을 때 갭에서 불꽃이 발생한다.

7 천천히 올라가 급하강

톱니파

톱니파란 어떤 파인가

톱니파란 **그림 1**과 같은 톱니와 비슷한 파형을 말한다. 이것도 역시 비정현파로서 펄스의 종류라고 하는 경우도 있다. 따라서 이것도 푸리에 전개하면 직류분과 기본파분과 이 고조파분의 모임이 된다. 이 파형은 **소인파**(掃引波)라고도 하며 다음과 같이 정의된다.

T_S : 소인 시간[s], T_B : 귀선 시간[s]
T : 반복 주기[s], f : $1/T$ 반복 주파수[Hz]

라고 한다. 일반적으로는 T_S에 비해서 T_B가 짧을수록 좋다고 하지만 T_B를 제로로 하는 것은 어렵다. T_B/T_S는 수 %에서 십수 %이다.

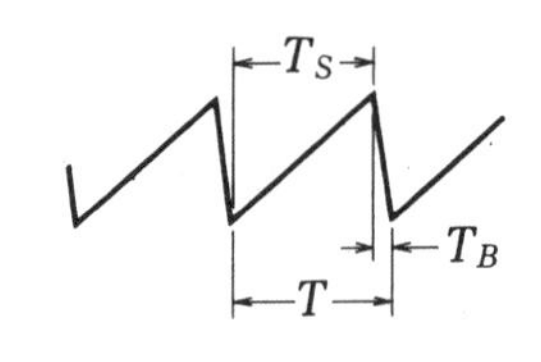

그림 1 톱니파

톱니파를 만들려면

톱니파를 만들려면 **리니어 IC** 등을 사용하여 깨끗한 파형을 만들 수 있는데, 여기서는 기본적인 것으로서 CR의 충방전 회로를 사용하여 만들어 본다. 그 회로를 **그림 2**에, 발생 파형을 **그림 3**에 나타낸다.

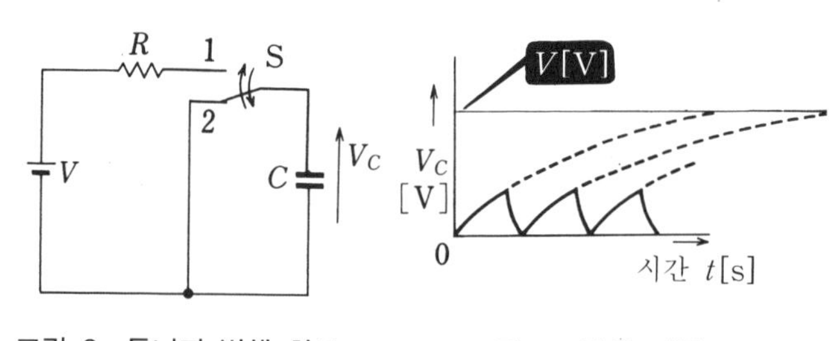

그림 2 톱니파 발생 회로
그림 3 발생 파형

스위치 S를 1측으로 한다. C의 단자 전압은 상승해 간다. 이대로는 C의 단자 전압은 점선과 같아지므로 S를 일순 2로 전환하고 곧 1로 되돌린다. C의 단자 전압은 다시 한번 상승한다. 이 충방전을 반복한다.

이 동작을 주기적으로 반복하면 톱니파 전압을 만들 수 있다. 일반적으로 이 스위치는 트랜지스터로 바꾸어 사용한다. 주기는 충전 회로의 시정수($C \cdot R$)로 결정된다.

톱니파의 이용

펄스파는 톱니파를 불문하고 전기 계측에 많이 사용되고 있다. 여기서는 톱니파를 사용한 대표적인 것에 대해 알아본다. 톱니파는 우리들이 쉽게 볼 수 있는 텔레비전에 사용되고 있다. 텔레비전의 상세한 원리는 별도로 배우기로 하고, 텔레비전은 **전자빔**을 수평, 수직으로 움직여(소인한다고 한다) 이것이 형광막에 닿으면 빛이 되어 형상되는 것으로서 톱니파는 이 전자빔을 움직이는 데에 사용되고 있다. 따라서 톱니파의 상태가 허물어지면 어떻게 되는가? 결과는 화면에 나타나게 된다. 즉, 화면의 치수가 축소되거나 일그러지기도 하며, 때로는 화면의 상하가 끊기기도 한다.

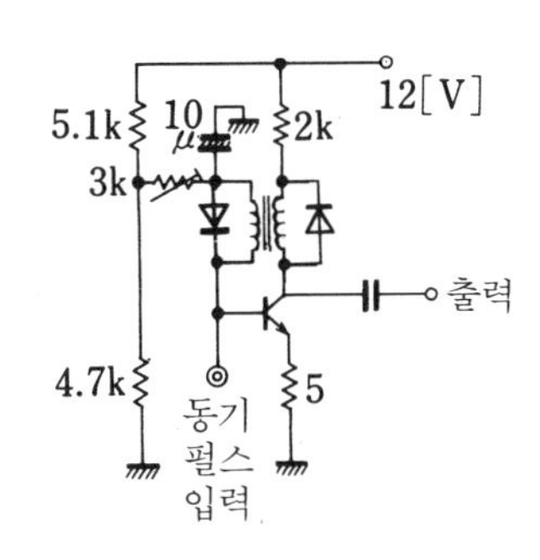

그림 4 텔레비전 수직 발진 회로 (브로킹 발진 회로)

또한 톱니파는 파형 관측에 없어서는 안 되는 **오실로스코프**의 전자빔을 수평으로 이동시키는 데도 사용되고 있다.

이상, 이 장까지는 파형의 대표적인 것에 대해서 언급하였다. 특히 펄스파류에 대해서는 간단한 발생 방법에 대해서 **표 1**에 정리하였다.

표 1 파의 발생 방법
정현파 ── CR 발진, LC 발진　　구형파 ── 무안정 멀티 바이브레이터
톱니파 ── 네온관 발진, 브로킹 발진, 무안정 멀티 바이브레이터

Let's try 톱니파를 만들어 보자!

네온관의 단자 전압을 오실로스코프로 살펴보자. C_1, R 등을 여러 가지로 바꾸어 보자.

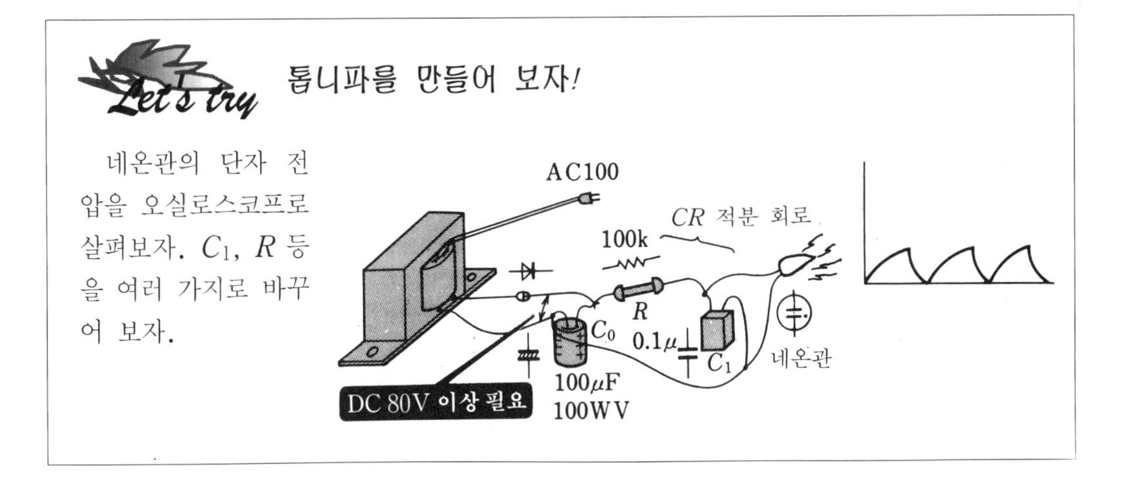

8 스코프는 들여다보는 것 (오실로스코프의 원리)

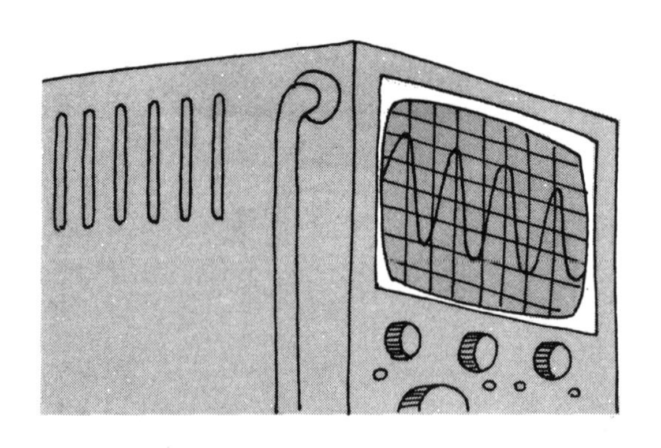

오실로그래프에 대해서

시간과 더불어 변화하는 전기량을 측정하거나 관측하는 방법에 대해서 생각해 보자.

그 방법에는 몇 가지가 있는데, 펜 오실로그래프, 전자 오실로그래프, **오실로스코프**가 있다. 각각의 성능은 **표 1**과 같다.

표 1 오실로그래프의 성능

펜 오실로	펜의 진폭수[mV/cm]~수백 [V/cm], 주파수 100[Hz] 정도
전자 오실로	빛의 진폭수[μA/mm]~수 [mA/mm], 주파수 수 [kHz] 정도
오실로스코프	빔의 진폭수[mV/cm]~수백 [V/cm], 주파수 수십 [MHz] 정도

※ 전자 오실로는 기계적 진동자를 사용하기 때문에 수 kHz까지 저주파 측정에 한하며, 브라운관 오실로는 전자류의 진동을 이용한 것으로 수십 MHz까지 측정할 수 있다.

오실로스코프의 골격

브라운의 발명에 의해 브라운관이 만들어지고 각 가정에 있는 텔레비전과 동일하게 간단히 취급할 수 있는 오실로그래프가 제작되고 있다. 목적에 따라 여러 가지가 있으며, 일반용 **오실로스코프**, 싱크로스코프, 샘플

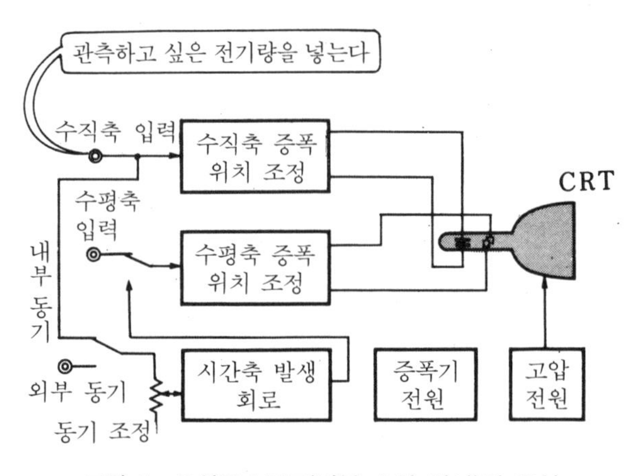

그림 1 오실로스코프(반복 소인 방식)의 구성

링 오실로스코프, XY 오실로스코프 등이 있다. 그러나 브라운관 상에 영상을 그리는 것은 변하지 않았다. 일반용 오실로스코프(반복 소인 방식)의 구성을 **그림 1**에 나타낸다.

각 부분의 기능

브라운관 상에 영상을 그리기 위한 각 부분의 기능을 알아보자.

Ⓐ **브라운관** : 출력에 상당하는 부분에 화상이 그려진다. **그림 2**는 개략적인 구조를 나타낸 것이다. 음극에서 발사된 **전자**는 격자, 제1양극, 제2양극에서 **전자빔**이 만들어진다. 이것은 수직, 수평으로 편향되어 형광면에 광점의 궤적을 남기고 우리들 시야로 들어온다.

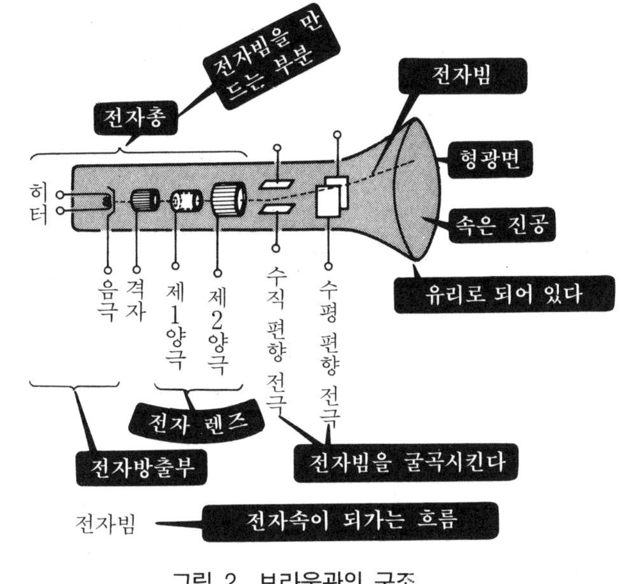

그림 2 브라운관의 구조

Ⓑ **수직 증폭기** : 입력 신호가 작으면 전자빔을 수직으로 보낼 수 없으므로 증폭하는 부품이다.

Ⓒ **수평 증폭기** : 수직 증폭기와 동일한 목적으로 설치된다.

Ⓓ **시간축 발생부** : 시간의 경과와 더불어 전자빔을 수평으로 이동시키고 광점을 **소인**(스위프)하기 위한 파형을 만든다. 이 동작은 일정 시간마다 행하여지므로 **시간축**이라 하고 이 전압은 **톱니파**가 사용된다. 오실로스코프는 수동으로 **동기***를 조정하지 않으면 안 되므로 자동 동기의 싱크로스코프가 많이 사용된다. [*동기 : 브라운관 상에 파형 등을 정지시키는 것]

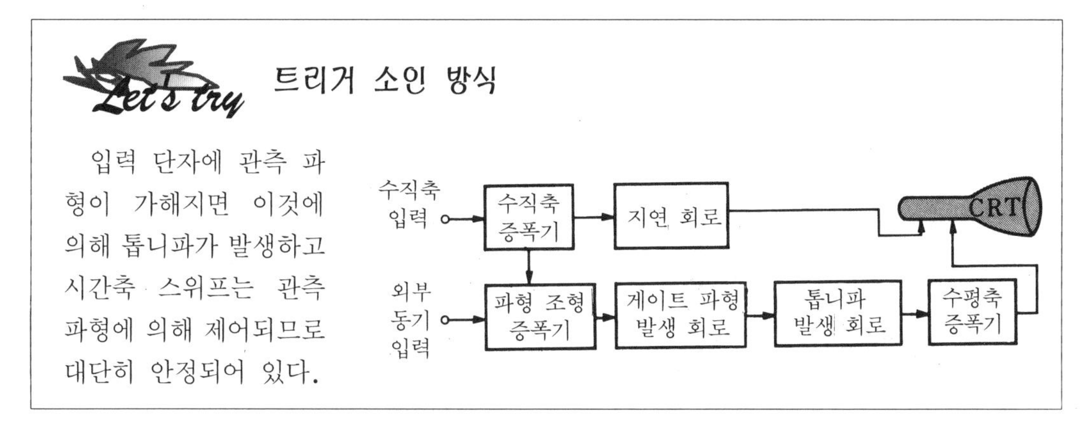

9 파형 관측 만능기

싱크로스코프 사용법

싱크로스코프의 패널은

싱크로스코프는 트리거식 오실로스코프라고도 하며, 입력 파형에 의해 트리거되는 것으로서, 동기는 자동적으로 조정되는 것이다. 이 패널면에는 무엇이 달려 있는가? 주된 것을 그림 1에 나타냈다.

그림 1 싱크로스코프의 패널

- INTENSTTY : 영상의 밝기가 바뀐다.
- FOCUS : 영상의 핀트를 맞춘다.
- HORIZONTAL의 LEVEL : (Trigger level) 동기 조절 손잡이(일반적으로는 AUTO로 하여 둔다)는 동기가 취해지지 않을 때 수동으로 Level 손잡이를 돌려 조정한다.
- TIME/CM : 영상의 폭이 바뀐다. 이것으로 주기를 읽는다.
- VOLTS/CM : 영상의 높이가 바뀐다. 이것으로 전압을 읽는다.
- POSITION↔ : 화면을 좌우로 움직인다.
- POSITION↕ : 화면을 상하로 움직인다.

무엇을 계측할 수 있는가

싱크로스코프로 파형을 관측할 수 있다. 그러나 그것만이 아니다. 무엇을 측정할 수 있는지를 알아보자.

직류나 교류의 전압, 전류를 측정할 수 있다. 또 교류 파형의 주기나 주파수도 측정할 수 있다. 특히 펄스파의 펄스 폭 등의 측정에는 위력을 발휘한다. 또한 **리사주 도형**을 그리게 하여 주파수, 위상차, 전력, 변조도 등도 측정할 수 있다. 측정은 아니지만 마이컴과 조합 도형을 그리게 할 수도 있다.

대표적인 측정 예를 아래에 나타냈다.

교류 전압 측정

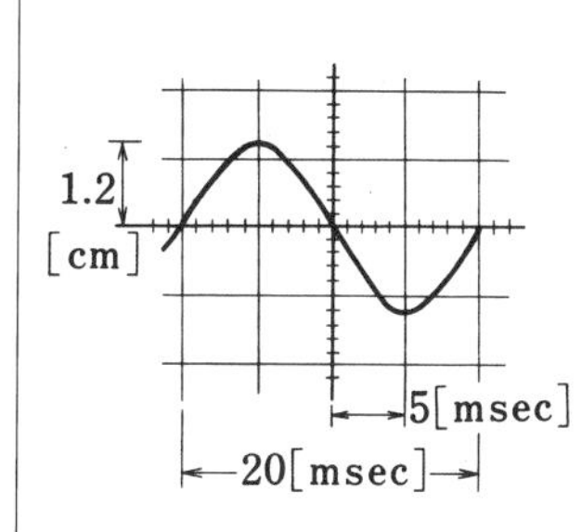

"VOLTS/CM", "TIME/CM"의 내측 손잡이는 "CALB"로 한다.

"VOLTS/CM"의 손잡이가 "0"이었다.
"TIME/CM"의 손잡이가 5 [msec]였다.
} 이때 그림과 같은 영상이 나왔다.

전압의 **최대값**은 1.2 [cm]×10 [V/CM]=12 [V]가 된다.

실효값$=\dfrac{12}{\sqrt{2}}$ [V], **평균값**$=\dfrac{2}{\pi}\times 12$ [V]

주파수 : 가로 1 [cm] 이동하는 데 5 [msec] 걸린다. 따라서 1주기는 4 [cm], 이것은 20 [msec] 걸린다. 따라서,

$$f=\frac{1}{20\times 10^{-3}}=50\ [\text{Hz}]$$

리사주 도형에 의한 주파수 측정

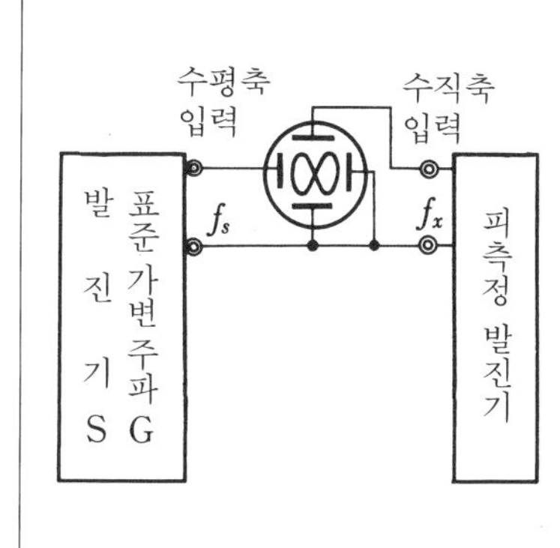

㊟ 1 : 10 이상의 비로는 측정이 어려워진다.

"TIME/CM"의 손잡이를 EXT · HORIZ로 한다.

내측 손잡이는 "CALB"로 한다. SG의 다이얼을 돌리고 그림을 아래 그림과 같이 그려 f와 θ를 구한다.

f_x:f_s θ	0°	45°	90°	f_x:f_s θ	0°	45°	90°
1 : 1				3 : 2			
2 : 1				4 : 3			

Let's try 리사주 도형을 그려보자!

①, ②의 파형에서 직류 전압, 교류 전압, 주파수를 구해 보자.

①

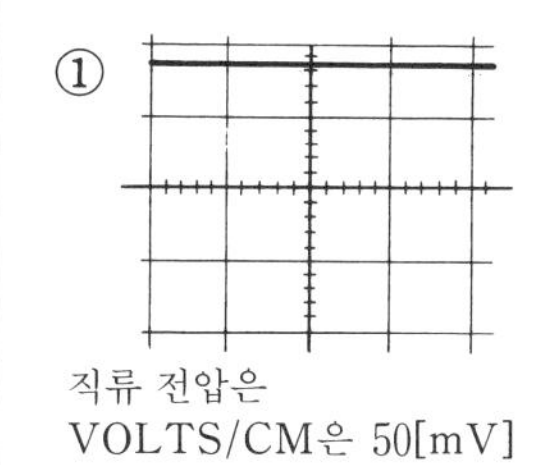

직류 전압은
VOLTS/CM은 50[mV]

②

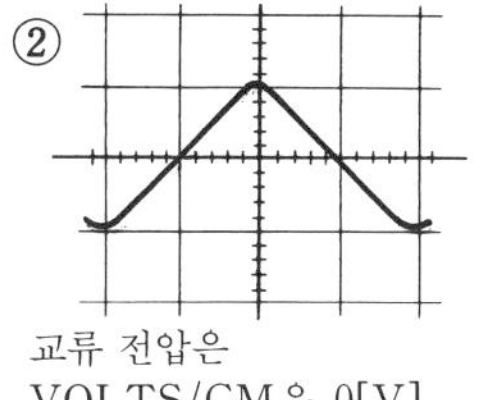

교류 전압은
VOLTS/CM은 0[V]
TIME/CM은 0.5[msec]

[해답] ①

직류 전압 $V=1.6\times 50$ [mV]
$=80$ [mV]

[해답] ②

교류 전압 $V_{max}=1\times 10$ [V]$=10$ [V]

주　　기 $T=4\times 0.5$ [ms]$=2$ [ms]

주 파 수 $f=1/T$
$=1/2\times 10^{-3}=500$ [Hz]

10 시간은 반복 (주기 및 시간 측정 디지털식의 원리)

주기의 계측에는

주기에 대해서는 정현파 서두에서 기술했듯이, 반복되는 데 요하는 시간을 말한다. 따라서 주기 측정과 시간 측정은 동일한 것으로 생각해도 무방하다. 비교적 주파수가 낮은 것에 대해서는 오실로스코프로 측정할 수 있지만 정밀도가 좋지 않다. **아날로그식**보다 **디지털식**이 더 많이 사용되고 있다. **그림** 1에는 주기 측정 원리를, **그림** 2에는 그 구성을 나타냈다.

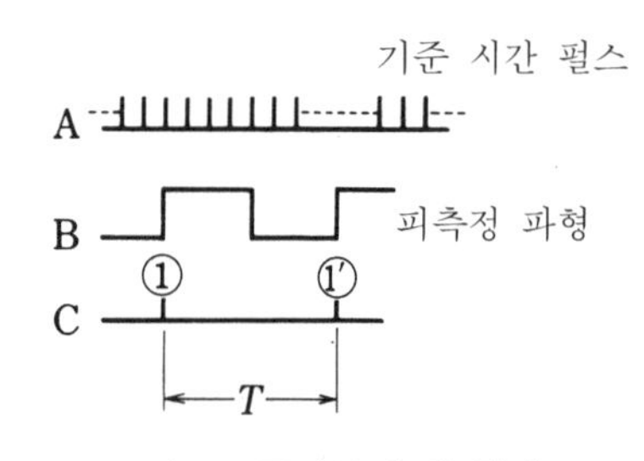

그림 1 주기의 측정 원리

① 주기 1[μs] 등의 **기준 시간 펄스**를 만든다.
② B의 피측정 파형을 정형하여 C와 같은 펄스를 만든다.
③ ①에서 기준 시간 펄스를 계산하여 ①'에서 그만둔다.
④ 이 수를 카운터로 계산한다.

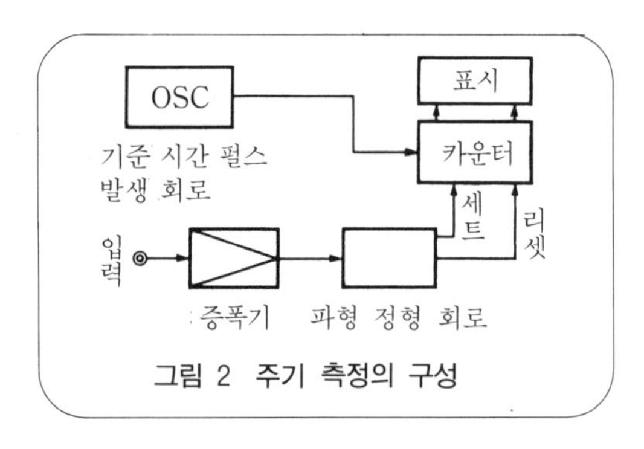

그림 2 주기 측정의 구성

디지털 방식은 입력 전압이나 온도의 변화에 비교적 영향을 받지 않고 조작이 간단하며 결과가 숫자로 표시되는 이점이 있다.

시간을 측정하려면

시간 측정에는 오래 전부터 시계(스톱 워치) 등 아날로그식이 사용되었다. 그러나 지금은 모든 스포츠 경기장에서 볼 수 있듯이 디지털식이 사용되기 시작하였다. 이것도 주기 측정과 동일하게 기준 시간 펄스를 만들어 계산한다. 그 원리를 **그림 3**에, 구성을 **그림 4**에 나타냈다.

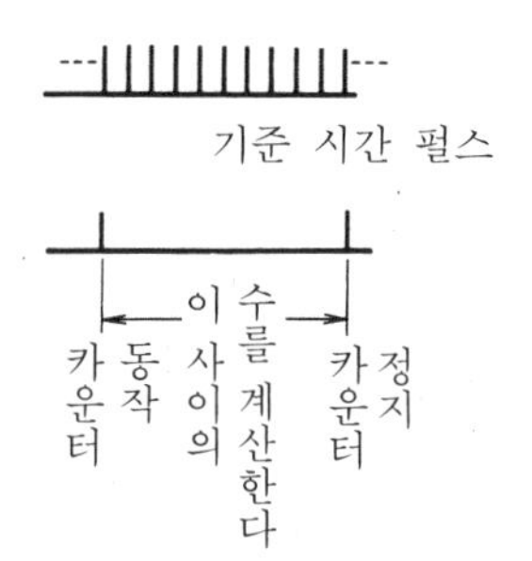

그림 3 시간 측정의 구성

① 주기 0.01[s] 정도의 기준 시간 펄스를 만든다.
② 누름 버튼 스위치 등으로 카운터를 동작시켜 펄스를 계산한다.
③ 누름 버튼 스위치 등으로 카운터를 정지시킨다.
④ 그 동안의 펄스를 계산하면 시간을 측정할 수 있다.

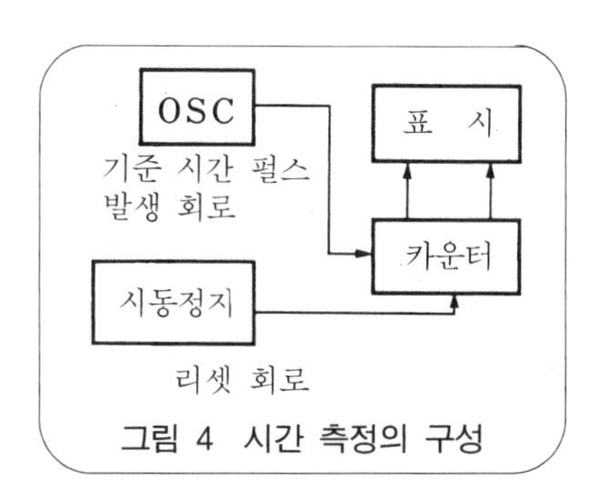

그림 4 시간 측정의 구성

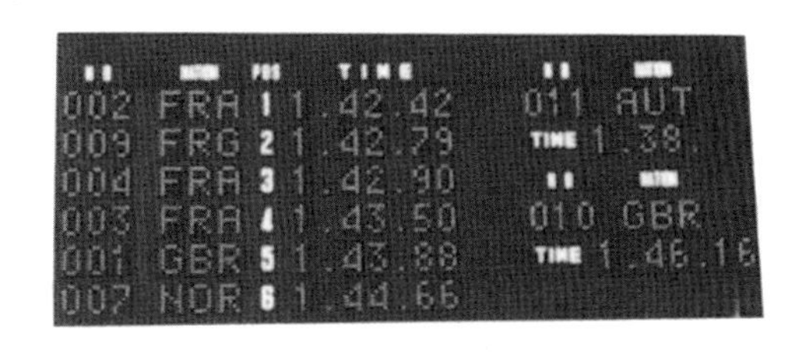

디지털계의 전원 스위치를 넣어도 곧 사용하지 않으면 발진기가 안정되지 않는다. 안정될 때까지 수십 분 걸린다. 낮은 주기 측정에는 큰 오차가 생긴다.

주기를 길이로 나타내 보자!

① 주기 측정과 시간 측정은 디지털식일 경우 동일하다.
② 기준 시간의 주기는 목적에 따라 길거나 짧게 한다.
주기를 시간[s]이 아니고 길이[m]로 나타내려면 $300\times10^6\times$**주기**로 구할 수 있다.
300×10^6[m/s]는 **전자파의 속도**이다. $10^6=1,000,000$이다.
③ 50 Hz의 주기는 20[mS]이다. 1주기를 길이로 표시해 보자.
답 $300\times10^6\times20\times10^{-3}=6,000$[km]

11 인베이더의 수를 계산

디지털형 주파수계의 원리

디지털 주파수계의 구성

주파수란 **주기의 역수**를 말한다. 따라서 주기를 측정하면 구해지지만 현재는 디지털식이 주류이므로 이에 대해서 알아본다. 또한 아날로그식에 대해서는 다음 장에서 기술한다. 디지털형 주파수계의 입력 파형은 **그림 1**과 같이 다양하다.

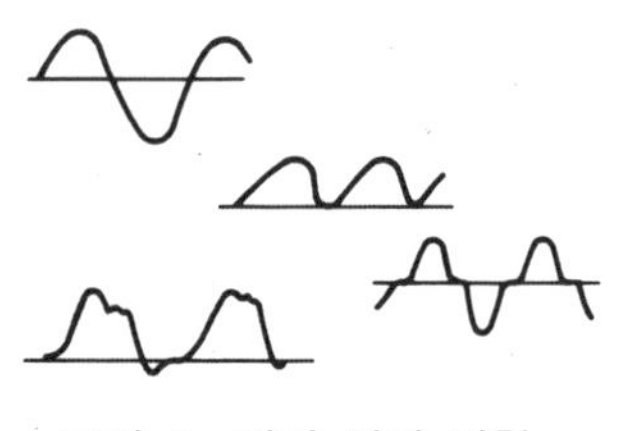

그림 1 여러 가지 파형

또한 입력 레벨이 너무 작아서 동작하지 않는 것도 있다. 따라서, **그림 2**와 같이 **증폭기**, **파형 정형 회로**와 **카운터부**로 나뉜다. 이 측정기는 정밀도는 좋으나 카운터의 기준 시간 펄스에 의해 크게 좌우된다는 단점이 있다.

각 부분의 기능

ATT : 감쇠기 입력 레벨이 큰 경우 측정기가 파손되지 않게 들어 있다. 측정에 들어가기 전에 감쇠량을 크게 해 둔다.

AMP : 증폭기 입력 레벨이 작고 깨끗한 파형으로 정형되지 않을 때에는 레벨을 크게 한다.

파형 정형 회로 카운터에 들어가는 파형이 여러 가지로 바뀌면 카운터는 동작하지 않거나 오동작한다. 따라서 일정한 파형으로 하여 카운터 입력에 가하고 있다. 일반적으로는 **구형 펄스**로 정형된다.

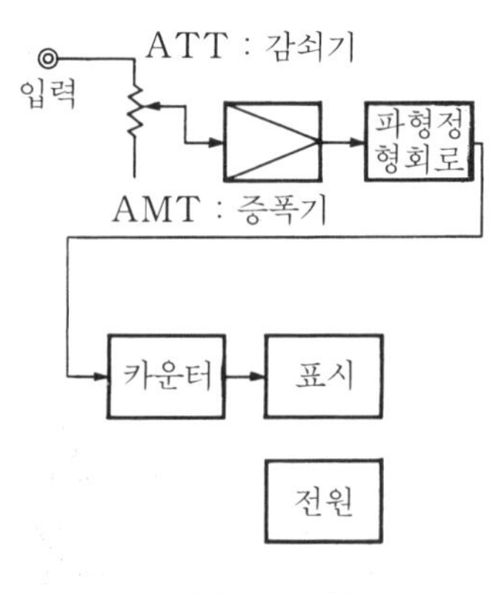

그림 2 구성도

카운터부 **그림 3**과 같은 구성으로 되어 있다. 이것은 1 [MHz] **수정 발진기**를 사용하고 이 출력을 **분주**하여 1 [ms] 또는 1 [s]를 얻고 있다. 이것을 사용하여 1 [ms] 또는

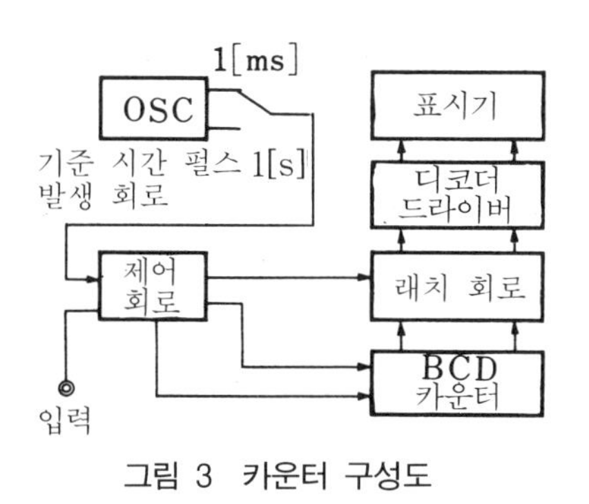

그림 3 카운터 구성도

1[s] 사이만 게이트를 열고 이곳을 통과하는 **펄스** 수를 카운터로 계산한다.

이 출력을 래치 회로로 **일시 기억**시켜 표시의 깜박거림을 없앤다. 표시는 일반적으로 7세그먼트의 표시기가 사용되고 있다. 게이트를 개방하는 신호가 정확하지 않으면 오차가 생기는 것을 알 수 있을 것이다. 따라서 발진기는 **항온조**에 넣는다. 또한 오차에는 ±1 카운터가 가해진다. 카운터는 디지털 계기의 공통 부분이다. 우리들이 사용하고 있는 디지털 시계도 동일한 것이다.

수 10 MHz 이상의 측정에는 **프리스케일러**를 사용, 입력을 분주해서 이것을 측정한다. 낮은 주파수 측정에는 큰 오차가 생긴다.

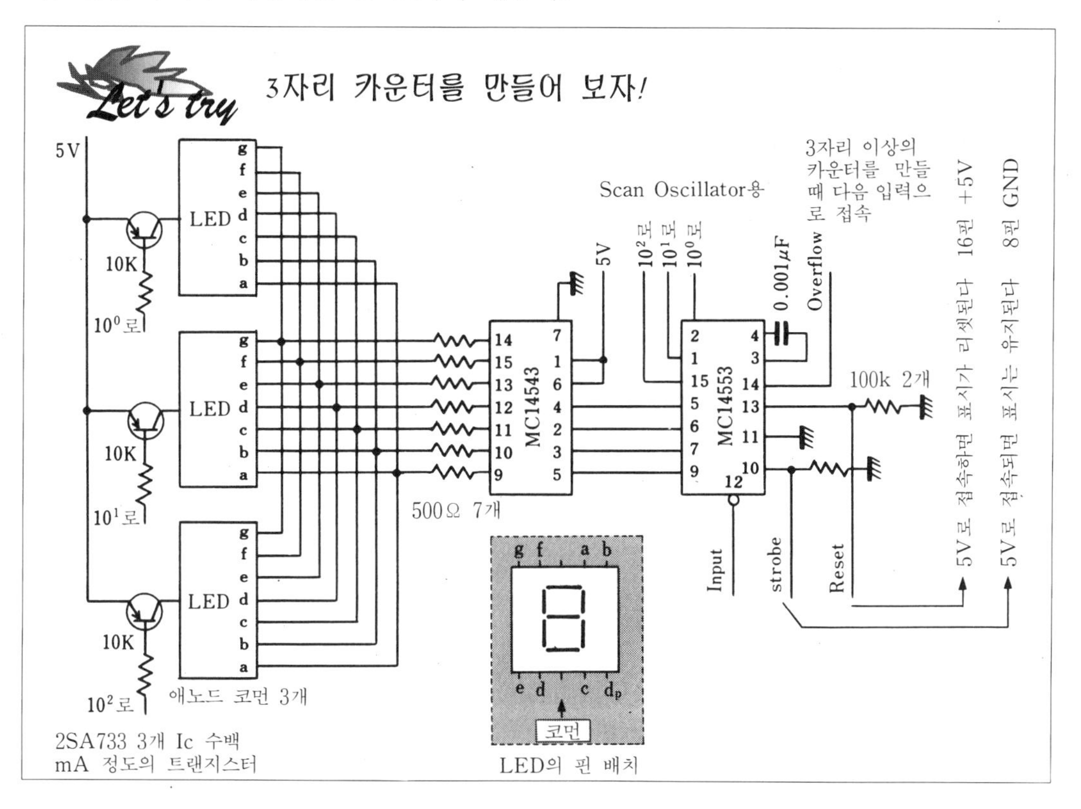

12 f를 계측

흡수형 주파수계 헤테로다인 주파수계의 원리

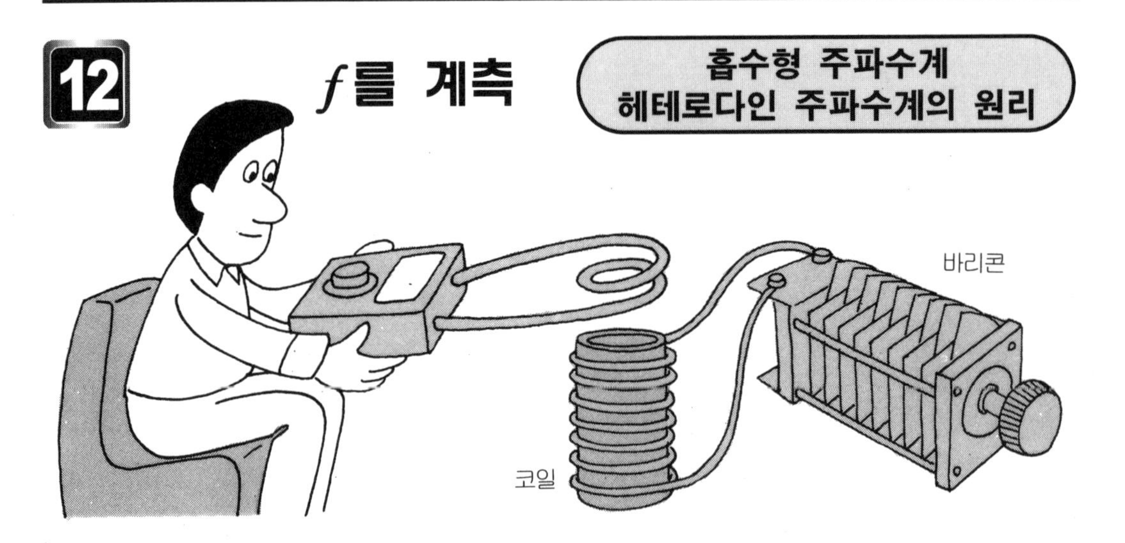

흡수형 주파수계란

발진 회로의 주파수를 측정하기 위한 가장 간단한 주파수계이며, **L과 C의 공진 현상**을 이용한 것이다. 측정 주파수의 범위에 따라 여러 가지 방식이 사용되고 있다. 이것을 **표 1**에 나타냈다. 비교적 낮은 주파수에 사용되는 **LC 회로 방식**을 일반적으로 **흡수형**이라고 한다. 그 원리를 **그림 1**에 나타냈다. 그림 1과 같이 공진 회로의 L을 미지 주파수 전원에 근접시키면 **전자 결합**에 의해 L에 고주파 전압이 발생한다. C를 바꾸어 공진시키면 (μA)미터는 최대의 수치를 가리킨다. 여기서 $f_x = 1/(2\pi\sqrt{LC})$ [Hz]로 하여 구해진다. L은 측정 범위에 따라 몇 가지로 교환할 수 있도록 되어 있다. 주파수는 C와 f의 교

표 1 공진 현상을 이용하는 방법

계기의 종류	적용 주파수
진동편형 주파수계	상용 주파수
흡수형 주파수계	수10 kHz~200 MHz 정도
버터플라이 주파수계	200 MHz~500 MHz 정도
레헤르선 주파수계	VHF~UHF
동축 주파수계	UHF
공동 주파수계	VHF~SHF

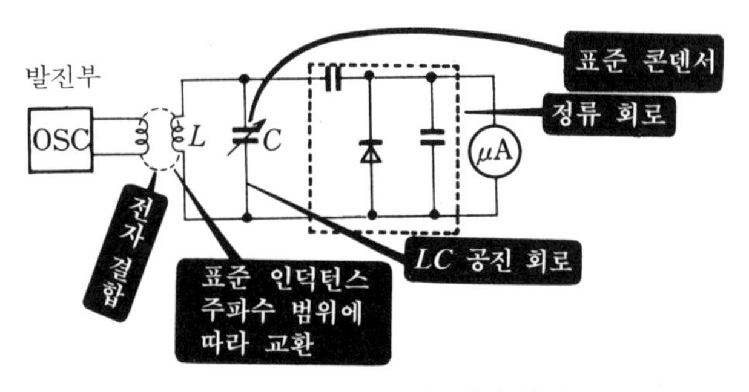

그림 1 흡수형 주파수계의 원리

그림 2

정표로 읽는다. 일반적으로는 C의 다이얼에 직접 f의 눈금이 새겨져 있다. 측정 확도는 수% 정도이다.

헤테로다인 주파계란

비교법의 대표적인 것으로서 고주파 전역(LF~UHF)에 걸쳐 사용되고 있다. 이 방식에는 **보간법**과 **비트법**이 있는데 원리는 동일하다. 그 구성을 **그림** 3에 나타내었다. 원리는 기지 주파수의 내장 가변 주파 발진기의 출력과 미지 주파수를 혼합하여 **헤테로다인 검파**로 하여 수화기에서 소리가 나지 않게(제로 비트) 가변 주파 발진기의 주파수를 바꾼다. 따라서 미지 주파수는 내장 가변 주파 발진기 주파수와 같으므로 미지 주파수를 알 수 있다. 확도는 $10^{-3} \sim 10^{-4}$ 정도가 된다.

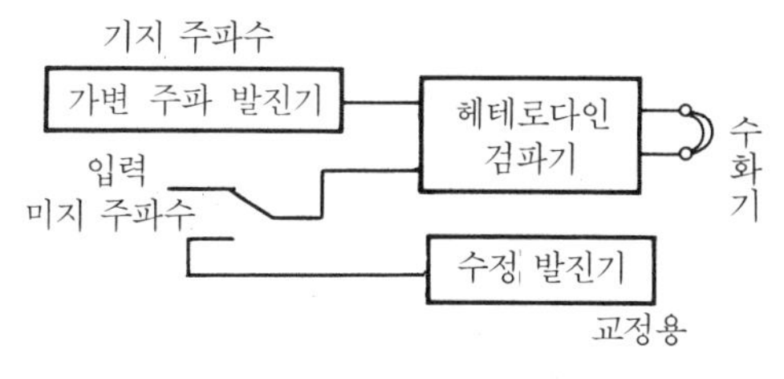

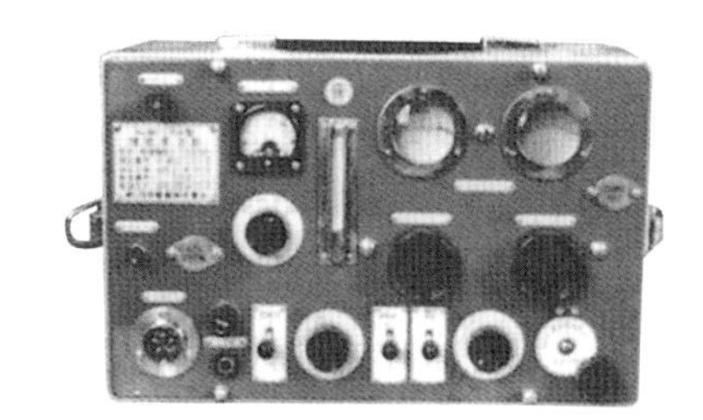

그림 3 헤테로다인 주파수계의 구성

입력 신호 강도와 내부 발진기의 강도차가 크면 제로 비트가 취해지기 어려워진다. 진동이나 충격 등에 의해 발진 주파수가 변동한다. 표준 전파로 수정 발전기를 교정해 둔다.

사용시 주의점을 정리해 보자!

측정기는 전원 스위치를 넣고 곧바로 사용하면 안 된다. 드리프트가 있다. 일반적으로 수십 분 정도 지나서 사용한다.

흡수형 주파수계는 발진 회로에서 에너지를 흡수하므로 발진 주파수가 변화하는 일이 있다. 따라서 전자 결합은 **성기게**(疎) 한다.

흡수형, 헤테로다인형과 함께 피측정 주파수에 변형이 생기면 고조파로 흔들리기도 하므로 주의해야 한다.

"드리프트": 온도나 시간의 경과에 의해 측정값 등에 변화가 생기는 것으로, 헤테로다인 주파수계는 전원을 넣고 나서 잠시 동안은 내장 발진기의 발진 주파수가 변동하는 것을 말한다.

13 Q란 오버 Q가 아니다

Q미터의 원리

Q란

Q에 대해서는 p. 155에서 이해했을 것으로 생각하지만 복습을 겸해서 간단히 기술한다.

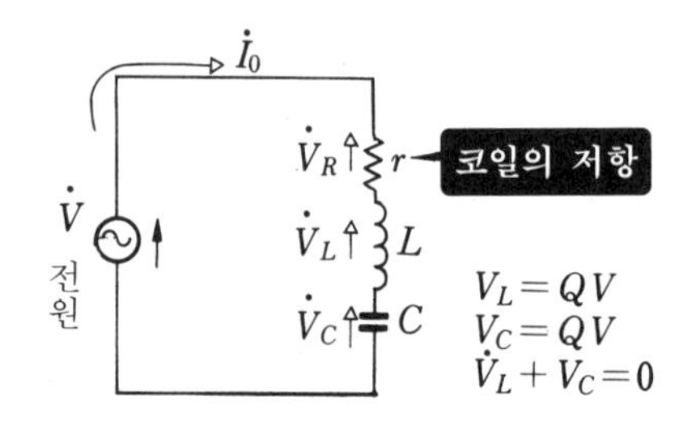

그림 1 직렬 공진 회로

그림 1과 같이 **직렬 공진 회로**에서 **공진시**의 V_L과 V_C는 크기가 같고 방향이 반대이다. 이때 $I_0 = V/r$[A]가 되며 최대가 된다. 따라서

$$\left.\begin{aligned} V_L &= I_0\,\omega L = \frac{V}{r}\,\omega L \\ V_C &= I_0\frac{1}{\omega C} = \frac{V}{r\omega C} \end{aligned}\right\} \text{는 같다.}$$

$\omega L/r = 1/r\omega C = Q$라 하고, **전압 확대율**이라고 한다. Q가 크면 L이나 C의 단자 전압은 전원 전압의 Q배가 된다. 이 원리는 여러 가지 전자 회로에 응용되고 있다. 우리들이 사용하고 있는 라디오, 텔레비전, 트랜시버 등에도 사용된다.

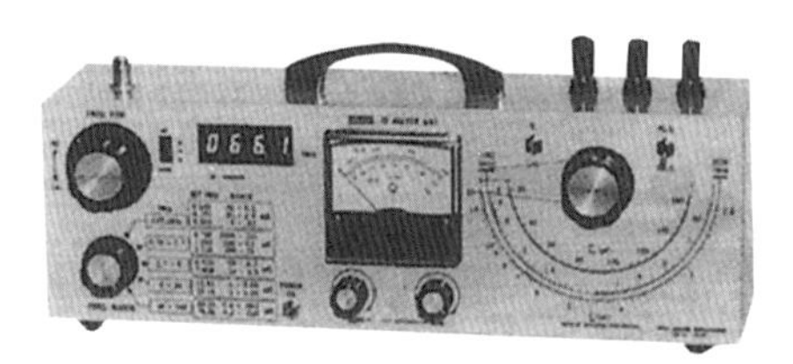
사진 1 Q미터

Q미터란? 그 원리

Q미터는 공진 현상을 이용한 것으로, 공진 회로의 $\boldsymbol{Q}$를 간단히 직독할 수 있도록 한 측정기로, **그림 2**에 나타냈다.

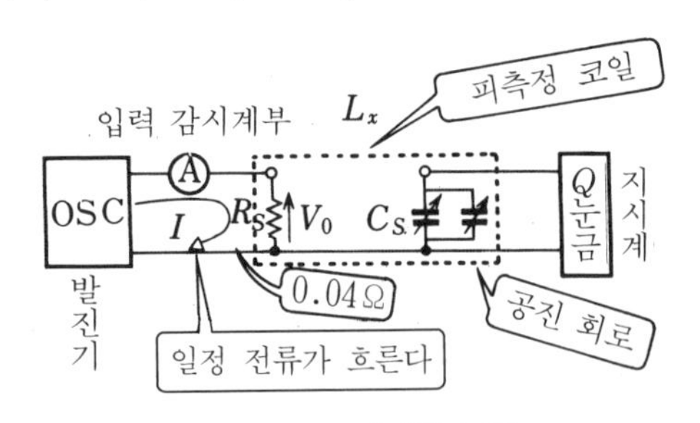

그림 2 Q미터의 구성

발진부에서 공진 회로에 일정한 전압을 공급하고 C_S에서 공진시켜 이 전압을 읽

는다. 일반적으로는 Q로 눈금 표시를 한다.

Q를 측정하면 무엇을 구할 수 있나

Q를 측정함으로써 코일의 인덕턴스와 저항 및 분포 용량, 콘덴서의 용량과 손실각($\tan\delta$), 절연물의 유전율 및 역률, 고주파 케이블의 전송 손실 등이다. 여기서 L과 C의 측정을 그림 3, 그림 4에 나타내었다.

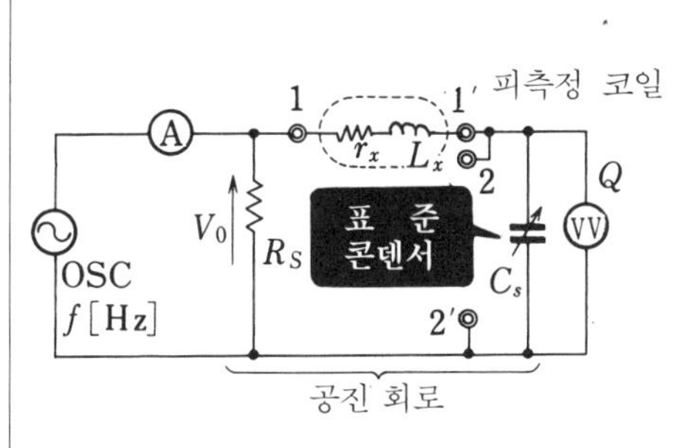

그림 3 L_x, r_x의 측정

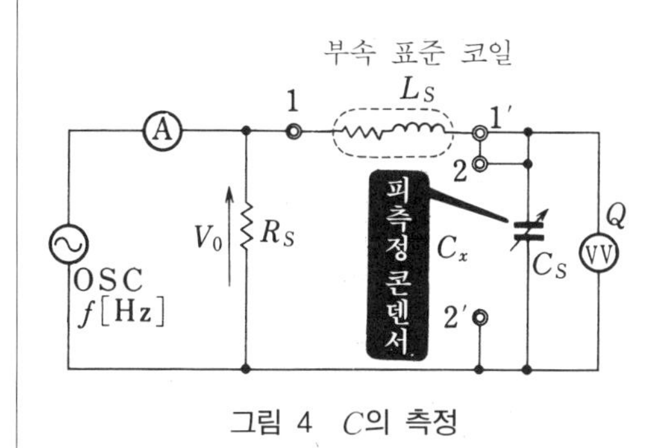

그림 4 C의 측정

코일 분포 용량을 무시하고

① C_S를 바꾸어 ⓋⓋ가 최대가 되도록 한다. 이때의 Q와 C_S, f의 값을 읽는다.

② $Q=\dfrac{\omega L_x}{r_x}=\dfrac{1}{r_x\omega C_S}$ 에서

코일의 저항 $r_x=\dfrac{1}{Q\omega C_S}$ [Ω]

인덕턴스 $L_x=\dfrac{Qr_x}{\omega}=\dfrac{1}{\omega^2 C_S}$ [H]

$C_x < C_S$일 때

① C_x를 접속하지 않고 공진시켰을 때 C_S를 C_1으로 한다.

② C_x를 접속하여 공진시켰을 때 C_S를 C_2로 한다.

$C_x=C_1-C_2$ 가 된다.

Let's try $C_x > C_S$의 경우는 어떻게 하면 되는가?

표준 콘덴서 C_S는 450 [PF] 정도이다. 따라서 $C_x > C_S$일 때 그림과 같이 한다. 방법은 그림 4와 동일하다.

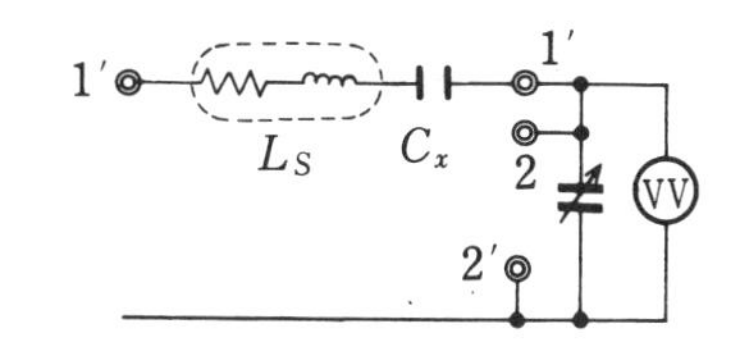

$$C_x=\frac{C_1C_2}{C_2-C_1}$$ 가 된다.

Q미터도 전원을 넣고 나서 수십 분 정도 지나서 측정에 들어간다.

Q미터의 Ⓐ는 고주파 전류계(열전대형) 때문에 과전류가 흐르지 않도록 천천히 조작하여야 한다.

14 전자를 측정하는 것이 아니다

전자(진공관) 전압계의 원리

전자 계측기란

전압이나 전류 외에 전기량을 측정하기 위한 계측기를 **전기 계기**라고 한다. 이 중에서 전기량을 증폭하지 않고 지침의 움직임으로 바꾸어 판독하는 계기를 **지시 전기 계기**라고 한다. 그리고 적산량을 측정하는 계기를 **적산 전기 계기**라고 한다. 우리들 가정에 있는 **전력량계**가 그 대표적인 예이다. 수도 미터, 가스 미터 등도 적산 계기이다. 이것과는 별도로 전기량을 증폭하거나 기타 보조기(장치)를 사용하여 측정하는 계기를 전자 계측기라고 한다.

전자 전압계란

전자 전압계를 크게 나누면 **직류 전압 측정용**과 **교류 전압 측정용**으로 나눌 수 있다. 직류 전압 측정용은 직류 증폭기형이 사용되었지만 드리프트가 있기 때문에 사용하지 않게 되고 그것을 대신하여 **표 1**과 같이 직류를 교류로 고쳐 이것을 증폭하여 미터를 움직이는 방식이 사용되었다. 이 변환 방식의 대표적인 예를 **그림 1**에 나타냈다.

표 1 직류 → 교류 변환 방식

직류 교류 변환	초 퍼 형	기계식
		트랜지스터식
	진동 용량형	

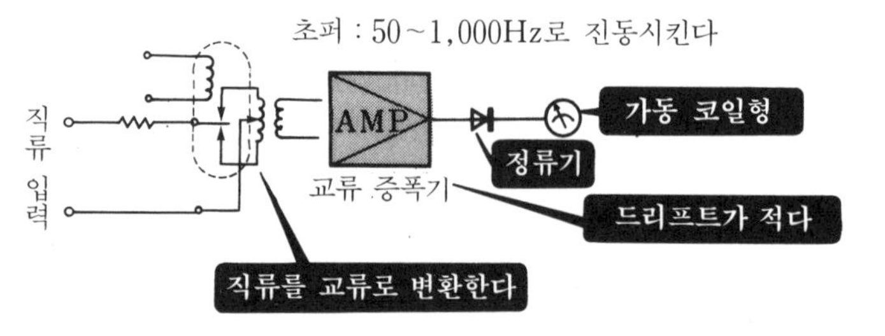

그림 1 직류 전압의 측정 초퍼 변환 방식의 원리

이것은 **입력 임피던스가 높고** 감도가 좋은 것이 제작되고 있다. 초퍼형으로 전압은 10^{-6}[V], 전류는 10^{-11}[A] 정도까지 측정할 수 있고, 진동 용량형에서 전압은 10^{-5}[V], 전류는 10^{-17}[A] 정도까지 측정할 수 있는 것도 제작되고 있다. 또한 교류 전압 측정용은 측정 전압을 직접 광대역 증폭기로 증폭하여 가리키도록 하는 방식이 있지만 기껏해야 10[MHz] 정도의 주파수까지밖에 사용할 수 없기 때문에 높은 주파수까지 측정할 때는 **그림** 2와 같이 교류를 직류로 고쳐서 측정한다. 이 방식으로는 100[MHz] 정도까지의 고주파 전압을 측정할 수 있다. 이것도 입력 임피던스가 높고 감도가 좋은 것이 제작되고 있다.

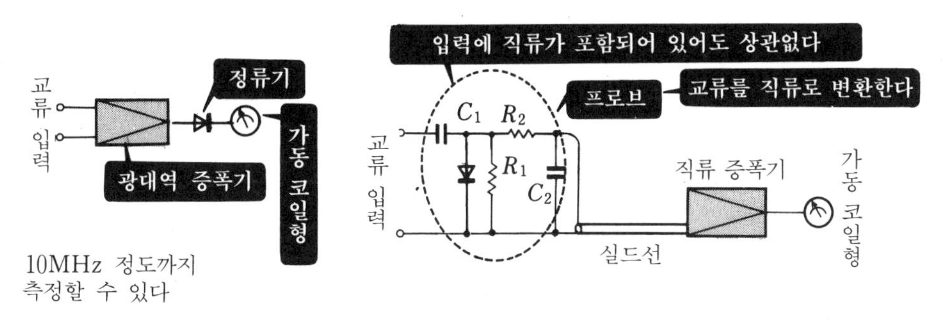

그림 2 교류 전압 측정의 원리

입력 임피던스를 높게 하면 측정 회로에 측정 단자를 접속해도 측정 회로의 회로 상수에는 거의 영향을 주지 않는다. 또한 측정 회로에서 취하는 전력이 극히 적다는 등의 이점이 있다. 그리고 고주파 전압 측정에서는 측정 회로에서 입력 단자(프로브)까지 리드선을 끌면 이것들에 의한 인덕턴스나 표유 용량 때문에 측정값이 정확하지 않거나 생각지 못한 트러블이 발생하기도 한다. 따라서 프로브는 직접 측정 회로에 접속해서 사용한다.

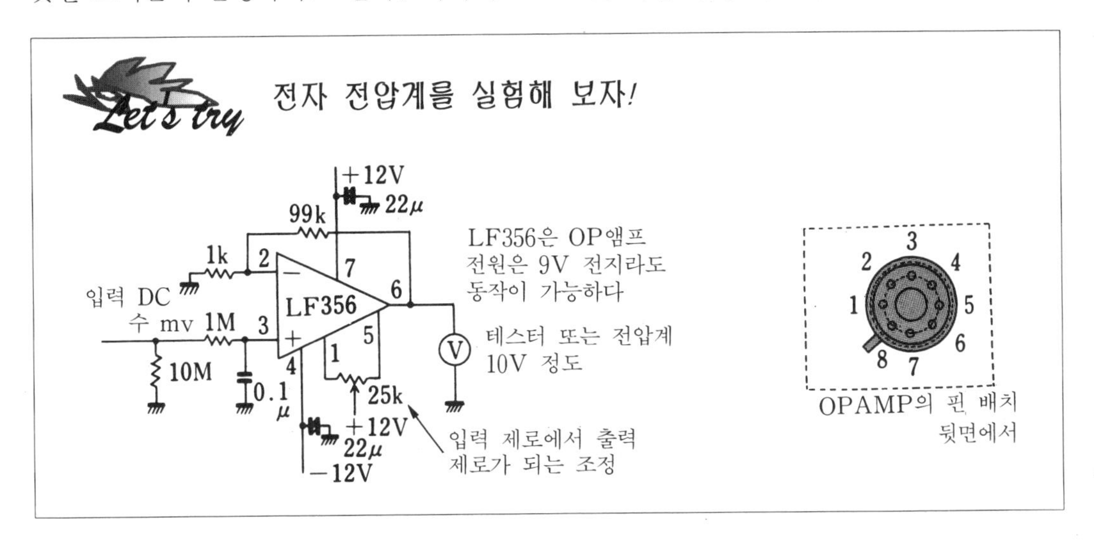

1. [2]에서는 변형률에 대해서 배웠다. 기본파 실효값 100V, 제3 고조파 실효값 10V, 제5 고조파 실효값 5V 변형파의 변형률을 구하라.
2. [3]에서 펄스에 대해서 배웠다. Pulse(사람의 맥), 그것이 펄스이다.
   $\tau / T = 1/5$의 방형파로 $T = 0.1\,[\mu s]$였다. 제5 고조파까지 생각하면 최고 주파수는 어느 정도인가?
3. [7]에서 시정수를 배웠다. 우측 그림의 시정수를 구해 보자.

10MΩ 1μF (a)　　1μF 10MΩ (b)

4. [5]에서 과도 현상을 배웠다. 한 가지 더 실험해 보자.
   ① S를 b측으로 한다.
   ② S를 a측으로 했을 때 $t=0$으로, 하고 10초 간격으로 V_R을 측정해 보자. V_R이 거의 제로가 되면 S를 b측으로 하고 동일하게 V_R을 측정해 보자.
   ③ 이것으로 그래프를 만들어 보자.
   ④ 시정수를 그래프에서 구해 보자. 이것을 $C \cdot R$과 비교해 보자.
   ㈜ 전압계 내부 저항의 영향을 없애기 위해 전압계는 전자 전압계를 사용할 것

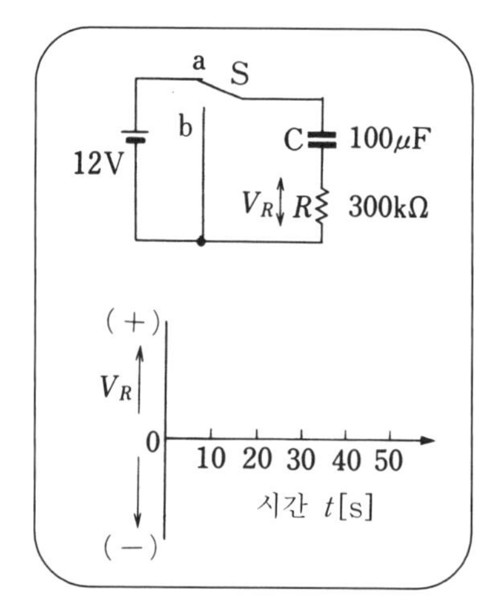

5. 디지털 계기는 측정값을 직접 "숫자"로 표시하는 계기를 말하며, 지침의 지시를 눈금으로 읽는 지시 계기 등의 아날로그 계기와 대비된다. 아날로그 계기는 측정값의 대소를 직접 보고 파악할 수 있다는 특징이 있지만 디지털 계기는 자릿수를 증가시킴으로써 정밀도를 증가시킬 수 있다.

[답] 1. 변형률$= \dfrac{\sqrt{10^2+5^2}}{100} \times 100 \fallingdotseq 11.2\,[\%]$

2. $f = \dfrac{1}{0.1 \times 10^{-6}} \times 5 = 50\,[\mathrm{MHz}]$

3. (a)의 경우도 (b)의 경우도 동일하며, $C \cdot R = 1 \times 10^{-6} \times 10 \times 10^{6} = 10\,[\mathrm{s}]$

<가나다순>

가

나

다

라

마

바

사

아

자

차

카

타

파

하

초보자를 위한 **전기기초 입문**

岩本 洋 지음 | 4 · 6배판 | 232쪽 | 20,000원

이 책은 전자의 행동으로서 전자의 흐름 · 전자와 전위차 · 전기저항 · 전기에너지 · 교류 등을 들어 전자 현상을 물에 비유하여 전기에 입문하는 초보자도 쉽게 이해할 수 있도록 설명하였다.

기초 회로이론

백주기 지음 | 4 · 6배판 | 428쪽 | 26,000원

본 교재는 기본서로서 수동 소자로 구성된 기초 회로이론을 바탕으로 가장 기본적인 이론을 엮었다. 또한 IT 분야의 자격증 취득을 위해 준비하는 학생들에게 가장 기본이 되는 이론을 소개함으로써 자격시험 대비에 도움이 되도록 하였다.

기초 회로이론 및 실습

백주기 지음 | 4 · 6배판 | 404쪽 | 26,000원

본 교재는 기본을 중요시하여 수동 소자로 구성된 기초 회로이론을 토대로 가장 기본적인 이론과 실험으로 구성하였다. 또한 사진과 그림을 수록하여 이론을 보다 쉽게 이해할 수 있도록 하였고 각 장마다 예제와 상세한 풀이 과정으로 이론 확인 및 응용이 가능하도록 하였다.

공학도를 위한 전기/전자/제어/통신 **기초회로실험**

백주기 지음 | 4 · 6배판 | 648쪽 | 25,000원

본 교재는 전기, 전자, 제어, 통신 공학도들에게 가장 기본이 되면서 중요시되는 회로실험을 기초부터 다져 나갈 수 있도록 기본에 중점을 두어 내용을 구성하였으며, 각 실험에서 중심이 되는 기본 회로이론을 자세하게 설명한 후 실험을 진행할 수 있도록 하였다.

기초 전기공학

김갑송 지음 | 4 · 6배판 | 452쪽 | 24,000원

이 책은 전기란 무엇이고 전기가 어떻게 발생하는지부터 전자의 흐름, 전자와 전위차, 전기저항, 전기에너지, 교류 등을 전기에 입문하는 초보자도 누구나 쉽게 이해할 수 있도록 설명하였다.

기초 전기전자공학

장지근 외 지음 | 4 · 6배판 | 248쪽 | 18,000원

이 책에서는 필수적이고 기초적인 이론에 중점을 두어 전기, 전자공학 및 이와 관련된 분야의 기초를 습득하고자 하는 사람들이 쉽게 공부할 수 있도록 편찬하였다.

그림풀이 전기공학입문

일본 옴사 지음 | 4 · 6배판 | 296쪽 | 25,000원

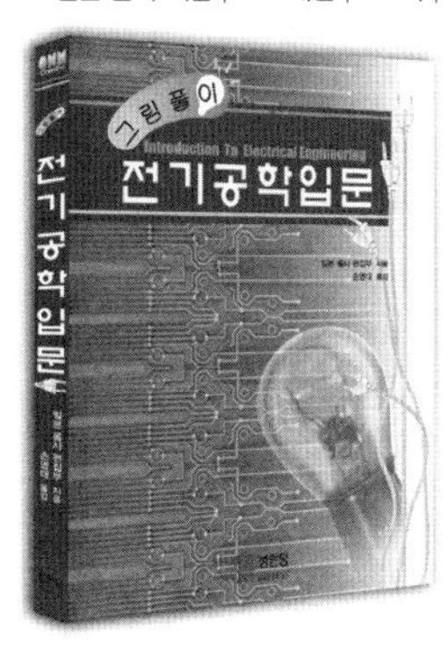

이 책은 생활 주변에서 일어나는 구체적인 사례를 적용하면서 그림풀이 형식으로 도입, 시각적으로 배울 수 있게 하였다. 이렇게 배우는 것은 여러 가지 전기 응용을 배우는 데도 중요한 역할을 한다.

그림해설 가정전기학 입문

일본 옴사 지음 | 4 · 6배판 | 304쪽 | 20,000원

이 책에서는 가정의 전기학을 이해하는 첫걸음으로서, 교류 전기가 발전소에서 생겨 가정에 이르기까지의 과정을 설명하고, 전기의 기초 지식을 습득할 수 있도록 정리해 놓았다.

전기 · 전자공학개론

김진사 외 지음 | 4 · 6배판 | 420쪽 | 18,000원

이 책은 전기 · 전자 공학을 위한 교과서로서 집필되었으며 전기 · 전자 공학의 광범위한 내용을 다루되 내용에 있어서도 충실한 것을 다루고자 했다.

전기 · 전자 회로

월간 전자기술편집부 옮김 | 4 · 6배판 | 232쪽 | 9,500원

이 책은 전기회로, 전자회로에 대한 문제 연습을 통해서 전기회로 일반에 정통하고자 하는 것을 목적으로 쉬운 기본문제를 많이 출제하였고 상세한 해설을 수록하였다.

현대 전기회로이론

정동효 외 지음 | 4 · 6배판 | 327쪽 | 10,000원

이 책은 전공 필수 내용을 교과과정에 맞춰 전기회로에 대한 기본적인 이론을 서술하여 구성했다.

정전기 재해와 장해 방지

이덕출 옮김 | 4 · 6배판 | 143쪽 | 7,000원

이 책은 점차 중요시되는 정전기 재해, 장해의 입문, 실용서로서 실제의 생산 공정에 있어서 문제가 되고 있는 각종 정전기 재해, 장해와 그 방지 기술에 대하여 각각 전문가들이 집필을 하였다.

그림풀이

전기공학입문

2000. 11. 23. 초 판 1쇄 발행
2004. 2. 20. 초 판 2쇄 발행
2006. 8. 25. 초 판 3쇄 발행
2010. 1. 5. 초 판 4쇄 발행
2011. 9. 7. 초 판 5쇄 발행
2019. 1. 7. 초 판 6쇄 발행

지은이 | 일본 옴사
옮긴이 | 손영대
펴낸이 | 이종춘
펴낸곳 | BM 주식회사 성안당
주소 | 04032 서울시 마포구 양화로 127 첨단빌딩 5층(출판기획 R&D 센터)
10881 경기도 파주시 문발로 112 출판문화정보산업단지(제작 및 물류)
전화 | 02) 3142-0036
031) 950-6300
팩스 | 031) 955-0510
등록 | 1973. 2. 1. 제406-2005-000046호
출판사 홈페이지 | **www.cyber.co.kr**
ISBN | 978-89-315-2623-3 (13560)
정가 | **25,000원**

이 책을 만든 사람들
교정·교열 | 이태원
전산편집 | 김인환
표지 디자인 | 박원석
홍보 | 박연주
국제부 | 이선민, 조혜란, 김해영
마케팅 | 구본철, 차정욱, 나진호, 이동후, 강호묵
제작 | 김유석